黄陵基底晶质石墨矿

HUANGLING JIDI JINGZHI SHIMOKUANG

姚敬劬　程建荣　贺爱平　刘　海
李小伟　黄德将　蔡雄威　刘云勇　编著
边　敏　尤大海　黎　源　张　瑜
程　林　陈　晨　范玖琳

图书在版编目(CIP)数据

黄陵基底晶质石墨矿/姚敬劬等编著. —武汉:中国地质大学出版社,2022.12
ISBN 978-7-5625-5430-1

Ⅰ.①黄⋯ Ⅱ.①姚⋯ Ⅲ.①基底-石墨矿床-研究 Ⅳ.①P619.25

中国版本图书馆CIP数据核字(2022)第204896号

黄陵基底晶质石墨矿

姚敬劬 程建荣 贺爱平 刘 海
李小伟 黄德将 蔡雄威 刘云勇   编著
边 敏 尤大海 黎 源 张 瑜
程 林 陈 晨 范玖琳

责任编辑:胡络兰	选题策划:江广长 段 勇	责任校对:徐蕾蕾
出版发行:中国地质大学出版社(武汉市洪山区鲁磨路388号)		邮编:430074
电 话:(027)67883511	传 真:(027)67883580	E-mail:cbb@cug.edu.cn
经 销:全国新华书店		http://cugp.cug.edu.cn
开本:880毫米×1230毫米 1/16		字数:618千字 印张:19.5
版次:2022年12月第1版		印次:2022年12月第1次印刷
印刷:湖北新华印务有限公司		
ISBN 978-7-5625-5430-1		定价:198.00元

如有印装质量问题请与印刷厂联系调换

序

黄陵基底历来受到地质学界的瞩目。本书作者深入研究了黄陵石墨矿的成矿地质条件；系统采集样品，测定了主量元素、微量元素、稀土元素和同位素的组成；进行岩矿精细鉴定，确定矿物共生组合和成因标型特征，在此基础上对成矿作用进行了深入分析，获得了大量前所未知的信息。初看本书原稿，倍感欣慰，黄陵基底丰富多彩的地质研究园地中又出现了一支专门研究石墨矿的新秀。

此前还少见有关黄陵石墨矿的研究，本书是对黄陵地区实际地质勘查成果和选矿技术的总结，书中主要有以下几点新认识：

(1) 作者对该区石墨矿的研究从沉积成矿作用切入，强调沉积成矿作用是该区石墨矿形成的关键，认为在成矿过程中碳质聚集的范围和堆积程度决定了石墨矿床的规模与矿石的品位。变质作用则主要是改变碳元素的赋存状态，使有机碳单质化、有序化，渐变为晶质石墨。作者将主要的注意力集中到沉积成矿阶段，改变了以往对该区石墨矿的研究局限于变质相、变质反应和变质成矿作用，而对沉积阶段仅简略提及的做法。

(2) 为探索该区碳质在沉积过程中富集条件和富集部位，作者逐层逐个地恢复含矿变质岩系各类矿石原岩，将变质岩剖面转换为原岩沉积相剖面，进行成矿期岩相古地理分析，确定古元古代黄凉河期陆间海潮坪相和潟湖相是成矿有利地段。至今，在古元古代结晶变质岩分布区进行岩相古地理分析仍然是一个困难的选择，本书作者勇作尝试，并取得了有意义的成果，为在该区进一步寻找石墨矿的战略布局提出了指导思想，并已见到成效。

(3) 对于变质成矿作用，作者重点研究大片径石墨形成条件，这既是出于对石墨矿经济评价的需要，也是出于作者对石墨矿物学研究的追求。研究结果表明，该区石墨的形成有 3 个世代，分别形成微晶、中晶、粗晶石墨，为在该区寻找大鳞片石墨矿指明了方向。

(4) 黄陵基底研究的最终目的是合理开发利用晶质石墨资源。本书总结了该区近 60 年来石墨矿地质勘查方法、技术发展和主要勘查成果，对勘查类型的划分、勘查网距的确定以及地质勘查过程中存在的主要和关键地质问题进行了述评，有助于提高今后地质勘查工作的成效；研究了黄陵基底低品位石墨矿的选矿方法，使该区大量低品位石墨矿有望得到开发利用；对国内外石墨矿的开发利用现状、发展趋势和产业态势开展了调查，结合黄陵基底晶质石墨矿开发利用产业、发展环境和条件提出了对策和建议，为黄陵基底石墨矿产业的高质量发展提出了有效路径和战略导向。

本书将矿产地质、地质勘查和选矿技术合为一体，除了体现"矿产资源"的"可行性"和"经济意义"要素外，也便于读者对黄陵基底石墨矿有一个全面的了解。期待本书出版，为从事石墨矿地质研究、找矿勘查和选矿加工的读者提供又一个重要借鉴。

中国科学院院士：李廷栋

2021 年 11 月于北京

前 言

黄陵基底是出露于扬子陆块北缘的古元古代结晶基底。基底区有丰富的晶质石墨矿产出,并以品位高、鳞片大而著称。经过近半个多世纪的勘查开发,已发展成为我国重要的石墨矿生产和加工基地。该区石墨矿发现于20世纪60年代初,自1966年起开始进行地质勘查,先后评价了三岔垭、二郎庙、谭家沟、谭家河、东冲河、韩家河等多个石墨矿床,并展现出良好的找矿前景。近年来,由于石墨烯等新型石墨材料在高科技领域应用范围不断扩大,石墨价值日益提升,石墨矿的地质勘查和研究工作也随之被拉动。2016年以来,国家和湖北省一直将该区的石墨矿列为重点矿种和战略资源,加大勘查投入,对石板垭、刘家湾、周家湾、青茶园等又一批新的石墨矿区开展了找矿勘查工作。同时,为了深化对该区石墨矿成矿规律的认识和优化资源利用,湖北省自然资源厅、湖北省科技厅设立了"黄陵断穹核北部鳞片石墨矿矿物岩石地球化学研究"和"宜昌北部低品位石墨矿的开发利用研究"两个科研项目,经过3年多的实施都已取得了实质性的成果。

黄陵基底由于地质条件的多样性、复杂性和特殊性,历来是地质学界瞩目的区域。早在1924年李四光和赵亚曾就在《峡东地质及长江之历史》一文中将黄陵基底的变质岩系称为"三斗坪系",并建立了"黄陵花岗岩""美人沱片麻岩"及"崆岭片岩"3个单位。1960年北京地质学院将鄂西除黄陵花岗岩以外的变质岩命名为"崆岭群"。在随后近百年里,对"崆岭群"的研究不断深入,认识不断更新。1987年李福喜、聂学武将"崆岭群"分解为下部东冲河群、上部水月寺群;2005年江麟生、周忠友等从变质岩系中辨识和区分出两类变质岩,即表壳岩和深成侵入岩,使黄陵基底区域地质更为明朗;2017年马元等完成的新版《湖北省区域地质志》进一步厘定了表壳岩的层序和深成侵入岩的成因系列。以上地质工作成果为在该区开展石墨矿地质研究奠定了基础。前人的石墨矿地质研究文献主要有:《湖北三岔垭石墨矿地质特征及成因分析》(张清平和田成胜,2001)、《湖北夷陵区石墨矿地质特征及找矿前景分析》(田成胜等,2011)、《黄陵背斜石墨矿地质特征及成矿规律》(邱凤等,2015)、《湖北黄陵断穹核北部东冲河石墨矿地质及选矿工艺》(廖宗明等,2016)等,这些论文阐明了黄陵基底石墨矿的赋存层位,矿床地质特征和成矿规律,探讨了矿床成因,为系统和深化研究该区石墨矿地质发挥了重要作用。

由于黄陵基底石墨矿已遭受深度变质,研究成矿作用,特别是沉积阶段成矿作用有很大难度,是一项具有挑战性的工作。武汉地质矿产研究所(简称武汉地矿所,现为武汉地质调查中心)承担湖北省自然资源厅设立的"黄陵断穹核北部鳞片石墨矿矿物岩石地球化学研究"的科研项目后,制定的研究路线为:深入研究区域成矿条件,系统采集全区主要石墨矿样品,测定矿石和有关岩石的主量元素、微量元素、稀土元素、同位素的组成;精细鉴定岩矿石,分析矿物共生组合和成因标型特征;逐层逐个恢复变质岩原岩,将矿层变质岩剖面转换成沉积相剖面;进行沉积成矿阶段岩相古地理分析,重现古地理环境,确定碳质富集有利岩相和规模富集部位。对于变质成矿作用,主要研究变质作用 p-T-t 轨迹,划分变质阶段,查明不同阶段形成的石墨性状,确定影响石墨片径的主要因素。通过这一路线的实施,获得了大量前所未知的信息,对黄陵基底晶质石墨矿的形成机制有了许多新的认识,提出了一些自己的观点,本书第一篇就是根据研究报告的内容撰写而成。

黄陵基底石墨矿属沉积变质矿床,成矿作用经历了沉积和变质两个阶段,其中沉积作用是石墨矿形成的关键。古元古代微古植物在原始海洋滨海环境繁衍、聚集、堆积,形成碳质矿胚层,若无矿胚层就无石墨矿。沉积过程中碳质富集规模和堆积密度决定了石墨矿的规模与品位。变质阶段主要是改变碳质赋存状态,使有机碳单质化、有序化、转变成石墨。混合岩化又使石墨片径增大。因此,对这一类矿床的研究,重点应着眼于沉积期岩相古地理分析。黄陵基底古元古代古地理格局为:太古宙表壳岩和深成侵入岩组成了原始古陆与坳陷区原始海洋相间分布，石墨矿无一例外地分布于陆间海滨浅海地带。变质成矿阶段，随着变质温压条件的改变，形成了3个世代的石墨：第一世代形成于绿片岩相阶段，为微晶细晶石墨；第二世代形成于角闪岩相阶段，为中晶石墨；第三世代形成于混合岩化阶段，为粗晶石墨。区内片径大的石墨矿床均接受了中高级变质作用和强烈的混合岩化。对于该区多阶段形成的石墨矿，要从相互叠加再生和混杂的最终产物中提取不同阶段的成矿信息，必须借助于现代岩矿测试方法、微量元素与稀土元素地球化学和同位素地球化学原理，才能获得有关矿床成因和成矿作用客观的、有重要判别价值的依据。

黄陵基底石墨矿的地质勘查工作按实施时间可分为3个阶段：第一阶段是1986年国家矿产储量委员会颁布《石墨矿地质勘查规范》(DZ/T 0207—2002)之前，如三岔垭石墨矿；第二阶段为1986—2002年《石墨矿产地质勘查规范》颁布前，如二郎庙、谭家河石墨矿；第三阶段为2002—2018年《石墨、碎云母矿产地质勘查规范》(DZ/T 0326—2018)发布之前，如东冲河、谭家沟、韩家河石墨矿。在20世纪60年代则主要参照苏联的地质勘查规范。对比我国各阶段勘查规范，总原则都基本一致，具体技术要求和工业指标有差别，但相近似。黄陵基底各石墨矿勘查阶段都是按照规范又结合具体矿床地质特征进行。经过近60年的实践，积累了丰富的经验，在勘查阶段划分、勘查类型选择、勘查工程间距及矿体圈定以至资源储量估算各个方面，在本书第二篇中均有阐述。其中分析测试部分是在中南冶金地质研究所完成大量石墨矿测试样品的基础上撰写而成。实践表明，运用地质与物探相结合的手段是晶质石墨矿床找矿勘查行之有效的方法。自然电场法、视电阻率法、激发极化法和电测井法对石墨矿找矿与勘查工作部署都能获得满意的效果，中南冶金地质研究所在龚家河-青茶园石墨矿的找矿勘查中物探工作取得了很好的找矿效果。

东冲河、青茶园石墨矿的可选性试验和三岔垭、二郎庙石墨矿生产实践表明，矿石总体上松散，易磨、易选，选矿指标较好且稳定。三岔垭石墨矿的选矿指标为：入选品位12.27%，精矿品位92.56%，尾矿品位2.15%，回收率84%。精矿中石墨片径大，最大片径2.4mm，平均0.6mm，80目以上片径者占88.80%。该区石墨矿的选矿研究仍在继续之中，主要解决两个问题：石墨鳞片的保护和低品位矿石的利用。本书第三篇综合评述了国内主要的石墨矿在选矿过程中保护石墨鳞片的研究成果，从磨机类型、磨矿介质、助磨剂、流程结构等多方面进行阐述；介绍了枱浮预先分离保护石墨鳞片的方法以及强化抑制石墨浮选中易浮云母的研究成果。对于本区低品位石墨矿的选矿，作者通过实施"宜昌北部低品位石墨矿选矿"科研项目，解决了低品位石墨矿的选矿问题。该矿固定碳含量4.5%，原生矿泥含量和磨矿后次生泥含量高达60%，根据矿石的特殊性质，采用"中矿筛分二次抛尾脱泥浮选"的方法，获得了较为理想的指标。

本书将矿产地质、地质勘查和选矿研究合为一体的思想出自于对"矿产"概念的理解，矿产已不再是单纯的地质概念，应是地质、可行性和经济意义"三位一体"的综合体，讨论矿产离不开地质勘查和矿石选冶问题。以便于读者对黄陵基底石墨矿有更完整的了解，以期为今后晶质石墨矿的找矿、勘查、开发利用提供借鉴。

本书编写分工为：前言、绪论、第一篇由姚敬劬、刘海、李小伟、边敏、张瑜、程林、范玖琳编写；第二篇由程建荣、蔡雄威、刘云勇、黄德将、陈晨、黎源编写；第三篇由贺爱平、尤大海编写。全书最后由姚敬劬统编完成，刘海、边敏、谢亚超校编。湖北冶金地质研究所（中南冶金地质研究所）图文中心协助完成了插图的编绘和文字的编辑等工作。

本书编写得到了湖北省科技厅、湖北省自然资源厅、宜昌市自然资源与规划局及湖北冶金地质研究所（中南冶金地质研究所）的大力支持，在此一并表示诚挚感谢。

作　者

2021年4月于宜昌

目 录

绪 论 ……………………………………………………………………………………………… (1)
第一篇　矿产地质 ………………………………………………………………………………… (5)
  第一章　成矿地质背景 …………………………………………………………………………… (6)
    第一节　区域构造 …………………………………………………………………………… (6)
    第二节　地层、岩浆岩、变质岩 …………………………………………………………… (8)
    第三节　地质构造及构造发展史 …………………………………………………………… (16)
  第二章　含矿岩系——黄凉河岩组特征 ………………………………………………………… (19)
    第一节　岩石组合及主要岩石特征 ………………………………………………………… (19)
    第二节　矿物共生组合分析 ………………………………………………………………… (25)
    第三节　岩石地球化学特征 ………………………………………………………………… (29)
    第四节　原岩恢复 …………………………………………………………………………… (34)
    第五节　黄凉河岩组与孔兹岩系 …………………………………………………………… (41)
  第三章　含矿岩系物源岩石特征 ………………………………………………………………… (43)
    第一节　野马洞岩组 ………………………………………………………………………… (43)
    第二节　东冲河片麻杂岩 …………………………………………………………………… (50)
  第四章　与成矿作用有关的混合岩和脉岩 ……………………………………………………… (63)
    第一节　混合岩 ……………………………………………………………………………… (63)
    第二节　脉 岩 ………………………………………………………………………………… (70)
  第五章　石墨矿床地质 …………………………………………………………………………… (72)
    第一节　石墨矿的分布特征 ………………………………………………………………… (72)
    第二节　石墨矿床地质特征 ………………………………………………………………… (73)
    第三节　典型矿床 …………………………………………………………………………… (76)
  第六章　矿石及含矿岩系矿物成分研究 ………………………………………………………… (91)
    第一节　石 墨 ………………………………………………………………………………… (91)
    第二节　主要造岩矿物 ……………………………………………………………………… (99)
    第三节　特征变质矿物 ……………………………………………………………………… (109)
  第七章　地球化学研究 …………………………………………………………………………… (120)
    第一节　主成分特征 ………………………………………………………………………… (120)
    第二节　微量元素特征 ……………………………………………………………………… (127)
    第三节　稀土元素特征 ……………………………………………………………………… (133)
    第四节　同位素地球化学特征 ……………………………………………………………… (136)
    第五节　晶质石墨形成的热力学分析 ……………………………………………………… (141)
  第八章　成矿作用研究 …………………………………………………………………………… (145)
    第一节　概 述 ………………………………………………………………………………… (145)
    第二节　沉积成矿作用 ……………………………………………………………………… (146)
    第三节　碳质的富集 ………………………………………………………………………… (149)
    第四节　变质成矿作用 ……………………………………………………………………… (156)

第五节	成矿模式	(174)
第六节	矿产地质篇小结	(176)

第二篇 地质勘查 (179)

第九章 地质勘查及开发利用情况 (180)
- 第一节 地质勘查 (180)
- 第二节 开发利用情况 (183)

第十章 勘查阶段 (188)
- 第一节 地质勘查目的及遵循的基本原则 (188)
- 第二节 勘查阶段划分 (190)
- 第三节 勘查研究程度 (191)

第十一章 勘查类型 (194)
- 第一节 勘查类型确定的原则 (194)
- 第二节 晶质石墨矿床勘查类型及确定的主要依据 (195)
- 第三节 黄陵基底晶质石墨矿床的勘查类型 (196)

第十二章 勘查工程、勘查工程间距及勘查程度 (199)
- 第一节 勘查工程 (199)
- 第二节 勘查工程布置 (200)
- 第三节 勘查工程间距和勘查程度 (201)

第十三章 采样、制样及分析测试 (205)
- 第一节 样品的采集 (205)
- 第二节 样品制备 (208)
- 第三节 样品送检及分析质量检查 (209)
- 第四节 分析测试 (210)

第十四章 资源量估算 (218)
- 第一节 工业指标 (218)
- 第二节 矿体圈定 (220)
- 第三节 资源量估算 (221)

第十五章 找矿勘查中应重视的几个地质问题 (229)
- 第一节 晶质石墨矿床的找矿 (229)
- 第二节 始终注重地质研究工作 (230)

第十六章 地球物理勘查方法的应用 (232)
- 第一节 石墨矿地球物理特征 (232)
- 第二节 石墨矿地球物理勘查方法 (234)
- 第三节 物探方法的应用实例 (239)

第三篇 石墨选矿 (249)

第十七章 鳞片石墨选矿 (250)
- 第一节 大鳞片石墨选矿 (250)
- 第二节 细鳞片石墨选矿 (265)
- 第三节 石墨浮选药剂 (269)

第十八章 宜昌北部石墨矿选矿 (275)
- 第一节 宜昌北部石墨矿选矿试验 (275)
- 第二节 宜昌北部石墨矿选矿实践 (293)

主要参考文献 (296)

附录 矿物代号 (301)

绪 论

(1)石墨是碳元素结晶的矿物之一。自然界石墨晶体有3种变体:2H型石墨、3R型石墨和赵石墨(chaoite)。2H型石墨碳原子两层重复按ABAB……顺序排列成六方结构;3R型石墨碳原子三层重复按ABCABC……顺序排列成菱面体结构;赵石墨仍具层状结构,属六方原始格子,但空间群与2H型石墨不同。由于2H型石墨热动力性能稳定在一个较大的范围内($t<2000℃$,$p<1.3GPa$),在自然界广泛出现,因此通常所称的石墨就是指2H型石墨。石墨是原子晶体、金属晶体和分子晶体之间的一种过渡型晶体,6个碳原子在同一平面上形成正六边形的环,伸展形成片状结构,石墨原子片层之间的电子能在晶格中自由移动,可以被激发。由于结构特殊,石墨具有以下特殊性质:

①耐高温性。石墨熔点为$(3850±50)℃$,即使经超高温电弧灼烧,重量的损失也很小。石墨的强度随温度提高而增强,在2000℃时,石墨强度提高1倍。

②导电、导热性。石墨常温下的电阻率为$(8\sim13)\times10^{-6}\Omega\cdot m$,与铁合金属于同一数量级,是一般非金属的1%。石墨的导热系数为$151W/(m\cdot K)$,导热性超过钢、铁、铅等金属材料。

③润滑性。石墨介质中的摩擦系数小于0.1。石墨润滑性取决于鳞片大小,鳞片越大,摩擦系数越小,润滑性能越好。

④化学稳定性。在常温下有良好的化学稳定性,能耐酸、耐碱和耐有机溶剂的腐蚀。

⑤可插层性。可在石墨层片结构之间插入F等元素,制成具有独特化学和物理性质的氟化石墨。天然石墨鳞片经插层、水洗、干燥、高温膨化可制备膨胀石墨,膨胀石墨遇高温体积可瞬间膨胀150~300倍,由片状变为蠕虫状,多孔而弯曲,表面能提高,蠕虫状石墨之间可自行嵌合,具有优良的柔软性、回弹性和可塑性。

⑥可剥层性。石墨片层可层层剥去,最后获得仅由一层碳原子构成的薄片,即石墨烯。2004年Andre Geim和Konstantin Novoselov使用机械方法剥离石墨片,成功制得石墨烯,并发现单层和双层石墨烯体系中的量子霍尔效应,因此而获得2010年度诺贝尔物理学奖。

石墨在工业科技和生活中有广泛的应用,应用领域见表0-1。

表0-1 石墨用途表

领域	用途
冶金工业	石墨砖、石墨坩埚,钢锭保护剂、冶金炉内衬,石墨铸造模具,粉末冶金零件生产,铝电解槽石墨化阴极
机械工业	铸造涂敷剂,机械润滑剂(水剂、油剂、胶体石墨、润滑脂),无油润滑轴承,石墨密封圈
电气工业	电极、电刷、电池碳棒、碳管,水银整流器正极,电话零件,电视机显像管涂料,集电插板,无感电阻传导涂敷剂,锂电池电极材料
化学工业	热交换器、反应槽、凝缩器、燃烧塔、冷却塔、加热器、过滤器、泵设备及输送管材,橡胶,塑料填充剂

续表 0-1

领域	用途
核工业、国防工业	核反应堆中子减速剂、防核辐射外壳，火箭发动机尾喷管、卫星用无线电接受信号和导电结构材料，石墨爆炸武器、导弹鼻锥、隐形飞机
轻工业	铅笔、玻璃、造纸、油漆、油墨
其他	金属烟囱、屋顶、桥梁、管道表面防腐剂，人造金刚石原料，地质勘探钻探泥浆添加剂

在石墨的应用中，石墨烯的出现无疑将这种工业矿物的价值推向尖端。随着批量生产及大尺寸等难题的逐步突破，石墨烯的产业化应用已崭露头角。基于已有的研究成果，最先实现商业化应用的领域可能会是移动设备、航空航天、新能源电池领域。石墨烯对物理学基础研究有着特殊意义，它使得一些此前只能在理论上认证的量子效应可以通过实验进行验证；一些原来需要在巨型粒子加速器中进行的试验，可以在小型实验室内用石墨烯进行。石墨烯可制成化学传感器，是电化学生物传感器的理想材料，石墨烯制成的传感器检测多巴胺、葡萄糖等具有良好的灵敏性。石墨烯制作的晶体管在接近单个原子的尺度上依然能稳定地工作。多层石墨烯和玻璃纤维聚酯片基底可组成柔性透明显示屏。新能源电池是石墨烯最早商用的一大重要领域，已成功研制出表面附有石墨烯纳米涂层的柔性光伏电池板和超级电池。石墨烯制成过滤器能高效过滤海水中的盐分，达到海水淡化的目的。由于石墨烯的高导电性、高强度、超轻薄等特性，石墨烯在航天、军工领域应用优势也极为突出，用于航天领域的石墨烯传感器能很好地对地球高空大气层的微量元素、航天器结构缺陷进行检测。石墨烯在超轻型飞机材料等潜在应用上也将发挥更重要的作用。此外，在感光元件、复合材料、生物材料等方面的应用也取得了很大的进展。

（2）并非所有的石墨都来自自然界，石墨也可以人工合成。制造石墨的方法有很多种，常见的是以粉状的优质煅烧石油焦，在其中加沥青作为黏合剂，再加入少量其他辅料，然后在2500～3000℃非氧化性气氛中处理，使之石墨化。目前锂电池负极材料人造石墨占比很大。人造石墨除成本高外，与天然石墨还存在着差距：①石墨化程度不及天然石墨，天然晶质石墨化程度在98%以上，人造石墨石墨化程度仅为90%；②天然晶质石墨是一种单晶，组织结构较简单，人造石墨为多相材料；③天然石墨的传热导电性、润滑性、可塑性均优于人造石墨。因此寻找天然石墨仍然是地质勘查部门的重要任务。

天然石墨资源即石墨矿在世界上分布广泛又相对集中，据美国地质调查局（USGS）资料，世界上已发现的大中型石墨矿床主要分布在中国、印度、巴西、捷克、加拿大和墨西哥等国家。其中晶质石墨矿床主要分布在中国、巴西、乌克兰、斯里兰卡和马达加斯加等国家，隐晶质石墨矿床主要分布于土耳其、印度、韩国、墨西哥、奥地利和中国等国家。2018年全球石墨储量3亿t矿物量，土耳其、中国、巴西的石墨占全球总储量的78%（图0-1）。但土耳其石墨资源主要以隐晶质石墨为主，开发利用价值较低。

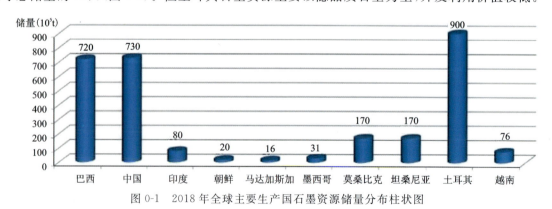

图 0-1　2018 年全球主要生产国石墨资源储量分布柱状图

中国天然石墨资源非常丰富,在25个省(自治区、直辖市)均有分布,具有分布广、储量大、质量好、易于开采等特点。截至2019年,共查明195个矿区,保有储量居世界前列。根据自然资源部发布的《中国矿产资源报告(2018)》通报,中国晶质石墨查明资源储量为3.67亿t,隐晶质石墨0.87亿t。目前,已形成黑龙江、内蒙古、山东、湖南(隐晶质)、吉林(隐晶质)五大石墨生产基地,以黑龙江和内蒙古为主要产区。近年来湖北石墨找矿也取得了重大进展,宜昌黄陵基底晶质石墨凭其品质和资源储量优势,可跻身全国四大晶质石墨生产基地之列。

(3)由于石墨的工艺性能及用途主要取决于它的结晶程度,我国石墨产品标准规定,片度大于1μm的为晶质石墨,小于1μm的为无定形即隐晶质石墨。因此,工业上相应地将石墨矿石分为晶质(鳞片状)石墨矿石和隐晶质(土状)石墨矿石两种工业类型。

世界上马达加斯加有着全球优质的大晶质石墨矿,主要分布在马达加斯加东部沿海地区。石墨由高碳地层经区域变质作用而形成,矿体产于云母片岩和云母片麻岩中。矿石品位一般为3%~11%。矿石中石墨片度大,粗者可达4mm,甚至超过1cm,而且石墨片薄,厚度均匀,质地纯净柔软,工艺性能优良。

我国石墨矿以晶质石墨为主,晶质石墨矿占石墨矿总数的76.29%。晶质石墨矿按矿床成因可分为区域变质型和岩浆岩型,区域变质型又可分为基底区域变质型和活动带区域变质型。基底区域变质型矿床产于前寒武纪结晶基底区,变质程度高,含矿岩石为结晶岩石(片岩、片麻岩、透辉岩、大理岩、麻粒岩),混合岩化强烈,石墨片度大,为中粗鳞片状;活动带区域变质型石墨矿产于活动带(或基底边缘),变质程度较低,为低(中)温-高(中)压相系,属热动力或动力型变质,形成石墨鳞片一般较细。基底型晶质石墨矿基本特征见表0-2。

表0-2 基底型晶质石墨矿基本特征

基底名称	主要矿床	矿床特征				
		典型矿床	赋矿地层(时代)	原岩建造性质及沉积环境	变质相	石墨品位
佳木斯基底	萝北云山、双鸭山、羊鼻山、鸡西柳毛、穆棱光义、密山马来山、勃利佛岭	柳毛	麻山群(Pt_{1-2})	黏土半黏土岩-碳酸盐岩-基性火山岩;滨海火山盆地	角闪岩相、麻粒岩相	3%~13%
胶辽基底	岫岩丰富村、通化泮江、平度刘家寨、平度刘戈庄、莱西北墅、莱西南墅	南墅	粉子山群(Pt_1)	基性火山岩-碳酸盐岩-黏土半黏土岩;浅海火山盆地	角闪岩相	3%~5%
内蒙古基底	什报气、固阳五当台、丰镇南井、兴和、大同弘赐堡、大同六亩地、大同鸡窝洞	兴和	黄土窑组(Ar_3)	黏土半黏土岩,少量碳酸盐岩;浅海盆地	角闪岩相	3%~5%
华阴-灵宝基底	西安崇阳沟、西峡横岭、淅川小陡岭、镇平小岔沟、丹凤庚家河、大西沟	小岔沟	雁岭沟岩组(Pt_1)	碎屑黏土岩-碳酸盐岩;浅海盆地	角闪岩相	3%~5%
黄陵基底	宜昌三岔垭、二郎庙、谭家河、谭家沟、兴山东冲河	三岔垭	黄凉河岩组(Pt_1)	碎屑黏土岩-碳酸盐岩;陆间海滨海盆地	角闪岩相、麻粒岩相	3%~13%

（4）基底型晶质石墨矿的基本特征：①赋存在陆块太古宙—古元古代结晶基底中，自北而南有佳木斯基底（佳木斯微地块）；胶辽基底、内蒙古基底、华阴-灵宝基底，分别位于华北陆块东北部、北部和南部边缘；黄陵基底，位于扬子陆块中北部边缘，赋存石墨矿的地层为黄凉河岩组。②原岩的沉积建造为黏土半黏土岩（碎屑黏土岩）-碳酸盐岩-基性火山岩，这3种岩性的比例不尽相同，有的基底基性火山岩比例大（南墅），有的则很小（三岔垭、小岔沟）。火山岩多的产于浅海火山盆地，火山岩少的产于陆间海滨海盆地。③经受了角闪岩相至麻粒岩相的区域变质作用，将原沉积岩改造成片岩、片麻岩、大理岩、角闪岩、钙硅质岩、石榴矽线石英片岩，后期混合岩化强烈。④矿石中石墨品位不高，一般为3%~5%。产于石墨片岩中的品位较高，可达10%以上，产于片麻岩、透闪岩、大理岩中的品位较低。石墨片度以大于0.15mm为主。

（5）黄陵基底晶质石墨矿与其他基底晶质石墨矿对比，在地质构造背景、原岩沉积建造、岩性组合、碳质富集条件及区域变质作用等方面均有独特之处，代表了扬子结晶基底石墨矿的特征。我国主要基底型晶质石墨矿均分布于北方，特别是华北陆块的边缘地带和黑龙江佳木斯基底，唯有黄陵基底位于扬子陆块中北部，基底面积较小但石墨矿矿集度高。含矿岩系黄凉河岩组原岩主要为石英砂岩、含石英泥质粉砂岩、含碳泥岩、镁质大理岩。碳质来源于古藻类，在陆间海潮坪和潟湖环境富集，形成碳质泥岩和含碳粉砂质泥岩、粉砂岩，经角闪岩相至麻粒岩相的区域变质作用形成石墨片岩和含石墨黑云斜长片麻岩两种主要类型的矿石。区内出现了高品位大型矿床，且石墨鳞片片度大于0.15mm的占90%以上，是我国优质鳞片石墨矿的主要产区之一。

第一篇

矿产地质

第一章　成矿地质背景

第一节　区域构造

研究区大地构造位置为扬子陆块扬子克拉通基底的黄陵基底穹隆(图1-1)。扬子陆块为华南板块中克拉通化程度较高的陆块。陆块具有双层基底。中太古代至古元古代(3200~1800Ma)形成第一层基底——深变质结晶基底,由高绿片岩相、角闪岩相乃至麻粒岩相结晶岩石组成,并发育有混合岩化,出露于扬子陆块西缘川南、滇中以及北部黄陵地区(野马洞岩组、黄凉河岩组)。中元古代至新元古代早期形成第二层基底——浅变质岩基底,由浅变质细碎屑岩、板岩、千枚岩、大理岩夹少量中酸性火山岩构成(四堡群、神农架群)。黄陵基底为一断穹构造(图1-2),断穹构造位于上扬子陆块中北部,周缘被新华断裂、阳日湾断裂、通城河断裂、

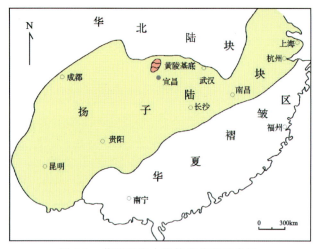

图1-1　黄陵基底大地构造位置示意图

天阳坪断裂及仙女山断裂围割,呈椭圆形穹隆形式。断穹核部出露中太古代至新元古代各类表壳岩和变质深成侵入岩,断穹周边为裙边式分布的南华系至二叠系。

基底核部被一系列基底断裂构造切割,断裂主要为北西方向,其中雾渡河断裂将黄陵基底核部分为南、北两部分。北部主要为太古宙和古元古代表壳岩及变质深成侵入岩的分布区(图1-3),南部则为新元古代花岗岩和花岗闪长岩分布区。研究区位于核北部。

早期基底断裂构造仅对中太古代的交战垭超镁铁质岩和野马洞岩组进行改造;中期普遍发育于中太古代TTG片麻岩组合、黄凉河岩组变质表壳岩、力耳坪岩组及交战垭、核桃园等镁铁质和超镁铁质岩石中,以广泛发育透入性、区域性的片(麻)理和韧性剪切带为特征,同时伴有麻粒岩相—角闪岩相区域变质作用;晚期构造变形是以新元古代黄陵岛弧侵入岩为代表的青白口纪造山运动,形成了菱形网格状脆韧性剪切系统(胡正祥等,2017)。

该区石墨矿形成与韧性剪切带有一定关系,目前已发现的石墨矿产地多分布于黄凉河韧性剪切带和坦荡河韧性剪切带的两侧。晚期基底构造则主要为脆韧性剪切带,破坏错断力耳坪岩组及更早的岩层。

基底区域地质及主要晶质石墨矿分布区见图1-4。

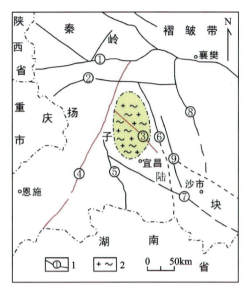

1.断裂及编号;2.结晶基底出露区。①青峰断裂;②阳日湾断裂;③雾渡河断裂;④新华断裂;
⑤仙女山断裂;⑥通城河断裂;⑦天阳坪断裂;⑧南漳-荆门断裂;⑨远安断裂

图 1-2 黄陵基底构造位置示意图

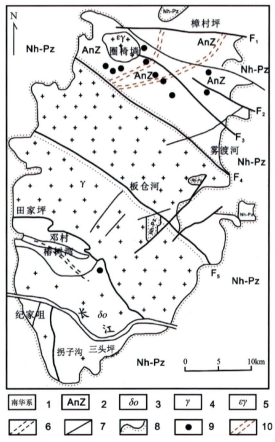

1.南华系+古生界;2.前震旦纪变质岩;3.石英闪长岩;4.花岗岩;5.钾长花岗岩;6.韧性剪切带;
7.断层;8.不整合界线;9.石墨矿床及矿点;10.早期韧性剪切带。断层名称:F_1.樟村坪断裂;
F_2.白竹坪断裂;F_3.交战垭断裂;F_4.雾渡河断裂;F_5.板仓河断裂

图 1-3 黄陵基底核部地质略图

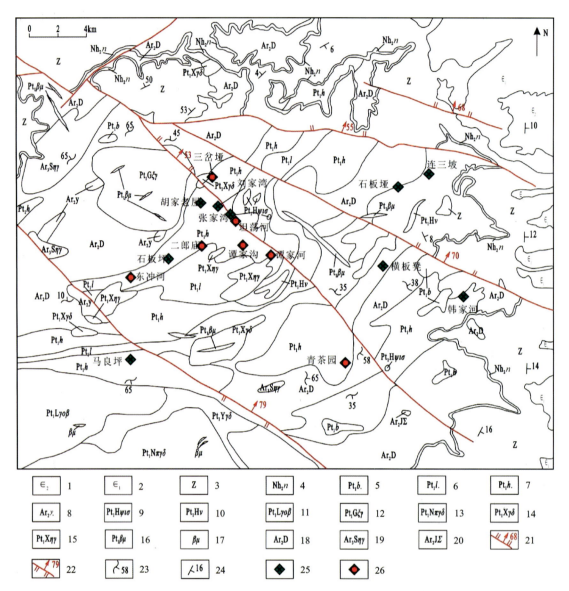

1.中寒武统；2.下寒武统；3.震旦系；4.南华系南沱组；5.白竹坪岩组；6.力耳坪岩组；7.黄凉河岩组；8.野马洞岩组；9.古元古代辉石橄榄岩；10.古元古代辉长岩；11.古元古代黑云斜长花岗岩；12.古元古代中粗粒(含云母)钾长花岗岩；13.古元古代花岗闪长岩；14.古元古代片麻状斜长花岗岩；15.古元古代片麻状二长花岗岩；16.古元古代辉长辉绿岩；17.细碧岩；18.中太古代东冲河片麻杂岩；19.新太古代二长花岗岩；20.中太古代交战垭超镁铁岩组；21.正断层；22.逆断层；23.片麻理产状；24.层理产状；25.石墨矿；26.石墨矿样品采样点

图1-4 黄陵基底北部区域地质及主要晶质石墨矿分布图

第二节 地层、岩浆岩、变质岩

一、地层

该区出露地层主要有中太古代野马洞岩组，古元古代黄凉河岩组、力耳坪岩组和白竹坪岩组。其相互关系、岩石组成和同位素年龄见表1-1。

表 1-1 黄陵基底核北部地层简表

地质时代	地层名称		岩性描述		同位素年龄(Ma)
古元古代	白竹坪岩组 ($Pt_1 b.$)		变酸性晶屑凝灰岩、酸性晶屑岩屑凝灰岩、变酸性岩屑凝灰岩、流纹岩(或安流岩)、含黄铁矿绢云板岩、含黄铁矿钠长浅粒岩(变酸性凝灰质含砂粉砂岩)和粉砂质板岩		1857～1854
	黄凉河岩组 ($Pt_1 h.$)	力耳坪岩组 ($Pt_1 l.$)	石墨片岩、长英质变粒岩、大理岩、石榴矽线石英片岩、富铝片岩、斜长角闪岩、片麻岩	斜长角闪岩夹黑云角闪斜长变粒岩(片麻岩)、浅粒岩	2427～2010 / 2100～1950
中太古代	野马洞岩组 ($Ar_2 y.$)		斜长角闪岩、黑云斜长变粒岩、黑云角闪斜长片麻岩、石英片岩、角闪片岩、黑云片岩		3000～2715

注：据《湖北省区域地质志》(胡正祥等，2017)。

1. 中太古代野马洞岩组($Ar_2 y.$)

区内野马洞岩组出露面积很小，呈残片状分布于野马洞、白果园周围地区，赋存于东冲河片麻杂岩、晒家冲片麻岩中，常见与交战垭超镁铁质岩共生。这套变质岩系在空间上极为不连续，出露零星。

岩石组合为一套混合岩化的斜长角闪岩、黑云斜长变粒岩、黑云角闪斜长片麻岩、石英片岩、角闪片岩和黑云片岩。主要遭受角闪岩相变质，岩组内部层序受变形作用改造，不具原始叠置关系。原岩恢复为一套拉斑玄武质-英安质火山岩建造。

野马洞岩组放射性同位素年龄为3000～2715Ma。

2. 古元古代黄凉河岩组($Pt_1 h.$)

区内黄凉河岩组大面积出露，分布面积占全区的35%～40%。黄凉河岩组与东冲河片麻杂岩作带状相间分布。黄凉河岩组与下伏东冲河片麻杂岩为构造接触。

黄凉河岩组的岩石组合可分为上、下两段。

下段：由含石墨富铝矿物片岩、片麻岩夹数层白云石大理岩、钙硅酸盐岩组成。局部见磁铁石英岩及薄层、透镜状斜长角闪岩。其原岩系由一套含碳富铝泥质岩、泥砂质岩、石英砂岩和不纯碳酸盐岩所组成。变质相一般为高角闪岩相。该段底部以大理岩、钙硅酸盐岩、石英岩及含石墨片岩、片麻岩为标志层，与下伏野马洞岩组明显分界，为假整合接触。该段地层中，发现有微古生物群，在黄凉河、王家台等地的白云石大理岩、石墨二云母片岩中含多种微古植物化石。

上段：为一套含石墨富铝矿物片岩、片麻岩互层，不含大理岩和钙硅酸盐岩，原岩为含碳富铝质泥质岩，岩性、岩相较稳定。变质相属高角闪岩相。

黄凉河岩组同位素年龄为2427～2010Ma。

3. 古元古代力耳坪岩组($Pt_1 l.$)

区内力耳坪岩组集中沿马良坪、二郎庙、黄凉河、石板垭一带出露，分布于黄凉河岩组的中心地带，其间常见核桃园基性—超基性岩侵入，出露面积约25.3km²。

岩石组合：岩性单一，为一套厚层细粒斜长角闪岩、绿帘斜长角闪岩、绿帘角闪(片)岩，偶夹黑云斜长片麻岩条带。斜长角闪岩沿走向分布稳定，成分变化不大，岩石均具柱状、粒状变晶结构，弱定向构造和片状构造。原岩为基性岩类（基性超浅成侵入岩或基性火山岩），类似洋中脊玄武岩。力耳坪岩组与黄凉河岩组应为同期异相的关系，力耳坪岩组形成稍后。

力耳坪岩组同位素年龄为2100～1950Ma。

4. 古元古代白竹坪岩组（$Pt_1b.$）

白竹坪岩组出露面积很小，分布于黄陵地区北部大树垭、白竹坪、花果树垭等地，以断片或残留顶盖的形式产出。

岩性组合：灰绿色绢云石英钠长千枚岩（变酸性含砾晶屑岩屑凝灰岩）、绢云钠长石英片岩（变酸性晶屑岩屑凝灰岩）、绿泥绢云千枚岩、钠长石英绢云母千枚岩（玻屑凝灰岩）和钠长浅粒岩（变流纹岩）。与下伏中深变质岩系为角度不整合接触或断层接触。

白竹坪岩组同位素年龄为1857～1854Ma。

二、岩浆岩

（一）侵入岩

区内分布最广的东冲河片麻杂岩是变质变形的中太古代侵入岩，占全区面积的35%～40%，其次为古元古代的华山观超单元、小坪杂岩和圈椅垴钾长花岗岩。古元古代的核桃园超基性、基性岩组合及新太古代的晒家冲片麻杂岩和中太古代交战垭超镁铁岩组合分布均很局限。新元古代基性岩墙分布较为广泛，但均为小规模的岩脉、岩墙。侵入岩序列见表1-2。

表1-2 黄陵基底核北部中太古代—古元古代侵入岩序列表

地质时代	岩石组合 （胡正祥等，2017）	1∶25万荆州幅区域地质调查岩石组合名称	主要岩性
古元古代 （Pt_1）	黄陵古元古代后造山花岗岩组合	华山观岩体、岔路口岩体、圈椅垴岩体	钾长花岗岩、二长花岗岩
	黄陵古元古代TTG+花岗岩（γ）组合	小坪杂岩	片麻状石英闪长岩、片麻状奥长花岗岩、片麻状黑云闪长岩、片麻状花岗闪长岩、含黑云石英二长岩、片麻状二长岩
	黄陵古元古代大洋基性—超基性岩组合	核桃园超基性—基性岩组合	辉岩、橄辉岩、橄榄岩、斜辉辉橄岩、纯橄榄岩、辉长岩
新太古代 （Ar_3）	黄陵新太古代后碰撞花岗岩组合	晒家冲片麻岩	含角闪黑云二长花岗质片麻岩
中太古代 （Ar_2）	岛弧TTG组合	东冲河片麻杂岩	英云闪长质片麻岩、奥长花岗质片麻岩、花岗闪长质片麻岩
	大洋基性—超基性岩组合	交战垭超镁铁岩组合	纯橄榄岩、辉橄岩、角闪辉石岩、斜长透辉岩、辉长岩

侵入岩的成分从基性—超基性岩到中酸性花岗岩均有见及，活动的时间或规模都是中酸性花岗岩类占主体。

1. 中太古代交战垭超镁铁质岩组合（Ar$_2$J）

胡正祥等（2017）将其划归为黄陵中太古代大洋基性—超基性岩组合。该组合位于夷陵区交战垭一带，出露面积仅 0.11km^2，由两个小岩体组成，总体展布方向为北东向。单个岩体呈透镜状或条带状，岩体边缘常见片理化。另在黄凉河地区，呈包裹体产于东冲河片麻杂岩中。

岩石特征：原岩主要为辉橄岩（二辉辉橄岩、斜辉辉橄岩），次为含辉纯橄岩、角闪辉石岩等。岩石蚀变强烈，多发生蛇纹石化、透闪石化和滑石化。原岩应是地幔物质，为未经分异的幔源岩浆直接结晶而成，很可能是科马提岩的一部分。该套岩浆岩呈包裹体、残留体分布于东冲河片麻杂岩中，时代应早于东冲河片麻杂岩（3000～2903Ma）。

2. 中太古代东冲河片麻杂岩（Ar$_2$D）

胡正祥等（2017）将中太古代东冲河片麻杂岩划归为黄陵中太古代岛弧 TTG 组合。该岩类大面积出露且与古元古代黄凉河岩组作北东方向带状相间分布。主要分布区有 3 片。

东部：雾渡河—交战垭一带。片麻杂岩东部和北部被南华系—震旦系盖层角度不整合覆盖，南东角被华山观超单元侵入，南部被水月寺-雾渡河断裂截切，西部上覆有古元古代黄凉河岩组，中部交战垭见超镁铁质包裹体。

中部：东风岭—界岭垭一带，东、西两侧为古元古代黄凉河岩组所夹持，北部被南华纪—震旦纪的沉积层角度不整合覆盖，局部被近东西向断裂切割，南部被雾渡河断裂截切。在小坪等地见片麻状的石英闪长岩、二长花岗岩等小岩体以及超基性岩-辉长岩侵入。连三滩等处见新元古代基性岩墙侵入，白竹坪一带上覆有酸性火山岩建造。

西部：分布在水月寺周围。北部上覆南华纪—震旦纪沉积盖层，南部被雾渡河断裂截切。可见其侵入野马洞岩组，在西坪北王家湾、东风岭等地见到野马洞岩组包裹体或残留体，西部见二长花岗质片麻岩（晒家冲片麻岩）侵入。圈椅塇见钾长花岗岩岩株侵入。

岩石特征：主要岩性为英云闪长质片麻岩、奥长花岗质片麻岩和花岗闪长质片麻岩，零星可见石英闪长质片麻岩向英云闪长质片麻岩过渡。

据岩石类型、矿物组成及化学成分、稀土配分结果，东冲河片麻杂岩属典型的 TTG 岩套。

东冲河片麻杂岩同位素年龄为 2900～2500Ma。

3. 新太古代晒家冲片麻岩（Ar$_3$S）

该类片麻岩分布于晒家冲、张家老屋、水月寺东、龙泉寺等地，约见 6 个侵入体，一般呈小岩体出露，总面积 18.57km^2。岩体侵入东冲河片麻杂岩。在圈椅塇西部见新元古代的基性岩墙侵入其中。

岩石特征：主要岩性为条带状（含角闪）黑云二长片麻岩，其原岩为二长花岗岩。属非典型的 TTG 岩套。

晒家冲片麻岩同位素年龄小于 2900Ma。

4. 古元古代核桃园基性—超基性岩组合（Pt$_1$H）

该组合分布于殷家坪—核桃园一带，呈不规则状小岩体、岩株或岩脉断续产出，构成北东向基性—超基性岩带。岩体侵入英云闪长质片麻岩、黄凉河岩组和力耳坪岩组。

岩石特征：分为超基性岩和基性岩两大类。超基性岩有纯橄岩、橄榄岩、辉橄岩等；基性岩有辉绿岩、辉长岩等。

该组合同位素年龄为（2009±7）Ma。

5. 古元古代小坪杂岩(Pt$_1$X)

胡正祥(2017)将古元古代小坪杂岩划归为黄陵古元古代TTG＋花岗岩组合。该岩类出露于谭家河、黄木岗等地,呈小岩体产出,单个岩体面积小于0.5km^2。

岩石特征:片麻状石英闪长岩、片麻状斜长花岗岩、片麻状花岗闪长岩、片麻状二长花岗岩。

侵入时代:侵入东冲河片麻杂岩、黄凉河岩组、力耳坪岩组,被南华纪南沱组不整合覆盖,时代应属古元古代。

6. 华山观超单元龚家冲单元(Pt$_1$G)

胡正祥(2017)将龚家冲单元划归为黄陵古元古代后造山花岗岩组合。该单元分布于圈椅埫一带,近圆状出露于研究区西部,面积达6.25km^2,原称"圈椅埫花岗岩"。侵入东冲河片麻杂岩和野马洞岩组,岩体内见新元古代辉绿岩侵入。

岩石特征:中粗粒钾长花岗岩,具典型花岗结构,局部见片麻理构造。

7. 新元古代基性岩墙(Pt$_3$ν、Pt$_3$βμ)

该类基性岩墙在全区广泛分布,侵入野马洞岩组、黄凉河岩组、力耳坪岩组,以及中—新太古代、中—新元古代的侵入岩,被南华纪南沱组覆盖,均以岩墙、岩脉的形式产出。

岩性:辉长岩、辉绿岩、辉绿玢岩、煌斑岩。

新元古代基性岩墙同位素年龄为700Ma。

(二)火山岩

1. 中太古代火山岩

该类火山岩分布于野马洞岩组中,原岩为双峰式系列火山活动形成的一套拉斑玄武岩-英安岩火山岩建造,经变质后成为混合岩化斜长角闪岩、角闪片岩、黑云角闪斜长片麻岩。

2. 古元古代火山岩

该类火山岩分布于力耳坪岩组中,原岩为拉斑玄武质火山岩(有部分为镁铁质侵入岩),不含安山岩、英安岩或流纹岩,为克拉通裂谷火山活动的产物。

3. 古元古代(晚期)白竹坪火山岩

该类火山岩分布于白竹坪一带,岩性为酸性晶屑凝灰岩、晶屑岩屑凝灰岩、流纹岩等。

三、变质岩

研究区属太古宙—古元古代结晶基底,所有岩石均遭受不同程度的变质,变成以中深变质程度为主的变质岩。

1. 野马洞岩组变质岩

片岩类:绿片岩类(绿泥黑云片岩、含绿帘石阳起-透闪片岩、绿帘角闪片岩),云母片岩(二云母石英片岩、白云母石英片岩、含榴二云石英片岩)。

变粒岩类：变粒岩（黑云变粒岩、角闪斜长变粒岩、含石榴石斜长变粒岩）。

2. 黄凉河岩组变质岩

片岩类：富铝片岩（含石墨红柱十字矽线二云石英片岩、二云片岩），石墨片岩类（石墨片岩、含石墨二云片岩）。

变粒岩类：黑云变粒岩、角闪斜长变粒岩、含石榴斜长变粒岩。

片麻岩类：富铝片麻岩类（含石墨石榴矽线黑云斜长片麻岩、含石墨石榴黑云斜长片麻岩），斜长片麻岩类（含榴黑云斜长片麻岩、角闪斜长片麻岩）。

斜长角闪岩类：含榴斜长角闪岩、石英斜长角闪岩、黑云斜长角闪岩、斜长角闪岩。

石英岩类：角闪石英岩、石榴石英岩、长石石英岩。

大理岩、钙硅酸盐岩类：透闪石大理岩、橄榄石大理岩、透闪透辉方柱石岩、透闪透辉岩。

麻粒岩相类：紫苏麻粒岩、紫苏斜长角闪岩、含紫苏石榴角闪斜长片麻岩。

石榴矽线石英片岩类：含刚玉矽线片岩、石榴矽线石英片岩。

3. 力耳坪岩组变质岩

角闪岩：斜长角闪岩、绿帘斜长角闪岩、绿帘角闪片岩。

变质火山岩：变凝灰岩。

4. 青白口纪变质岩

千枚岩类：绢云绿泥钠长千枚岩、长英质千枚岩。

5. 动力变质岩

区内各类岩石在长期演化历史中，经历了不同时期韧性和脆韧性再造事件，形成了各种动力变质岩（表1-3）。

早期韧性剪切动力构造作用对黄陵变质结晶基底改造强烈，除形成糜棱岩等外，主要产生大量同构造变质分异脉体，内动力作用积聚的热力造成塑性流变，形成各类注入混合岩。晚期脆性、脆-韧性断裂作用破坏错断前期岩层，包括石墨矿中所见的各类成矿后断层。

表1-3 动力变质岩分类表

类型	常见岩石	主要特征	备注
脆性动力变质岩	断层角砾岩、碎裂岩、碎斑岩、碎粒岩、碎粉岩	发育碎裂结构、块状构造，见"砾包砾"多期活动现象，伴生擦痕线理及牵引褶曲	晚期破坏错断早期变质岩
脆-韧性动力变质岩	云英质构造片岩、长英质构造片岩	宏观上呈叶片状、瓦片状构造，伴生长英质拉伸线理、绢云母条纹线理，见塑性变形特征及剪切-压溶脆性裂隙	低绿片岩相
韧性动力变质岩	糜棱岩化岩、初糜棱岩、糜棱岩、超糜棱岩、变晶糜棱岩	具典型糜棱结构，流动构造，发育各种塑性运动学标志，伴生角闪石生长线理、黑云母条纹线理	低角闪岩相
	构造片麻岩、混合岩	呈黑白相间的条带状构造，长英质矿物局部熔融，导致混合岩化	高角闪岩相至麻粒岩相

四、混合岩

该混合岩主要出露于野马洞岩组、黄凉河岩组变质岩系中,种类如表1-4所示。

根据混合岩化程度分为3类,即混合岩化变质岩、混合岩和混合花岗岩(程裕淇等,1963)。混合岩化变质岩脉体少、基体多,混合岩基体和脉体数量大致相等,混合花岗岩主要为脉体。

混合岩化和混合岩与本区石墨矿成矿作用有关,混合岩化可使石墨密集出现,并使石墨片径增大。

表 1-4 研究区混合岩分类表

岩石类型	分布层位	主要特征
混合岩化变质岩	$Pt_1h.$	脉体少,以长英质、花岗质、伟晶质注入为主,顺片(麻)理产出,呈脉状、条带状,交代结构明显
混合岩	$Pt_1h.$、$Ar_2y.$	脉体与基体的数量大致相等,根据基体与脉体的交生构造,分为眼球状混合岩、条带状混合岩、揉褶状混合岩、肠状混合岩等
混合花岗岩	$Pt_1h.$、$Ar_2y.$	混合岩化最强烈部分,岩石外貌与岩浆岩结晶花岗岩相似,岩石总矿物成分相当于花岗岩,其中保留一定数量的暗色矿物集中而成的斑点、条痕、团块

五、岩石成因系列

该区种类繁多的岩石按成因可分为3个系列:岩浆岩系列、沉积岩系列和混合岩系列。变质岩不作为一个独立系列,因为变质岩是由岩浆岩系列和沉积岩系列的岩石变质并在基本保持原岩成分不变经固态变质反应而形成。混合岩则不同,混合岩属超变质作用,是由变质岩部分熔融而产生的一种新生物质(图1-5)。

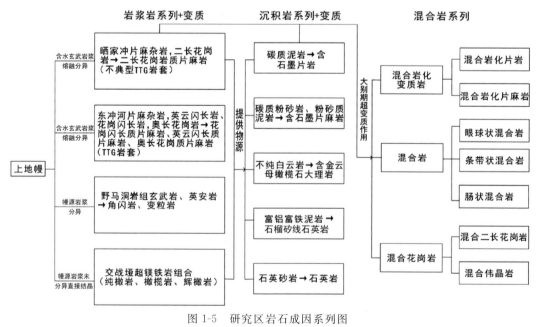

图 1-5 研究区岩石成因系列图

(一) 岩浆岩系列

1. 交战垭超镁铁岩组合(Ar_2J)

交战垭超镁铁岩石组合主体分布于宜昌交战垭一带,由两个小岩体组成,原岩为辉橄岩(二辉辉橄岩、斜辉辉橄岩),其次为纯橄岩、角闪辉石岩等,均已发生强烈蚀变(蛇纹石化、透闪石化、滑石化等)。根据其主量成分、微量元素含量特征、稀土元素配分形式推测,源岩应是地幔物质。超基性岩镁铁矿物含量高,为75.76%~78.72%,大于75%;稀土配分形式极平坦,与科马提岩处于同一范围;MgO/FeO值为10.37~22.71,大于7。这些特点表明,岩石为未经分异的幔源岩浆直接结晶而成,很可能是科马提岩的一部分(周忠友等,2005)。交战垭超镁铁岩组合是本区最早形成的岩石圈物质。

2. 野马洞岩组玄武岩英安岩($Ar_2y.$)

野马洞岩组的原岩为玄武岩和英安岩,为具有双峰特征的火山岩。现已变质为角闪斜长片麻岩、角闪片岩、斜长变粒岩。据其岩石化学特征,斜长角闪岩原岩属拉斑玄武岩,斜长变粒岩则属英安岩。野马洞岩组玄武岩的稀有元素蛛网图与下地壳的蛛网图相似,英安岩则与中上地壳相似。但两者同时与E-MORB型洋中脊岩相似。因此推断其成因为:中太古代本区处于重力异常和高热梯度的海底高原洋中脊处,随着古海洋板块的离散,地幔不断发生熔融分异,先产出玄武质岩浆,随着分异的演化产生英安质熔浆,两者交替喷发,形成野马洞岩组。

3. 东冲河片麻杂岩(Ar_2D)

东冲河片麻杂岩原岩为英云闪长岩、奥长花岗岩和花岗闪长岩,属典型的TTG岩套。目前国际对TTG岩套的成因有多种假说,比较有影响力的有两种:一种认为TTG岩套是含水变玄武岩部分熔融后的残留相(Arth and Hanson,1975;Arth,1979);另一种认为TTG熔体来自变质到榴辉岩相或石榴角闪岩相的含水玄武岩浆部分熔融(Condic and Hunter,1976;Condie,1981;Jahn et al.,1981,1984;Martin,1986,1987;Ellam and Hawkesworth,1988)。总之东冲河片麻杂岩原岩是由玄武岩浆部分熔融分异而来。

4. 晒家冲片麻杂岩(Ar_3S)

晒家冲片麻杂岩原岩为二长花岗岩,主要矿物成分为钾长石(25%~47%)、斜长石(20%~49%)、石英(20%~35%)、黑云母(3%~15%)。与东冲河片麻杂岩相比钾长石的含量高,超过了花岗闪长岩的范围。在AQP分类图解上落入二长花岗岩区。岩石化学成分以高SiO_2,富Na_2O、K_2O为特征,Na_2O+K_2O平均值达9.98%。稀土元素配分形式与东冲河片麻杂岩相近,在成因上有联系。综上所述,晒家冲片麻杂岩应与东冲河片麻杂岩有同样的成因,起源于含水玄武岩浆熔融分异,但在成分上与典型的TTG岩套有差别,属于不典型的TTG岩套。

(二) 沉积岩系列

黄凉河岩组是本区古元古代沉积盆地中通过沉积作用形成的岩石系列。沉积环境的差异和海平面升降形成了本岩组中的沉积韵律。本区沉积岩系列可分成如下主要类型。

1. 碎屑岩、泥质岩

该类型包括石英砂岩、杂砂岩、泥质砂岩、泥质粉砂岩、粉砂质泥岩等。其中又分为两类:一类由于在沉积过程中有微古生物的参与,形成含碳泥岩和含碳泥质粉砂岩;另一类由于无微古生物作用,富铝同时富铁,形成富铝和富铁的泥岩、泥质粉砂岩。经变质后前一类变为含石墨片岩、片麻岩,后一类变成矽线石榴片岩、片麻岩。形成于潮坪环境的石英砂岩变质后成为石英岩。

2. 碳酸盐岩

该类型形成于潮坪和潟湖环境,主要为不纯白云岩,含较多的 SiO_2、Al_2O_3 等杂质。变质后成为含金云母大理岩、含橄榄石蛇纹石大理岩等。当杂质含量高时可变质为钙硅酸盐岩。

(三)混合岩系列

混合岩系列的岩石包括混合岩化片岩、片麻岩,各种形式的混合岩及混合花岗岩、伟晶岩。混合岩作为一种特殊的岩石类型,其成因一直受到重视,混合岩形成的机制可归纳为深熔(即部分熔融)、岩浆注入、交代和变质分异4种。Raymond(1995)将混合岩形成机制分为开放系统和封闭系统两种。封闭系统混合岩形成的机制为韧性剪切+深熔或深熔+变质分异。本区混合岩根据岩石特点和产出特征,应属韧性剪切+深熔成因。沿着本区两条主要的韧性剪切带——黄凉河韧性剪切带和坦荡河韧性剪切带,混合岩化和混合岩特别发育,同时岩石中韧性剪切带的形迹(如 S-C 构造面)非常普遍,韧性剪切带与混合岩相伴而生。苗培森和张振福(1995)对山西早前寒武纪变质岩韧性剪切带进行研究,认为混合岩化作用是伸展构造作用下变宽韧性剪切带岩石发生的"熔融和自分异作用"。本区 M_3 期变质作用,温度已越过了泥质岩的最低重熔曲线(Merrill et al.,1970)。在角闪岩相—麻粒岩相变质和剪切拉伸构造作用下,低熔组分(石英、钾长石、斜长石)熔融、分异、交代,在应力和热力作用下变质岩发生塑性化,脉体注入、贯入,在塑性状态下揉曲、褶皱,形成了形态各异的混合岩。

第三节 地质构造及构造发展史

一、构造变形期次及特征

该区具中深层次、多期次韧性剪切和褶皱叠加变形变质特征,构造复杂。大致可将该区内前南华纪构造变形分为3期。

1. 第一期构造变形

第一期构造变形是该区可识别的最早构造形迹,主要残存于中太古代野马洞岩组,遭受后期构造和岩浆岩改造而支离破碎。宏观上表现为野马洞岩组以形态各异的包裹体产于大面积分布的太古宙花岗质片麻杂岩中。在野马洞岩组内部表现为高热塑性状态下的变质分异、构造变形与面理置换。

2. 第二期构造变形

卷入该期变形的地质体主要为太古宙 TTG 片麻杂岩组合、黄凉河岩组变质表壳岩、力耳坪岩组和交战垭、核桃园等镁铁质—超镁铁质岩石。以广泛发育透入性、区域性的片(麻)理和韧性剪切带为特征,同时伴有麻粒岩相—角闪岩相区域变质作用。该次变形是黄陵基底北部最为醒目的一期构造。

3. 第三期构造变形

第三期构造变形是黄陵基底的一次重要构造事件。以中新元古代庙湾组混杂岩和新元古代黄陵岛弧侵入岩为代表的青白口纪造山运动，奠定了黄陵基底的主构造格局。在持续的北北东-南南西向压应力场下，形成黄陵南缘以北西向逆冲推覆剪切带为主，以北北西向、北东向走滑剪切为辅的菱形网格状脆-韧性剪切系统。

二、地质构造发展史

该区地质构造发展历史研究成果丰富，太古宙、元古宙地质历史阶段划分及相应的名称亦多种多样。本书根据"双层基底"的事实，在前人划分方案的基础上作相应的调整，将本区基底演化历史划分为两大旋回：大别旋回，太古宙至古元古代（>1800Ma），形成结晶基底；扬子旋回，中、新元古代（1800～800Ma），形成浅变质基底。历经4个时期：中新太古代时期（迁西-五台期）、古元古代时期（吕梁期）、中元古代时期、新元古代时期（图1-6）。该区与石墨矿形成有关的历史只是太古宙和古元古代时期，新元古代青白口纪和南华纪则形成盖层。

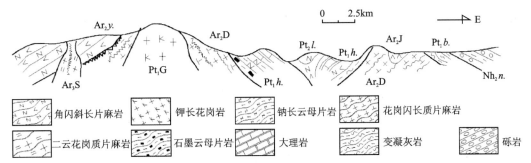

太古宙：交战垭超镁铁岩（Ar_2J）；野马洞岩组（$Ar_2y.$）；东冲河片麻杂岩（Ar_2D）；晒家冲片麻岩（Ar_3S）；古元古代：黄凉河岩组（$Pt_1h.$）；古元古代：力耳坪岩组（$Pt_2l.$）；古元古代：白竹坪岩组（$Pt_1b.$）；华山观超单元龚家冲单元（Pt_1G）；南华纪南沱组（Nh_2n）

图1-6　研究区太古宙—元古宙构造层示意图

1. 太古宙时期

太古宙该区以花岗-绿岩地质体的形成为特点，类似绿岩组合（野马洞岩组）及TTG岩套（东冲河片麻岩）是其主要组成，形成时代应在2900Ma之前。变质作用主体为绿片岩相，构成了中新太古代古陆的核心（微陆块）。新太古代末期的构造运动，使微陆块汇聚增生，形成大量同构造钙碱性侵入岩（晒家冲片麻岩），绿岩物质发生角闪岩相至麻粒岩相的进变质作用，该区转入相对稳定的地块演化阶段。

2. 古元古代时期

古元古代的演化历史，相当于稳定陆块及边缘的发展史。以表壳岩沉积为特点，出露地块型沉积物组合：孔兹岩建造。火山作用十分微弱，仅在演化晚期阶段碎屑岩-碳酸盐岩建造中夹少量双峰式火山沉积建造，表现为稳定地块逐渐向活动裂谷转变。由于新太古代末期稳定陆块发生隆升和坳陷的差异化构造运动，使古元古代形成古陆和古海洋相间的古地理格局，隆升区成为受侵蚀的古陆，坳陷区则为蓄积由原始大气圈演化产生的水分子聚集而成的原始海洋。在海洋区，沉积了一套由富含有机质的泥质岩、泥质粉砂岩、黏土岩、不纯碳酸盐岩构成的孔兹岩系以及苏必利尔型含铁建造（BIF）。在演化晚期阶段，出现了活动的征兆，有火山开始活动。

古元古代晚期本区已从半稳定—较稳定状态逐渐向活动裂谷沉积过渡。黄陵地区地壳转化为以伸展作用为主,形成了一套拉斑玄武质火山岩建造(力耳坪岩组),随着裂谷的进一步扩张,基性—超基性岩(核桃园超镁铁质岩)沿断裂侵位。

从构造特点分析,整个古元古代,本区可能经历了从裂谷到大洋、最后俯冲消减的全过程。晋宁期造山运动可能使区内古元古代晚期的沉积物大部分被剥蚀。

第二章 含矿岩系——黄凉河岩组特征

第一节 岩石组合及主要岩石特征

一、岩石组合

黄凉河岩组为该区古元古代地层（2300～1800Ma），由一套富铝富铁片岩、片麻岩、石榴矽线石英片岩及含石墨二云母片岩组成，夹大理岩、长英质岩和斜长角闪岩，为石墨矿的含矿岩系。黄凉河岩组岩石组合见表2-1。

由表2-1可知，黄凉河岩组由富铝片岩-片麻岩及石榴矽线石英片岩、长英质粒岩、斜长角闪岩、大理岩及钙镁硅酸盐岩4种岩类构成，每一岩类又包括多种岩石。

表2-1 黄凉河岩组岩石组合

岩类	富铝片岩-片麻岩、石榴矽线石英片岩类	长英质粒岩类	斜长角闪岩类	大理岩、钙镁硅酸盐岩类
岩石	1. 石榴黑云斜长片麻岩 2. 含石墨矽线石榴黑云斜长片麻岩 3. 含石墨红柱石石榴二云片岩 4. 石墨二云片岩 5. 红柱十字二云片岩 6. 石墨片岩 7. 石榴矽线石英片岩	1. 黑云母变粒岩 2. 黑云母浅粒岩 3. 长石石英岩 4. 石英岩	1. 石榴斜长角闪岩 2. 石榴黑云斜长角闪岩	1. 含金云母透辉镁橄石墨白云大理岩 2. 透闪白云大理岩 3. 斜长透辉石岩 4. 透闪透辉变粒岩 5. 透辉方柱石岩 6. 石榴透闪片岩 7. 金云母透闪片岩

各类岩石在空间上分层产出，并有一定的周期性。黄凉河岩组的下部由含石墨富铝铁矿物片岩、片麻岩夹数层白云石大理岩、钙镁硅酸盐岩组成，局部见磁铁石英岩及薄层透镜状斜长角闪岩。黄凉河岩组上部主要为富铝矿物片岩、片麻岩互层，黑云斜长片麻岩、黑云片岩、二云片岩有规律交替出现，石墨在地层中断续出现，含量较下部明显减少。大理岩、钙硅酸盐岩消失，并以此与下部岩组相区分。

二、主要岩石特征

黄凉河岩组主要岩石特征见表2-2，照片2-1～照片2-28。

表 2-2　黄凉河岩组主要岩石特征

岩石名称	矿物组成及特征	结构构造	备注
石墨二云片岩（片麻岩）	石墨(5%～20%)：鳞片状，与云母交互生长；金云母（黑云母）(15%～20%)：鳞片状，与金云母、石墨交互生长；石英(30%～40%)：不规则粒状、拉长状，沿片理分布，与云母相间；黄铁矿(1%～3%)：不规则粒状，沿片理散布。当片状矿物减少，石英斜长石含量增高时过渡为片麻岩	鳞片变晶结构、粒状变晶结构；片状构造、片麻状构造	含石墨矿石，石墨片岩石墨含量高，石墨片麻岩石墨含量低
矽线石榴云母片麻岩	矽线石(5%～25%)：纤维状、针柱状，常围绕石榴石、石英等矿物分布；石榴石(15%～60%)：形成变斑晶，浑圆状。裂隙发育，富含包裹体，形成残缕构造，"S"形旋转构造；黑云母(3%～15%)：片状，沿麻理分布，绕过石榴石；白云母(3%～15%)：片状，与黑云母交互生长；石英(15%～40%)：不规则粒状，与云母相间；斜长石(10%～15%)：分布于石榴石之间，与石英交互生长；含少量蓝晶石、十字石、钛铁矿、金红石	斑状变晶结构、粒状变晶结构、鳞片状变晶结构、纤维状变晶结构；片麻状构造	石榴石、矽线石富集部位形成石榴石、矽线石矿石。黑云母含量少，仅由石榴石、矽线石、石英组成的岩石称石榴矽线石英片岩
大理岩	白云石(70%～80%)：半自形粒状、不规则粒状，相互嵌生；方解石(15%～20%)：不规则粒状，与白云石交互生长；金云母(3%～5%)：片状，稀疏散布于白云石间；橄榄石(3%～5%)：中粗粒，不规则分布	粒状变晶结构；块状构造	大理岩成分不纯，有钙镁硅酸岩变质矿物产出，呈现浅绿色
透闪透辉岩	透闪石(5%～40%)：长柱状、放射状与透辉石交互生长，含铁较高时变为阳起石；透辉石(10%～60%)：柱状、不规则粒状，与透闪石相间。含少量石英、云母	粒状变晶结构、柱状变晶结构、针柱状变晶结构；块状构造	常与大理岩过渡，或团块状产于大理岩中
石英岩	石英(>80%)：不规则粒状，相互嵌生。含少量方解石、泥质、石榴石、斜长石、磁铁矿，磁铁矿含量多时变为磁铁石英岩	粒状变晶结构；块状、条带状构造	磁铁矿含量多时，成为含铁石英岩
斜长角闪岩	角闪石(40%～45%)：柱状、不规则粒状，与长石交互生长；斜长石(30%～40%)：板状、不规则粒状，分布于角闪石间；钾长石(5%～10%)：不规则粒状，与斜长石交互生长。含少量石英、黑云母、透辉石	粗粒柱状变晶结构、粒状变晶结构；块状构造	夹于片岩中，或与大理岩互层

黄凉河岩组岩石的主体为含石榴矽线云母片岩、片麻岩以及含石墨的云母片岩、斜长片麻岩，厚度大、分布广。大理岩、钙镁硅酸盐岩（透辉透闪岩）是不可或缺的组成部分，且与石墨云母片岩关系密切，紧随其上下。石英岩和斜长角闪岩数量较少，但分布也较广泛。

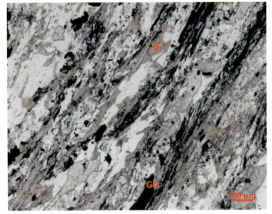 

照片2-1　含石墨黑云片岩　　　　　　　　照片2-2　含石墨黑云片岩
薄片（一）　TDH-2(g)　　　　　　　　　　薄片（＋）　TDH-2(g)
Bi. 黑云母；Gph. 石墨　　　　　　　　　　Bi. 黑云母；Gph. 石墨

照片2-3　含石墨白云片岩（一）　　　　　　照片2-4　含石墨白云片岩
薄片（一）　TTG-3(g)　　　　　　　　　　薄片（＋）　TTG-3(g)
Gph. 石墨；Mu. 白云母　　　　　　　　　　Gph. 石墨；Mu. 白云母

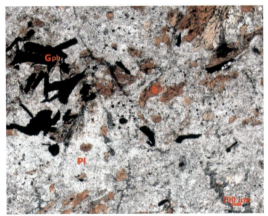 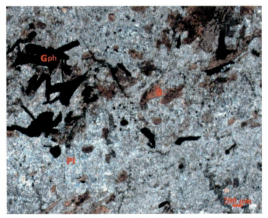

照片2-5　含石墨黑云斜长片麻岩（一）　　　照片2-6　含石墨黑云斜长片麻岩，斜长石绢云母化
薄片（一）　5(L)　　　　　　　　　　　　薄片（＋）　5(L)
Pl. 斜长石　　　　　　　　　　　　　　　Gph. 石墨；Pl. 斜长石

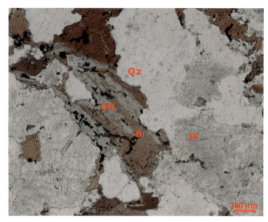

照片2-7 黑云斜长片麻岩，黑云母被绿泥石交代
薄片（一） 6(L)
Bi.黑云母；Chl.绿泥石；Qz.石英；Pl.斜长石

照片2-8 黑云斜长片麻岩，浅色矿物为石英和斜长石
薄片（+） 6(L)

照片2-9 黑云斜长片麻岩，石英与斜长石交互生长
薄片（+） 6(L)
Qz.石英；Pl.斜长石

照片2-10 黑云斜长片麻岩，钾交代形成条纹长石
薄片（+） 6(L)
Pe.条纹长石

照片2-11 斜长角闪岩片岩，角闪石定向排列与斜长石相间
薄片（一） 9(j)
Hb.角闪石

照片2-12 正交偏光下的斜长角闪片岩
薄片（+） 9(j)

照片 2-13 石榴黑云片麻岩

薄片（一） 39(j)

Gr. 石榴石；Bi. 黑云母

照片 2-14 正交偏光下的石榴黑云片麻岩

薄片（＋） 39(j)

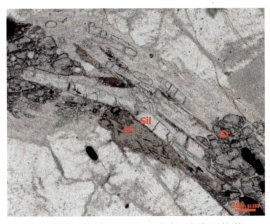

照片 2-15 矽线石榴云母片岩，矽线石柱状，
纤维状产出，与云母、石榴石交生

薄片（一） 41(j)

Sil. 矽线石；Bi. 黑云母；Gr. 石榴石

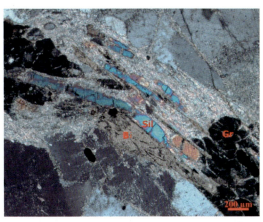

照片 2-16 正交偏光下的矽线石榴云母片岩

薄片（＋） 41(j)

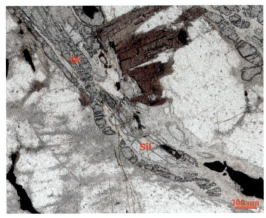

照片 2-17 矽线石榴云母片岩，矽线石、石榴石
沿片理排列

薄片（一） 41(j)

照片 2-18 矽线石榴云母片岩，矽线石与石榴石
相间分布

薄片（＋） 41(j)

照片 2-19 等粒变晶白云石组成的大理岩
薄片(一) 9(L)
Do. 白云石

照片 2-20 等粒变晶白云石组成的大理岩，
白云石双晶发育
薄片(+) 9(L)

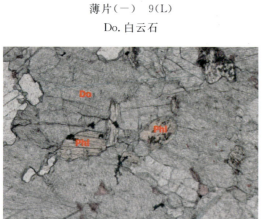

照片 2-21 大理岩中常含少量金云母
薄片(一) 9(L)
Do. 白云石；Phl. 金云母

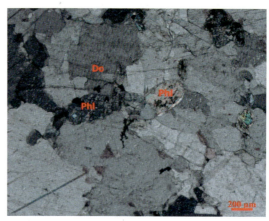

照片 2-22 大理岩中常含少量金云母产于
白云石间
薄片(+) 9(L)

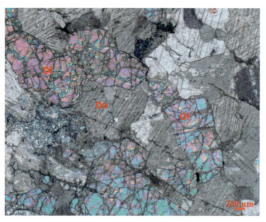

照片 2-23 大理岩中可见粗粒橄榄石
薄片(+) S3
Ol. 橄榄石；Do. 白云石

照片 2-24 蛇纹石化大理岩中的叶蛇纹石
薄片(+) G_1
Do. 白云石；Sep. 蛇纹石

照片 2-25 方解石白云石大理岩(茜素红染色)
薄片(一) 9(L)
Do. 白云石;Cal. 方解石

照片 2-26 方解石白云石大理岩中方解石和白云石
交互生长薄片(+) 9(L)

照片 2-27 磁铁透闪石岩
薄片(一) 15(j)
Mat. 磁铁矿;Tl. 透闪石

照片 2-28 磁铁透闪石岩中透闪石呈长柱状产出
薄片(+) 15(j)

第二节 矿物共生组合分析

黄凉河岩组中岩石的矿物共生组合类型见表 2-3。

表 2-3 黄凉河岩组矿物共生组合类型

序号	矿物共生组合	在共生图解中位置	典型标本号
1	铁铝榴石＋十字石＋黑云母＋斜长石＋石英	2＋3 区	157-1
2	矽线石(蓝晶石)＋铁铝榴石＋白云母＋石英	1＋2＋3 区	Ⅲ-采 4
3	铁铝榴石＋斜长石＋黑云母＋石英	4 区	Ⅲ T-12
4	白云母＋黑云母＋铁铝榴石＋石英	4 区	153-1
5	铁铝榴石＋长石＋黑云母＋石英	4 区	Ⅲ K_0-3
6	铁铝榴石＋十字石＋黑云母＋石英	2＋3 区	N-35
7	铁铝榴石＋十字石＋白云母＋黑云母＋石英	2＋3 区	154-1

续表 2-3

序号	矿物共生组合	在共生图解中位置	典型标本号
8	铁铝榴石＋蓝晶石＋白云母＋石英	1＋2＋3 区	N-5-1
9	黑云母＋白云母＋石英＋石墨	4 区	J₁
10	黑云母＋白云母＋斜长石＋石英＋石墨	4 区	TJG-3
11	黑云母＋斜长石＋石英	4 区	6(L)
12	白云石＋方解石＋透闪石＋金云母	6 区	9(L)

根据表 2-3 所示的矿物共生组合,用 Eskola ACF 图和 A′KF 图进行共生分析。ACF 图解和 A′KF 图解都是以成分为基础,一张图上不可能反映在不同的变质条件下多层次的矿物共生组合。图中端点(结点)只是代表矿物理想成分的投影点,但由于同质多象和 Al_2O_3、CaO、FeO 相同原子比矿物的存在,可以是多种矿物。例如 A 端的矿物有矽线石、红柱石、蓝晶石、白云母、钠长石等;F 端的矿物有铁镁闪石、阳起石、斜方辉石、镁铁橄榄石等;C 端的矿物有方解石、硅灰石等。其他结点情况也是如此。因此在作该区矿物共生图解时,先需确定图解端点(结点)所代表的矿物。

一、ACF 图解

根据该区岩石实际所见,稳定矿物组合确定 ACF 图解端点和结点矿物如表 2-4 所示。共生图解和各类岩石在图解中的投影点见图 2-1。由图 2-1 知：

(1)各类岩石的投影点均在 ACF 图中,没有落在图外的情况。主要投影点集中分布在靠近 AF 边,说明富铝和富镁铁矿物占主要地位。④⑤⑥为石榴矽线石英片岩的投影点,⑩⑬⑭为矽线石榴黑云片麻岩和变粒岩的投影点,主要矿物组成为铁铝榴石、矽线石、斜长石,代表铝铁含量均较高的岩石矿物共生组合。⑮⑯为石墨片岩的投影点,靠近 AF 边和 A 端点,主要矿物组成为矽线石、白云母、石榴石、石墨。富铁和富铝矿物共生组合是黄凉河岩组岩石矿物共生组合的主要特点,富铝矿物组合不仅是矽线、石榴石矿形成的必要条件,也是石墨矿形成的必要条件。

表 2-4 黄凉河岩组 ACF 图解端点和结点矿物

结点名称	矿物	A	C	F
Sil	矽线石	100	0	0
St	十字石	67	0	33
Cord	堇青石	50	0	50
Alm	铁铝榴石	25	0	75
Bi	黑云母	14	0	86
Cun	镁铁闪石	0	0	100
Tl	透闪石	0	27	73
Di	透辉石	0	50	50
Cal	方解石	0	100	0
An	钙长石	50	50	0

注：表中数据是成分比例数。

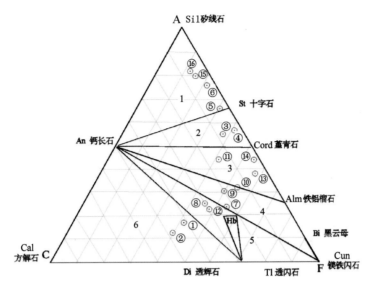

投影点岩石名称：①②石榴黑云斜长角闪岩；③石榴黑云片岩；④⑤⑥石榴矽线石英片岩；⑦石榴斜长角闪岩；⑧石榴黑云斜长角闪岩；⑨矽线石榴黑云斜长片麻岩；⑩含石墨石榴黑云变粒岩；⑪含石墨矽线石榴黑云片岩；⑫黑云变粒岩；⑬⑭矽线石榴黑云片麻岩；⑮⑯石墨片岩

图 2-1 黄凉河岩组矿物共生组合 ACF 图解

(2) 变质反应的存在使本区同一成分岩石出现不同的矿物组合,随着变质温压条件的变化,矿物组合发生递变。在 A-An-Cr 三角形中,由于：

十字石(St)+石英(Qz) ⇌ 董青石(Cord)+矽线石(Sil)+H_2O

$(Fe,Mg)_2(Al,Fe)_9O_6[SiO_4]_4(O,OH)_2 + SiO_2 \rightleftharpoons (Fe,Mg)_2Al_3[Si_5AlO_{18}] + Al_2SiO_5 + H_2O$

十字石(St)+石英(Qz) ⇌ 铁铝榴石(Alm)+矽线石(Sil)+H_2O

$(Fe,Mg)_2(Al,Fe)_9O_6[SiO_4]_4(O,OH)_2 + SiO_2 \rightleftharpoons (Fe,Mg)_3Al_2(SiO_4)_3 + Al_2SiO_5 + H_2O$

因此,在不同温压条件下,可以有 3 种矿物共生组合:矽线石-斜长石-十字石,矽线石-斜长石+董青石,矽线石+斜长石+铁铝榴石,分别位于共生三角形 An-A-St、An-A-Cord、An-A-Alm 的顶点。该区所见,以矽线石+斜长石+铁铝榴石为主,十字石与董青石仅在石榴斜长片麻岩中有少量分布,是变质相演化过程的中间产物,属不稳定的组合。石榴石变斑晶内可见到十字石的包裹体,亦可见到董青石交代石榴石的现象,均为矿物共生组合替代的表现。而在变质作用演化过程中较长时间保持稳定应是矽线石-斜长石-石榴石组合,代表本区的热峰矿物组合。

二、A′KF 图解

为了研究黄凉河岩组中含钾矿物的共生特征,绘制 A′KF 图解。钾在本区各类岩石中普遍存在,虽然含量不高(K_2O:0.66%~4.31%),但钾矿物是矿物共生组合中不可缺少的成分。为编制适合本区的 A′KF 图解,也确定了各端点和结点的矿物(表 2-5),根据所确定的各结点矿物和岩石化学组成绘制 A′KF 图解(图 2-2)。

表 2-5 黄凉河岩组 A′KF 图解端点和结点矿物

端点名称	矿物	A′	K	F
A′	矽线石	100	0	0
Alm	铁铝榴石	25	0	75

续表 2-5

端点名称	矿物	A′	K	F
Cun	镁铁闪石	0	0	100
Bi	黑云母	0	14	86
Mic	钾微斜长石	0	100	0
Mu	白云母	67	33	0
Cord	堇青石	50	0	50

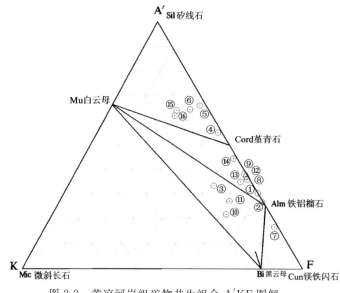

投影点岩石名称：①②石榴黑云斜长角闪岩；③石榴黑云片岩；④⑤⑥石榴矽线石英片岩；⑦石榴斜长角闪岩；⑧石榴黑云斜长角闪岩；⑨矽线石榴黑云斜长片麻岩；⑩含石墨石榴黑云变粒岩；⑪含石墨矽线石榴黑云片麻岩；⑫黑云变粒岩；⑬⑭矽线石榴云母片麻岩；⑮⑯石墨片岩

图 2-2　黄凉河岩组矿物共生组合 A′KF 图解

由图 2-2 可知：

(1) 在共生图解中引入了新的组分 K（其端元矿物为钾微斜长石）。该区黄凉河岩组各岩石投影点均在 Mu-Bi 共生线的右侧，因此，无论是片岩、片麻岩或变粒岩，均未见到微斜长石。且多数石墨片岩、斜长片麻岩、石榴矽线片麻岩的投影点位于 A′-Mu-Alm 共生三角形内，矿物组合为矽线石-白云母-铁铝榴石；部分落入 Alm-Mu-Bi 共生三角形内，为铁铝榴石-白云母-黑云母组合。

(2) 各投影点靠近 A′-F 边，K 值最高为 17，少部分为 10~17，绝大多数小于 10，且有许多投影点的 K 值为 1~4，说明 K_2O 在该区属不饱和成分，钾与铝组合成云母后就没有剩余。岩石中不会出现原生的钾微斜长石，目前见到的钾微斜长石是混合岩化钾交代的产物。

(3) 投影点总体靠近 A′-F 边，沿着 A′-F 边从 A′70 到 F80 均有分布，说明该区黄凉河岩组以富铁矿物和富铝矿物为特点。同时，在 A′70~60，F60~75 有两个投影点集中区，分别代表以富铝为主的矿物组合和以富铁为主的矿物组合。这与 ACF 图解所得的结论是一致的。

三、共生矿物相数讨论

黄凉河岩组各类岩石共生矿物的主要化学组成有 SiO_2、Al_2O_3、Fe_2O_3、FeO、MnO、MgO、CaO、Na_2O、K_2O、CO_2、H_2O、C 共 12 种，根据其对矿物共生组合的作用分以下几种情况：

(1) H_2O、CO_2 为完全活动组分，不考虑其对矿物共生组合的影响。

(2) SiO_2 为过剩组分,因为几乎每一种岩类都有游离 SiO_2(石英)的出现,因此也不作考虑。

(3) C(石墨)因其不与其他硅酸盐和硅铝酸盐发生化学反应,也不作为其他矿物的组成部分,因此是单独一类独立有效惰性组分。碳在岩石中独立以石墨相产出,岩石中石墨含量的多少取决于原岩中碳的含量。

(4) 根据 Goldschmidt 矿物相律,在封闭条件下岩石系统达到平衡时服从 Gibbs 相律。$f=c+2-p\geqslant 2$(f 为自由度;c 为独立组分数;p 为矿物相数)。由于变质作用是在一定的温度和压力区间内进行并达到平衡,所以至少有两个自由度,即 $f\geqslant 2$。由此而得 $p\leqslant c$。本区有效氧化物惰性组分为 Al_2O_3、FeO、CaO、K_2O 四个,再加上石墨碳,则 $c=5$。因此黄凉河岩组岩石达到平衡时矿物相数应等于或小于 5。这与岩矿鉴定结果完全吻合。薄片中见到的平衡矿物最多为 5 种:矽线石、铁铝榴石、云母、斜长石、石墨;最常见的为 3~4 种:铁铝榴石、矽线石、斜长石、云母,石墨、黑云母、白云母、斜长石,铁铝榴石、白云母、黑云母、石墨等;将 ACF 图解和 A′KF 图解联用,即可确定共生矿物的种类(除石墨外)为 A′KF 图解中每一个共生三角形顶点的矿物再加上 ACF 图解中的斜长石。

第三节 岩石地球化学特征

一、主量元素特征

黄凉河岩组各类岩石化学全分析结果见表 2-6。据表 2-6 可知,黄凉河岩组岩石除大理岩和石英岩外总体成分特点如下。

(1) SiO_2:SiO_2 含量变化大,为 44.53%~70.96%,大部分岩石 SiO_2 的含量为 52%~58%,全组平均值为 54.23%。其中片岩、片麻岩、变粒岩中的含量为 52%~54%,片岩中含量相对较低,片麻岩中相对含量较高;斜长角闪岩含 SiO_2 最低,一般小于 50%。黄凉河岩组岩石 SiO_2 含量明显比扬子陆块泥质岩平均值低,与中国东部富铝泥质岩和铁铝质泥质岩含量很相近(鄢明才和迟清华,1997)。

(2) Al_2O_3:各类岩石 Al_2O_3 含量普遍较高,最高可达 26.94%,一般为 13%~18%,平均 16.44%。云母片岩、石榴矽线石英片岩 Al_2O_3 含量最高,可达 20%~26%;片岩、片麻岩、变粒岩 Al_2O_3 的含量为 12%~16%;角闪岩 Al_2O_3 含量为 9%~13%,含量最低。全组 Al_2O_3 含量平均值与扬子陆块泥质岩相近。

(3) 全铁:全组岩石 $FeO+Fe_2O_3$ 含量普遍较高,矽线石榴云母片岩、石榴矽线石英片岩含量最高,达 20% 以上,最高达 25.92%;斜长角闪岩、片麻岩、变粒岩 $FeO+Fe_2O_3$ 含量为 8%~15%;石墨片岩中含铁最低,只有 5%~6%。全组平均 13.71%,明显高于扬子陆块泥质岩 $FeO+Fe_2O_3$ 的平均值(5.50%),而与中国东部铁铝质泥质岩含量(14.6%)相近。

(4) CaO:各类岩石 CaO 含量差别显著,角闪岩和变粒岩中 CaO 的含量可达 10%~19%;片麻岩中 CaO 的含量为 2%~6%;云母片岩、石墨片岩、石榴矽线石英片岩中 CaO 的含量只有 0.4%~0.8%,由于 CaO 主要含在斜长石和角闪石中,CaO 含量与岩石中斜长石和角闪石的含量成正比。黄凉河岩组 CaO 含量的平均值为 5.04%,高于中国东部碳质泥质岩(0.82%)、富铝泥质岩(0.89%)和铁铝质泥质岩(0.64%),与扬子陆块泥质岩(2.87%)、扬子陆块杂砂岩(3.12%)稍接近。

(5) MgO:黄凉河岩组中 MgO 含量不高,且差别显著。含 MgO 最高的是石榴黑云斜长角闪岩、黑云粒变岩,含量为 6.7%~9.06%;片岩、片麻岩 MgO 含量为 1.3%~4.38%;石墨片岩、石榴矽线石英片岩 MgO 含量多小于 1%。本区 MgO、CaO 含量相关性高,相关系数为 0.828。全组岩石 MgO 的平均含量为 3.63%,高于扬子陆块碎屑岩平均值(1.28%)、泥质岩平均值(2.15%)。

(6) K_2O:K_2O 含量普遍较低,为 0.01%~4.31%,全组平均值为 1.27%。含钾最高的岩石有石榴

表 2-6 黄凉河岩组岩石化学分析结果

单位：%

序号	岩石	SiO_2	TiO_2	Al_2O_3	$FeO+Fe_2O_3$	MnO	MgO	CaO	Na_2O	K_2O	P_2O_5	固定碳
1	石榴黑云斜长角闪岩	47.09	0.51	12.89	9.47	1.00	8.87	16.30	0.05	0.08	0.09	
2	石榴黑云斜长角闪岩	48.14	0.39	9.51	8.70	1.52	9.06	19.51	0.11	0.01	0.10	
3	石榴黑云斜长角闪岩	48.61	1.33	15.52	13.88	0.16	7.53	10.18	0.78	0.67	0.18	
4	石榴矽线黑云石英片岩	44.53	2.56	26.27	25.92	0.23	1.12	0.82	0.00	0.65	0.04	
5	石榴矽线黑云石英片岩	53.13	2.24	26.94	16.49	0.17	0.70	0.45	0.00	2.23	0.12	
6	石榴矽线黑云石英片岩	60.20	1.18	22.22	17.68	0.30	0.79	3.06	0.01	0.11	0.16	
7	矽线石榴斜长云英片麻岩	54.36	1.11	16.09	12.61	0.16	7.41	5.90	2.17	0.43	0.12	
8	含石墨矽线黑云片麻岩	64.39	0.56	11.91	15.02	0.16	1.90	2.31	1.07	2.12	0.06	
9	含石墨石榴黑云变粒岩	52.67	1.75	14.73	13.17	0.29	6.65	4.01	0.22	3.06	0.21	
10	黑云变粒岩	48.69	1.09	13.70	11.99	0.20	6.70	13.87	1.91	0.52	0.10	
11	石榴黑云片岩	59.18	0.98	16.93	8.70	0.08	4.38	1.05	1.11	4.31	0.05	
12	矽线石榴黑云母片岩	52.30	0.44	20.47	21.43	—	1.30	1.09	0.23	1.30	0.098	
13	矽线石榴黑云母片岩	52.58	1.45	21.96	21.69	—	0.59	0.44	0.21	0.66	—	
14	石墨云母片岩	52.05	0.64	13.87	5.44	—	0.33	0.59	0.29	1.91	0.10	9.44
15	石墨云母片岩	58.82	0.64	14.85	5.98	—	0.33	0.59	0.29	1.91	0.10	13.61
16	大理岩(S3)	8.72	0.05	1.18	0.74	0.01	19.95	31.60	0.03	0.40	0.05	
17	大理岩(TJ-5)	4.22	0.04	1.02	0.67	0.03	19.60	31.80	0.02	0.31	0.05	
18	大理岩(G-1)	8.10	0.06	1.62	1.12	0.05	19.25	30.90	<0.01	0.01	0.07	
19	大理岩(E-1)	10.64	0.03	0.98	0.92	0.04	19.25	32.90	0.02	0.21	0.05	
20	石英岩(Q4)	86.33	0.02	6.82	1.53	0.01	0.13	0.34	1.25	1.03	0.01	
21	钙硅酸岩(S4)	20.50	0.04	2.03	7.42	1.14	1.84	27.70	0.01	3.96	0.04	
22	钙硅酸盐岩(ZK501-17)	48.91	0.86	12.30	11.11	0.19	11.95	9.57	2.12	1.04	0.08	

黑云片岩、斜长片麻岩和含石墨矽线石榴黑云片麻岩，K_2O 含量为 2.12%～4.31%；石墨片岩、石榴矽线石英片岩 K_2O 含量低，为 0.36%～1.91%；角闪岩类含 K_2O 最低，为 0.01%～0.67%。全组 K_2O 平均含量低于扬子陆块碎屑岩平均值（2.21%）、扬子陆块杂砂岩平均值（2.65%），与中国东部铁铝质泥质岩平均值（1.31%）相近。

（7）Na_2O：Na_2O 的含量普遍很低，为 0～2.17%，含 Na_2O 较高的岩石有石榴黑云片岩、矽线石榴黑云斜长片麻岩、变粒岩，含量为 1.07%～2.17%，其余岩类 Na_2O 含量均小于 1%。全组 Na_2O 平均值为 0.53%，与中国东部碳泥质岩平均值（0.49）相近。

综上所述，黄凉河岩组岩石化学成分的总体特点如下：

（1）SiO_2 含量中等，Al_2O_3、$FeO+Fe_2O_3$ 含量高，CaO、MgO 含量偏高，K_2O、Na_2O 含量偏低，反映整套岩组富铝富铁、贫钾钠的特点。

（2）SiO_2、Al_2O_3、K_2O、Na_2O 含量与中国东部或扬子陆块的泥质岩平均值相近。

（3）$FeO+Fe_2O_3$ 含量明显高于中国东部及扬子陆块碎屑岩、泥质岩的平均值，仅与中国东部铁铝质泥质岩相接近。

（4）黄凉河岩组中存在两种特殊成分的岩石：①石榴矽线石英片岩，SiO_2 含量低，Al_2O_3 和 $FeO+Fe_2O_3$ 含量很高，几乎不含钠；②石墨片岩，SiO_2 含量与石榴矽线石英片岩相近，$FeO+Fe_2O_3$ 含量低，固定碳含量很高。

二、大理岩、钙硅酸盐岩和石英岩化学成分

大理岩主要成分的平均值：CaO 为 31.80%，MgO 为 19.51%，SiO_2 为 7.92%，Al_2O_3 为 1.20%，Fe_2O_3+FeO 为 0.86%，属于含硅铝较高的不纯白云石大理岩。

石英岩的主要成分：SiO_2 为 86.33%，Al_2O_3 为 6.82%，Fe_2O_3+FeO 为 1.53%，属含少量泥质、铁质的石英岩。

三、微量元素与稀土元素特征

黄凉河岩组稀土元素和微量元素分析结果见表 2-7、表 2-8。稀土元素及微量元素蛛网图分布形式见图 2-3～图 2-5。

表 2-7 黄凉河岩组岩石的稀土元素含量

元素	石榴黑云紫苏麻粒岩	含石墨石榴矽线石英片岩	石榴角闪黑云麻粒岩	矽线石榴黑云斜长片麻岩	含石墨矽线石榴黑云片麻岩
La	48.20	7.10	14.40	14.30	9.94	19.60
Ce	88.70	13.90	33.30	33.30	22.90	37.60
Pr	9.05	1.64	3.76	3.57	3.08	4.56
Nd	40.90	7.80	17.90	17.50	16.00	22.10
Sm	6.65	1.85	3.50	3.44	4.68	5.21
Eu	1.50	0.64	0.96	0.94	1.26	1.33
Gd	6.52	2.36	3.50	3.41	4.61	5.43
Tb	0.89	0.63	0.56	0.58	0.74	0.89

续表 2-7

元素	石榴黑云紫苏麻粒岩	含石墨石榴矽线石英片岩	石榴角闪黑云麻粒岩		矽线石榴黑云斜长片麻岩	含石墨矽线石榴黑云片麻岩
Dy	5.24	5.24	3.41	3.26	4.30	5.36
Ho	0.96	1.21	0.64	0.62	0.80	1.13
Er	2.51	3.13	1.47	1.51	1.95	2.78
Tm	0.37	0.44	0.21	0.22	0.30	0.38
Yb	2.42	3.12	1.49	1.51	2.06	2.46
Lu	0.35	0.50	0.23	0.24	0.35	0.41
Y	28.30	32.20	14.70	13.90	23.20	33.20
LREE	195.02	32.92	73.83	73.03	57.89	90.45
HREE	47.57	48.84	26.21	25.23	38.41	52.04
ΣREE	242.59	81.75	100.04	98.26	96.30	142.49
LREE/HREE	4.10	0.67	2.82	2.89	1.51	1.74

注：江麟生和周忠发，2005。LREE/HREE 无量纲，其余元素含量单位为 10^{-6}。

表 2-8　黄凉河岩组岩石的微量元素分析结果　　　　　　　　　　　单位：10^{-6}

元素	样品编号						
	0156-1	0661-3	0662-3	0664-1-2	0664-3	0664-4	0667-1
Be	3.05	2.27	1.59	0.85	0.20	2.77	3.55
Sc	14.80	17.70	15.00	28.60	8.98	41.30	33.90
V	71.00	425.00	332.00	204.00	28.20	285.00	351.00
Cr	231	238	115	493	2149	204	169
Co	23.60	43.20	27.10	45.30	63.80	54.60	50.90
Ni	143	72.80	69.50	255	1655	125	134
Zn	72	117	90.90	129	160	131	170
Ga	20.30	29.50	10.20	23.70	1.29	23.70	24.20
Rb	26.40	37.90	27.80	99.50	24.40	60	236
Sr	805	53.20	37.60	253	34.10	166	126
Y	28.30	32.20	14.70	28.40	0.38	23.30	33.20
Zr	148	282	69.70	171	6.11	78.50	131
Nb	8.99	13.60	3.72	8.79	0.74	6.25	9.12
Sn	8.74	1.77	5.10	2.08	0.89	3.46	6.82
Cs	0.20	1.12	0.23	6.88	0.14	2.65	12.70
Ba	36.90	146	20.80	574	21.90	139	440
La	48.20	7.10	14.40	36.40	0.123	9.94	19.60
Ce	88.70	13.90	33.30	73.20	0.222	22.90	37.60
Pr	9.05	1.64	3.76	7.72	0.14	3.08	4.56
Nd	40.90	7.80	17.90	35.60	0.38	16	22.10
Sm	6.65	1.85	3.50	6.18	0.12	4.68	5.21
Eu	1.50	0.64	0.96	1.41	0.132	1.26	1.33

续表 2-8

元素	样品编号						
	0156-1	0661-3	0662-3	0664-1-2	0664-3	0664-4	0667-1
Gd	6.52	2.36	3.50	6.10	0.032	4.61	5.43
Tb	0.89	0.63	0.56	0.86	0.19	0.74	0.89
Dy	5.24	5.24	3.41	5.30	0.182	4.30	5.36
Ho	0.96	1.21	0.64	1.01	0.015	0.80	1.13
Er	2.51	3.13	1.47	2.67	0.018	1.95	2.78
Tm	0.37	0.44	0.21	0.40	0.006	0.30	0.38
Yb	2.42	3.12	1.49	2.85	0.043	2.06	2.46
Lu	0.35	0.50	0.23	0.48	0.014	0.35	0.41
Hf	4.86	8.34	1.71	4.92	0.024	2.20	3.66
Ta	1.02	1.00	0.14	0.73	未检出	0.46	0.52
Pb	13.09	7.08	6.54	18.90	10.80	9.53	15
Th	22.70	1.00	0.49	9.73	未检出	0.19	2.83
U	3.95	0.73	0.60	1.47	0.53	1.20	0.80

注：江麟生和周忠发，2005。

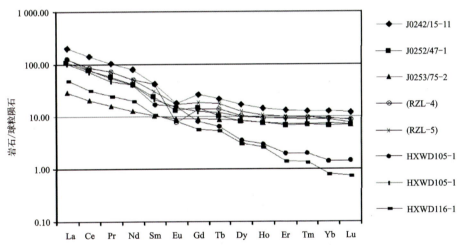

图 2-3 黄凉河岩组的稀土配分曲线（据江麟生和周忠友，2005）
（球粒陨石数据来源 Boynton et al.，1984）

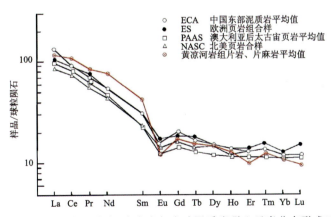

图 2-4 黄凉河岩组片岩、片麻岩与全球泥质岩稀土元素分布形式对比

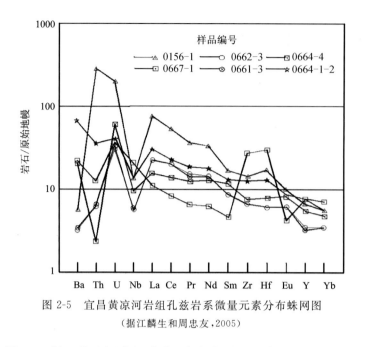

图2-5　宜昌黄凉河岩组孔兹岩系微量元素分布蛛网图
（据江麟生和周忠友，2005）

由表2-7，图2-3、图2-4可知，黄凉河岩组片岩、片麻岩稀土元素分布模式与澳大利亚后太古宙正常细粒碎屑沉积岩有高度的一致性（除少数样品外），尤其与中国东部泥质岩平均值的稀土分布模式一致，具有轻稀土显著富集、重稀土变化平缓和Eu负异常明显的共同特征。图2-3中重稀土含量偏低的两个样品均为变粒岩，原岩可能为石英砂岩。

由图2-5可知，稀有元素含量均为原始地幔的数倍、数十倍至百倍。大多数微量元素在泥质岩中具有较高的丰度，按页岩、粉砂岩、砂岩次序相继降低。微量元素V、U、Th含量明显增高模式是由于原岩含有机质和泥质较高。

第四节　原岩恢复

根据地质产状、岩石组合特征、特征成分、副矿物，以及岩相学、岩石地球化学标志推断黄凉河岩组的原岩。

一、地质产状

各类岩石都呈层状产出，斜长片麻岩、石墨片岩、大理岩、石英岩、石榴矽线石英片岩反复互层，周期性重复，出现韵律，保留了沉积岩地质产状特点。

二、岩石组合

岩石组合中有大理岩，层状产出，沿走向延伸，蜿蜒分布，是较为典型的沉积碳酸盐岩的特征，可排除其为岩浆碳酸岩的可能。

黄凉河岩组高铁铝片岩、片麻岩组合可与国内外前寒武纪沉积变质岩系——孔兹岩系对比，具有相

三、特征成分及副矿物

发现微古生物群,据1:5万区域地质测量(兴山东半幅、水月寺幅),在黄凉河、王家台等地白云石大理岩、石墨二云母片岩中含多种藻类植物化石。

岩石中副矿物种类多,以锆石、磷灰石、榍石为特征。锆石颜色杂,磨圆度高,常呈麦粒状,糙面显著,呈毛玻璃状。在重结晶的自形锆石中,常见浑圆状深色锆石的核心,具典型的沉积特征(照片2-29)。

四、岩相标志

岩石矿物排列除变质形成片状、片麻状构造外,尚可见到条带状、纹层状构造,反映原岩原始沉积成分层理(照片2-30)。有的石英颗粒尚保留有碎屑形态,在石英岩中偶见变余碎屑结构及变余交错层理(照片2-31、照片2-32)。

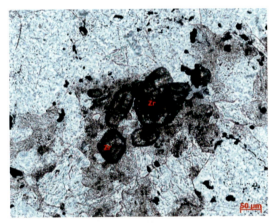

照片 2-29 石英岩中的锆石
薄片(一) Zr.锆石

照片 2-30 片岩中残存的纹层状构造
薄片(一) TC1H(g)

照片 2-31 片岩中的石英保留碎屑结构
薄片(一) TC18(g)

照片 2-32 片岩中的石英保留碎屑结构
薄片(+) TC18(g)

五、岩石化学标志

1. Shaw 判别指数

Shaw(1972)建立了 $SiO_2 > 53.5\%$ 的变质岩原岩性质的判别式：判别指数 $DF = 10.44 - 0.21SiO_2 - 0.32Fe_2O_3 - 0.98MgO + 0.55CaO + 1.46Na_2O + 0.54K_2O$。

$DF > 0$ 为正变质岩，$DF < 0$ 为副变质岩。

黄凉河岩组岩石 DF 指数见表 2-9。为对比验证 Shaw 判别指数对该区的适用性，表中列入了该区东冲河片麻杂岩的计算结果。

表 2-9　黄凉河岩组和东冲河片麻杂岩岩石 DF 值

地层	岩石	DF 值
黄凉河岩组	石榴斜长角闪岩	−9.136 4
	石榴矽线石英片岩	−6.876 9
	矽线石榴黑云斜长片麻岩	−7.527 9
	含石墨矽线石榴黑云片麻岩	−5.772 8
	石榴黑云母片岩	−4.538 7
	石墨片岩	−2.369 9
东冲河片麻杂岩	奥长花岗质片麻岩	+7.06
	斜长花岗质片麻岩	+6.388 5
	英云闪长质片麻岩	+1.595 7
	含黑云母石英二长闪长岩	+8.805 9
	黑云斜长片麻岩	+2.539 3

由表 2-9 可知，黄凉河岩组各类变质岩 DF 数值，包括石榴斜长角闪岩，无一例外地为负值，表明黄凉河岩组全部岩石均为副变质岩，原岩为沉积岩系。东冲河片麻杂岩全部 DF 值均为正，应是正变质岩，与区域地质调查确定其原岩为深成侵入岩结果吻合。

2. Werner 图解

Werner(1987)提出区分长英质岩类正副片麻岩的图解，该区相应岩石投影点见图 2-6。

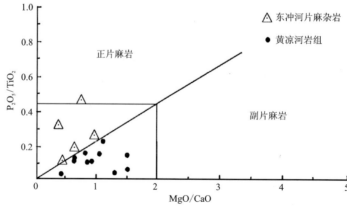

图 2-6　黄凉河岩组、东冲河片麻杂岩在 Werner 图解上的投影点位置

在图 2-6 中,东冲河片麻杂岩的投影点和黄凉河岩组的投影点分列于判别线的两边,说明前者原岩为火成岩,后者为沉积岩。这一结果和 Shaw DF 判别指数判别的结果完全一致。

3. Simonen(西蒙南)图解

各类岩石西蒙南图解投影见图 2-7。

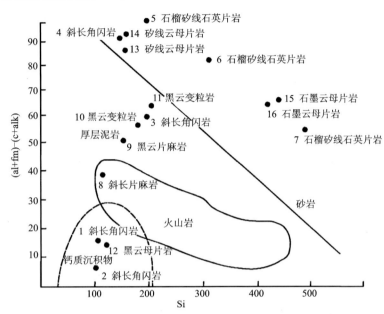

图 2-7 黄凉河岩组岩石西蒙南(Simonen,1953)图解投影点位置

由图 2-7 可知:

(1)片麻岩及变粒岩投影点在厚层泥岩和砂岩区之间,靠近厚层泥岩区,因此原岩可能是粉砂岩、粉砂质泥岩或含泥质较高的杂砂岩。

(2)石榴矽线石英片岩和矽线云母片岩的投影点在泥砂变异线之上,且位置很高,反映其铝铁(al+fm)含量很高,而钙钾(c+alk)含量低,原岩应属铁铝质黏土岩或铝质黏土岩。

(3)角闪岩的投影点有多解性,一部分位于陆源碎屑沉积区(投影点 3),另一部分位于钙质沉积物区(投影点 1、2)。角闪岩类的原岩有两种可能:一为基性火山岩,二为富铁的白云质泥灰岩(程裕淇,1961)。黄凉河岩组中的斜长角闪岩成层产出,常与大理岩互层,并且根据涅洛夫图解和 Shaw 判别函数验证,其原岩应为富铁白云质泥灰岩或陆源碎屑岩。据此可否定黄凉河岩组中的角闪岩的原岩为火山岩,这对分析黄凉河岩组形成时的构造环境有重要意义。

(4)含石墨云母片岩投影点位于泥砂变异线中段,投影点位置高,应为富铝的碳质粉砂质泥岩。

4. 涅洛夫图解

黄凉河岩组各类岩石在涅洛夫图解中的投影点见图 2-8。由图 2-8 可知:

(1)片麻岩及变粒岩投影于Ⅸ区,为碳酸质黏土和含铁黏土区,与西蒙南图解的结果不一致,根据岩石的矿物和结构特征,应取西蒙南图解的结果,即原岩为泥砂混合沉积。

(2)石榴矽线石英片岩及石榴云母片岩投影位于Ⅷ区,即潮湿气候带化学上强分异的黏土岩区,与西蒙南图解的结果一致。

(3)石墨片岩投影于Ⅷ区、Ⅶ区的重叠区,因此原岩也应是化学上强分异或中等分异的黏土岩区,与西蒙南图解的结果基本一致。

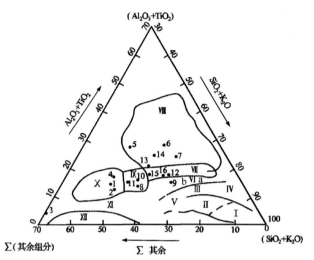

Ⅰ.石英砂岩、石英岩区;Ⅱ.少矿物砂岩、石英岩质砂岩区;Ⅲ.复矿物砂岩;Ⅳ.长石砂岩区;Ⅴ.钙质砂岩和含铁砂岩区;Ⅵ.化学上强分异的沉积区(a.主要为杂砂岩;b.主要为复矿物砂岩);Ⅶ.化学上中等分异的黏土、寒带和湿带气候的陆相黏土区;Ⅷ.潮湿气候带化学上强分异的黏土区;Ⅸ.碳酸质黏土和含铁黏土区;Ⅹ.泥灰岩区;Ⅺ.硅质泥灰岩和含铁砂岩区;Ⅻ含铁石英区

图 2-8　黄凉河岩组岩石涅洛夫图解投影点位置(据江麟生和周忠友,2005,修改)

(4)角闪岩投影点于Ⅹ区,即泥灰岩区,支持了本区角闪岩原岩非基性火山岩,而是富铁白云质泥灰岩的观点。

5. 岩石全成分相似系数法

该方法由笔者提出。用地球化学标志确定原岩类型的前提是:变质岩形成过程基本上是等化学的,原岩的化学组成特征在变质前后无明显变化。各种原岩恢复的基本方法就是将变质岩的化学组成与火成岩和沉积岩的成分对比,根据相似性确定原岩的种类。这种方法已有 100 多年的历史,据周世泰(1977)统计,共有几十种,使用效果好,得到广泛应用的也有 10 余种。其中,周世泰法、Shaw DF 指数法、西蒙南法,Werner 元素比图解等应用最为普遍。周世泰收集了鞍本、冀北 670 个火山岩和沉积岩的岩石化学资料,制成 K-A 相关图解,区别正副变质岩。Shaw 研究了安大略东南部的变质岩,筛选 284 个火成岩和 608 个沉积岩的成分资料,通过计算机处理,提出了 DF 指数计算公式和正副变质岩的判别标准。西蒙南根据尼格里化学计算法将岩石化学成分特征数字化后绘制成的西蒙南图解可以区分火山岩、钙质沉积物、厚层泥岩和砂岩 4 种原岩。涅洛夫直接利用化学分析的重量百分比绘制的涅洛夫图解则可区分 12 种原岩。但是不管哪一种图解,研究者都是根据自己工作的区域自测及收集到的数据建立方法,因此具有地域性。如周世泰主要工作地区在华北、东北,欧洲学者主要研究区在斯堪纳维亚和阿尔卑斯,北美学者则在安大略地区。这些地区的前寒武纪变质岩与全球的变质岩固然有共性,但是不同地区有不同的构造背景和地质历史,每一种方法在研究区适用性好,在别的区域可能有较大误差。因此本书在此提出一种以研究区处于同一大地构造位置的扬子陆块各类岩石的化学成分作为恢复原岩标准的对比方法。

鄢明才和迟清华(1977)完成的地质矿产部重点基础地质项目"中国东部上地壳区域元素丰度研究",总计采集了 28 253 个样品,组合成 2718 件分析样,分析了除惰性气体和不稳定元素之外的所有元素的含量值,并且分构造单元进行数据处理。这为黄凉河岩组原岩恢复提供了很好的参照(表 2-10)。

在对比方法上,采用相似系数法。相似系数(similarity coefficient)在数量分类学中,表示两个研究对象的相似程度。作为相似性度量的常用方法,有欧氏距离、余弦相似度、相关系数等,本项目采用相关系数作为相似度指标。计算方法:

表 2-10 中国东部各类沉积岩平均化学组成（据鄢明才和迟清华，1997）

单位：%

岩石	SiO₂	Al₂O₃	Fe₂O₃	FeO	MgO	CaO	Na₂O	K₂O	H₂O⁺	CO₂	Corg	N	P
石英砂岩	92.76	3.36	0.73	0.22	0.21	0.21	0.11	0.83	0.91	0.21	0.16	23	0.015
长石砂岩	68.53	12.65	2.78	1.10	1.55	2.78	2.44	2.70	2.61	1.58	0.20	21	0.048 5
粉砂岩	69.08	13.00	3.09	1.50	1.50	1.93	1.32	2.74	3.43	1.16	0.20	51	0.044
杂砂岩（扬子陆块）	67.54	12.33	2.82	1.75	1.78	3.12	1.39	2.65	3.04	2.25	0.20	97	0.052 0
钙质砂岩	60.72	9.44	2.11	0.75	1.97	10.10	1.25	2.24	2.76	8.00	0.15	42	0.043 0
凝灰质砂岩	68.18	14.50	2.55	1.24	1.42	1.88	2.87	3.24	2.37	0.62	0.15	23	0.048 0
泥岩（扬子陆块）	63.49	16.17	4.01	1.72	1.92	1.34	0.71	3.42	4.42	1.07	0.30	113	0.055 5
粉砂质泥岩	65.57	14.24	3.72	1.55	1.73	2.01	0.96	3.27	3.65	1.68	0.32	32	0.050
钙质泥岩	53.60	12.77	3.19	1.44	2.72	8.88	0.64	3.72	3.65	7.66	0.36	29	0.056
碳质泥岩	63.23	16.07	2.24	1.30	1.27	0.82	0.49	4.17	4.04	1.41	2.21	31	0.054
富铝泥质岩	54.82	24.90	4.99	0.96	0.79	0.89	0.35	2.76	7.25	0.59	0.30	21	0.043
铁铝质泥岩	52.45	20.10	13.83	0.77	0.49	0.64	0.39	1.31	7.71	0.30	0.30	35	0.102
石灰岩	3.18	0.66	0.21	0.20	2.33	50.20	0.07	0.19	0.62	41.80	0.19	99	0.010
白云岩	4.45	0.64	0.30	0.32	17.35	31.70	0.07	0.24	0.67	43.70	0.18	31	0.010 5
泥灰岩	25.14	4.81	1.24	0.88	1.88	33.65	0.39	1.19	1.67	28.10	0.24	22	0.040
泥云岩	27.00	3.90	1.01	0.89	11.80	22.10	0.07	1.84	1.55	29.20	0.24	15	0.029

$$S = \frac{n \cdot \sum xy - \sum x \cdot \sum y}{\sqrt{\left[n \cdot \sum x^2 - \left(\sum x\right)^2\right] \cdot \left[n \cdot \sum y^2 - \left(\sum y\right)^2\right]}}$$

式中：S 为相似系数；x 为样品的主要氧化百分含量，SiO_2、Al_2O_3、Fe_2O_3+FeO……；y 为用作参照的我国东部不同沉积岩主要氧化物百分含量，SiO_2、Al_2O_3……。本区主要岩类和作为参照的各类沉积岩的相似系数列于表 2-11。相似系数的变化见图 2-9。

表 2-11 黄凉河岩组岩石与中国东部沉积岩成分相似系数（S）

变质岩	沉积岩							
	石英砂岩	杂砂岩	粉砂岩	粉砂质泥岩	泥岩	碳质泥岩	富铝泥岩	铁铝质泥岩
石榴矽线石英片岩	0.867 4	0.910 5	0.915 1	0.923 1	0.933 9	0.924 0	0.958 9	<u>0.991 9</u>
石榴黑云斜长片麻岩	0.974 9	0.986 0	0.986 4	<u>0.986 9</u>	0.986 0	0.978 9	0.953 0	0.953 0
黑云变粒岩	0.972 4	<u>0.984 4</u>	0.983 3	0.983 0	0.981 0	0.973 8	0.948 0	0.968 3
石榴云母片岩	0.924 9	0.953 7	0.957 2	0.962 2	0.968 3	0.959 9	0.961 6	<u>0.998 6</u>
石墨云母片岩	0.976 5	0.994 4	0.995 9	0.997 7	<u>0.999 4</u>	0.997 7	0.980 6	0.978 6

注：数字下画线表示最高相似系数。

采用全成分相似系数法恢复黄凉河岩组的原岩与其他方法相比具有以下优点：①对比参照取自扬子陆块和中国东部，与该项目研究区处于同一大地构造单元，该区大地构造位置为扬子陆块黄陵基底，其构造环境和地质演化历史与参照区基本一致，与北欧、北美、俄罗斯等地的岩石成分对比具有更高的可比性；②相似系数的计算以岩石全部主要氧化物成分作为变量，比只采用特征成分（SiO_2、Al_2O_3、Fe_2O_3、al、fm 等）可靠性更高；③目前常用图解和系数法划分投影点区只是定性地确定变质岩的正、副，或沉积岩的大类，而该方法可定量地确定最为相似的岩石种类。

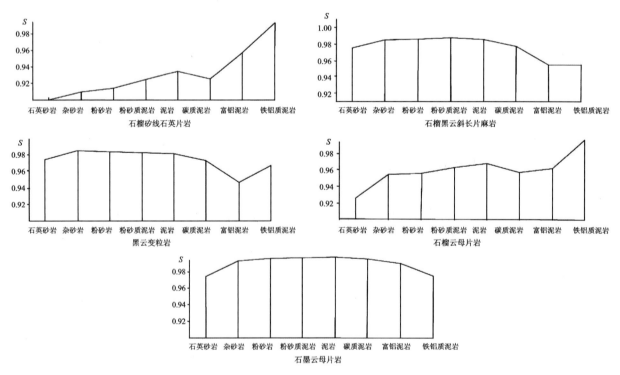

图 2-9 黄凉河岩组岩石化学成分与中国东部沉积岩化学成分相似系数对比图

由表 2-11 和图 2-9 可知：

(1) 与石榴矽线石英片岩相似系数最大的为铝铁质泥岩（$S=0.9919$）。其他岩石，从石英砂岩、杂砂岩、粉砂岩、粉砂质泥岩至泥岩，随着粒度减少，泥质成分增加，相似系数逐渐增大，由 $0.8674 \rightarrow 0.9105 \rightarrow 0.9231 \rightarrow 0.9339$，说明以全成分相似系数对比岩石相似性比较灵敏。同时石榴矽线石英片岩与一般泥岩的相似系数并不是最高的，相似系数最高的为铁铝质泥岩，说明其原岩不仅富铝，同时富铁。

(2) 与石榴黑云斜长片麻岩相似程度高的岩石有杂砂岩、粉砂岩、粉砂质泥岩和泥岩，相似程度最高的为粉砂质泥岩，说明本区石榴黑云斜长片麻岩原岩种类相对较多，而最易变成片麻岩的应是粉砂质泥岩。这类岩石主要成分为黏土矿物，但含有相当数量（25%~50%）的粉砂碎屑。

(3) 与黑云变粒岩相似的岩石种类也较多，与片麻岩相似，但以杂砂岩相似程度最高。杂砂岩为杂基含量大于 15% 的砂岩，即含泥质较高的砂岩易变质成为变粒岩。

(4) 石榴云母片岩岩石的相似性比较单一，相似系数最高的是铁铝质泥岩，与石榴矽线石英片岩一致，因此这两类岩石在物源上是相同的。

(5) 与石墨云母片岩成分相似度高的岩石有粉砂质泥岩、泥岩和碳质泥岩，其中与泥岩、碳质泥岩相似度最高。

6. 小结

综上所述，黄凉河岩组岩石原岩恢复结论性意见如表 2-12 所示。

表 2-12　黄凉河岩组岩石原岩恢复结论

黄凉河岩组岩石	可能的原岩	最可能的原岩
石榴矽线石英片岩	富铝泥岩、铁铝质泥岩	铁铝质泥岩
石榴黑云斜长片麻岩	杂砂岩、粉砂岩、粉砂质泥岩、泥岩	粉砂质泥岩
黑云母变粒岩	杂砂岩、粉砂岩、粉砂质泥岩、泥岩	杂砂岩
石榴云母片岩	粉砂质泥岩、泥岩、富铝泥岩、铁铝质泥岩	铁铝质泥岩
石墨云母片岩	粉砂质泥岩、泥岩、碳质泥岩	碳质泥岩

第五节　黄凉河岩组与孔兹岩系

1987 年完成的《1:5 万兴山东半幅、水月寺幅区域地质调查报告》中已将黄凉河岩组界定为孔兹岩系。2005 年完成的《1:25 万荆门市幅区域地质调查报告》中进一步肯定其为孔兹岩系。

孔兹岩（Khondalite）一词最初由 Walker（1902）用来描述印度 Kalahandi 东南部大量出现的一种石榴石矽线石英片岩。这一名称几经演变，至 1972 年美国地质学会出版的《地质辞典》将孔兹岩定义为"一套变质的铝质沉积岩组合，由石榴石-石英-矽线石岩以及含石榴石的石英岩、石墨片岩和大理岩组成"。这一定义明确了孔兹岩不是一种岩石，而是由几种岩石组合而成的一套岩石，于是称孔兹岩系更确切。20 世纪 80 年代我国学者引进了孔兹岩系的概念，在华北克拉通周边块体以及其毗邻构造带古老块体内识别出大量孔兹岩系（吴昌华，1988；陈衍景和富士谷，1990；姜继圣，1990；胡受奚，1998；卢良兆，1996；钱祥麟，1999 等），提出胶东地块的荆山群—粉子山群，吉南地体的集安群，辽南地体的宽甸群，乌拉山地体的乌拉山群及扬子克拉通北缘的红安群、宿松群、海州群及本研究区崆岭群均为孔兹岩系。由于孔兹岩系代表地球演化早期的沉积，并常赋存有石墨矿、石榴石、矽线石矿等矿产，因此对孔兹岩系的研究成了一个热点。

扬子克拉通基底中所谓的"崆岭群"随着区域地质调查的深入已解体，被中太古代野马洞岩组、古元古代黄凉河岩组、古元古代力耳坪岩组、古元古代白竹坪火山碎屑岩建造替代，其中只有黄凉河岩组为孔兹岩系。

对黄凉河岩组的研究，进一步确认其为孔兹岩系，属地壳演化早期阶段的产物，其原岩为一套由碎屑岩、泥质岩及碳酸盐岩组成的沉积建造，经由中高级变质作用形成。根据研究成果，本书对孔兹岩系提出几点认识：

（1）目前对孔兹岩系化学成分的描述，几乎无一例外地表述为"富铝的沉积物变质形成的岩石"（美国地质学会，1972；姜继圣，1990；季海章和陈衍景，2000；周忠友，2005），这是由于岩石中出现较多的矽线石格外引人注目，掩盖了石榴矽线石英片岩富铁的特征。以本区石榴矽线石英片岩为例，Al_2O_3 的含量为 22.22%～26.94%，平均为 25.37%，而 Fe_2O_3 的含量为 11.22%～25.92%，平均为 17.88%，也相当高，远远高出一般富铝的泥岩（Fe_2O_3 平均为 5.95%）。试想，如果不富铁，如何形成大量的铁铝榴石（铁铝榴石单矿物分析结果：含 Al_2O_3 平均为 19.80%，含 Fe_2O_3+FeO 平均为 32.41%）。因此对孔兹岩系石榴矽线石英片岩及含石榴石矽线石的片麻岩、片岩原岩成分特征的描述不应只是富铝，而应是富铝富铁，富铁是不可或缺的特点。

（2）孔兹岩系原岩形成过程中，因沉积化学分异，形成两类特殊成分的岩石，一类为富铝富铁的泥质岩，另一类为富碳富铝的泥质岩。前者变质形成石榴矽线石英片岩、石榴矽线片麻岩，后者变质成为石墨片岩。至于夹于其中不含石榴石、矽线石和石墨的片岩、片麻岩或变粒岩与一般的同类岩石没有多大差别。

（3）对孔兹岩系原岩的物质来源，一般认为"来自一个经受了强烈化学风化的富钾花岗质深成侵入体"（姜继圣，1990）。该区 1∶25 万区域地质调查认为："本区孔兹岩系的原岩主要为长石质细砂岩和富黏土质粉砂岩夹黏土质页岩及黏土岩，属于以花岗质岩石为蚀源区的细陆屑沉积"，具体落实到东冲河花岗质深成侵入体。但是根据孔兹岩系有富铁岩石的存在（除石榴矽线石英片岩外，还夹有磁铁石英岩），笔者认为，其物质来源不应只是花岗质深成岩体，而应还有别的来源。因为东冲河岩体花岗质岩石 Fe_2O_3+FeO 的含量一般只有 2%～3%，而中太古代野马洞岩组铁的含量达 12.02%～16.61%，所以野马洞岩组很可能是孔兹岩系更重要的来源。东冲河花岗岩即为深成侵入岩，在其上侵后离地表有很大的距离（至少 3000m），地壳表层均为野马洞基性火山岩，接受风化剥蚀，最后剥蚀成"残片状"。花岗质岩石应在基性火山岩剥蚀殆尽、出露地表时才开始成为物源。黄凉河岩组、野马洞岩组、东冲河片麻杂岩（Fe_2O_3+FeO）的平均值分别为 10.84%、14.31%、3.43%，从铁含量推断，野马洞岩组应是黄凉河岩组的主要物源。

第三章　含矿岩系物源岩石特征

含矿岩系黄凉河岩组的物源除碳质以外，主要来自野马洞岩组和东冲河片麻杂岩。

第一节　野马洞岩组

区内中太古代的野马洞岩组（$Ar_2y.$）[同位素年龄（3166～2913）±25Ma]呈"残片状""包裹体群状"分布于东冲河片麻杂岩、晒家冲片麻岩中。古元古代初期，野马洞岩组广泛分布在隆起区，形成原始古陆，成为黄凉河岩组的主要物质来源。

一、岩石组合及主要岩石特征

1. 野马洞岩组岩石组合

（1）绿片岩：绿帘角闪片岩、绿泥角闪黑云片岩、含黝帘阳起-透闪片岩。
（2）变粒岩：角闪斜长变粒岩。
（3）片麻岩：角闪斜长片麻岩、黑云角闪斜长片麻岩。
（4）角闪岩：石英斜长角闪岩。

2. 主要岩石特征

野马洞岩组各类岩石主要特征见表3-1，照片3-1～照片3-6。

表3-1　野马洞岩组各类岩石主要特征

岩石类型	矿物组成及特征	结构构造	备注
绿帘角闪片岩	角闪石（50%～70%）：柱状、粒状，淡绿色，具定向排列，内部见黑云母包裹体；绿帘石（12%～25%）：细粒集合体，与角闪石交互生长；钠长石（10%～20%）：板状、不规则粒状，分布于角闪石间；榍石、钛铁矿稀疏分布	粒状、柱状变晶结构；片状构造	—
绿泥角闪黑云片岩	角闪石（5%～10%）：柱状、不规则粒状，均匀分布，具定向排列；斜长石（10%～20%）：板状、不规则粒状，分布于角闪石、黑云母间，多绢云母化；黑云母（20%～45%）：片状，棕褐色，与角闪石交互生长；角闪石和黑云母被黄绿色绿泥石交代	柱状、粒状变晶结构；片状构造	—
含黝帘阳起-透闪片岩	阳起石-透闪石（55%～70%）：绿色、无色，长柱状、纤维状、放射状，具定向排列；斜长石（20%～40%）：板状、不规则粒状，分布于阳起石-透闪石间，强烈绢云母化；黝帘石（10%～20%）：粒状，集合体分布于阳起石-透闪石间；绿泥石（1%～5%）：绿色，片状，稀疏分布	粒状变晶结构、柱状变晶结构；片状构造	—

续表 3-1

岩石类型	矿物组成及特征	结构构造	备注
角闪斜长变粒岩	斜长石(30%～50%)：板状、不规则粒状，与石英交互生长，与角闪石、黑云母相间，被绢云母、帘石交代；石英(15%～40%)：不规则粒状，与长石交互生长；角闪石(10%～15%)：蓝绿色，柱状，不规则粒状，边缘被透闪石、黑云母交代；黑云母(5%～10%)：片状，均匀分布	细粒变晶结构，柱状、片状变晶结构；块状构造	夹于斜长片麻岩中，与斜长角闪岩互层
角闪斜长片麻岩	斜长石(30%～55%)：板状、不规则粒状，与石英交互生长，与角闪石、黑云母相间；石英(15%～30%)：不规则粒状，与斜长石交互生长；角闪石(30%～35%)：柱状，不规则粒状，略具定向排列；黑云母(5%～10%)：片状，均匀散布	柱状、粒状、鳞片状变晶结构；片麻状构造	常与斜长角闪岩互层
石英斜长角闪岩	石英(10%～20%)：粗粒，不规则粒状，与斜长石交互生长，与角闪石相间；角闪石(30%～45%)：柱状，不规则粒状，均匀分布，浅绿色；斜长石(20%～40%)：板状，不规则粒状，与石英交互生长，分布于角闪石间；副矿物以锆石、磷灰石、磁铁矿为主	粒状、柱状变晶结构；块状构造	—

照片 3-1 斜长角闪岩，由粗粒变晶角闪石与
斜长石组成
薄片(—) ZK501-B₄(g)
Hb.角闪石；Pl.斜长石

照片 3-2 斜长角闪岩，可见含少量细粒石英
薄片(+) ZK501-B₄(g)
Hb.角闪石；Pl.斜长石

照片 3-3 斜长角闪岩中粗粒斜长石
薄片(—) ZK501-135(g)
Hb.角闪石；Pl.斜长石

照片 3-4 斜长角闪岩，可见板状斜长石与
角闪石交生
薄片(+) ZK501-135(g)
Hb.角闪石；Pl.斜长石

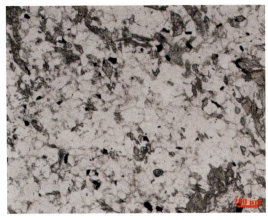
照片 3-5 变粒岩,由细粒变晶长石和石英组成
薄片(一) 3(L)

照片 3-6 变粒岩,细粒变晶镶嵌结构
薄片(+) 3(L)

二、矿物共生组合

野马洞岩组岩石矿物共生组合图解见图 3-1。图解可分成两种类型:绿帘角闪片岩、绿泥角闪黑云片岩、黝帘阳起透闪片岩为一类(图 3-1a,b,c),属于低绿片岩相的低级变质岩($p=0.2\sim0.3$GPa,$T=500℃$);角闪斜长变粒岩、角闪斜长片麻岩、石英斜长角闪岩为另一类(图 3-1d,e,f),3 种岩石的矿物共生组合相同,只是矿物相对含量和结构构造上的差别,属于高绿片岩相($p=0.5\sim0.6$GPa,$T=600℃$)。

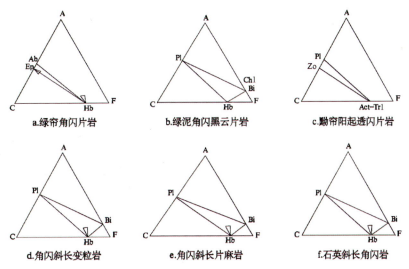

Ab. 钠长石;Ep. 绿帘石;Hb. 角闪石;Pl. 斜长石;Chl. 绿泥石;Bi. 黑云母;Act. 阳起石;Zo. 黝帘石;Tl. 透闪石
图 3-1 野马洞岩组岩石矿物 ACF 共生组合图解

第二种变质岩共生组合是第一种变质岩共生组合递增变质的结果,变质反应为:
$$Act+Chl+Qz \longrightarrow Hb(蓝绿)+Ab+H_2O$$
(低绿片岩相) (高绿片岩相)
$$Chl+Ep \longrightarrow Hb+H_2O$$
(低绿片岩相)(高绿片岩相)

在递增变质过程中,因反应不彻底,存在过渡矿物组合;即 Hb(蓝绿)+Act+Ep+Ab+Qz+Chl,随着递增进程,绿泥石、绿帘石将逐渐消失。

三、岩石化学特征

1. 主元素含量特征

野马洞岩组岩石主成分特征见表3-2。

表 3-2　野马洞岩组岩石主成分特征　　　　　　　　　　　　　　　　单位:%

岩石	SiO_2	Al_2O_3	$FeO+Fe_2O_3$	TiO_2	Na_2O+K_2O
斜长角闪岩	45.63～49.9	10.57～18.07	11.69～16.61	1.33～2.45	3.05～4.86
黑云斜长变粒岩	71.83	14.87	12.02～16.61	0.225	6.98

表3-2中所列两种岩石成分差别显著，主要表现在SiO_2含量上，说明原岩分属两种类型：斜长角闪岩属基性岩石，黑云斜长变粒岩属酸性岩石，它们在(Na_2O+K_2O)-SiO_2和ACF图解中的投影点见图3-2、图3-3。

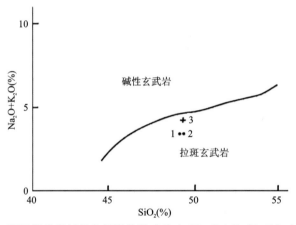

图 3-2　野马洞岩组斜长角闪岩化学成分在(Na_2O+K_2O)-SiO_2变异图上投影点位置(据江麟生和周忠友,2005)

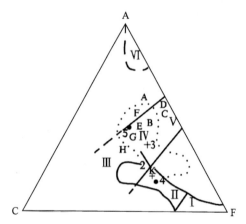

Ⅰ.超基性岩区；Ⅱ.基性岩区；Ⅲ.泥灰岩区；Ⅳ.硬砂岩区；Ⅴ.黏土半黏土岩区；Ⅵ.富铝黏土岩区。A.石英砂岩区；B.硬砂岩区；C.黏土岩区；D.黏土页岩；E.页岩；F.流纹岩；G.英安岩；H.安山岩；K.玄武岩

图 3-3　野马洞岩组在ACF图解中投影点位置(据江麟生和周忠友,2005)

由图3-2、图3-3可知,斜长角闪岩的原岩在ACF图上显示为玄武岩类,在(Na_2O+K_2O)-SiO_2图解上投到拉斑玄武岩区域内。黑云斜长变粒岩在ACF图解中落入英安岩区。由此可见,野马洞岩组的原岩为一套双峰式火山活动形成的拉斑玄武质系列玄武岩、英安岩组合,是由同源地幔岩浆经过结晶分异或同化混染作用,形成的一套具有SiO_2间断的两类火山岩。玄武质岩浆和富硅质岩浆近于同时交替喷发,以玄武质岩浆为主,夹酸性岩浆。

2. 稀土元素、微量元素特征和成因分析

野马洞岩组微量和稀土元素特征见表3-3、表3-4。

周忠友等(2005)认为:野马洞岩组斜长角闪岩稀土分布模式LREE略有富集[$(29.24\sim65.26)\times10^{-6}$],HREE[$(31.53\sim52.94)\times10^{-6}$]稍有亏损。$\Sigma REE$较低[$(66.77\sim108.6)\times10^{-6}$],LREE/HREE$=0.927\sim1.81$,表明分异程度较低,分布曲线微右倾。基本无Eu异常($\delta Eu=0.85\sim1.08$)。黑云斜长变粒岩稀土分布模式与斜长角闪岩不同:LREE(70.775×10^{-6})富集,HREE(2.646×10^{-6})亏损,LREE/HREE$=14.47$,表明分异程度较高,分布曲线右倾,$\delta Eu=1.26$,具较明显的正Eu异常。从稀土元素特征对比看,斜长角闪岩与大洋拉斑玄武岩相近。

微量元素Nb/La的平均值为0.58,Sr/Ba的平均值为1.2。从微量元素蛛网图可知,野马洞岩组两种不同岩性岩石都是强不相容元素富集,且Tb和Nb亏损的分布形式。

为了进一步提取微量元素、稀土元素包含的有关野马洞岩组岩石成因的信息,利用Sun和MacDonougn(1989)提出的球粒陨石和原始地幔的标准值重新绘制蛛网图(图3-4、图3-5),并在图上叠置了上、中、下地壳和不同类型玄武岩的曲线。

微量元素蛛网图采用原始地幔标准化的方法。原始地幔为地核形成后与地壳形成之前的地幔,许多研究者对原始地幔的化学成分进行过详细的研究(Jagonz et al.,1979;Anderson,1983;Wank,1984;Taylor,1985),在这里采用Sun和MacDonough(1989)提出的数据,为了与上、下地壳成分对比,图中叠加了Rudnick和Gao(2003)提出的上、中、下地壳微量元素蛛网图曲线。由图3-4、图3-5可知:

(1)与原始地幔相比,该区野马洞岩组斜长角闪岩和变粒岩稀土元素和不相容元素均有富集,其低场强元素K、Rb、Cs、Ba、Sr、Pb、Eu中的Rb富集34.6倍,Ba富集101.6倍,Eu富集4.16倍,U富集71.9倍,Th富集54倍;高场强元素Nb、Ta、Zr、Hf、Ti和Ce等也有富集,Nb富集6.9倍,Zr富集17倍,Ce富集19倍,富集倍数不及低场强元素。不相容元素的富集表明本区岩石为原始地幔演化的产物,原始地幔部分熔融形成岩浆,不相容元素进入熔体中,造成富集,随着岩浆演化的推进,富集程度逐渐增高,图中上地壳长英质岩石微量元素与不相容元素含量较下地壳基性岩石普遍高。

(2)本区斜长角闪岩的蛛网图与下地壳曲线形态基本一致,但元素富集程度较低,是原始地幔演化初期的产物。变粒岩蛛网图介于下地壳与上地壳曲线之间,表明其是基性岩浆进一步演化的结果。

稀土元素配分曲线采用球粒陨石标准化的方法。球粒陨石没有遭遇过母天体的熔融或地质分异,其稀土配分可代表原始地球的稀土配分。在野马洞岩组斜长角闪岩和变粒岩的稀土配分图上,也叠加了Rudnick和Gao(2003)提出的上、中、下地壳岩石稀土配分曲线。由图3-5可知,本区斜长角闪岩的稀土配分曲线与下地壳的岩石稀土配分曲线很相近。变粒岩稀土配分曲线轻稀土部分与中地壳相似,但在重稀土部分出现异常,其含量倍数随原子序数的增加而逐渐降低。

为判别野马洞岩组斜长角闪岩的原岩玄武岩的成因类型,将其与洋岛玄武岩(Sun,1980)和普通型洋中脊玄武岩(Saunders et al.,1984)的蛛网图进行对比,均不相似(图3-6)。因此将其再与E型洋中脊玄武岩进行对比,发现两者基本形态相似(图3-7),即为右倾曲线,以高稀土含量和轻稀土富集为特征,而与正常型洋脊拉斑玄武岩明显不同,后者为左倾型曲线,低轻稀土含量和高重稀土含量。由此确定野马洞岩组玄武岩属E型洋中脊玄武岩。

E型洋中脊玄武岩产于高重力异常和高热梯度的海底高原洋中脊,La_n/Sm_n值通常大于1.8(该区为$2.9\sim7.4$),$K_2O>0.10\%$(该区为1.98%),$TiO_2>1.0\%$(该区为2.45%)。E型洋中脊玄武岩微量元素分布表明岩浆应来自较深的富集地幔源区。

表 3-3 野马洞岩组岩石微量元素分析结果

岩性	Nb	Ta	U	Th	Zr	Cr	Ni	Co	Rb	Sr	Ba	V	Pb	Au	Sn	Be	Sc	Ti
斜长角闪岩	5.7	0.4	—	—	165	21	28	44.2	13	200	290	220	17	3.1	1.1	1.2	40	—
	7.6	0.8	1.0	1.9	79	138	41	39	33	172	89	235	—	—	—	—	—	—
	6.2	1.6	1.2	1.6	64	176	91	41	41	320	250	165	—	—	—	—	—	—
	4.6	0.8	0.8	0.7	38	471	134	39	14	350	215	165	—	—	—	—	—	—
变粒岩	4.9	0.4	1.51	4.6	190	2	6	44	22	510	710	18	10	3.9	1.3	1.2	2.6	0.654

注：江麟生和周忠发，2005；单位：Au 为 10^{-9}，Ti 为 10^{-2}，其余元素为 10^{-6}。

表 3-4 野马洞岩组岩石稀土元素分析结果

单位：10^{-6}

岩石	La	Ce	Pr	Nd	Sm	Eu	Gd	Tb	Dy	Ho	Er	Tm	Yb	Lu	Y	LREE/HREE	δEu
斜长角闪岩	37.79	70.80	7.79	29.69	5.30	1.35	4.21	0.66	3.65	0.75	2.04	0.35	2.56	0.38	16.59	4.90	0.85
	23.03	46.10	5.79	25.50	5.84	1.99	5.97	0.94	5.15	1	2.56	0.39	2.29	0.34	26.30	2.41	1.02
	53.02	81.50	9.26	28.78	3.84	1.1	2.38	0.31	1.29	0.2	0.45	0.06	0.33	0.06	4.51	18.51	1.04
	10.50	18.20	2.38	10.60	2.73	0.881	2.85	0.548	4.06	0.89	2.32	0.304	2.02	0.247	15.90	1.55	0.96
	11	23.10	2.95	14.10	3.46	1.14	3.02	0.444	2.57	0.432	0.93	0.128	0.818	0.126	7.93	3.40	1.05
	8.03	14.60	1.65	6.62	1.71	0.635	1.87	0.347	2.55	0.548	1.42	0.195	1.62	0.169	10.50	1.73	1.08
	12.10	25.40	3.72	18.30	4.81	1.68	6.16	1.05	5.70	1.76	5.28	0.75	4.09	0.63	41.10	0.99	0.94
	4.77	10.80	1.71	8.55	2.46	0.95	2.98	0.55	3.43	0.70	2.02	0.34	2.05	0.33	19.13	0.93	1.07
	12.68	27.50	3.91	16.07	3.92	1.18	3.74	0.64	3.90	0.77	2.16	0.35	2.19	0.34	21.91	1.81	0.93
	9.20	20.99	3.35	15.33	4.55	1.59	5.10	0.91	5.84	1.17	3.36	0.54	3.33	0.54	32.15	1.04	1.01
变粒岩	21.90	31.30	3.31	11.60	2	0.665	1.05	0.176	0.73	0.133	0.26	0.04	0.222	0.035	2.28	14.37	1.26
	23	33.30	3.57	11.30	1.97	0.70	1.30	0.20	0.80	0.18	0.42	0.065	0.38	0.056	3.76	10.31	1.26

注：江麟生和周忠发，2005。

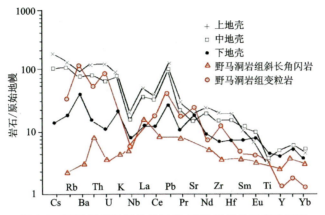

图 3-4 野马洞岩组斜长角闪岩、变粒岩微量元素蛛网图

(上、中、下地壳微量元素地幔标准化蛛网图据 Rudnick and Gaol,2003)

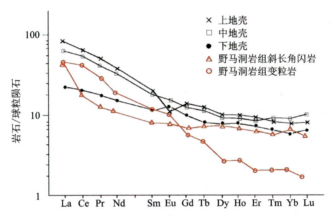

图 3-5 野马洞岩组斜长角闪岩、变粒岩稀土配分曲线

(上、中、下地壳稀土元素配分曲线据 Rudnick and Gaol,2003)

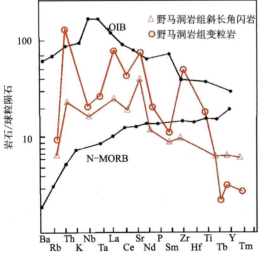

图 3-6 野马洞岩组斜长角闪岩球粒陨石标准化蛛网图

注:OIB.洋岛玄武岩(据 Sun,1980);N-MORB.N 型洋中脊玄武岩(据 Saunders et al.,1984)

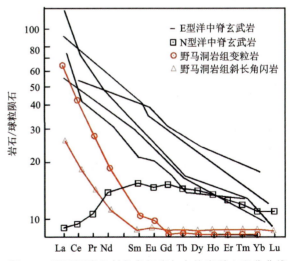

图 3-7 野马洞岩组斜长角闪岩与变粒岩稀土配分曲线

(据 Saunders et al.,1984)

综上所述,中太古代本区处于重力异常和高热梯度的海底高原洋中脊,深部为富集地幔源区。在地球发展演化早期阶段,随着古海洋板块的离散,地幔不断地发生部分熔融,相当部分容易进入液相的元素(不相容元素)随着熔融作用不断地移出地幔源区进入岩浆,从而使地幔亏损上述组分,形成了化学上的亏损地幔;另一部分地幔则因这些元素的加入而成为富集地幔,该区的玄武岩浆即由富集地幔熔融而成。玄武质岩浆进一步演化形成一套拉斑玄武质-英安质火山岩建造。

第二节 东冲河片麻杂岩

东冲河片麻杂岩分布在水月寺—坦荡河、交战垭—雾渡河一带,总体上呈北东向带状展布,并与黄凉河岩组相间。在层序上被古元古代黄凉河岩组、南华系—震旦系沉积盖层不整合覆盖,并被古元古代核桃园基性—超基性岩浆、古元古代华山观超单元(圈椅埫岩体)和小坪杂岩体及新元古代晚期的基性岩墙等侵入。东冲河片麻杂岩原岩为花岗质深成岩,是该区黄凉河岩组原岩主要物源之一。

一、岩石类型及主要岩石特征

1. 岩石类型

东冲河片麻杂岩的岩石类型较为简单,主要由3种岩石构成:奥长花岗质片麻岩、花岗闪长质片麻岩和英云闪长质片麻岩。

3种岩石在矿物成分上的共同特征是石英含量高,一般超过20%;斜长石含量超过钾长石含量,斜长石/钾长石为3~5;暗色矿物含量少,小于10%,并以黑云母为主。岩石均具有花岗变晶结构,片麻状构造。

2. 主要岩石特征

东冲河片麻杂岩主要岩石特征见表3-5和照片3-7~照片3-12。

表3-5 东冲河片麻杂岩主要岩石特征

岩石类型	矿物组成及特征	结构构造	备注
英云闪长质片麻岩	斜长石(60%~80%):钠长石、更长石,板状、不规则粒状,粒径0.5~2mm,常含石英、黑云母包裹体,稍有绢云母化;钾长石(0~5%):不规则粒状,与斜长石交互生长;石英(10%~30%):不规则粒状,粒径0.2~1.8mm,具波状消光,分布于长石间;黑云母(5%~15%):红棕色,片状变晶结构,片径0.2~0.8mm;含少量角闪石、透闪石;副矿物:锆英石、榍石、磷灰石、磁铁矿	花岗变晶结构;片麻状构造	相当于斜长花岗质片麻岩,石英含量小于20%时,过渡为石英闪长岩
花岗闪长质片麻岩	斜长石(45%~60%):板状、不规则粒状,粒径0.8~2.5mm,有绢云母化;钾长石(10%~20%):不规则粒状,粒径1.0~2.5mm,可见条纹构造,多有斜长石、石英等包裹体;石英(25%~30%):不规则粒状,产于长石间;黑云母(0~8%):片状,片径0.1mm;白云母(0~3%):片状,片径0.1mm。副矿物:锆石、磁铁矿、榍石、褐帘石	花岗变晶结构;片麻状构造	—
奥长花岗质片麻岩	斜长石(65%~80%):更长石,板状、不规则粒状,粒径0.5~2.0mm;钾长石(0~6%):不规则粒状,粒径较粗,常有斜长石、石英包裹体;黑云母(0~3%):片状,粒径0.1~0.5mm,稀疏散布;副矿物:锆石、磷灰石、榍石、褐帘石	花岗变晶结构;片麻状构造	英云闪长岩的浅色变种

照片 3-7　英云闪长质片麻岩
薄片(一)　ZK501-B$_3$(g)
Qz.石英；Pl.斜长石

照片 3-8　英云闪长质片麻岩，主要由斜长石、石英、
少量云母组成
薄片(＋)　ZK501-B$_3$(g)
Qz.石英；Pl.斜长石

照片 3-9　奥长花岗质片麻岩
薄片(一)　70(j)
Qz.石英；Pl.斜长石

照片 3-10　奥长花岗质片麻岩，主要由斜长石、
石英组成，暗色矿物很少
薄片(＋)　70(j)
Qz.石英；Pl.斜长石

照片 3-11　花岗闪长质片麻岩中条纹长石
薄片(一)　6(L)
Pe.条纹长石

照片 3-12　条纹长石与斜长石、石英交互生长
薄片(＋)　6(L)
Pe.条纹长石

二、矿物共生组合分析

东冲河片麻杂岩原岩主要矿物共生组合为斜长石-钾长石-石英,构成 Q-Ab-Or 三元系,为从硅酸盐熔浆中结晶时的平衡组合(图 3-8)。其中,斜长石和钾长石构成有限混溶固溶体。斜长石主要为钠长石和更长石,钾长石含量少,成分投影点位于相图左下方,靠近三相低共熔点。钾长石中条纹结构常见(钾长石和钠长石的固溶体分离结构),表明共结晶温度较低。

东冲河片麻杂岩中钾长石主要为正长石、微斜长石和条纹长石,正长石属 Si-Al 部分有序结构,为亚稳相变体。微斜长石属 Si-Al 有序结构的钾长石稳定变体。正长石和微斜长石常具条纹构造,条纹为钠长石,条纹形态复杂多样,呈脉状、枝状、火焰状。钠长石条纹的数量较少,形态较规则,并沿钾长石一定方向排布,因此属于熔离条纹长石。

更长石(奥长石)自形程度较钾长石高,相对粒径小,常被钾长石包裹,双晶发育,常出现细密的聚片双晶,近于平行消光,$Np' \wedge (010) = 0° \sim 14°$。在更长石伸入钾长石的边界部分,常出现蠕英石。更长石平均牌号 An 为 16~23。

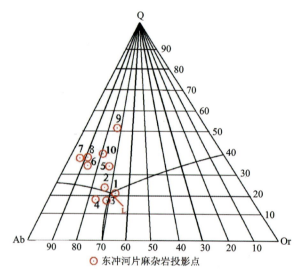

1. 花岗闪长岩;2. 花岗闪长岩;3. 花岗闪长岩;4. 花岗闪长岩;5. 花岗闪长岩;
6. 花岗闪长岩;7. 云英闪长岩;8. 云英闪长岩;9. 花岗闪长岩;10. 花岗闪长岩

图 3-8 东冲河片麻杂岩矿物组成在 $Q-Ab-Or-H_2O$ 系统相图中投影点位置

(底图据 Tnttle and Bowen,1958,L 为三相低共熔点)

三、岩石化学特征及成因探讨

(一)主元素含量特征

1. 主元素含量

东冲河片麻杂岩岩石化学分析结果见表 3-6 和图 3-9。

表 3-6 东冲河片麻杂岩岩石化学分析结果

单位:%

序号	岩石类型	SiO_2	TiO_2	Al_2O_3	FeO	Fe_2O_3	MnO	MgO	CaO	Na_2O	K_2O	P_2O_5	CO_2	H_2O^+
1	花岗闪长质片麻岩	70.99	0.55	10.72	0.50	1.80	0.05	1.09	1.45	6.49	5.68	0.12	0.05	0.77
2	花岗闪长质片麻岩	68.74	0.28	15.00	0.49	1.86	0.03	0.84	1.75	5.69	4.98	0.09		
3	花岗闪长质片麻岩	69.87	0.42	12.86	0.50	1.83	0.04	0.97	1.60	6.09	5.33	0.11	0.03	0.39
4	花岗闪长质片麻岩	68.17	0.60	13.22	0.64	2.26	0.09	1.41	2.50	5.65	5.23	0.12	0.10	0.61
5	花岗闪长质片麻岩	66.34	1.00	13.68	1.20	4.68	0.06	1.72	3.06	2.94	4.33	0.22	0.10	1.49
6	英云闪长质片麻岩	70.12	0.20	14.45	0.96	3.14	0.03	1.72	1.83	4.33	2.78	0.05		
7	奥长花岗质片麻岩	66.73	0.70	16.38	0.96	2.63	0.09	2.01	3.20	4.49	0.89	0.07	0.56	1.07
8	英云闪长质片麻岩	67.71	0.50	14.77	0.99	3.38	0.08	1.57	2.37	4.38	3.33	0.09	0.19	0.80
9	花岗闪长质片麻岩	73.32	0.12	14.90	0.54	1.90	0.09	0.31	0.43	4.51	3.20	0.05	0.05	0.58
10	花岗闪长质片麻岩	69.47	0.25	15.93	0.69	1.67	0.05	1.13	2.44	4.02	3.49	0.12	0.05	0.85
11	平均	69.15	0.46	14.19	0.75	2.52	0.06	1.28	1.85	4.86	3.92	0.10	0.14	0.82

注:江麟生和周思忠发,2005;岩石名称有修改。

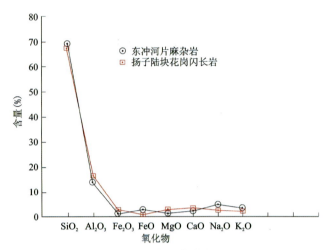

图 3-9 东冲河片麻杂岩主要化学成分含量图(据鄢明才等,1997)

由表 3-6 和图 3-9 可知:

(1)东冲河片麻杂岩为硅铝质成分的岩石,其氧化物的组成与扬子陆块花岗闪长岩高度一致,代表上陆壳的化学成分特征。

(2)东冲河片麻杂岩 3 种主要的岩类,即花岗闪长岩、奥长花岗岩和英云闪长岩的化学组成很相近,属于一个岩石系列。

(3)3 类岩石成分的主要差别表现在($FeO+MgO$)($CaO+Na_2O$)及 K_2O 含量等方面。($FeO+MgO$)以英云闪长质片麻岩最高,为 4.91%;奥长花岗质片麻岩次之,为 4.64%;花岗闪长质片麻岩最低,为 3.35%。($CaO+Na_2O$)含量花岗闪长质片麻岩为 6.95%,英云闪长质片麻岩为 5.38%,奥长花岗质片麻岩为 7.69%。CaO/Na_2O 值分别为 0.37、0.24、0.71,花岗闪长质片麻岩与英云闪长质片麻岩含量和比值相近,而奥长花岗质片麻岩较高。

K_2O 的含量为 0.89%~5.68%,花岗闪长质片麻岩为 4.60%,奥长花岗质片麻岩为 0.89%,英云闪长质片麻岩为 3.06%,花岗闪长质片麻岩含钾最高,次为英云闪长质片麻岩,奥长花岗质片麻岩钾含量最低。

邓晋福等(2004)、Rollinson(1993,2009)认为研究这类花岗质岩石最有效的方法是根据岩石化学分析结果计算矿物成分。

东冲河片麻杂岩根据化学分析计算矿物成分结果见表 3-7。

在岩矿鉴定确定矿物共生组合的基础上,用岩石化学计算方法进行矿物定量的可靠性高于薄片目估或测定矿物面积定量。据表 3-7,将各类岩石成分投影点在国际地质科学联合会(简称国际地科联)推荐的 QAP 分类图(图 3-10)中。由图 3-10 可知,东冲河片麻杂岩成分在图中的投影点主要落入花岗闪长岩区,部分落入英云闪长岩区。

2. 主元素的 Shaw 判别指数 DF

为确定东冲河片麻杂岩的原岩类别,根据主成分计算 Shaw 的判别指数 DF,结果见表 3-8,由表可知,DF 值无一例外地均为正值,确定东冲河片麻杂岩为正变质岩。

3. 主元素地球化学特征

(1)根据 SiO_2-lg(A·R)图解(图 3-11)投影点,东冲河片麻杂岩原岩属于钙碱质,部分属于碱质。

(2)根据 K_2O-SiO_2 图解(图 3-12)投影点,东冲河片麻杂岩原岩属钙碱性系列和高钾钙碱性系列。

东冲河片麻杂岩里特曼指数一般为 1.53~3.02,极少数大于 4,属于钙碱性—碱钙性,Al_2O_3 总体含量较高,A/CNK 值大于 1,显示过铝质特征。

表 3-7 东冲河片麻杂岩矿物成分

单位:%

序号	岩石类型	石英	钠长石	钙长石	钾长石	云母	磷灰石	钛铁矿	磁铁矿	斜长石在长石中占比	斜长石 An 牌号
1	花岗闪长质片麻岩	20.88	43.44	8.59	23.95	8.18	0.46	1.47	1.12	68.48	15.70
2	花岗闪长质片麻岩	23.66	36.48	11.78	19.35	6.30	0.46	0.92	1.05	71.38	13.32
3	花岗闪长质片麻岩	20.08	41.74	11.75	22.14	7.28	0.46	1.20	1.10	70.73	20.96
4	花岗闪长质片麻岩	19.41	34.09	16.87	19.29	6.77	0.47	1.80	1.30	72.54	18.92
5	花岗闪长质片麻岩	33.14	15.99	22.02	16.25	7.50	0.43	2.56	2.11	70.13	39.35
6	英云闪长质片麻岩	33.10	32.00	13.41	5.90	12.90	/	0.66	2.03	89.0	19.01
7	奥长花岗质片麻岩	38.40	24.51	20.31	3.56	9.64	/	1.78	1.80	92.64	28.08
8	英云闪长质片麻岩	37.26	26.61	15.56	5.79	11.78	/	1.19	1.81	88.00	21.60
9	花岗闪长质片麻岩	51.49	27.77	3.22	11.68	4.65	/	0.19	1.00	71.97	5.19
10	花岗闪长质片麻岩	40.37	22.49	16.13	10.27	8.48	0.44	0.60	1.22	79.00	25.29

注:据岩石化学分析计算结果。

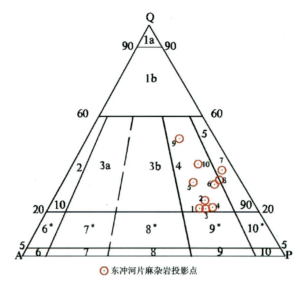

Q.石英;A.碱性长石;P.斜长石。1a.硅英岩;1b.富石英花岗岩;2.碱长花岗岩;3a.花岗岩;3b.二长花岗岩;4.花岗闪长岩;5.英云闪长岩;6*.石英碱长正长岩;7*.石英正长岩;8*.石英二长岩;9*.石英二长闪长岩;10*.石英闪长岩;6.碱长正长岩;7.正长岩;8.二长岩;9.二长闪长岩;10.闪长岩

图 3-10 东冲河片麻杂岩成分在 AQP 图中的投影点

表 3-8 东冲河片麻杂岩成分 DF 指数

岩石类型	SiO_2	$Fe_2O_3+1.11FeO$	MgO	CaO	Na_2O	K_2O	DF
花岗闪长质片麻岩	70.99	2.48	1.09	1.45	6.49	5.68	7.01
花岗闪长质片麻岩	68.74	2.54	0.84	1.75	5.69	4.98	6.27
花岗闪长质片麻岩	69.87	2.51	1.60	1.60	6.09	5.33	5.98
英云闪长质片麻岩	70.12	4.41	1.72	1.83	4.33	2.78	1.40
花岗闪长质片麻岩	73.32	2.63	0.31	0.43	4.50	3.20	2.39
花岗闪长质片麻岩	68.17	3.13	1.41	2.50	5.65	5.23	6.13
英云闪长质片麻岩	70.12	4.41	1.72	1.83	4.33	2.78	1.40
花岗闪长质片麻岩	73.32	2.63	0.31	0.43	4.51	3.20	2.40
奥长花岗质片麻岩	66.73	3.85	2.01	3.20	4.49	0.89	1.98
花岗闪长质片麻岩	69.47	2.53	1.13	2.44	4.02	3.49	2.99
花岗闪长质片麻岩	66.34	6.35	1.72	3.06	2.94	4.33	1.08
英云闪长质片麻岩	67.71	4.71	1.57	2.37	3.38	3.33	1.18

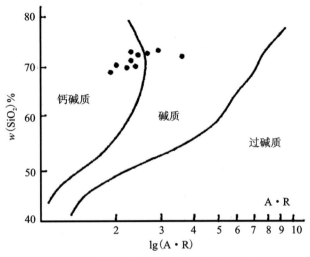

图 3-11 东冲河片麻杂岩的 SiO_2-lg(A·R)图解

（据江麟生和周忠友，2005）

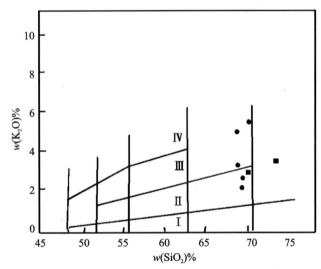

Ⅰ.低钾拉斑玄武岩系列；Ⅱ.钙碱性系列；Ⅲ.高钾钙碱性系列；Ⅳ.钾玄岩系列

图 3-12　东冲河片麻杂岩的 K_2O-SiO_2 图解（据江麟生和周忠友，2005）

（二）微量元素及稀土元素含量特征

东冲河片麻杂岩微量元素及稀土元素含量见表 3-9、表 3-10。

东冲河片麻杂岩微量元素 Cr、Co、Ni 平均含量明显高于花岗岩平均值（Turekian and Wedepohl，1961），可高出 3～10 倍，显示具有一些玄武质岩石特征。Zr、Rb、Ba、Sr、Nb、Be、Ta、Sn 的含量与基性岩浆分异的花岗岩类十分接近。Rb/Sr 值相当低（0.17～0.19），示踪英云闪长质片麻岩-奥长花岗质片麻岩源岩应为玄武质岩石成分。

东冲河片麻杂岩稀土配分曲线见图 3-13。稀土配分曲线为右倾型，Eu 负异常不明显，δEu＝0.83～0.92。英云闪长质片麻岩较为特殊，稀土总量较低，并出现 Eu 正异常。

表 3-9 东冲河片麻杂岩微量元素含量表

岩石类型	Rb	Th	Cu	Zr	Hf	V	Ni	Cr	Sc	Co	Pb	Zn
英云闪长质片麻岩	94	6.3	16	—	—	22	9	4	—	—	30	57
黑云英长质片麻岩	81	—	11.3	349	6.13	15.8	6.7	61	2.11	4.6	26.0	28
黑云奥长花岗质片麻岩	247	—	32.5	204	2.89	93.2	70.9	249	9.66	19.4	21.2	122

岩石类型	Mn	Th	Ta	Se	F	Nb	Sr	Ba	Pb	Cl	Rb/Sr
奥长花岗质片麻岩	—	0.29	<0.5	<0.05	257	2.2	422	926	0.2	0.009	—
英云闪长质片麻岩	—	0.29	<0.5	0.06	312	4.0	234	338	0.3	0.014	—
英云闪长质片麻岩	—	0.27	<0.5	<0.05	210	2.0	515	577	1.5	0.014	—
英云闪长质片麻岩	—	0.61	<0.5	<0.05	564	1.9	828	957	1.0	0.010	—
角闪黑云二长片麻岩（花岗闪长-石英二长质）	—	0.76	2.96	0.13	2423	29.1	209	1029	0.3	0.014	—
英云闪长质片麻岩	—	0.38	1.10	—	659	13.5	542	315	1.7	0.008	—
英云闪长质片麻岩	173	—	—	—	386	5.8	550	1130	—	—	0.17
黑云英长质片麻岩	155	—	0.14	—	232	3.5	423	1163	—	—	0.19
黑云奥长花岗质片麻岩	873	—	0.70	—	86.8	15.1	181	714	—	—	1.36

注：江麟生和周忠发，2005。含量单位：Pb 为 10^{-9}，Cl 为 10^{-2}，Rb/Sr 值为无量纲，其余元素为 10^{-6}。

表 3-10 东冲河片麻杂岩稀土元素含量表

单位:10^{-6}

岩石类型	La	Ce	Pr	Nd	Sm	Eu	Gd	Tb	Dy	Ho	Er	Tm	Yb	Lu	Y	ΣREE
奥长花岗质片麻岩	40.84	70.03	7.17	22.92	3.01	1.11	1.87	0.22	0.95	0.17	0.37	0.05	0.30	0.05	3.95	153.01
英云闪长质片麻岩	49.70	99.90	9.57	31.40	6.76	1.47	3.30	0.52	2.10	0.43	0.94	—	—	0.14	8.80	215.03
黑云奥长花岗质片麻岩	14.90	27.46	3.47	11.62	2.55	0.54	2.26	0.41	2.36	0.46	1.37	0.25	1.77	0.26	14.01	83.69
	34.96	63.38	7.33	23.27	4.07	1.10	2.98	0.47	2.30	0.45	1.19	0.20	1.12	0.17	11.87	154.86
	8.77	15.76	1.85	5.96	1.05	0.72	0.71	0.10	0.51	0.09	0.22	0.04	0.22	0.04	2.20	38.24
英云闪长质片麻岩	26.94	43.95	4.56	16.39	2.68	2.06	1.82	0.25	1.15	0.23	0.57	0.09	0.50	0.08	5.50	106.77
	59.65	107.2	12.59	42.51	6.43	1.86	4.67	0.63	3.02	0.51	1.18	0.16	0.88	0.13	11.11	252.53
	37.54	66.43	8.24	29.01	5.67	1.26	4.95	0.76	4.01	0.79	2.13	0.30	1.77	0.25	19.65	182.76
石英闪长质片麻岩	10.84	21.63	2.57	11.31	1.77	0.98	1.43	0.20	1.02	0.21	0.50	0.08	0.45	0.07	5.44	58.50
	14.98	23.17	2.56	8.85	1.43	0.63	1.03	0.14	0.67	0.14	0.34	0.05	0.35	0.06	3.76	58.16
	39.01	70.68	8.18	27.79	4.49	0.96	3.11	0.33	1.26	0.19	0.35	0.04	0.20	0.03	4.12	160.74
英云闪长质片麻岩	26.82	56.44	7.74	31.36	6.42	2.36	6.97	1.05	6.54	1.33	3.70	0.55	3.39	0.50	32.17	187.34

注:江麟生和周忠发,2005。

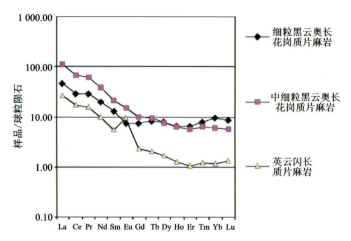

图 3-13　东冲河片麻杂岩稀土配分曲线图（据江麟生和周忠友，2005）

(三) 东冲河片麻杂岩与 TTG 岩套

该区 1987 年完成的 1∶5 万区域地质调查（兴山东半幅、水月寺幅）尚未能划分出"东冲河片麻杂岩"，并将其作为正变质岩。1993 年 1∶5 万茅坪河幅区域地质调查对原水月寺岩群各建组剖面重新研究，发现原野马洞岩组大部分及周家河岩组上段应为变质侵入岩。其余各组、段为变质表壳岩。分布于野马洞、东冲河一带的变质侵入岩，按构造岩石单位命名原则称东冲河片麻杂岩，并认定为"较典型的 TTG 岩套"。

TTG 岩套是一类包含了 3 种岩性，即英云闪长岩（tonalite）-奥长花岗岩（trondhjemite）-花岗闪长岩（granodiorite）的岩石组合。TTG 岩套的系统研究始于 20 世纪 70 年代（Anhaeusser et al., 1969; Bliss and Stidolph, 1969），因为这类岩石构成了地球早期陆壳的主体，因此，TTG 岩套及其成因研究是揭示早期地球演化特点的钥匙（Condie，2005；Rollinson，2009；张旗和翟明国，2012）。

TTG 岩套在全球范围内分布颇广，如澳大利亚 Pilbara 克拉通、Yilgarn 克拉通，南非 Kaapvaal 克拉通，TTG 岩套分布面积可达克拉通总面积的 50%～74%。本区位于扬子陆块黄陵克拉通，与全球 TTG 岩套对比有如下特征。

(1) 目前已知最古老的 TTG 岩套是在加拿大北部地区出露的 Acasta 花岗质片麻岩，锆石 U-Pb 年龄为 (4.03±0.003) Ga（Bowring and Williams，1999）。澳大利亚 Yilgan 地块年龄为 3.5Ga 左右。本区东冲河奥长花岗片麻岩中测得 3 组年龄（高山等，2001），其中两组为 (2947±5) Ma、(2903±10) Ma。此外，凌文黎等（1997）测定了 TTG 岩套与斜长角闪岩的形成时代，认为两者有成因关系，Sm-Nd 同位素年龄集中在 3200～2900Ma 之间，即第三组年龄。因此可基本确定，本区的 TTG 岩套形成于中太古代，相对于产于太古宙中各地的 TTG 岩套年龄较新。

(2) 全球 TTG 岩套岩石 3 种主要矿物成分钾长石、钠长石、钙长石相对比例范围见图 3-14：一般钙长石含量不超过 50%，钾长石含量不超过 35%，钠长石含量不超过 90%。东冲河片麻杂岩英云闪长质片麻岩投影点落在 TTG 岩套的范围内，花岗闪长质片麻岩投影点一部分在 TTG 岩套范围内，另一部分投影点在范围以外，表明该区 TTG 岩套岩石斜长石基性程度较高，钾长石含量较多。

(3) 该区 TTG 岩套岩石与全球 TTG 岩套岩石成分对比见表 3-11 及图 3-15。

由表 3-11 和图 3-15 可知：①该区岩石 SiO_2、MgO、CaO、Al_2O_3 与 TTG 岩套岩石平均值基本一致，Al_2O_3 含量偏低，K_2O 含量及 K_2O/Na_2O 值较 TTG 岩套平均值高，以致图中部分投影点集中在平均范围的顶部边界处，有的超界；②该区岩石稀有元素 Ni、Cr 含量及其平均值偏高，Sr、Yb 含量范围相近；

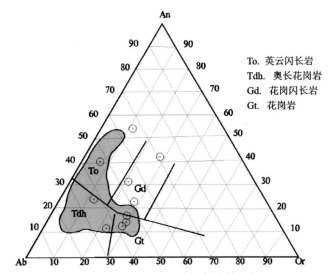

图 3-14 东冲河片麻杂岩在 An-Ab-Or 图解中投影点位置(据 O'Connor,1965)

注:灰色区域为全球 TTG 岩套平均投影点范围。

表 3-11 东冲河片麻杂岩与世界 TTG 岩套化学成分对比

成分	TTG 平均 *	本区 TTG	备注
SiO_2	多数>65%	66.73%～73.32%	
Na_2O	3%～7%	2.94%～6.49%	
K_2O	1.74%～2.78%	0.89%～5.68%	钾含量高
K_2O/Na_2O	<0.5	1.47～0.64	钾钠比值高
CaO	2.74%～3.26%	1.45%～3.20%	略低
Al_2O_3	平均>15%	平均为 14.20%	略低
MgO	0.96%～1.07%	0.31%～2.01%	
Ni	$(12～22)×10^{-6}$	$(6.7～70.9)×10^{-6}$	高
Cr	$(21～45)×10^{-6}$	$(4～249)×10^{-6}$	高
LREE	富集	富集	
HREE	亏损	亏损	
Sr	$(360～541)×10^{-6}$	$(181～828)×10^{-6}$	
Y	$(8.5～14)×10^{-6}$	$(3.95～14.01)×10^{-6}$	
Yb	$(0.63～0.82)×10^{-6}$	$(0.3～1.77)×10^{-6}$	
Eu	$(0.8～1.07)×10^{-6}$	$(0.63～2.06)×10^{-6}$	

注:* 据吴鸣谦,2014。

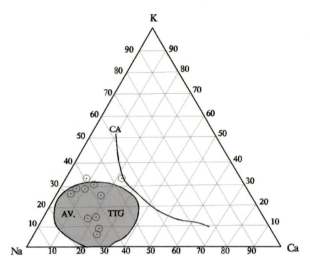

图 3-15　东冲河片麻杂岩在 K-Na-Ca 图解中投影点位置（据 O'Connor,1965）

注：灰色区域为全球 TTG 岩套平均投影点范围。

③微量元素蛛网图（图 3-16a）表明，东冲河片麻杂岩富集 LREE，亏损 HREE，高 Sr，低 Y、Yb，且无明显 Eu 异常，与全球古太古代和新太古代 TTG 曲线基本一致；④据稀土元素配分图（图 3-16b），东冲河片麻杂岩曲线与全球古太古代和新太古代 TTG 岩套的曲线形式基本一致，为右倾型，且未见明显 Eu 异常。

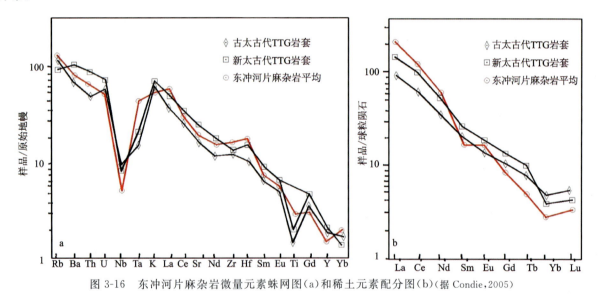

图 3-16　东冲河片麻杂岩微量元素蛛网图（a）和稀土元素配分图（b）（据 Condie,2005）

（四）结论

根据东冲河片麻杂岩岩石类型、矿物共生组合、岩石化学特征、微量元素及稀土元素分布形式，可认定其属于中太古代产于扬子克拉通基底中的 TTG 岩套；与全球 TTG 岩套对比，本区 TTG 岩套 K 含量偏高、Al_2O_3 含量偏低，它是由地幔直接部分熔融形成，并普遍遭受了后期流体的交代（Peterman and Barker,1976）。东冲河片麻杂岩为该区原始硅铝质陆壳的主要组成部分。

第四章 与成矿作用有关的混合岩和脉岩

第一节 混合岩

研究区大别旋回混合岩化作用普遍而强烈,且与石墨矿的成矿作用密切相关。程裕淇等(1963)根据变质原岩经过混合岩化作用向花岗岩演化的过程,按照混合岩化程度差别,提出"混合岩系列"分类方案。将混合岩分为混合岩化变质岩、混合岩和混合花岗岩 3 类。贺同兴等(1965)又将其中混合岩分为注入混合岩和混合片麻岩两类。湖北省地质调查院(2005)在该区进行地质调查时又将混合岩分为混合岩化变质岩(脉体<15%)、注入混合岩(脉体 15%~50%)、混合片麻岩(脉体>50%)和混合花岗岩 4 类。笔者认为:混合岩是中—高级变质岩受深熔作用改造的产物,深熔作用是一个连续而复杂的过程,在这种连续过渡的系统中建立定量的分类标准非常困难。在实际工作中区分注入混合岩及混合片麻岩难以操作,因此本书仍采用程裕淇的分类方案,将本区混合岩分为混合岩化变质岩、混合岩和混合花岗岩 3 类。

一、混合岩化变质岩

混合岩化作用不强,脉体量明显少于基体,基体原岩特征保留清楚,脉体成分以长英质、花岗质、伟晶质为特征,顺片理、片麻理注入,形成混合岩化石墨云母片岩、混合岩化黑云斜长片麻岩等。脉体(浅色体)与基体(暗色体)界线清楚(照片 4-1)。混合岩化在显微镜下得到充分表现:粗粒长石、石英透镜状、团块状注入到云母片理间。基体中矿物受交代作用不强烈,脉体主要以机械注入或注入交代作用进入原岩。在混合岩化片岩、片麻岩中除常见的条带状构造外,还伴有强烈的揉皱构造,宏观、微观皆表现醒目。

照片 4-1 混合岩化石墨片岩
(浅色脉体顺层注入深色石墨片岩基体)

二、混合岩

当脉体和基体数量相近,则统称混合岩。混合岩的基体可以是各类变质岩(片岩、片麻岩、角闪岩等),因其脉体成分比例大,甚至超过基体,并且对变质原岩改造强烈,使变质原岩渐变为花岗质成分。根据混合岩构造分为条带状混合岩、肠状混合岩、眼球状混合岩及揉皱状混合岩等。

1. 条带状混合岩

长英质脉体和暗色基体组成黑白相间的条带,条带或平直,更多的是揉皱状。脉体成分主要为酸性斜长石和石英或无色钾长石。肉红色的钾长石分布也很普遍,形成红、白、黑相互交替的条带或揉皱构造(照片 4-2、照片 4-3)。

照片 4-2 脉体主要为钾长石的混合岩　　　　照片 4-3 条带状混合岩脉体
　　　　　　　　　　　　　　　　　　　　与基体形成条带,条带或较平直或揉皱

2. 肠状混合岩

当揉皱作用强烈,条带揉皱盘曲成肠状,即过渡为肠状混合岩。由于交代改造作用强烈,并存在塑变现象,产生增厚和收缩,使条带边缘显凹凸弧形,形成肠状结节。肠状混合岩是基体和脉体强烈塑变的产物(照片 4-4、照片 4-5)。

3. 眼球状混合岩

具有特征的眼球状构造,基体多为片理发育的岩石。浅色的"眼球"大小数毫米至数厘米不等,呈透镜状、不规则粒状,边缘多不规则,密集散布于岩石中。"眼球"实际为变斑晶,成分主要是酸性斜长石、石英或钾长石,当"眼球"密集并成串珠状排列时可逐步过渡为条带状混合岩。在石墨片岩中"眼球"占的比例不是很大,则称为眼球状混合岩化石墨片岩(照片 4-6)。

照片 4-4 混合岩肠状脉体因膨胀缩作用形成边界为弧形的结节，来回盘曲

照片 4-5 混合岩肠状脉体与揉皱状脉体相间

照片 4-6 眼球状混合岩化石墨片岩
（浅色脉体呈大小数毫米至数厘米的"眼球"密集散布于基体中）

三、混合花岗岩

混合花岗岩是混合岩化最强烈的产物，岩性已与花岗岩十分相似，具有相似的矿物组成和花岗结构，但其中仍可保留少量基体成分。本区混合花岗岩发育，并具以下特征（照片4-7～照片4-21）。

(1)没有固定完整的形态，多呈脉状、岩枝状、岩瘤状、岩墙状，与混合岩、混合岩化变质岩伴生。石墨矿床中多有这类花岗岩产出，或与石墨片岩相间，多层产出，或呈岩瘤状、岩墙状凸入其中。

照片 4-7　混合花岗岩横切石墨片岩

照片 4-8　混合花岗岩顺层贯入石墨片岩

照片 4-9　混合岩的揉皱构造
薄片（－）　TDH-2(g)

照片 4-10　揉皱同时有长英质的贯入
薄片（－）　TC1H(g)

照片 4-11　混合岩化片岩中浅色贯入体
薄片（－）　TC17(g)

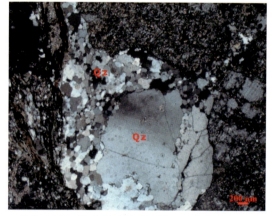

照片 4-12　浅色贯入体为石英，且边缘为细晶，
中部为粗晶
薄片（＋）　TC17(g)
Qz.石英

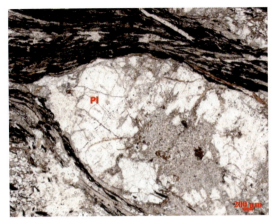

照片 4-13　片岩中透镜状浅色贯入体
薄片（一）　TC17(g)
Pl. 斜长石

照片 4-14　正交偏光下显示浅色贯入体为长石
薄片（＋）　TC17(g)
Pl. 斜长石

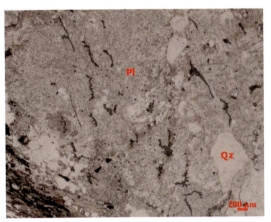

照片 4-15　片岩中花岗质贯入体
薄片（一）　7(L)
Pl. 斜长石；Qz. 石英

照片 4-16　贯入体由斜长石、钾长石、石英组成
薄片（＋）　7(L)
Pl. 斜长石；Qz. 石英

照片 4-17　混合花岗岩
薄片（一）　8(L)

照片 4-18　混合花岗岩由石英、钾长石、斜长石组成
薄片（＋）　8(L)

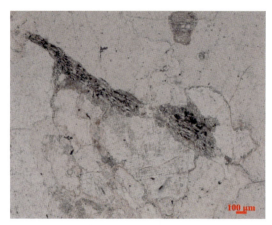

照片 4-19　混合花岗岩中石墨云母片岩的残留体
薄片(一)　S_2

照片 4-20　混合伟晶岩
薄片(＋)　11(L)
Pe. 条纹长石

照片 4-21　混合伟晶岩中颗粒粗大的条纹长石，包含斜长石
薄片(＋)　11(L)
Pe. 条纹长石；Pl. 斜长石

(2)与各类变质岩围岩多为渐变过渡，但可推开片理、片麻理，或横切贯入。在青茶园石墨矿中成层的片麻岩夹伟晶岩、花岗岩，厚度几米至数十米。

(3)岩性不均一，有时几乎不含暗色矿物，被称之为"白岗岩"，如三岔垭石墨矿中的混合花岗岩。有时矿物颗粒特别粗大，$d>10\text{cm}$ 被称为"伟晶岩"，分布也很普遍。

(4)各种交代结构发育，特别是钾交代，岩石中各种形态的交代条纹长石比比皆是。

混合花岗岩的岩石化学和微量元素含量测定结果见表 4-1、表 4-2。

岩石化学成分表明，混合花岗岩属二长花岗岩或花岗闪长岩。

1970 年，Овичников 研究了不同成因花岗岩中微量元素含量，提出地壳重熔的花岗岩类、原地交代花岗岩(超变质作用花岗岩)及基性岩浆分异花岗岩微量元素特征。该区混合岩化花岗岩微量元素含量与 Овичников 提出的原地交代花岗岩最为接近。

第四章 与成矿作用有关的混合岩和脉岩

表 4-1 混合花岗岩岩石化学分析结果

单位：%

样号	产地	SiO_2	TiO_2	Al_2O_3	TFe_2O_3	MnO	MgO	CaO	Na_2O	K_2O	P_2O_5	合计
Pm01-17	三盆垭	72.73	0.27	14.14	1.89	0.02	0.42	1.10	3.45	4.33	0.07	98.42
Pm01-23	三盆垭	70.19	0.30	15.08	2.18	0.02	0.51	1.40	3.61	5.34	0.10	98.73
Scy	三盆垭	69.84	0.03	16.05	2.71	0.17	0.27	0.93	3.87	4.97	0.08	98.92

表 4-2 混合花岗岩微量元素分析结果

样号	Ag	As	Ba	Be	Bi	Cd	Ce	Co	Cr	Cs	Cu	Ga	Ce
Pm01-17	<0.01	2.5	1630	1.01	0.03	0.02	2.7	2.7	24	1.01	1.8	21.5	0.41
Pm01-23	0.12	3.6	1550	2.71	0.03	0.04	4.5	4.5	14	2.24	52.6	22.7	0.30
Scy	0.09	2.8	250	1.64	0.76	0.13	1.0	1.0	26	1.42	14.9	19.85	0.16

样号	Hf	In	La	Li	Mo	Nb	Ni	Pb	Rb	Re	S	Sb	Sc
Pm01-17	1.4	0.009	373	7.0	8.39	4.5	1.7	42.3	111.0	<0.002	0.01	0.17	2.4
Pm01-23	1.7	0.007	214	9.8	2.07	5.9	3.3	29.1	147.5	<0.002	0.18	0.34	2.8
Scy	1.7	0.008	15.6	11.3	1.54	0.6	0.9	66.7	167.5	0.002	0.09	0.12	8.9

样号	Se	Sn	Sr	Ta	Tc	Th	Tl	U	V	W	Y	Zn	Zr
Pm01-17	<1	0.5	413	0.12	<0.05	139	0.51	2.5	14	0.1	5.9	30	58.5
Pm01-23	<1	0.6	424	0.36	0.09	79	0.74	5.6	17	0.6	5.1	27	69.5
Scy	2	0.9	79.9	<0.05	0.06	12.6	0.94	50.0	<1	0.2	46.3	9	40.1

注：元素含量单位，除 S 为 10^{-2} 外，其余均为 10^{-6}。

第二节 脉 岩

该区脉岩（暗色脉岩）十分发育，石墨矿区均可见到。暗色脉岩呈岩墙或岩脉状纵横穿插，相互交错，破坏含矿岩系和石墨矿体（照片4-22）。岩脉宽数十厘米至数米，岩墙宽可达数十米。脉岩色深，呈灰黑色、深灰色，以往多定名为辉绿岩，经显微镜鉴定，除辉绿岩外，多数应属煌斑岩（照片4-23～照片4-28）。国际地科联将煌斑岩作为独立的岩类划分出来，并以长石种类和主要铁镁（暗色）矿物进行分类。该区煌斑岩主要由细晶板条状斜长石和角闪石或云母组成，属于云斜煌岩和闪斜煌岩。云斜煌岩多已被绿泥石交代，长石亦已经绢云母化。

脉岩的形成时代据区域地质调查应为新元古代。

照片4-22　闪斜煌岩呈脉状穿插于片岩中（三岔垭）

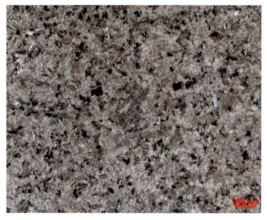

照片4-23　云斜煌岩
　　　　薄片（－）　ZK501-B_2(g)

照片4-24　板条状斜长石不规则排列，
云母多已绿泥石化
　　　　薄片（＋）　ZK501-B_2(g)

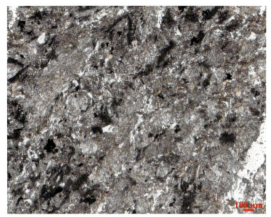

照片 4-25 闪斜煌岩
薄片(一) S_5

照片 4-26 闪斜煌岩由细粒角闪石与板条状
长石组成
薄片(＋) S_5

照片 4-27 辉绿岩,板条状斜长石不规则排列,
其间为辉石(多已蚀变)
薄片(一) 10(L)

照片 4-28 正交偏光下辉绿岩
薄片(＋) 10(L)

第五章 石墨矿床地质

第一节 石墨矿的分布特征

该区已发现石墨矿产地 25 处以上，石墨矿的空间分布具有一定的规模性，即各矿床（点）呈北东方向线性分布，排成几列，列间距离近似相等，最西边的第一列自三岔垭经胡家老屋至石板坪、东冲河；第二列自刘家湾、坦荡河至二郎庙；第三列自连三坡经石板垭，至横板凳，并南延至青茶园，再向西为韩家河列（见图 1-4），该区石墨矿的这种分布特征是因为石墨形成作用受区域构造、古地理、沉积相和区域变质的控制。

一、区域构造控制

该区域以中太古代野马洞岩组和东冲河片麻杂岩（TTG 岩套）为主体，构成了原始陆壳，太古宙末期全区处于拉张环境，发育了一组东西向的伸展构造，原始陆壳被拆离，形成了地垒和地堑相间的构造格局，其中地垒区抬升，成古陆地堑区断陷，成为沉积盆地，为古元古代海陆分布提供了构造背景。

二、古地理控制

古元古代初期，该区古地理面貌基本特征为北东向延伸的古陆和陆间海相间分布，自西向东依次为东野古陆、花果树-老林沟陆间海、大坦古陆和黄陵陆间海。古陆区接受剥蚀，为沉积区提供物源；陆间海接受沉积，形成一套以泥质碎屑岩为主，夹碳酸盐岩、石英砂岩的沉积岩系，成为石墨矿的赋矿岩系。

三、岩相控制

陆间海沉积区主要为浅海环境，石墨矿形成于滨海区的潮坪相和潟湖相区。潮坪相沿海岸带状分布，沉积剖面由下到上分布为石英砂岩，泥岩和石英砂岩互层，灰色泥岩和黑色泥岩。含矿岩系岩层长可达数千米，宽数百米至上千米。

潟湖相分布于花果树-老林沟陆间海中部海域变宽的区域，分布范围较大，长宽都可达数千米，石墨矿密集分布，局部为北西-南东向排列。潮坪区和潟湖区微古植物生长繁衍茂盛，造成有机碳规模聚集，为石墨提供碳源。

四、区域变质控制

含矿岩系沉积经受吕梁期热动力变质作用,达到了高角闪岩相的变质程度,该区含矿岩系中有机碳转化为晶质石墨碳,石墨矿最终成型。黄凉河韧性剪切带和坦荡河韧性剪切带,在伸展构造作用下变宽,韧性剪切带岩石发生"熔蚀和自分离作用",造成该区强烈的混合岩化,致使大部分石墨矿均产于混合岩化的岩石中。

第二节 石墨矿床地质特征

一、含矿岩系特征

黄凉河岩组为赋矿层位,是由含石墨片岩、片麻岩、大理岩及钙硅酸盐岩组成的一套孔兹岩系。综合剖面见图 5-1。

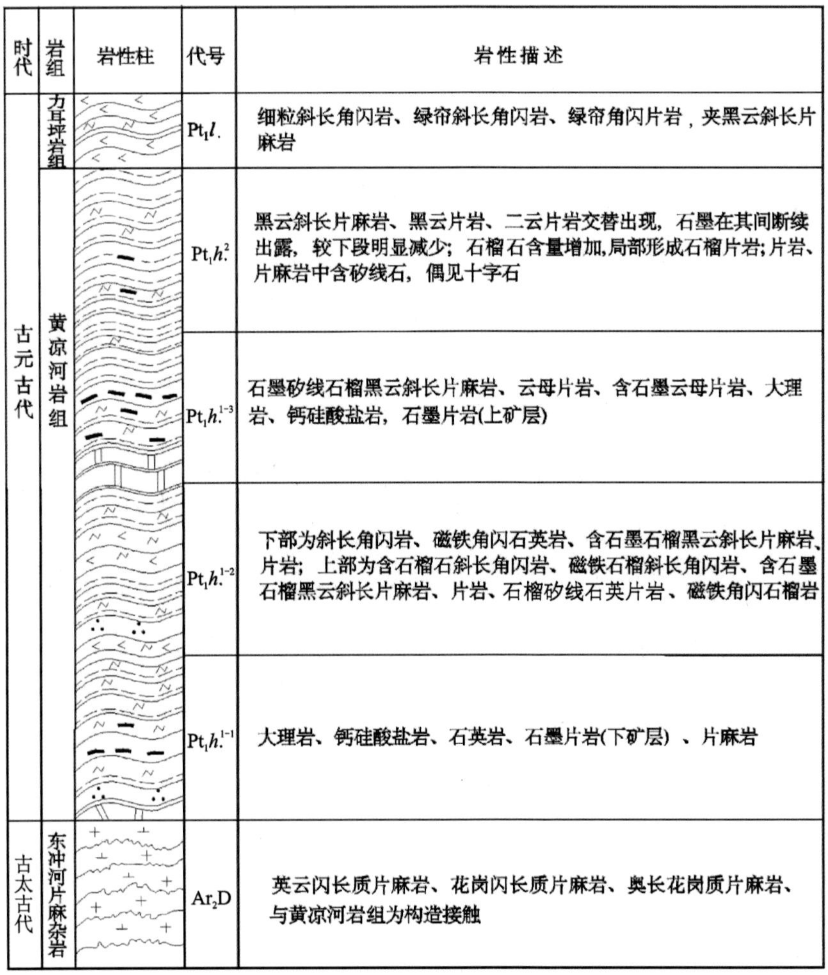

时代	岩组	岩性柱	代号	岩性描述
古元古代	力耳坪岩组		$Pt_1 l$	细粒斜长角闪岩、绿帘斜长角闪岩、绿帘角闪片岩,夹黑云斜长片麻岩
古元古代	黄凉河岩组		$Pt_1 h_1^2$	黑云斜长片麻岩、黑云片岩、二云片岩交替出现,石墨在其间断续出露,较下段明显减少;石榴石含量增加,局部形成石榴片岩;片岩、片麻岩中含矽线石,偶见十字石
			$Pt_1 h_1^{1-3}$	石墨矽线石榴黑云斜长片麻岩、云母片岩、含石墨云母片岩、大理岩、钙硅酸盐岩,石墨片岩(上矿层)
			$Pt_1 h_1^{1-2}$	下部为斜长角闪岩、磁铁角闪石英岩、含石墨石榴黑云斜长片麻岩、片岩;上部为含石榴石斜长角闪岩、磁铁石榴斜长角闪岩、含石墨石榴黑云斜长片麻岩、片岩、石榴矽线石英片岩、磁铁角闪石榴岩
			$Pt_1 h_1^{1-1}$	大理岩、钙硅酸盐岩、石英岩、石墨片岩(下矿层)、片麻岩
古太古代	东冲河片麻杂岩		$Ar_2 D$	英云闪长质片麻岩、花岗闪长质片麻岩、奥长花岗质片麻岩、与黄凉河岩组为构造接触

图 5-1 黄凉河岩组综合柱状图

黄凉河岩组据实测剖面,总厚 437.6～2 507.6m。全岩组根据岩性组合分成上、下两段。上段(Pt_1h^2)主要由黑云斜长片麻岩、云母片岩组成,含石墨少,间断出露。石榴石含量递增,可形成石榴石片岩。下段又可分为3个亚段:下亚段(Pt_1h^{1-1})由大理岩、钙硅酸盐岩、石英岩、石墨片岩及片麻岩组成,其中石墨片岩含石墨达到工业要求,构成下矿层;中亚段(Pt_1h^{1-2})下部为斜长角闪岩、磁铁角闪石英岩、含石墨石榴云母斜长片麻岩、片岩,上部为含石榴石斜长角闪岩、磁铁石榴斜长角闪岩、片麻岩、片岩、石榴矽线石英片岩,是磁铁矿、石榴石、矽线石大量出现的亚段;上亚段(Pt_1h^{1-3})由石墨矽线石榴黑云斜长片麻岩、大理岩、钙硅酸盐岩、石墨片岩组成,石墨片岩为上矿层。上、下两个含石墨矿亚段,均有大理岩、钙硅酸盐岩出现,下段中亚段及上段则无这两种岩石出现,亦无石墨矿分布。

二、与石墨矿有关的岩浆岩

区内与石墨矿有关的岩浆岩有两类:一类为东冲河变质花岗质片麻杂岩,另一类为矿区内普遍可见的岩脉(辉绿岩脉、煌岩脉)。前一类变质深成岩与黄凉河岩组相间分布,在黄凉河期时构成古陆,后一类发生在石墨矿形成后,穿插破坏矿体。

另有规模较大的"圈椅埫钾长花岗岩体",侵入于东冲河片麻杂岩和野马洞岩组,且有石墨矿围绕岩体分布,曾被认为与石墨矿成矿有重要关系。胡正祥等(2017)认为华山观超单元、圈椅埫岩体、岔路口超单元具有相似的特征,应属同一期岩浆事件的产物,统一归属华山观超单元,圈椅埫岩体被划为龚家冲单元,时代属古元古代。

三、变质岩与混合岩

1. 变质岩

黄凉河岩组为变质沉积岩系,由砂岩、粉砂岩、含碳泥岩、不纯碳酸盐岩经角闪岩相变质作用,形成片岩、片麻岩、大理岩、钙硅酸盐岩。主要含矿岩石为石墨云母片岩、石墨片岩及含石墨黑云斜长片麻岩。

2. 混合岩

(1)混合岩化片岩、片麻岩:区内混合岩化普遍而且强烈,含矿岩石无一例外地遭受到混合岩化,成为混合岩化石墨片岩,混合岩化含石墨黑云斜长片岩。

(2)混合花岗岩:在空间上与石墨矿密切相关,多数石墨矿中都有混合花岗岩(白岗岩、二长花岗岩、二长伟晶岩)分布,与矿层直接接触,多层状产出,在矿层中作为夹层。

四、构造

石墨矿区一般为单斜构造,其构造线走向与区域韧性剪切带的方向基本一致,主要为北东向和北东东向。后期北西向区域性大断裂(交战垭断裂、雾渡河断裂等)错断含矿岩系和韧性剪切带。矿区内次级北西向脆性断裂,则直接错断石墨矿体,并常被后期岩脉充填。

五、矿体特征

石墨矿体严格受控于地层、变质作用并受构造的影响。矿体一般呈层状、似层状和透镜状产出,总体上分布较为稳定,沿走向一般几百米到1000余米,个别达3000余米;矿层厚度几米到30多米不等。矿体产状与地层产状基本一致,与顶底板围岩多为渐变过渡或突变关系,局部界线清楚。

黄凉河岩组下段下亚段($Pt_1h_1^{1-1}$)为研究区最重要的含矿段,北起夷陵区周家湾,向南西至兴山东冲河一带,主要有三岔垭、二郎庙、谭家河、东冲河等矿区,其次为圈椅埫背斜北西翼兴山大垭一带。单个矿体长度100～3750m,厚度1～38.17m。产于黄凉河岩组下段上亚段($Pt_1h_1^{1-3}$)的石墨矿主要分布在土地岭—连三坡一带,已发现的矿点有连三坡、石板垭、横凳坡、土地岭等,单个矿体长度100～1600m,厚度1～6.18m。研究区内已查明石墨矿床矿体特征见表5-1。

表5-1 区内石墨矿床矿体基本特征

矿区名称	主矿体(层)编号	产出形态	长度(m)	厚度(m)	固定碳平均品位(%)
三岔垭石墨矿	Ⅰ矿体	似层状	1178	20.47	11.37
	Ⅱ矿体	透镜状	194	3.62	13.61
	Ⅲ矿体	薄层状	1218	3.90	9.44
东冲河石墨矿	Ⅱ-1矿体	透镜状	150	3.60	7.27
	Ⅱ-2矿体	似层状	964	4.96	5.70
	Ⅱ-3矿体	似层状	203	5.94	6.15
	Ⅲ-1矿体	透镜状	55	2.30	3.76
	Ⅲ-2矿体	楔状	196	4.68	8.53
	Ⅲ-3矿体	似层状、透镜状	506	3.25	6.15
	Ⅳ-1矿体	似层状	190	4.13	3.78
二郎庙石墨矿	Ⅰ矿层	似层状	184	1～9.70	7.49
	Ⅱ矿层	似层状	470	1.21～6.27	
	Ⅲ矿层	似层状	700	2.45～26.19	
	Ⅳ矿层	似层状	2600	1～38.17	
谭家沟石墨矿	Ⅶ1	似层状	370	1.22～7.49	4.84
谭家河石墨矿	Ⅱ	层状	3750	1～17.13	7.96

六、矿石特征

1. 矿石自然类型和矿物组合

矿石自然类型主要有两类:片岩型富矿石(云母石墨片岩、石墨云母片岩)、片麻岩型贫矿石(石墨黑云斜长片麻岩)。其矿物组合特征如下。

石墨片岩型:包括云母石墨片岩和石墨云母片岩,主要矿石矿物为石墨,脉石矿物为石英、黑云母、绢云母及长石,含少量锆石、电气石、黄铁矿及次生褐铁矿等。石墨呈鳞片状,鳞片直径0.01～2mm,定向排列,与黑云母、绢云母等矿物紧密共生。

片麻岩型:主要矿石矿物为石墨,脉石矿物为石英、长石、黑云母、绢云母,含少量白云母、榍石、锆石、石榴石,石墨呈鳞片状,鳞片直径0.02~1.5mm,与黑云母、绢云母等片状矿物共生。

2. 结构构造

石墨片岩型矿石为鳞片变晶结构,片状构造,局部可见片麻状及眼球状构造;片麻岩型矿石为花岗鳞片变晶结构,片状及片麻状构造。

3. 矿石化学成分

石墨矿的有用组分为固定碳,呈晶质石墨的形态存在,有害组分主要为S和Fe_2O_3,主要以黄铁矿、磁黄铁矿、褐铁矿等形式存在。对比区内典型石墨矿床的矿石化学组分,石墨矿的化学成分较稳定,主要化学成分为SiO_2、Al_2O_3、Fe_2O_3、K_2O等,其成分含量较接近,有用组分固定碳含量大多为4%~12%,有害组分S的含量为0~1.89%,矿石整体呈现高硅高铝、低钙镁的特点(表5-2)。

表5-2 区内石墨矿床矿石化学组分　　　　　　　　　单位:%

矿区名称	固定碳含量	SiO_2	Al_2O_3	Fe_2O_3	K_2O	MgO	CaO	S
三岔垭石墨矿	11.53	55.44	14.36	5.71	1.91	0.33	0.59	1.12~1.73
东冲河石墨矿	5.79	58.65	14.52	7.11	3.16	2.79	1.43	0.01~1.89
二郎庙石墨矿	7.49	58.18	11.41	3.2	2.99	2.06	0.89	3.55
谭家沟石墨矿	4.84	67.56	15.05	4.01	2.97	1.92	1.01	0.60
谭家河石墨矿	7.96	59.71	13.13	7.45	3.515	3.05	1.74	0.06~3.01

七、矿石选冶性能

根据区内已开采的三岔垭石墨矿、二郎庙石墨矿、东冲河石墨矿的生产实践,研究区石墨矿矿石松散易磨、浮选速度快、可浮选性良好,已开采矿山均选用浮选法选矿,精矿指标固定碳含量达90%以上,石墨回收率为88%~90%。

第三节　典型矿床

一、三岔垭石墨矿床

三岔垭石墨矿床是该区规模最大、平均品位最高的矿床。

(一)位置

该矿床位于湖北省宜昌市夷陵区樟树坪镇力耳坪村三岔垭,宜昌市352°方向,直距63km。

(二) 矿床地质

1. 地层

该矿床位于黄陵基底穹隆北部，出露于古元古代黄凉河岩组（$Pt_1h.$）变质杂岩地层。

黄凉河岩组：下段（$Pt_1h.^1$）以黑云斜长片麻岩为主，夹石墨片岩、含石墨黑云斜长片麻岩、白云大理岩、石英岩、钙硅酸盐岩等；上段（$Pt_1h.^2$）以石榴黑云斜长片麻岩为主，夹含石墨石榴黑云斜长片麻岩、斜长角闪岩。石墨矿赋存于下段层位中。

下段分布于矿区大部，其中赋存有Ⅰ～Ⅵ号6个矿体，为含矿岩系。上段仅出露于梆梆湾以北（图5-2）。黄凉河岩组下段及含矿岩系层序见表5-3。

2. 构造

矿区总体构造为倾向北东或南东的单斜构造。由于受变花岗斑岩、辉绿岩脉及断层影响，地层产状有所变化，下段（含矿岩系）总体倾向100°～150°，倾角40°～60°；上段地层总体倾向20°～50°，倾角45°～70°。

矿区断裂构造发育，根据断层方向和性质，主要有3组。

北西西向张扭性断层：是一组区域性断层，稳定延伸，常被花岗斑岩和辉绿岩脉侵入，致黄凉河岩组下段上亚段与下亚段错断。

北东东向压扭性断层：包括F_3、F_7、F_{10}及几条辉绿岩脉，为压扭性逆断层，产状不稳定，倾向北西或南东，以高角度为主。

北北西向扭性断层：包括F_0、F_1、F_4、F_5、F_8、F_9断层，倾向南西或北东，延伸较大，往往具平推逆断层或平推正断层性质。

3. 岩浆岩

矿区岩浆岩分布广泛，主要有白岗岩、辉绿岩、变花岗斑岩、斜云煌岩岩墙或岩脉。受断裂构造控制。

白岗岩：分布面积最广，呈岩墙状顺层侵入，多倾向南东，倾角40°～60°，为矿体直接顶底板。

辉绿岩：矿区中部和南部有两条规模较大岩墙，出露长800m，宽20～60m，倾向北东或南西，倾角较陡。另有多条北东向岩脉，倾向南东，破坏矿体（层）连续性。

变花岗斑岩脉：分布于矿区北部，出露长700m，宽10～20m，走向北西西，倾向北东，倾角45°～70°，是矿体的北部边界。

斜云煌岩脉：分布于矿区南部，出露长300m，宽3～5m，走向20°～200°，倾向南东，倾角65°，是Ⅲ号矿体西界。

(三) 矿体地质

含矿岩系黄凉河岩组下段地层，已查明Ⅰ～Ⅵ号6个矿体，其中Ⅰ号、Ⅱ号、Ⅲ号矿体具有工业价值。Ⅳ号、Ⅴ号、Ⅵ号矿体暂不宜开发利用。由于矿体尖灭再现或断层、岩脉破坏，一个矿体常分成若干矿段。

Ⅰ号矿体：北起梆梆湾，南至15勘探线南20m尖灭，全长1178m，倾向延深100～280m，划分为10个矿段。总体呈似层状，厚度基本稳定，平均厚20.47m，局部有膨缩现象，其中Ⅰ-1矿段是矿体规模最大的矿段，从14勘探线至2勘探线，长404.2m，平均厚9.35m，倾斜延深279.2m，向下尚未尖灭，固定碳平均含量11.16%；其次是Ⅰ-5矿段，长198.6m，平均厚15.76m，倾斜延深253m，固定碳平均含量8.92%。矿体总体倾向120°～130°，倾角60°～70°，局部直立或反倾。矿石类型为石墨片岩型矿石，固定碳平均含量11.37%（图5-3、图5-4）。

1.黑云斜长片麻岩;2.含石墨黑云斜长片麻岩(Ⅳ号矿体);3.透辉岩;4.黑云斜长片麻岩;5.石墨片岩(Ⅰ号矿体);6.大理岩、透辉岩;7.石墨片岩(Ⅱ号矿体);8.大理岩、透辉岩;9.石墨片岩(Ⅲ号矿体);10.黑云斜长片麻岩;11.含石墨黑云斜长片麻岩(Ⅴ号矿体);12.大理岩、透辉岩;13.黑云斜长片麻岩;14.含石墨黑云斜长片麻岩(Ⅵ号矿体);15.黑云斜长片麻岩与含石墨黑云斜长片麻岩互层;16.黑云斜长片麻岩;17.绢云母片岩、底部含石墨;18.黑云斜长片麻岩;19.白岗岩;20.辉绿岩;21.变花岗斑岩;22.斜云煌岩;23.地质界线;24.断层及编号

图 5-2 三岔垭晶质石墨矿床地质简图

表 5-3 黄凉河岩组下段及含矿岩系层序表

层位	图上代号	主要岩性	厚度(m)	矿体(层)	备注
上段 ($Pt_1h.^2$)	F	黑云斜长片麻岩	>26.10		
	E	绢云母片岩,底部含石墨(1%~4%)	91.13		
	D	石榴黑云斜长片麻岩	13.42		
下段 ($Pt_1h.^1$)	C6	黑云斜长片麻岩与含石墨黑云斜长片麻岩互层	106.54		含矿岩系
	C5	含石墨黑云斜长片麻岩,含石墨(2%~4%)	10.69~31.14	Ⅵ	
	C4	黑云斜长片麻岩	8.33~10.70		
	C3	大理岩,顶底多见透辉岩	6.18~20.00		
	C2	含石墨黑云斜长片麻岩,底部见厚0~1.1m石墨片岩	0~21.56	Ⅴ	
	C1	黑云斜长片麻岩夹透辉岩镜体	5.72~20.59		
	B6	石墨片岩	0~10.50	Ⅲ	
	B5	透辉岩夹大理岩	84.27		
	B4	石墨片岩	0~5.46	Ⅱ	
	B3	大理岩	0~18.89		
	B2	石墨片岩	0~40.91	Ⅰ	
	B1	黑云斜长片麻岩	22.02		
	A3	透辉岩	0~5.78		
	A2	含石墨黑云斜长片麻岩	39.95~50.26	Ⅳ	
	A1	石榴黑云斜长片麻岩、黑云斜长片麻岩	>201.55		

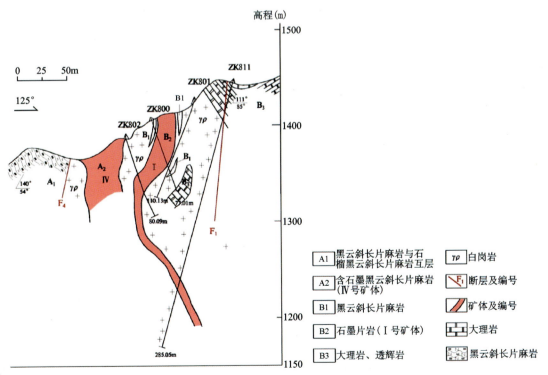

图 5-3 三岔垭石墨矿床 8 勘查线剖面图

图 5-4 三岔垭石墨矿露头

Ⅱ号矿体：分布于Ⅰ号矿体上盘，相距 30～90m。规模小，呈透镜状，沿走向不连续，分为 3 个矿段，合计长 194m，平均厚 3.62m，沿倾向 30m 尖灭。矿石类型为石墨片岩型矿石，固定碳平均含量 13.61%。

Ⅲ号矿体：北起梛梛湾，南至 21 勘探线尖灭，全长 1218m，呈断续薄层状，沿走向尖灭再现。平均厚 3.9m，划分为 6 个矿段，其中Ⅲ-5 矿段规模最大，长 291.5m，倾斜延深 100～149.8m，平均厚 4.33m，固定碳平均含量 12.06%。矿体产状稳定，倾向 120°～160°，倾角 35°～50°。矿石类型为石墨片岩型矿石，固定碳平均含量 9.44%。

Ⅳ号矿体：位于Ⅰ号矿体之下，相距 50～80m，分为Ⅳa 和Ⅳb 两层矿体。Ⅳa 矿体（层）呈断续薄层状，长 722m，平均厚 7.86m，固定碳平均 2.73%；Ⅳb 矿体（层）呈似层状，长 1040m，平均厚 13.48m，固定碳平均含量 2.48%。两矿体（层）均划分为 5 个矿段，各矿段厚度和品位均不稳定，尤其是倾向变化急剧。矿石类型为含石墨片麻岩型矿石。

Ⅴ号矿体：仅见于矿区南部东坡 11 勘探线～15 勘探线之间，呈透镜状，规模小，长 200m，平均厚 14.70m，厚度和品位不稳定。矿石类型为含石墨片麻岩型矿石，固定碳平均含量 2.36%。

Ⅵ号矿体：与Ⅴ号矿体同位于矿区南部东坡，北部边界在 4 勘探线～6 勘探线之间，南至 21 勘探线，矿体呈似层状，长 954m，平均厚 12.12m，厚度和品位均不稳定。矿石类型为含石墨片麻岩矿石，固定碳平均含量 2.45%。

（四）矿石质量

1. 矿石类型

矿石类型包括石墨片岩型矿石和石墨片麻岩型矿石，前者为可利用的工业矿石，后者为暂不利用的非工业矿石。

石墨片岩型矿石：为Ⅰ号、Ⅱ号、Ⅲ号矿体矿石。主要有用矿物为石墨，脉石矿物以石英、绢云母、长石为主，含少量黑云母、白云母、电气石、黄铁矿及次生褐铁矿、磁铁矿，偶见绿泥石、绿帘石、金红石、锆石。固定碳含量 3.16%～18.06%。鳞片变晶结构，片状构造。石墨鳞片呈纹带状、团状聚集，直径 0.3～2.0mm，定向排列，与白云母、绢云母等片状矿物紧密共生。

石墨片麻岩型矿石：为Ⅳ号、Ⅴ号、Ⅵ号矿体矿石。主要有用矿物为石墨，脉石矿物以石英、长石、黑云母、绢云母为主,少量白云母。固定碳含量一般2%~3%,最高6.17%,石墨呈鳞片状,大小不一,多数0.1~0.4mm,最大1.5mm,最小0.04mm,多与片状矿物共生。

2. 矿石有益有害组分

各矿体及矿石类型有益有害组分见表5-4。

表5-4 各矿体及矿石有益有害组分平均含量表 单位:%

矿体编号	固定碳	灰分	SiO_2	Al_2O_3	Fe_2O_3	CaO	MgO	K_2O	Na_2O	SO_3	挥发分	矿石类型
Ⅰ	11.37	85.60	58.57	14.19	5.72	0.87	1.64	3.45	1.21	1.65	2.77	石墨片岩型矿石
Ⅱ	13.61	83.21	52.05	14.85	5.44	0.48	1.64	4.20	1.64	0.17	2.70	
Ⅲ	9.44	87.19	58.82	13.87	5.98	0.80	1.83	3.46	1.83	1.34	3.09	
Ⅳa	2.37	93.40	60.77	16.72	7.82	0.56	2.64	3.95	0.82	0.24	3.81	石墨片麻岩型矿石
Ⅳb	2.84	93.61	62.28	16.74	7.01	0.70	2.42	3.76	0.84	0.17	3.89	
Ⅵ	2.45	93.40	61.24	17.39	7.15	0.71	2.61	3.82	0.75	0.20	3.99	

石墨片岩型矿石:固定碳含量高,为9.44%~13.61%。杂质组分含量相对较低,其中SiO_2 52.05%~58.82%、Al_2O_3 13.87%~14.85%、Fe_2O_3 5.44%~5.98%、CaO 0.48%~0.87%、MgO 1.64%~1.83%、K_2O 3.45%~4.2%、Na_2O 1.21%~1.83%、SO_3 0.17%~1.65%。属优质矿石。

石墨片麻岩型矿石:固定矿含量低,为2.37%~2.84%。杂质组分含量相对高,其中SiO_2 60.77%~62.28%、Al_2O_3 16.72%~17.39%、Fe_2O_3 7.01%~7.82%、CaO 0.56%~0.71%、MgO 2.42%~2.64%、K_2O 3.76%~3.95%、Na_2O 0.75%~0.84%、SO_3 0.17%~0.24%。矿石质量相对较差。

3. 主要矿体矿石石墨片度

Ⅰ号、Ⅲ号矿体是规模最大的矿体,矿石类型为石墨片岩型矿石。

Ⅰ号矿体石墨片岩型矿石石墨平均片度:>0.5mm占31.90%,0.5~0.25mm占56.90%,0.25~0.16mm占10.60%,0.16~0.1mm占0.60%。0.25mm以上占88.8%。

Ⅲ号矿体石墨片岩型矿石石墨平均片度:>0.5mm占5%,0.5~0.25mm占85%,0.25~0.16mm为零,0.16~0.1mm占10%,0.25mm以上占90%。

生产实践表明,矿石属晶质大鳞片石墨Ⅰ级品。

4. 矿石可选性

浮选法选矿试验和生产实践表明矿石松散易磨、解离较好、泡沫形成好、浮选速度快、石墨可浮性良好,入选品位12.27%,精矿品位92.56%,尾矿品位2.15%,回收率84%。精矿中石墨片径大,最大片径2.4mm,平均0.6mm,80目以上片径者占88.80%。

(五)开采技术条件

主要矿体(层)位于当地最低侵蚀基准面之上。矿区无大的地表水体,地下水类型主要是基岩层间裂隙水,隔水层发育,地形有利于自然排水,发生涌水可能性较小,水文地质复杂程度为简单类型。

矿体(层)围岩主要为白岗岩、黑云斜长片麻岩,力学强度高,稳固性较好,断裂破碎带发育,采矿诱发的工程地质问题主要是露天采坑边坡和采矿坑道片岩类软弱层的不稳定性,工程地质条件复杂程度为中等类型。

区域地壳稳定型为基本稳定,矿区内可见小规模崩塌、滑坡、泥石流不良地质现象,采矿造成的废石、粉尘、选矿废水及生产粉尘等对生态环境有一定的影响,环境地质复杂程度为中等类型。

矿床开采技术条件为以工程地质环境地质问题为主,属中等复杂程度的矿床(Ⅱ-4)。

(六)勘查程度及开发利用情况

该矿床勘查程度为勘探,1979年湖北省非金属地质公司进行勘探,获得111b+2M22+2S22+332+333矿石资源量1 464.2万t,矿物资源量100.3万t,固定碳平均含量11.47%,规模大型。中科恒达石墨股份有限公司金昌石墨矿1990年始采用组合台阶采矿法、浮选法开采利用,生产石墨系列产品。

二、二郎庙石墨矿床

(一)位置

该矿床位于湖北省宜昌市夷陵区樟村坪镇秦家坪村二郎庙,宜昌市342°方向,直距60km。

(二)矿床地质

1. 地层

矿区位于黄陵基底穹隆北部,出露古元古代黄凉河岩组(图5-5)。

黄凉河岩组地层分为上、下两段:上段(Pt_1h^2)以含石榴黑云斜长片麻岩为主,夹黑云斜长片麻岩、含石墨石榴黑云斜长片麻岩、斜长角闪岩,厚度205.94~732.57m;下段(Pt_1h^1)地层以黑云斜长片麻岩为主,夹石墨片岩、大理岩、石英岩、钙硅酸盐岩等,厚212.22~1 027.87m,为含矿岩系(图5-5)。

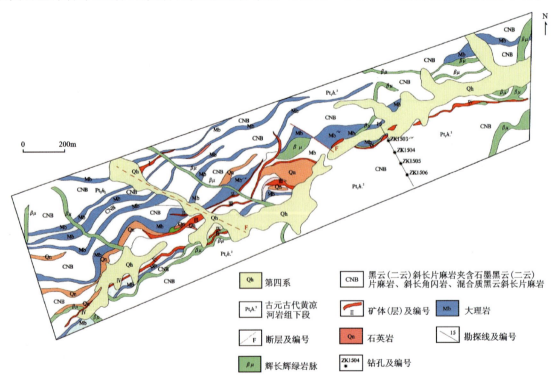

图5-5 二郎庙石墨矿地质图

黄凉河岩组下段(含矿岩系)层序见表5-5。

表5-5 二郎庙含矿岩系层序表

层位	主要岩性	厚度(m)	矿体(层)
黄凉河岩组下段上部 (Pt_1h^{1-3})	白云石大理岩	0~20	
	黑云(二云)片岩、黑云斜长片麻岩	13.78~31.14	
	石墨片岩	0.33~38.17	Ⅳ
	白云石大理岩	32.44~58.00	
	含石墨黑云斜长片麻岩	0~35.98	
	石英岩、黑云斜长片麻岩	0~30.67	
	石墨片岩	0~26.19	Ⅲ
	石英岩、白云石大理岩	0~9.35	
黄凉河岩组下段中部 (Pt_1h^{1-2})	含石墨黑云斜长片麻岩夹大理岩透镜体	18.27~35.56	
	石墨片岩	0~5.82	Ⅱ
	白云石大理岩	33.19~46.00	
	含石墨黑云斜长片麻岩	14.55~28.00	
黄凉河岩组下段下部 (Pt_1h^{1-1})	含石墨黑云斜长片麻岩与白云石大理岩互层	24.00~131.20	
	含石墨黑云斜长片麻岩、白云石大理岩、石墨片岩韵律交替	76.66~261.69	Ⅰ
	混合质黑云斜长片麻岩、斜长角闪岩、含石墨黑云斜长片麻岩、绢云石英片岩	270.06	

2. 构造

矿区总体构造为倾向南东的单斜构造,倾向120°~170°,倾角40°~70°。断裂构造发育,位于雾渡河断裂带与樟村坪断裂带夹持部位,可分为近东西向、北西向、近南北向3组。

近东西向断层:分布于矿区东北部和南部,延伸长800~1400m,局部分支复合。倾向南,倾角60°左右,有辉长辉绿岩脉侵入,切割主矿层,位移不大。

北西向断层:分布于矿区西部,延伸长大于400m,倾向南西,倾角65°~75°,有辉长辉绿岩脉侵入,对矿体没有影响。

近南北向断层:分布于矿区西南角,延伸长200m左右,两侧地层推移达40m,断层产状和性质因掩盖不明。

3. 岩浆岩

矿区普遍分布辉长辉绿岩、花岗斑岩岩脉,规模不等,破坏矿体(层)连续性。

(三)矿体地质

含矿岩系为黄凉河岩组下段层位,包括Ⅰ号、Ⅱ号、Ⅲ号、Ⅳ号4个矿体。

Ⅰ号矿体:产出于下段下部,有上、下两个富集段。下富集段,呈透镜状顺层分布,长184m,厚2.0~9.7m,平均4.4m,倾向155°~170°,倾角50°~65°,固定碳含量3.99%~13.66%,平均8.25%;上富集段呈透镜状,长60m,厚1.0~7.0m,倾向140°~150°,倾角50°~80°,固定碳含量4.6%~6.8%,平均5.78%。两个富集段底板均为白云石大理岩,顶板为黑云斜长片麻岩。由于规模小、变化大,仅地表探槽揭露,工业意义不大。

Ⅱ号矿体:产出于下段中部,呈似层状,长470m,已控制斜深280m,厚1.21～6.27m,平均厚3.54m,倾向150°～170°,倾角50°～70°,固定碳含量3.57%～12.44%,平均7.49%,底板为大理岩,顶板为黑云斜长片麻岩。由于矿体规模有限,变化大,控制程度差,只进行圈定,未估算资源量。

Ⅲ号矿体:产出于下段上部,呈似层状、透镜体,长780m,厚2.45～26.19m,平均厚9.29m,倾向150°～170°,倾角55°～75°,固定碳含量4.61%～7.71%,平均5.97%。底板为石英岩、白云石大理岩,顶板为石英岩、黑云斜长片麻岩。

Ⅳ号矿体:产出于下段上部,是矿区主要矿体,呈似层状、透镜体,长2600m。由于厚度变化大,中间约200m一段厚度小于1m,将矿体分为东、西两段:东矿段长1320m,厚1.0～21.10m,平均厚7.34m,固定碳含量2.57%～14.94%,平均7.63%,已控制延深300m;西矿段长1020m,厚1.0～38.17m,平均厚7.17m,固定碳含量3.34%～17.08%,平均5.68%,已控制斜深215m。该矿层倾向150°～175°,倾角40°～70°。局部被辉长辉绿岩脉切割破坏(图5-6)。

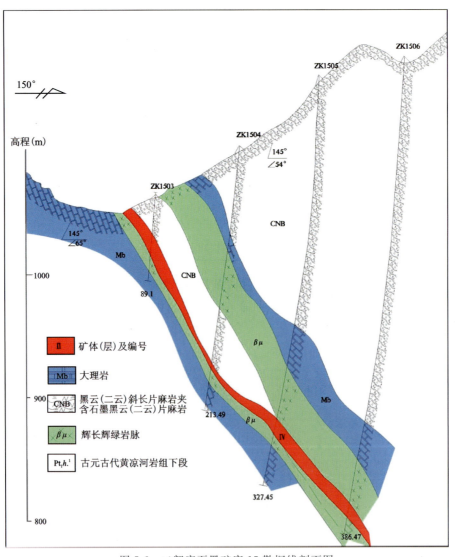

图5-6 二郎庙石墨矿床15勘探线剖面图

(四)矿石质量

1. 矿石类型

矿石自然类型划分为石墨片岩型和石墨片麻岩型两类。

石墨片岩型矿石根据矿物成分含量差别可细分为云母石墨片岩和石墨云母片岩。

云母石墨片岩：主要矿物成分为石墨(15%~66%)、白(绢)云母(5%~50%)、黑云母(2%~45%)、石英(28%~30%)，含电气石、矽线石、金红石、榍石、锆石等。花岗鳞片变晶结构，片状构造。石墨片径0.01~1.8mm，>0.16mm占55%~80%。此类矿石固定碳含量一般大于6%，高者达20%。

石墨云母片岩：主要矿物成分为黑云母(5%~40%)、白(绢)云母(5%~50%)、石英(25%~50%)、石墨(5%~40%)、斜长石(2%~20%)，含电气石、金红石、锆石等。花岗鳞片变晶结构，片状构造。石墨片径0.01~1.4mm，>0.16mm占35%~70%。此类矿石固定碳含量5%左右。

石墨片麻岩型矿石：为含石墨黑云斜长片麻岩；主要矿物成分为斜长石(28%~60%)、石英(4%~50%)、黑云母(9%~25%)、石墨(2%~10%)，含电气石、金红石、锆石等。鳞片花岗变晶结构，片麻状构造。石墨片径0.01~2mm，>0.16mm占40%~70%。此类矿石固定碳含量一般小于6%。

这两种矿石类型在矿层中往往呈渐变过渡。

2. 矿石有益有害组分

据Ⅳ号主矿体矿石主要化学成分分析，有益组分为石墨，固定碳含量2.57%~17.08%。其他组分：SiO_2(55.64%~66.2%)、Al_2O_3(13.87%~16.45%)、Fe_2O_3(0.11%~2.9%)、CaO(0.31%~2.58%)、MgO(0.95%~2.22%)、K_2O(1.13%~3.5%)、Na_2O(1.94%~3.88%)、SO_3(0.2%~1.19%)。石墨片岩型矿石固定碳含量高，其他组分相对偏低，矿石质量优于石墨片麻岩型矿石。

3. 矿石石墨片度

矿石石墨片度测定结果见表5-6。

表5-6 矿石石墨片度分级结果表

矿石类型	平均纯度(%)	平均回收率(%)	所占百分比(%) $\frac{最小～最大}{平均}$			
			≥1mm	0.3~1mm	0.15~0.3mm	<0.15mm
石墨片岩型矿石	98.5	98	$\frac{0~35}{5}$	$\frac{10~50}{33}$	$\frac{1.4~50}{28}$	$\frac{5~65}{34}$
石墨片麻岩型矿石	95.5	93	$\frac{0~35}{7.4}$	$\frac{1~50}{33.8}$	$\frac{14~50}{26}$	$\frac{5~84}{32.6}$

矿石石墨鳞片片度大于0.15mm占65%以上，最大片度可达4mm，结晶程度好，属于大鳞片型Ⅰ级品矿石。

4. 矿石可选性

Ⅳ号主矿体(层)矿石选矿试验结果表明，采用单一浮选法回收石墨精矿产品，回收率83.97%，精矿产率8.67%，精矿固定碳含量85.57%，所获得的100目3个产品和-100目2个产品牌号质量全部符合国标规定技术指标。

(五)开采技术条件

主矿层位于当地最低侵蚀基准面之上,无大的地表水体,大气降水是主要补给源,径流、排泄条件良好,地形有利于自然排水,隔水层发育,主要充水来源为基岩层间裂隙水和浅部风化裂隙水,断裂构造虽发育,但多为辉长辉绿岩脉侵入充填,富水性弱,水文地质条件复杂程度属简单类型。地质构造简单,为单斜构造,无大的构造破碎带,围岩除西部矿层顶、底板较破碎,稳固性差外,其他围岩力学强度较高,采矿诱发的工程地质问题主要是露天采场边坡和坑道片岩类软弱层的稳固性低,工程地质条件复杂程度为中等类型。

区域地壳稳定型为基本稳定,矿区内见有零星小规模塌方、滑坡不良地质现象,采矿产生的水土流失、选矿废水、粉尘、废石、爆破及生产车间粉尘等对生态环境有一定的影响,环境地质条件复杂程度为中等类型。

矿床开采技术条件为以工程地质、环境地质问题为主,属中等复杂程度的矿床(Ⅱ-4)。

(六)勘查程度及开发利用情况

该矿床勘查程度为详查,1987年湖北省鄂西地质大队进行详查地质工作,获得122b+333类矿石量455.4万t,矿物量35.7万t,中型规模。

中科恒达石墨股份有限公司精英矿1998年采用分段矿房法、一般浮选法开采利用,生产石墨系列产品,现停产。

三、谭家河石墨矿床

(一)位置

该矿床位于湖北省宜昌市夷陵区秦家坪村谭家河、后山寺,距宜昌市345°方向57km。

(二)矿床地质

1. 地层

该矿区位于黄陵基底穹隆北部,出露古元古代黄凉河岩组变质杂岩地层。

该石墨矿产出于下段($Pt_1h_1^1$)层位中,赋存Ⅰ、Ⅱ、Ⅲ三个矿体,为含矿岩系(图5-7、图5-8)。

黄凉河岩组下段及含矿岩系层序见表5-7。

2. 构造

矿区发育同斜复式褶皱构造。主要褶皱构造有谭家河同斜倾伏背斜、郑家湾同斜向斜、杨家包同斜背斜和杨家包同斜向斜,往往控制矿体(层)产出特征。

谭家河同斜倾伏向斜:轴向北西-南东,长约500m,向南东倾伏,南翼倾向南东,倾角40°~60°,北翼倾向北东,倾角60°~80°,为向南东倾伏的不对称同斜背斜。

郑家湾同斜背斜:轴向北西-南东,长度大于300m,由于断层破坏,两翼产状变化大,总体倾向南西,倾角60°~80°。

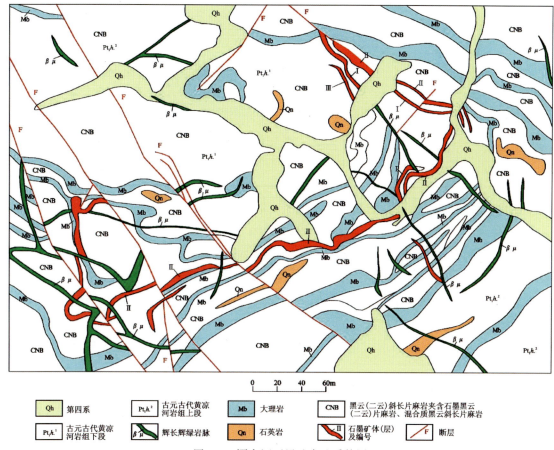

图 5-7 谭家河石墨矿床地质简图

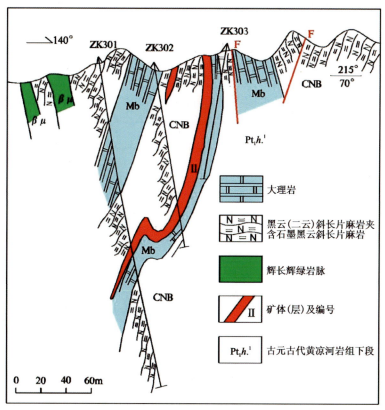

图 5-8 谭家河晶质石墨矿床 3 勘探线剖面图

表 5-7 黄凉河岩组下段及含矿岩系层序表

层位	主要岩性	矿体（层）	厚度（m）
黄凉河岩组下段上部	白云石大理岩为主,次为均质混合岩		44.0～179.7
	石墨片岩	Ⅱ	
	混合质黑(二)云斜长片麻岩或均质混合岩		
	石墨黑(二)云斜长片麻岩夹石墨片岩	Ⅰ	
黄凉河岩组下段下部	混合质二云斜长片麻岩		50～150
	白云石大理岩		
	石墨黑云斜长片麻岩及石墨片岩	Ⅲ	
	均质混合岩、混合质黑(二)云斜长片麻岩		
	含石榴二云斜长片麻岩夹石榴二云片岩		

杨家包同斜背斜：轴向呈弧形，长约 600m，总体倾向南西，倾角 49°～77°。

杨家包同斜向斜：轴向北西-南东，总体倾向南西，倾角 35°～40°。

断裂构造有北西向和北东向两组，以北西向断裂发育，二者属共轭剪切断裂构造，往往破坏矿体（层）连续性。

3. 岩浆岩

矿区普遍分布辉长辉绿岩脉，走向以北西向或近东西向为主，倾向变化大，倾角 60°～80°，一般规模不大，长度数十米至 1000 余米，宽 1～40m，常破坏矿体（层）连续性。

（三）矿体（层）地质

矿体（层）产出于黄凉河岩组下段（$Pt_1h_1^1$）层位中，包括Ⅰ、Ⅱ、Ⅲ三个矿体。

Ⅰ矿体：赋存于下段上部混合质石墨黑云（二云）斜长片麻岩中，呈似层状，总长 1020m，厚 1.85～12.85m，平均厚 5.07m，固定碳含量 3.34%～15.80%，平均 8.12%。由于断层和岩脉破坏，分为 3 段：1 矿段（谭家河矿段）长 800m，背斜南翼走向 220°，倾向 120°，倾角 60°～80°，北翼走向 290°，倾向南西，倾角 70°～85°，厚 1.85～12.65m，平均厚 5.14m，固定碳含量 3.34%～15.80%，平均 8.39%；2 矿段长 130m，平均厚 5.70m，固定碳平均含量 4.42%；3 矿段（后山寺矿段）长 90m，平均厚 12.85m，固定碳平均含量 10.31%。

Ⅱ矿体：赋存于下段上部Ⅰ矿体（层）上方混合质石墨黑云（二云）斜长片麻岩中，是规模最大的主矿体，呈层状，长 3750m，厚 1.0～17.18m，平均厚 5.7m，固定碳含量 2.98%～18.49%，平均 8.47%。由于断层和岩脉破坏，分为 4 段（图 5-7）。

1 矿段（谭家河-铁炉冲矿段）：长 2650m，厚 1.0～17.13m，平均厚 6.13m，固定碳含量 2.98%～18.49%，平均 6.87%，背斜南翼走向 240°，倾向 150°，倾角 60°～70°，北翼走向 300°，倾向南西，倾角 70°～85°。

2 矿段：长 300m，厚 1.0～4.85m，平均厚 2.6m，固定碳含量 5.98%～12.44%，平均 8.06%，总体走向南东东，倾向南西，倾角 50°～85°。

3 矿段（杨家包矿段）：长 620m，厚 2.0～13.0m，平均厚 5.27m，固定碳含量 3.9%～16.59%，平均 9.20%，背斜东翼长 350m，西翼长 270m，总体倾向南西，倾角 49°～77°。

4 矿段：长 180m，厚 2.91～10.09m，平均厚 5.04m，固定碳含量 8.23%～18.03%，平均 12.06%，

总体倾向南西,倾角 35°～40°。

Ⅲ矿体:赋存于下段($Pt_1h_1^1$)下部混合质石墨黑云(二云)斜长片麻岩中,呈似层状,长 102m,厚 3.15～3.64m,平均厚 3.4m,固定碳含量 6.52%～7.66%,平均 7.09%,走向 330°,倾向南西,倾角 60°左右。矿体规模小,未估算资源量。

(四)矿石质量

1. 矿石类型

矿石自然类型包括石墨片岩型矿石和石墨片麻岩型矿石。

石墨片岩型矿石:为石墨黑云(二云)片岩。主要矿物成分为石英(30%)、黑云母(15%～18%)、石墨(20%～40%),其次为斜长石(10%)、白(绢)云母(5%),含锆石、钛铁矿等。花岗鳞片变晶结构,片状构造。

石墨片麻岩型矿石:为混合质石墨黑(二)云斜长片麻岩。主要矿物成分为斜长石(40%)、石英(35%)、黑云母(10%～15%)、石墨(5%～20%),其次为白(绢)云母(3%～5%),含锆石、钛铁矿等。鳞片花岗变晶结构,片麻状构造。

石墨片岩型矿石主要分布于Ⅱ矿体(层),占全矿区 80%以上,Ⅰ、Ⅲ矿体(层)以石墨片麻岩型矿石为主。

2. 矿石有益有害组分

Ⅱ主矿体(层)矿石主要组分化学分析结果见表 5-8。

表 5-8 Ⅱ主矿体(层)矿石主要化学组分

矿石类型	主要化学成分(%)									样品数(件)
	固定碳	SiO_2	Al_2O_3	Fe_2O_3	CaO	MgO	K_2O	Na_2O	SO_3	
石墨片岩型矿石	6.97～14.28	52.94～57.74	12.16～14.34	6.01～6.51	0.08～1.02	0.015～0.066	2.63～4.97	0.3～1.67	0.03～1.97	6
石墨片麻岩型矿石	3.03～12.07	64.41～67.08	14.29～16.34	5.26～9.37	0.08～1.49	0.021～0.19	2.09～4.07	1.42～2.00	0.08～1.78	12

从表 5-8 可知,石墨片岩型矿石与石墨片麻岩型矿石比较,石墨片岩型矿石有益组分固定碳含量高,杂质组分 SiO_2、Al_2O_3、Na_2O、Fe_2O_3 等偏低。

3. 矿石石墨片度

据Ⅰ、Ⅱ矿体(层)24 件矿石样品石墨鳞片片度测定,平均所占百分比为:>1mm 微量至 20%,平均 6.1%;0.3～1mm 占 5%～60%,平均 33.6%;0.15～0.3mm 占 15%～68%,平均 37.0%;<0.15～1mm 占 5%～58%,平均 22.5%。平均最小片径 0.014mm,平均最大片径 1.224mm。其中>0.15mm 石墨占 77.5%,属于大鳞片型Ⅰ级品矿石。

4. 矿石可选性

该矿床与二郎庙石墨矿床成矿特征、矿石类型和质量类似,未做专门选矿实验,类比二郎庙石墨矿床选矿成果。

(五)开采技术条件

主要矿体位于当地最低侵蚀基准面之上,矿区无大的地表水体,隔水层发育,地下水类型以基岩层间裂隙水为主,构造破碎带不发育,且多被岩脉充填,地形有利于自然排水,大气降水为补给源,径流、排泄条件良好,发生采坑涌水可能性小,水文地质条件复杂程度为简单类型。

矿体(层)围岩以混合质黑云(二云)片麻岩和均质混合岩为主,力学强度较高,稳定型较好,采矿诱发的工程地质问题主要是露天采场边坡及采矿坑道片岩类稳定性低,工程地质条件复杂程度为中等类型。

区域地壳稳定性为基本稳定,矿区内见有少数小规模塌方、滑坡、泥石流不良地质现象,采矿造成的废石、选矿废水、粉尘、水土流失及生产车间等对生态环境有一定的影响,环境地质条件复杂程度为中等类型。

矿床开采技术条件属以工程地质、环境地质问题为主,属中等复杂程度的矿床(Ⅱ-4)。

(六)勘查程度及开发利用情况

该矿床勘查程度为详查,1988年湖北省鄂西地质大队进行详查工作,获得333类矿石量258万t,矿物量20万t,平均固定碳含量7.96%,中型规模。未开发利用。

第六章 矿石及含矿岩系矿物成分研究

第一节 石 墨

一、晶体结构

自然界石墨晶体结构有3种变体：2H型石墨、3R型石墨和赵石墨(chaoite)。2H型石墨碳原子层两层重复ABAB……顺序排列形成六方结构；3R型石墨碳原子层三层重复按ABCABC……顺序排列构成菱面体结构；赵石墨仍具有层状结构，属六方原始格子，但空间群与2H型石墨不同。区域变质型石墨多属于2H型石墨，也有3R型石墨，变质程度愈浅，石墨晶体愈小，3R型石墨的数量就愈多。赵石墨少见，它与金红石、锆石等产于石墨片麻岩中，在球粒陨石中也曾有发现。

取自三岔垭石墨矿石的X衍射分析谱图见图6-1。

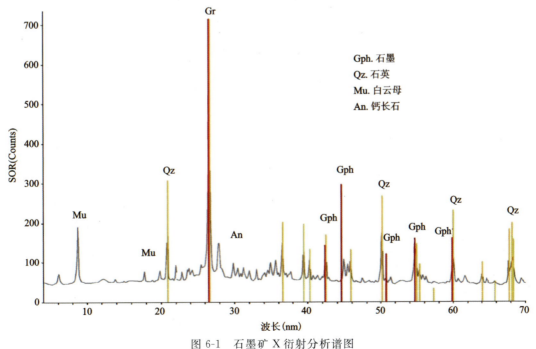

图6-1 石墨矿X衍射分析谱图

测试仪器为BrukerD4高速XRD配LyneEye高能探测器测试，Jade软件解译。

测得石墨6个衍射峰，衍射峰窄而高。主要衍射峰有$d_{002}=0.336$nm、$d_{100}=0.211$nm、$d_{004}=$

0.168nm、$d_{110}=0.123$nm。样品中混入物主要为石英,次为白云母和钙长石。据 XRD 测定结果,该区石墨为 2H 型,空间群为 p63/mmc,$a_0=b_0=0.246\ 2$nm,$c_0=0.671\ 1$nm。根据富兰克林公式(钱崇梁,2001):

$$g=[(0.344\ 0-c_0/2)/0.008\ 6]\times 100\%$$

式中:g 为石墨化度(%);c_0 为六方晶系石墨 c 轴的点阵常数(nm)。

所谓石墨化度,即碳原子形成密排六方石墨晶体结构的程度,其晶格尺寸愈接近理想石墨的点阵参数,石墨化度就愈高。计算得该区石墨化度为 97.67%。

上述石墨的晶体结构特征表明:该区石墨原子堆积的有序度高,形成于变质程度较高的环境。

二、矿物学性质

(一)标本

标本中石墨(照片 6-1～照片 6-4)为铁黑色至钢灰色片状矿物,具有金属光泽,并以此与共生的黑云母相区别。石墨的硬度低(莫氏硬度 1～2),质软、污手,有滑感,具挠性。石墨的密度小(2.09～2.23g/cm³),小于矿石中任何一种其他矿物,因此根据石墨矿物含量估计矿石品位会偏高,有的样品看似石墨含量很高,而化验结果不高。由于石墨密度小,目估品位为 8%～10% 的矿石实际品位往往只有 5%～7%。矿石中石墨定向排列,沿片理、片麻理分布。

该区石墨片径较大,一般在 0.1mm 以上,大于 1mm 的也很常见。野外能准确辨认石墨矿石和估计石墨的大致含量。

照片 6-1 石墨呈鳞片状,金属光泽(青茶园)

照片 6-2 石墨片岩中的石墨沿片理分布(三岔垭)

照片 6-3 石墨硬度低,易污染其他矿物(二郎庙)

照片 6-4 片麻岩中夹杂的石墨沿片麻理分布(三岔垭)

(二) 显微镜下特征

1. 透射显微镜

透射显微镜下（薄片观察）石墨完全不透明，只能见到它的轮廓，因此石墨矿石鉴定都需要磨制光片，同时要制薄片，因为只有在薄片中才能辨认与石墨共生的脉石矿物，分析两者相互关系，确定矿物共生组合，获得与成矿作用有关的信息。

2. 反光显微镜

在反光显微镜下，不同切面石墨形态不同，在平行片理的切片中可见到石墨的底面多为不规则状，有时可见到六边形底面，并且有三角形条纹（照片6-5）。与片理垂直的切面，石墨为片状，解理纹细而清晰。石墨反射率较低，但有很强的双反射，因此比较醒目（照片6-6）。石墨的反射率和双反射见表6-1。Re 方向很暗，Ro 方向亮，双反射可达10%左右。反射多色性也很明显：Ro 亮棕色，Re 灰、微带蓝色。正交偏光下显示特强非均质性，偏光色为深蓝—灰棕（照片6-7）。

照片6-5 平行片理切面，石墨为六边形，有时可见三角形条纹

光片（一）

Gph. 石墨

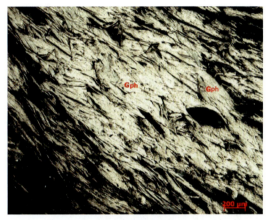

照片6-6 石墨横切面的片状晶形

光片（一） Tj-1-1

Gph. 石墨

表6-1 石墨的反射率和双反射

波长（nm）	反射率（%）		双反射（%） $\Delta R = Ro - Re$
	Re	Ro	
白光	6.0	17.0	11
470	6.6	16.1	9.5
546	6.8	17.4	10.6
589	7.0	18.1	11.1
650	7.3	19.3	12.0

石墨的产出状态大致可分为两类：①平行片理、片麻理排列，密集分布，与云母紧密交生，嵌生于云母解理间或两者平行连生（照片6-8）；②不规则排列分布于长石、石英间，或切穿长石、石英（照片6-9）。由于受应力作用，石墨片晶常弯曲成弧形、"S"形（照片6-10）。

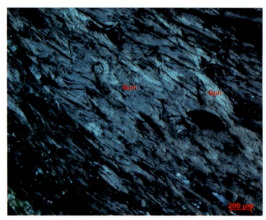

照片6-7　特强非均质性
光片（+）　Tj-1-1
Gph.石墨

照片6-8　云母和石墨紧密交生，沿片理平行排列
光片（-）　T1
Gph.石墨

照片6-9　石墨鳞片不规则排列产于石英、长石间
或穿插石英、长石
光片（-）　S_{1-1}
Gph.石墨

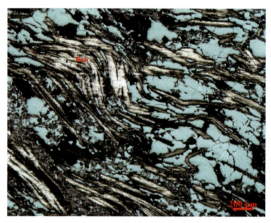

照片6-10　石墨受应力作用弯曲成弧形
光片（-）　F_1
Gph.石墨

（三）扫描电子显微镜下特征

1. 形貌

在扫描电子显微镜下，石墨的三维形貌十分清楚。石墨以大小不同的鳞片产出，较小的石墨鳞片常叠层密集堆积（照片6-11）。片径较大的石墨鳞片边缘规整，浑圆状，晶面上附着许多小石墨鳞片（照片6-12）。小石墨鳞片放大后形貌清晰，可见六边形底面。干净而规整，解理清楚，有薄片顺解理剥开（照片6-13）。照片6-14表明石墨沿云母解理嵌生在云母中。

照片 6-11　微细石墨鳞片密集层层堆积　E_2

照片 6-12　片径较粗的鳞片，边缘规整，浑圆状，晶面上附着有许多小的石墨鳞片　S_1

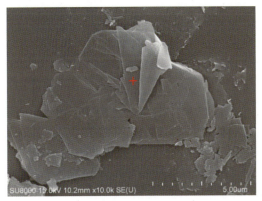
照片 6-13　石墨鳞片结构清晰，六边形底面　E_2

照片 6-14　石墨嵌生在云母片岩中可见，层面规整，沿解理有剥开　S_1

2. 成分

石墨成分能谱分析结果见表 6-2，图 6-2。由表 6-2 和图 6-2 可知：

该区石墨中碳含量为 89.95%～95.01%，原子比为 92.78%～96.45%，夹有少量 Si、Al、Mg、Fe 等杂质。与国内其他区域变质型石墨矿相比，该区石墨矿含碳较高，这是变质程度高的标志。国内变质程度较低的南江石墨矿、鲁塘石墨矿，其石墨含碳为 85.94%～90.27%；变质程度高的柳毛、南墅石墨矿，石墨中碳含量才能达到 90% 以上。

根据石墨矿中杂质的能谱分析结果，可推断杂质的矿物种类。大致有以下几种。

石英：最为常见，如 1 号、3 号、4 号、5 号、6 号、8 号、11 号样，谱线中除 C 外只有 Si、O，并且符合石英原子配比。

金云母：谱线中除 C 外有 O、Si、Al、Mg、K，原子比符合金云母的配比，如 8 号、9 号样。

黑云母：谱线中除 C 外有 O、Si、Al、Mg、K、Fe，原子比符合黑云母的配比，如 10 号样。

蓝晶石类：2 号、13 号样杂质为 O、Si、Al，原子比与 Al_2SiO_5 的近似。

表 6-2 石墨成分扫描电镜能谱分析结果

序号	平号	wt(%)							At(%)						
		C	O	Si	Al	Mg	K	Fe	C	O	Si	Al	Mg	K	Fe
1	Q_1-1	89.90	7.47	2.56					93.07	5.80	1.13				
2	Q_1-2	90.51	4.84	1.80	2.85				94.10	3.78	0.80	1.32			
3	E_2-1	94.90	4.07	1.03					96.45	3.11	0.45				
4	E_2-2	92.45	7.01	0.54					94.39	5.38	0.24				
5	E_2-3	93.27	5.95	0.79					95.11	4.55	0.35				
6	E_2-4	95.01	4.41	0.58					96.39	3.36	0.25				
7	E_2-5	94.93	4.35	0.72					96.37	3.31	0.31				
8	E_2-6	93.20	2.60	1.26	2.03	0.52	0.39		96.11	2.01	0.55	0.93	0.27	0.12	
9	E_2-7	91.78	1.89	2.44	2.62	0.53	0.73		95.71	1.48	1.09	1.22	0.27	0.23	
10	E_2-8	89.95	3.42	2.36	2.35	0.89	0.46	0.13	94.41	2.69	1.06	1.10	0.46	0.15	0.13
11	E_2-9	93.18	4.98	0.31											
12	S-1	94.69	3.21		2.09				96.59	2.46		0.59			
13	S-2	89.01	6.76	1.54	2.68				92.78	5.29	0.69	1.24			

注：表中 wt 为质量百分比；At 为原子百分比。

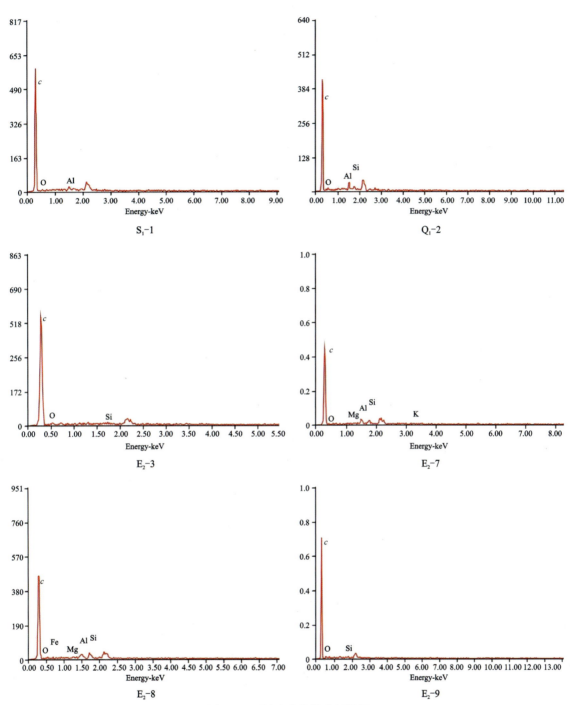

图 6-2 石墨成分能谱分析谱图

(四) 石墨物理化学性质

石墨具有导电性,在常温下电阻率为 $(8\sim13)\times10^{-6}\Omega\cdot m$。石墨化学性质非常稳定,在常温下不受任何强酸强碱作用,因此要获得高纯度的单矿物或工业产品,最后均可进行化学处理。

三、片度

石墨片度是指石墨矿中石墨片径的分布。石墨片径的测定有两种方法：①在已破碎的试样中分离石墨，然后用筛析法测定。这种方法测定的石墨片径已不是原生状态的片径，因为石墨在加工过程中可能被破碎或延展，但是这种方法比较符合选矿生产的实际。②在光片中测定石墨片径，要求光片平行片理切制。测定一定数量光片，然后进行统计。测定的结果代表石墨原始片径。

本书采用第二种方法测定各矿区的片度结果如图 6-3 所示。

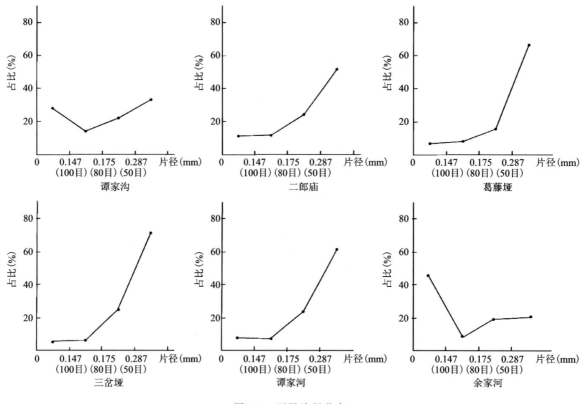

图 6-3 石墨片径分布

片径的分布以标准筛目数为标准，分成<100目、100～80目、80～50目、>50目4级，相应的片径数值为 $d<0.147$mm、$d=0.147\sim0.175$mm、$d=0.175\sim0.287$mm、$d>0.287$mm。该区各矿区石墨片度曲线有两种形态：一种为单纯上升型，随颗粒变粗，颗粒数频率一直上升，石墨以粗颗粒为主(如二郎庙、葛藤垭、谭家河、三岔垭)；另一种为"V"字形，细颗粒和粗颗粒频率高，而中颗粒的频率低，石墨总体片度不及第一种类型，属于这种类型的矿区有谭家沟、余家河。片度直接影响到石墨的利用，大鳞片石墨的应用价值为细鳞片石墨的数倍甚至数百倍。特别是用鳞片石墨制石墨烯，石墨的片径直接决定了石墨烯元器件的尺寸，因此研究石墨片径的分布不仅是矿物岩石学课题，同时也关系到石墨的开发利用。

该区石墨有3个世代，形成3种不同片径的石墨。

第一世代石墨：形成于早期升温升压变质阶段，相当于绿片岩相的温压条件（$T=300\sim560$℃，$p=0.2\sim0.5$GPa），结晶的石墨片径小（$d=0.001\sim0.01$mm），半自形至他形，鳞片嵌生于云母粒间(照片 6-15)。

第二世代石墨：形成于峰期等压升温变质阶段，相当于角闪岩相温压条件（$T=560\sim750$℃，$p=0.5\sim0.6$GPa），形成石墨片径较粗（$d=0.1\sim1.0$mm），与云母交互生长，片度分布中 80～50目的石墨主要在这个阶段形成(照片6-16)。

第三世代石墨：形成于晚期减压升温变质阶段，此阶段发生强烈而普遍的混合岩化作用，受混合岩化的影响，石墨片径增大，$d=0.5\sim3.0$mm，大部分大片径石墨形成于这一阶段(照片6-17)。

照片6-15　第一世代生成微细片状石墨
光片(一)　TDH-2(g)
Gph.石墨

照片6-16　第二世代生成中—大鳞片石墨
光片(一)　2(L)
Gph.石墨

照片6-17　第三世代生成粗大鳞片石墨
光片(一)　2(L)
Gph.石墨

第二节　主要造岩矿物

一、概述

该区含矿岩系主要造岩矿物(不包括特征变质矿物)有石英、钾长石、斜长石、黑云母、白云母、金云母、绢云母、角闪石、阳起石、方解石、白云石等，它们在各类岩石中的分布及主要矿物特征见表6-3。矿物组合和量比总体上具有上陆壳矿物组成特征。

表 6-3　主要造岩矿物

矿物		分布	特征
石英		石英岩：75%～95% 花岗岩：20%～40% 片麻岩：10%～30% 片岩：10%～30% 角闪岩：5%～10% 变粒岩：20%～40% 大理岩：0～3% 钙硅酸盐：5%～10%	石英岩：$d=0.05\sim1.0$mm，不规则粒状，紧密镶嵌；花岗岩：$d=0.2\sim1.0$mm，他形粒状，与长石交互生长；片岩、片麻岩：$d=0.05\sim0.3$mm，粒状变晶；角闪岩：0.1mm，粒状变晶；变粒岩：$d=0.05\sim0.2$mm，粒状变晶，紧密镶嵌；大理岩、钙硅酸盐岩：$d=0.05\sim0.1$mm，不规则状产于方解石、白云石及透闪石之间
云母	黑云母	花岗岩：3%～5% 片岩：30%～45% 片麻岩：10%～30% 变粒岩：5%～8%	花岗岩：片状，$d=0.2\sim0.5$mm，不规则分布；片岩：$d=0.3\sim1.0$mm，片状，定向排列；片麻岩：$d=0.3\sim1.0$mm，沿片理定向排列，与长石、石英相间；变粒岩：$d=0.05\sim0.1$mm，稀疏分布
	金云母	大理岩：3%～5% 片岩、片麻岩：偶见	大理岩：$d=0.1\sim0.2$mm，片状，常单独分布于方解石、白云石之间，与橄榄石、石榴石共生
	白云母	片岩：10%～15% 片麻岩：5%～10%	片岩：$d=0.3\sim1.0$mm，片状，定向排列，与黑云母交互生长；片麻岩：$d=0.3\sim1.0$mm，片状，沿片麻理分布，与长石、石英交生
	绢云母	花岗岩：3%～5% 片麻岩：15%～20% 片岩：15%～20%	花岗岩：$d=0.005\sim0.01$mm，微细鳞片，交代长石；片麻岩：$d=0.005\sim0.1$mm，细鳞片交织，产于长石、石英间；片岩：$d=0.005\sim0.01$mm，细鳞片集合体，团块状分布
长石	钾长石	花岗岩：10%～30%	$d=0.5\sim1.0$mm，条纹长石、微斜长石、微斜条纹长石，粒度粗大，常包裹长石、石英
	斜长石	花岗岩：30%～50% 片麻岩：30%～50% 片岩：5%～8% 角闪岩：30%～40%	花岗岩：$d=0.2\sim1.0$mm，板状、不规则粒状，与石英、钾长石交生；片麻岩：$d=0.1\sim0.3$mm，不规则粒状变晶；片岩：$d=0.05\sim0.1$mm，不规则粒状变晶；角闪岩：$d=0.2\sim1.0$mm，板状、粒状变晶，与角闪石交互生长
角闪石	角闪石	角闪岩：40%～60% 斜长角闪片麻岩：15%～20%	$d=0.2\sim1.0$mm，半自形、柱状变晶，不规则粒状变晶，与斜长石交互生长
	透闪石	钙硅酸盐岩：30%～60%	$d=0.2\sim1.0$mm，针柱状、纤维状变晶，与透辉石、方解石、白云石、长石交互生长
辉石	透辉石	钙硅酸盐岩50%～60%	$d=0.2\sim1.0$mm，柱状、粒状变晶，常与方柱石组成透辉方柱石岩；与透闪石组成透闪透辉岩，透闪石含量5%～40%，透辉石50%～60%，含少量石英、云母
碳酸盐矿物	方解石	大理岩：10%～20% 钙硅酸盐岩：8%～10%	大理岩：不规则粒状，$d=0.1\sim0.3$mm，分布于白云石之间；钙硅酸盐岩：$d=0.1\sim0.3$mm，不规则状分布于透闪石、阳起石之间
	白云石	大理岩：75%～85%	$d=0.1\sim0.5$mm，半自形粒状，镶嵌结构

二、石英

石英是分布最广的造岩矿物,在石英岩中的含量为75%～95%,其次为花岗岩含量20%～40%,片麻岩含量10%～30%,片岩含量10%～30%,变粒岩含量20%～40%。在角闪岩中含量少,为5%～10%,大理岩及钙硅酸盐岩中少见。石英岩中石英粒度有两种:一种为粗粒的,$d=0.2\sim1.0$mm,常含有长石,形似花岗岩;另一种为细粒的,$d=0.05\sim0.2$mm,质较纯。片岩和片麻岩中的石英粒径一般为$0.05\sim0.3$mm,不规则粒状。变粒岩中的石英颗粒较细,且为等粒状。显微镜和电子显微镜下发现某些石英颗粒保留有碎屑结构特征(照片6-18,图6-4)。该区石英受应力作用的特征明显,由于石英具有光塑性(叶大年,1977),在片麻岩中普遍可见波状消光,某些应力作用强烈的部位形成镶嵌消光,正交偏光下出现类似双晶的明暗条带(博姆带)。

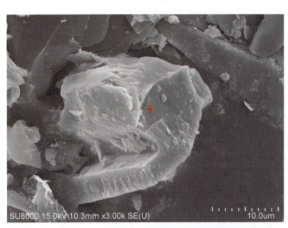

照片6-18 电镜显示石英颗粒,保留碎屑结构

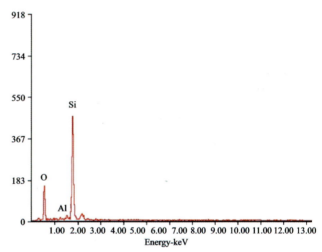

图6-4 石英颗粒能谱图

三、长石

1. 钾长石

钾长石主要分布于混合花岗岩中,含量可达30%,主要种类为微斜长石、条纹长石和微斜条纹长石(照片6-19～照片6-22)。钾长石一般颗粒粗大,$d=0.5\sim1.0$mm,板柱状或不规则粒状,常包含斜长石、石英和云母,被包裹的斜长石常有净边结构。条纹长石主晶为正长石或微斜长石,客晶为钠长石。形态复杂多样,常见脉状、枝状、棒状、火焰状等,据结构特征,应为析离条纹长石。根据Hall(1987)的钾长石和钠长石二元相图及钠长石和钾长石的比例关系,推断条纹长石形成的温度为650℃,压力为0.5GPa。

2. 斜长石

斜长石分布比钾长石广泛得多,在花岗岩中含量为30%～50%,片麻岩中含量为30%～50%,角闪岩中含量为30%～40%,片岩中含量为5%～8%。斜长石一般具有板状晶形,多呈不规则粒状,表面因有绢云母分布而略显模糊。斜长石聚片双晶发育(照片6-23)。由于受到应力作用,斜长石的聚片双晶常发生变形:褶断、弯曲或呈阶梯状(照片6-24)。在扫描电子显微镜下,清楚地显示斜长石聚片双晶相互叠置的薄板状单体(照片6-25),能谱图表明不同单体的主要成分是一致的(图6-5)。区内斜长石成分化学分析结果见表6-4。

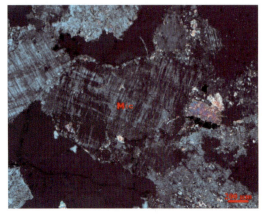

照片6-19 微斜长石的格子双晶具有纺锤状特征
薄片(+) S₂
Mic.微斜长石

照片6-20 条纹长石主晶为正长石,客晶为钠长石,形态多样,多见为脉状、棒状、枝状,属析离条纹长石
薄片(+) S₂
Pe.条纹长石

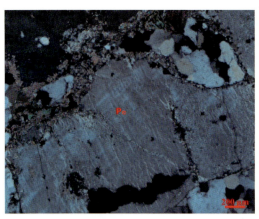

照片6-21 条纹长石主晶为微斜长石
薄片(+) S₂
Pe.条纹长石

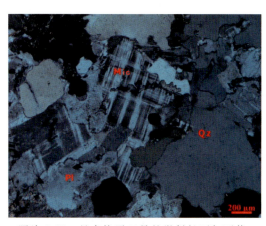

照片6-22 具有格子双晶的微斜长石与石英、斜长石互生
薄片(+) 8(L)
Mic.微斜长石;Pl.斜长石;Qz.石英

照片6-23 片麻岩中斜长石板状聚片双晶发育
薄片(+) 42(j)

照片6-24 斜长石双晶弯曲变形
薄片(+) H11

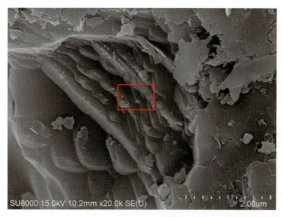 

照片 6-25　扫描电镜显示斜长石聚片双晶形貌

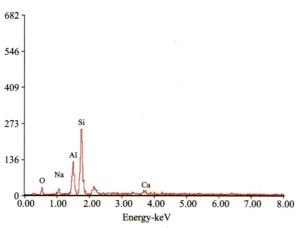 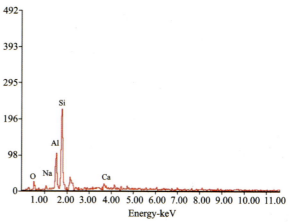

图 6-5　斜长石聚片双晶不同单体测得成分基本一致

表 6-4　斜长石化学分析结果　　　　　　　　　　　　　　　　　　　　　　单位：%

序号	矿物名称	SiO_2	TiO_2	Al_2O_3	FeO	MnO	MgO	CaO	Na_2O	K_2O	合计
1	斜长石	69.10	0	19.91	0.10	—	—	0.49	11.04	0.02	100.66
2	斜长石	53.25	—	29.74	—			11.65	4.98	0.19	99.81
3	斜长石	48.25	—	33.30	0.06			15.64	2.43	0.04	99.72

表 6-4 中 3 种斜长石代表 3 种不同成分：1 号钠长石分子占 0.93，钙长石分子占 0.07，为钠长石；2 号钠长石分子占 0.44，钙长石占 0.56，为中长石；3 号钙长石分子占 0.77，钠长石分子占 0.23，为倍长石。斜长石的种类与产出岩石有关，斜长角闪岩的原岩为基性火山岩，长石为基性。花岗岩中的斜长石为中酸性，一般 An=15~20。该区黄凉河岩组斜长角闪岩中斜长石与角闪石共存，通过计算钙离子在角闪石和斜长石的分配系数（X_{Ca}^{Hb}、X_{Ca}^{Pl}），推断形成温压条件；根据别尔丘克图解（1967），推断形成温度为 750℃。

四、云母

1. 黑云母

黑云母为区内最为常见的暗色矿物，主要分布于片岩、片麻岩、变粒岩、花岗岩中。其中片岩中含量为30%~45%,片麻岩中含量为10%~30%,变粒岩中含量为5%~8%,花岗岩中含量为3%~5%。手标本中黑云母为黑褐色至金黄色,片状,常与石墨夹杂。在薄片中,黑云母呈片状,多色性和吸收性十分强烈:Ng=Nm>Np,Ng=Nm多呈暗红褐色,Np为浅黄色。解理完全,解理纹十分细密(照片6-26)。在光片中,黑云母反射率明显低于石墨,两者差别清楚,不会发生混淆。黑云母常包裹有针状、规则排列的金红石(照片6-27)。黑云母经蚀变,常发生褪色,并有铁质析出。

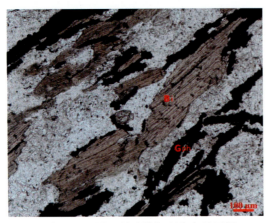

照片6-26 黑云母及沿解理夹杂的石墨
薄片(一) S-1-1
Bi.黑云母;Gph.石墨

照片6-27 黑云母中常见规则排列针状金红石包裹体
薄片(一) b095
Bi.黑云母

黑云母化学成分分析结果见表6-5。

表6-5 黑云母化学成分分析结果　　　　　　　　　　　　　单位:%

序号	矿物名称	SiO_2	TiO_2	Al_2O_3	FeO	MnO	MgO	Na_2O	K_2O	合计
1	黑云母	34.27	1.96	19.04	27.06	0.02	4.16	0.02	10.13	96.66
2	黑云母	34.76	2.01	20.26	22.91		5.11	0.28	9.48	94.81
3	黑云母	37.30	1.51	20.67	16.71	0.05	10.87	0.31	9.54	96.96

根据云母中FeO和MgO的含量计算黑云母中铁云母和金云母的分子比,三个样品分别为3.64、2.49、0.86,样1、样2为含铁高的黑云母,样3则为镁稍高的黑云母。据Hyndman(1972),片岩、片麻岩中随着变质程度提高,MgO/FeO值愈来愈高,自样3至样1,黑云母形成的温压逐步升高。黑云母中含TiO_2 1.51%~2.01%,是由金红石包裹体引起。

扫描电镜显示黑云母有良好的层片结构,有时聚集成花朵状(照片6-28、照片6-29,图6-6、图6-7)。片麻岩中黑云母常与石榴石共存,两者平衡时MgO在两种矿物之间的分配是温度的函数,根据格林维基斯(1970)图解,本区黑云石榴片麻岩中黑云母与石榴石的共存温度为500~650℃(详见第八章)。

石墨黑云片岩和石墨黑云斜长片麻岩中云母因受剪切应力的作用,发育S-C面理,常发生"S"形扭曲而呈"云母鱼"状。

2. 金云母

金云母主要产于大理岩中,常与镁橄榄石共生。在石墨云母片岩中也有发现。大理岩中金云母含量3%~5%,常单独呈片状产出(照片6-30),均匀分布。与其共生的矿物有白云石、方解石、橄榄石、石榴石等(照片6-31),为含硅、铝、铁杂质的白云质碳酸盐矿物变质而成。扫描电镜可见产于含石墨岩中的金云母为片状,能谱分析表明主要成分为O、Mg、K、Al、Si,含少量碳(照片6-32,图6-8)。

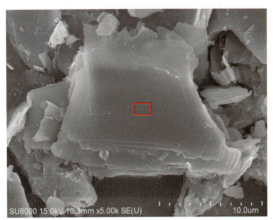
照片 6-28 扫描电镜显示黑云母层片结构

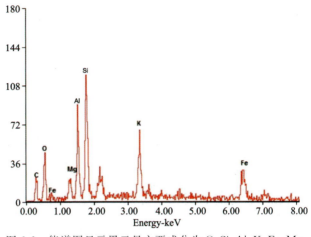
图 6-6 能谱图显示黑云母主要成分为 O、Si、Al、K、Fe、Mg，夹杂有石墨，Fe、Mg 含量相近

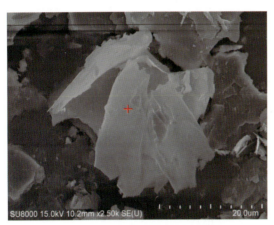
照片 6-29 扫描电镜显示黑云母鳞片

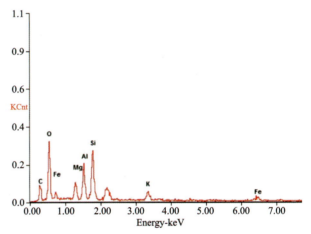
图 6-7 能谱图表明为高镁低铁的黑云母聚集成花朵状

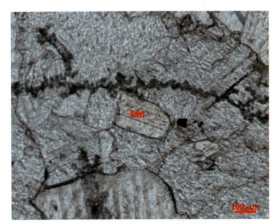
照片 6-30 大理岩中的金云母常单独呈片状产出
薄片（一） 9（L）
Phl. 金云母

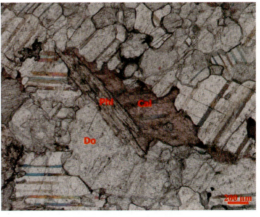
照片 6-31 大理岩中金云母与方解石、白云石（Do）连生。方解石是由白云石与硅铝质反应生成金云母后剩余钙形成
薄片（一） TJ_5

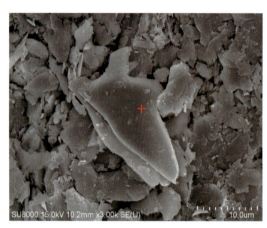

照片 6-32 扫描电镜显示金云母片状晶形

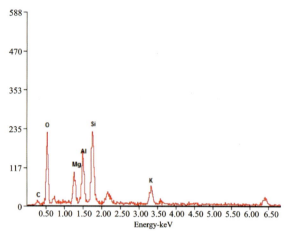

图 6-8 金云母能谱图显示其主要组成为 Mg、K、Al、Si,含少量碳

3. 白云母

白云母广泛分布在片岩、片麻岩中。白云母与黑云母相互交生,两者的含量变化较大。由于白云母无色,肉眼难以辨认,许多被认定为黑云母片岩、黑云母片麻岩的岩石实际为二云母片岩或二云母片麻岩。含石墨二云片岩,黑云母含量20%～45%,白云母含量20%～30%;含石墨矽线二云片岩,黑云母含量5%～20%,白云母含量5%～45%;石墨二云片岩,黑云母含量10%～40%,白云母含量5%～25%,单纯的白云母片岩少见。黑云母和白云母都是由原岩中的黏土矿物(高岭石、伊利石、蒙脱石)经变质而成。黑云母和白云母同时出现说明原岩中Fe、Mg组分分布不均匀,并且这种不均匀发生在微观尺度范围内,在铁镁质较少的部位,高岭石、伊利石变成绢云母,进而变成白云母,在铁镁质较多的部位,则形成绿泥石,最后变成黑云母。根据 Spear 和 Cheney(1989)泥质变质岩成岩格子,黑云母生成的温压范围很大,温度高于500℃,在不同的压力下均可形成黑云母。白云母的温压分布范围 $T=600\sim700℃$,$p=0.25\sim0.5GPa$,要比黑云母小得多。显微镜下白云母呈片状,解理细密,有闪突起,具有细小石墨包裹体,正交偏光下白云母有很高的干涉色,与粒状石英、长石相间(照片6-33、照片6-34)。电子显微镜下有清晰的片状外形,相互叠置,能谱显示主要组成为 O、Si、Al、K,含碳,为微细石墨包裹体引起(照片6-35,图6-9)。

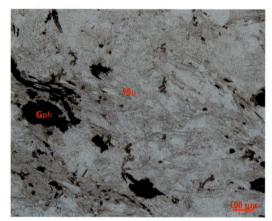

照片 6-33 含石墨二云片岩中的白云母
薄片(一) TJG-3(g)
Gph. 石墨;Mu. 白云母

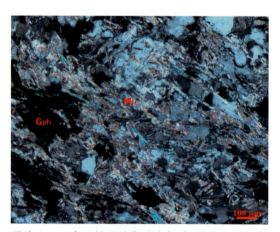

照片 6-34 白云母显示高干涉色,与石英、长石相间
薄片(+) TJG-3(g)
Gph. 石墨;Mu. 白云母

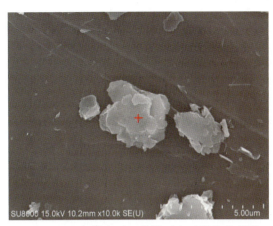 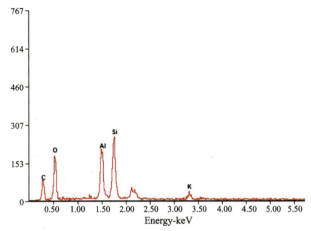

照片6-35 扫描电子显微镜下白云母片状晶形

图6-9 白云母能谱显示主要组成为Si、Al、K，含碳，说明白云母中含有微细包裹体

4. 绢云母

绢云母微细鳞片状相互交织（照片6-36），产于片麻岩、片岩中，或稀疏鳞片状分布于花岗岩中交代斜长石。绢云母主要有两种产状：①为退变质作用形成，在进变质作用结束后叠加多次退变质作用，进变质作用时形成的矿物（长石、矽线石、堇青石、蓝晶石）在退变质作用中均可发生绢云母化，开始只是包围、蚕蚀原矿物，进而布满整个矿物，但还保持原矿物的假象，最后则变成绢云母条带、团块，原矿物轮廓已不复存在（照片6-37）；②为风化作用中形成，多为稀疏分布于长石表面，使之浑浊，风化作用强烈时也可覆盖整块矿物，但矿物轮廓一般可以辨认。

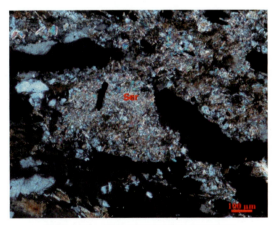 

照片6-36 绢云母微细鳞片相互交织
薄片（＋） TJ₁
Ser.绢云母

照片6-37 退变质作用形成的绢云母条带状、团块状产出
薄片（＋） E₂
Ser.绢云母

五、角闪石

1. 角闪石

角闪石主要分布在斜长角闪岩及斜长角闪片麻岩中，前者角闪石含量可达40％～60％，后者角闪石含量为15％～20％，其他岩类中少见。岩石中角闪石以自形—半自形柱、粒状变晶产出，具蓝绿—黄绿多色性。粒度大小不等，多为0.3～1.5mm。角闪石密集连生，与斜长石相间，有时定向排列（照片6-38、

照片6-39)。角闪石化学成分分析结果见表6-6。根据成分中含三价铝,应属普通角闪石。

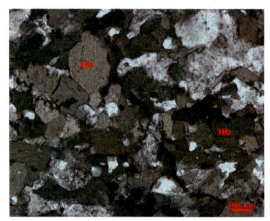

照片6-38 斜长角闪岩中角闪石,柱状,横切面见清楚的角闪石式解理,蓝绿—黄绿多色性

薄片(一) ZK501-B$_4$(g)

Hb.角闪石

照片6-39 正交偏光下横切面Nm－Np＝0.01,显一级黄干涉色,锥光下2V角很大

薄片(＋) ZK501-B$_4$(g)

Hb.角闪石

表6-6 角闪石化学分析结果　　　　　　　　　　　　　　　　单位:％

序号	矿物名称	SiO$_2$	TiO$_2$	Al$_2$O$_3$	FeO	MnO	MgO	CaO	Na$_2$O	K$_2$O	合计
1	角闪石	50.80	0.03	1.81	23.41	0.49	7.28	11.99	0.16	0.13	96.10
2	角闪石	47.29	1.27	7.96	14.59	0.19	11.82	11.99	0.90	0.81	96.82
3	角闪石	43.99	2.59	10.35	14.21	0.05	11.16	11.09	1.33	1.27	96.04
4	角闪石	43.97	2.44	10.68	13.33	—	11.55	11.42	1.41	1.34	96.14

角闪石是由(Si、Al)O$_4$构成的具有双链结构的硅酸盐矿物,其中四次配位铝对硅的交代与其生成温度有密切关系,高温角闪石[Al]比低温种属的高,由此可推断样3和样4生成温度高于样2,而样1则为低温种属。可见该区角闪石形成有几个世代,分别与M$_1$、M$_2$、M$_3$变质阶段相对应。同时斜长石和角闪石平衡共存时,Ca在这两种矿物间的分配亦可作为地质温度计。本区采用这一地质温度计测得的成岩温度为600～700℃,压力为0.55～0.65GPa。

2. 透闪石

透闪石和阳起石多产在钙硅酸盐岩中,并且主要产在由钙质页岩、砂岩变质而成的钙硅酸盐岩中。这类岩石SiO$_2$含量在50％左右,Al$_2$O$_3$的含量在13％左右,含CaO约10％,同时含有较多的MgO和Fe。透闪石呈长柱状、针状、纤维状产出,无色。含铁变种阳起石具有绿色多色性,与白云石交互生长。透闪石大量密集产出,则组成透闪岩(透闪石含量可达85％);透闪石也常与透辉石组成透闪透辉岩,透闪石与透辉石交互生长,含少量石英及云母。透闪石也出现在大理岩中,与白云石、方解石等共生。

六、透辉石

透辉石多呈中粗粒柱状、粒状变晶结构,有时为颗粒粗大的长柱状、放射状,绿色—黄绿色,主要产于钙硅酸盐岩中,与透闪石交互生长,两者可以是平衡关系,也可以是交代关系。峰期阶段形成的透辉石边缘被退化变质的透闪石交代。透辉石化学分析结果见表6-7。

表 6-7 透辉石化学分析结果　　　　　　　　　　　　　　　　　　单位:%

序号	矿物名称	SiO_2	TiO_2	Al_2O_3	FeO	MnO	MgO	CaO	Na_2O	K_2O	合计
1	透辉石	52.07	0.16	4.27	10.19	0.14	13.55	19.82	0.21	—	97.03
2	透辉石	51.94	0.32	3.06	11.21	0.82	15.40	12.55	0.24	0.16	96.91
3	透辉石	55.35	0.08	1.38	11.78	0.75	16.08	12.34	0.27	0.07	99.78
4	透辉石	52.53	0.19	1.81	9.96	0.13	12.86	22.80	0.18	—	100.03

根据化学分析结果,透辉石 FeO 的含量较高,应属次透辉石亚种,故常显浅绿色。透闪石和透辉石的平衡共生,有实验研究成果证实(波伊德,1962):实验测得顽火辉石＋透辉石＋石英＋蒸气与透闪石的单变平衡线,虽然实验结果比实际观察到的温压要高,但仍可推断在 $T=700℃$,$p=0.2GPa$ 时,无水的透辉石和有水的透闪石的动态平衡。当温度升高,则透闪石将脱水变成透辉石。

七、白云石、方解石

白云石常呈菱面体变晶产于大理岩中,方解石则呈不规则状分布于白云石间。该区大理岩以往一直被认为是较纯的白云石大理岩,现在显微镜下观察(经茜素红染色)发现方解石的数量比较多。据 4 件较纯的大理岩样品分析,CaO 的含量平均为 31.8%,MgO 的含量平均为 19.51%,计算得白云石的含量应为 86.2%,方解石的含量应为 13.8%,而实际观察方解石的含量可达到 20%。这是因为在大理岩形成过程中部分白云石与 SiO_2、Al_2O_3、FeO 反应形成透辉石、橄榄石、金云母,白云石中的镁转入到这些矿物中,剩余的钙则形成方解石。因此该区大理岩中的方解石有两种成因:一为原岩中与白云石共生的方解石重结晶;二为变质过程中由白云石变质反应时剩余钙形成的次生方解石。

第三节 特征变质矿物

该区能指示变质作用演化阶段的特征变质矿物如表 6-8 所示。

表 6-8 主要特征变质矿物

变质阶段	矿物	主要特征
绿片岩相-低角闪岩相 M_1	红柱石 Ad_1	第一世代红柱石,不规则粒状变晶,被矽线石、蓝晶石交代;细粒($d<1.0mm$)被石榴石变斑晶包裹
	蓝晶石 Ky_1	第一世代蓝晶石:粒状、柱状变晶,分布于富铝片岩中,含量 1%~5%,常与红柱石、十字石共生
	石榴石 Gr_1	第一世代石榴石:颗粒细小,被红柱石、蓝晶石变斑晶包裹,亦见于大理岩中
	十字石 St_1	半自形、他形粒状,柱状零星分布;被石榴石变斑晶包裹

续表 6-8

变质阶段	矿物	主要特征
角闪岩相 M_2	红柱石 Ad_2	第二世代红柱石：粗粒变斑晶，与十字石、蓝晶石变斑晶共生
	蓝晶石 Ky_2	第二世代蓝晶石：形成粗大变斑晶（d＝0.5～5.0mm），常含细粒石英、石榴石包裹体，边缘被矽线石交代
	十字石 St_2	第二世代十字石形成变斑晶，他形粒状及柱状，边缘不规则，常含云母、石英包裹体
	石榴石 Gr_2	第二世代石榴石：中粗粒变晶、变斑晶（d＝0.5～5.0mm），具筛状变晶结构、残缕结构、雪球构造
	矽线石 Sil	毛发状、束状、密集丛生，与石榴石、石英、云母共生，形成石榴矽线石英片岩
角闪岩相 M_2	电气石 Tou	粒状、柱状变晶（d＝0.2～0.4mm），局部密集分布于含石墨片麻岩中，与石英、长石、黑云母共生
	金云母 Phl	产于大理岩中，片状（d＝0.2～0.4mm），浅黄色—无色，弱多色性，散布于白云石间，与方解石连生
	橄榄石 Ol	产于大理岩中，粗粒（d＝0.2～1.5mm），分布于白云石间，被叶片状蛇纹石交代
高角闪岩相-麻粒岩相 M_3	紫苏辉石 Hy	产于麻粒岩、片麻岩中，粒状、短柱状（d＝0.1～0.3mm），淡绿色—浅红色，具多色性，平行消光，与斜长石、石榴石、石英共生
	尖晶石 Spi	见于片麻岩中，不规则粒状（d＝0.2～0.8mm），与石榴石、矽线石共生
	堇青石 Cord	见于片麻岩中，不规则粒状、柱状（d＝0.1～0.2mm），与石榴石、斜长石、石英共生；在麻粒岩中交代紫苏辉石

常见的并具有指相意义的变质矿物有石榴石、红柱石、蓝晶石、矽线石、十字石、电气石、橄榄石、堇青石、尖晶石、紫苏辉石等。

一、石榴石

石榴石是区内最常见的特征变质矿物，主要产于片岩、片麻岩中，形成黑云石榴片岩、黑云石榴矽线片麻岩、石榴矽线石英片岩，在石榴矽线石英片岩中石榴石高度富集，大范围内，含量达15%～20%，局部地段达40%～60%，可工业开发利用。石榴石有两个世代，主要发育于第二世代，即角闪岩相阶段。该阶段形成的石榴石以颗粒粗大的变斑晶形式产出，粒径可达3～8mm，其中有大量的包裹体，主要为石英、钛铁矿、黑云母等，形成筛状变晶结构。包裹体常定向排列，形成残缕结构，亦见受应力作用后包裹体旋转状排列，形成雪球构造（照片6-40、照片6-41）。

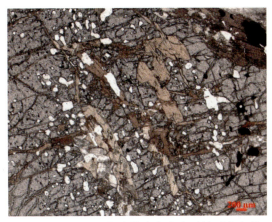

照片 6-40 黑云石榴矽线片麻岩中石榴石变斑晶，"筛孔"布满细小钛铁矿及细粒石英

薄片(一) 41(j)

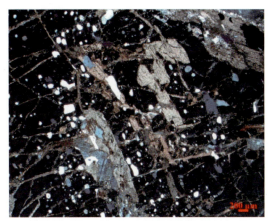

照片 6-41 正交偏光下石榴石呈均质性，显示大量石英包裹体

薄片(＋) 41(j)

黑云石榴片岩中，石榴石颗粒较小（$d=0.1\sim0.3$mm），沿片理分布，与黑云母连生（照片 6-42）。大理岩中也可见到石榴石，粒径 $d=0.4\sim0.6$mm，与橄榄石、金云母共生（照片 6-43）。

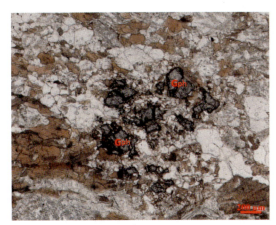

照片 6-42 黑云石榴片岩中的石榴石，粒细，定向分布

薄片(一) F_2

Gr. 石榴石

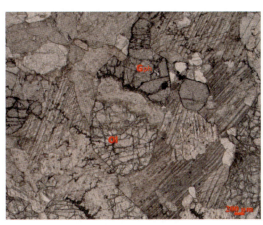

照片 6-43 大理岩中石榴石，与橄榄石、金云母共生

薄片(一) S_3

Gr. 石榴石；Ol. 橄榄石

石榴石化学成分分析结果见表 6-9。

表 6-9 石榴石化学成分分析结果　　　　　　　单位：%

序号	矿物名称	SiO$_2$	TiO$_2$	Al$_2$O$_3$	FeO	MnO	MgO	CaO	Fe$_2$O$_3$	合计
1	石榴石	37.97	0	22.03	34.03	0.72	2.80	2.02	0	99.57
2	石榴石	38.31	0	22.40	18.82	7.49	3.99	7.72	0	98.73
3	石榴石	37.07	0	21.76	36.36	0.46	2.13	0.85	0	98.63
4	石榴石	37.15	0.02	21.21	23.62	1.80	0.68	13.93	0	98.41
5	石榴石	38.59	0	22.23	18.48	8.05	4.33	7.39	0	99.07
6	石榴石	38.72	0.03	22.48	23.87	1.00	5.12	8.46	0	99.68

续表 6-9

序号	矿物名称	SiO_2	TiO_2	Al_2O_3	FeO	MnO	MgO	CaO	Fe_2O_3	合计
7	石榴石	37.14	0.04	22.42	37.28	0.39	2.25	0.69	0	100.21
8	石榴石	38.53	0	22.60	30.52	4.50	2.77	2.11	0	101.03
9	石榴石	37.15	0	21.76	30.27	0.63	1.91	2.07	5.06	98.85
10	石榴石	36.76	0	18.90	35.45	0.40	1.25	0.67	2.58	96.01
11	石榴石	49.73	0.13	19.35	29.52	0	0.03	1.02	0	99.78
12	石榴石	48.80	0.36	18.77	30.62	0	0.17	0.14	0	98.86
13	石榴石	47.14	0	19.92	31.58	0	0.13	1.19	0	99.96
14	石榴石	49.48	0.04	20.10	29.39	0	0.22	0.78	0	100.01

石榴石主要化学成分为 SiO_2、Al_2O_3、Fe_2O_3、MgO、CaO、MnO、TiO_2。根据样 10 计算得石榴石矿物分子式为：

$$(Fe_{2.49}Mg_{0.16}Ca_{0.07}Mn_{0.04})_{2.76}(Al_{1.87}Fe_{0.16})_{2.03}Si_{3.1}O_{12}$$

二价阳离子主要为 Fe^{2+}，其次为 Mg^{2+}、Ca^{2+}、Mn^{2+}（很少）；三价阳离子主要为 Al^{3+}，含少量 Fe^{3+}，为较典型的铁铝榴石。表 6-9 表明，本区石榴石虽都为铁铝榴石，但成分有较大变化，样 2、样 5、样 8 的 MnO 含量高，样 2、样 4、样 6 的 CaO 含量高。

Sturt 和 Nandi 对泥质变质岩中石榴石成分进行过研究，发现变质程度加深，石榴石成分中钙铝榴石组分减少，铁铝榴石组分增加。变质程度的加深会排斥大半径的阳离子，如 Ca^{2+} 和 Mn^{2+}。本区石榴石成分在"Nandi 泥质变质岩中石榴石化学成分与变质程度关系图"上的投影点见图 6-10。

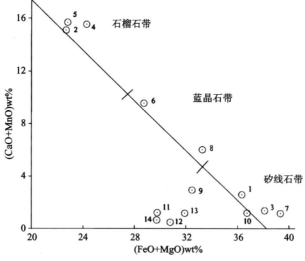

图 6-10　泥质变质岩中石榴石化学成分与变质程度关系(Nandi,1968)

Nandi 根据石榴石中 (CaO+MnO)wt% 和 (FeO+MgO)wt% 关系绘制的图表可以判别石榴石形成时的变质相带。将变质程度分为石榴石带、蓝晶石带、矽线石带，该区部分投影点离相带划分斜线较远，多数投影点靠近斜线，分别落入石榴石带（样 2、样 4、样 5）、蓝晶石带（样 6、样 8）和矽线石带（样 1、样 3、样 7、样 10），表明石榴石是多期形成的，与岩矿鉴定实际相符。

该区石榴矽线石英片岩的 X 衍射谱图见图 6-11。

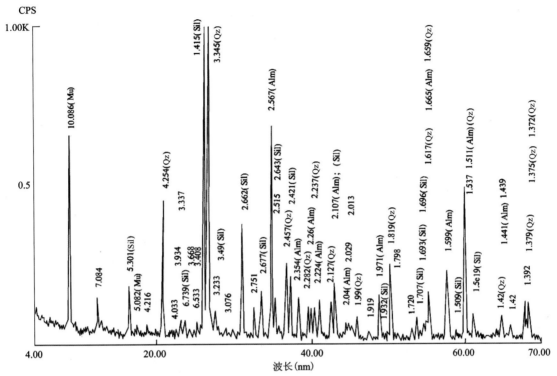

图 6-11　石榴矽线石英片岩 X 衍射谱图
（Mu. 白云母；Sil. 矽线石；Alm. 铁铝榴石；Qz. 石英）

由衍射图可知，产于矽线石带中石榴石的 X 衍射强线为 2.662(7)、2.526(10)、1.598(6)、1.537(8)，可确认为铁铝榴石，计算得晶胞参数 a_0＝11.524 2Å。晶胞参数与变质程度有关，变质程度愈高，晶胞参数越小（图 6-12）。晶胞参数小，矿物结构紧密，硬度大。取自兴山县老林沟的石榴石实测莫氏硬度为 7.8，为铁铝榴石中硬度较高者。

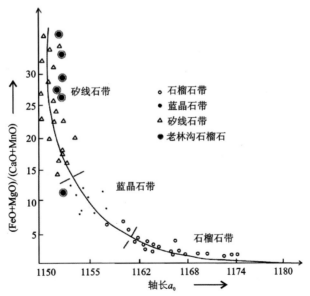

图 6-12　石榴石成分与变质程度关系（据 Nandi，1968）

二、红柱石、蓝晶石、矽线石

红柱石、蓝晶石和矽线石是泥质变质岩中最常见的同质多型变体,Thompson(1955)提出了这3种矿物的平衡相图,以后 Richardon(1969)、Holdaway(1971)、Salje(1986)又先后分别测定了这3种矿物三相点的位置。目前普遍采用的是 Holdaway 测定的结果:$T=500℃$,$p=0.4GPa$。

这3种矿物是随着变质程度加深依次出现。在 M_1 阶段初期,压力低于 $0.2GPa$ 时生成红柱石。随后进入蓝晶石区,红柱石被蓝晶石取代,延续整个绿片岩相阶段及角闪岩相早期。至 M_2 阶段中期,进入矽线石相区,蓝晶石被矽线石取代。

红柱石:以不规则粒状变晶产出,定向性不明显(照片6-44)。后期形成变斑晶,产于片岩中,与石英、黑云母共生。有时在片麻岩中亦可见,呈他形粒状或柱状,被蓝晶石、绢云母交代成残留,含量可达5%。

蓝晶石:主要分布在富铝片岩-片麻岩中,柱状、粒状变晶(照片6-45),含量1%~5%,常与石榴石、十字石共生,交代红柱石。后期形成变斑晶,构成筛状结构,包含许多石英,被矽线石交代。蓝晶石的化学成分见表6-10。由表6-10可知,蓝晶石成分纯净,接近理论成分。

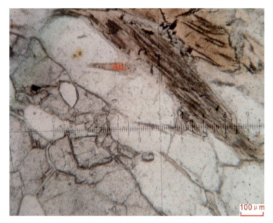 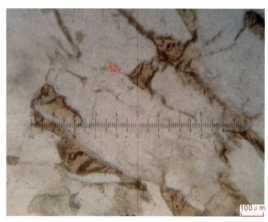

照片6-44 红柱石 　　　　　　　照片6-45 蓝晶石,柱状变晶产于片麻岩中
薄片(一) 42(j) 　　　　　　　薄片(一) 42(j)
Ad.红柱石 　　　　　　　　　　Ky.蓝晶石

表6-10 蓝晶石化学成分　　　单位:%

序号	矿物名称	SiO_2	Al_2O_3	FeO	合计
1	蓝晶石	37.97	62.74	0.09	100.80
2	蓝晶石	37.12	62.13	0.04	99.29

矽线石:矽线石是该区主变质岩相(高角闪岩相)标型矿物。当变质 p-T-t 线越过绿片岩相边界并穿过蓝晶石、矽线石平衡线,进入矽线石相区后,矽线石大量发育,在石榴矽线石英片岩中,含量5%~10%,最高可达20%~25%。矽线石呈毛发状、蒿束状产出,分布于石榴石间,形成绕过石榴石的线理(照片6-46、照片6-47)。

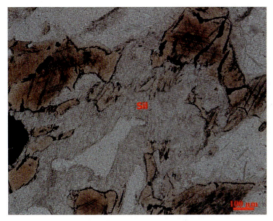

照片 6-46　纤维状矽线石产于石榴矽线片麻岩中
薄片（一）　42(j)
Sil. 矽线石

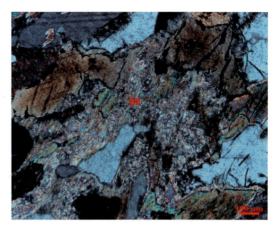

照片 6-47　正交偏光下纤维状矽线石
薄片（＋）　42(j)
Sil. 矽线石

矽线石 X 衍射谱图见图 6-11。衍射强线为 5.301(4)、1.415(10)、2.662(5)、2.412(4)、2.017(3)。化学成分扫描电镜分析结果见表 6-11。

表 6-11　矽线石化学成分　　　　　　　　　　　　　　　　　　　　　单位：%

序号	矿物名称	SiO_2	Al_2O_3	MnO	CaO	K_2O	Na_2O	TiO_2	FeO	合计
B-1	矽线石	36.50	62.85	—	0.16	0.03	0.03	0.38	0.05	100.00
B-2	矽线石	36.30	63.02	0.01	0.09	0.06	—	0.32	0.20	100.00
B-3	矽线石	35.78	63.69	—	0.38	0.15	—	—	—	100.00

由表 6-11 可知，该区矽线石较为纯净，SiO_2 和 Al_2O_3 含量接近理论值，含微量 CaO、K_2O、MnO、TiO_2、FeO。

三、十字石、电气石

1. 十字石

十字石的晶体结构与蓝晶石相似，由蓝晶石结构层与氢氧化铁层交互组成。十字石是典型的进入低角闪岩相的矿物（特纳，1968）。可通过下列方式形成：

$$石榴石(Gr) + 硬绿泥石(Cht) \Longrightarrow 十字石(St) + 石英(Qz) + H_2O$$

十字石分两个世代：第一世代形成于 M_1 阶段后期，呈半自形、他形粒状、柱状零星分布，被石榴石变斑晶包裹；第二世代形成于 M_2 阶段，形成变斑晶（照片 6-48），他形粒状及柱状，边缘不规则，常含细粒石英、云母包裹体。十字石的化学成分见表 6-12。

十字石主要化学组成为 SiO_2、Al_2O_3 和 FeO，含少量 TiO_2、MgO，符合该矿物成分结构特征。

2. 电气石

电气石富含挥发组分硼及水，是典型的气成矿物，多产于伟晶岩及气成热液矿床中。变质岩中作为变质矿物见于辽宁硼矿床中，电气石产于电气石变粒岩中。

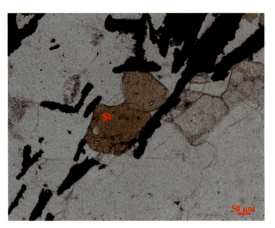

照片6-48 石墨黑云母片麻岩中十字石

薄片(一) 42(j)

St.十字石

表6-12 十字石化学成分 单位:%

序号	矿物名称	SiO$_2$	TiO$_2$	Al$_2$O$_3$	FeO	MgO	Cr$_2$O$_3$	合计
1	十字石	28.47	0.49	54.89	12.60	1.24	0.01	97.70
2	十字石	28.62	0.53	53.37	12.48	1.21	—	96.21

该区的电气石产于含石墨云母片岩和片麻岩中,含量可达5%。令人惊奇的是,在南墅、柳毛、峡山、坪河、鲁塘等石墨矿的矿石中均发现电气石。电气石出现的重要意义是作为石墨矿成矿作用中富含流体矿化剂的一个标志。流体矿化剂的存在降低了石墨结晶的温度,是石墨成矿作用中不可或缺的要素。

电气石常呈柱状、粒状产出,有的部位密集出现,粒径$d=0.3\sim0.5$mm。薄片中黄绿色,多色性显著,No淡黄绿色,Ne无色。中等突起,干涉色鲜艳(Ⅰ级顶部到Ⅱ级中部),平行消光,负延长,具垂直c轴横裂理,一轴晶负光性。据光性特点,为镁电气石(照片6-49~照片6-51)。

照片6-49 石墨片麻岩中电气石

薄片(+) TJ$_2$

Gr.石墨;Tou.电气石

照片6-50 电气石颗粒密集出现

薄片(一) b095

Tou.电气石

照片 6-51　正交偏光下电气石

薄片(＋)　b095

Tou. 电气石

四、橄榄石

橄榄石产于大理岩中，中粗粒（$d=0.5\sim1.5\text{mm}$），中高突起，无色，多裂纹。锥光下二轴晶正光性，$2V$ 角近似 $90°$，由此鉴定为镁橄榄石（照片 6-52、照片 6-53）。镁橄榄石与石榴石、金云母、透闪石、方解石、白云石共生，是在高温高压条件下由透闪石和白云石反应而成，应属高角闪岩相至麻粒岩相的产物。在后期退化变质作用中被纤维状、叶片状蛇纹石交代。

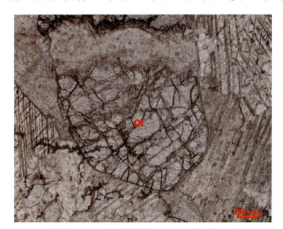 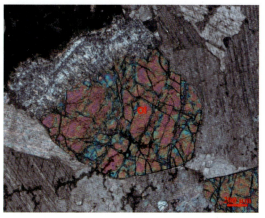

照片 6-52　粗粒橄榄石产于大理岩中　　　　照片 6-53　橄榄石在正交偏光下的表现

薄片(一)　S_3　　　　　　　　　　薄片(＋)　S_3

Ol. 橄榄石　　　　　　　　　　　Ol. 橄榄石

五、堇青石、尖晶石、紫苏辉石

堇青石、尖晶石、紫苏辉石这 3 种矿物是该区最高变质岩相高角闪岩相-麻粒岩相的产物。

1. 堇青石

堇青石见于石榴矽线石英片岩中，自形、半自形粒状，多为集合体。粒径 $d=0.2\sim0.4\text{mm}$，可见似六边形轮廓,低突起,低干涉色,二轴晶正光性。常含有细粒石榴石包裹体或被粗大石榴石变斑晶包裹（照片6-54～照片6-57）。据Spear和Cheney(1989),堇青石与石榴石、矽线石和黑云母具有下列平衡关系：

$$石榴石(Gr)+堇青石(Cord) \Longleftrightarrow 黑云母(Bi)+矽线石(Sil)$$

当温度,压力升高,反应向黑云母、矽线石方向移动,因此该区堇青石只是作为变质过程矿物,不多见。

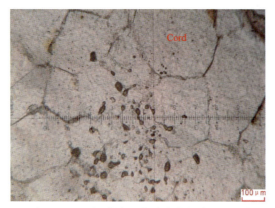

照片6-54　石榴矽线石英片岩中堇青石粒状集合体,含有较多细粒包裹体
薄片（-）　42(j)
Cord.堇青石

照片6-55　正交偏光下见堇青石低干涉色,包裹体为均质性石榴石
薄片（+）　42(j)
Cord.堇青石

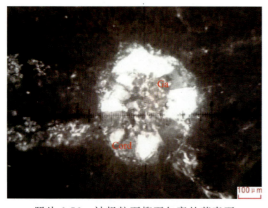

照片6-56　被粗粒石榴石包裹的堇青石
薄片（+）　42(j)
Cord.堇青石

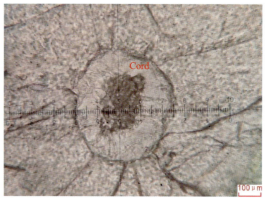

照片6-57　单偏光下被石榴石包裹的堇青石
薄片（-）　42(j)
Cord.堇青石

2. 尖晶石

尖晶石在石榴矽线石英片岩和麻粒岩相岩石中见到。石榴矽线石英片岩中的尖晶石呈不规则粒状,粒径$d=0.2 \sim 0.8$mm,褐色,高突起（照片6-58),均质性,应属镁铁尖晶石。

麻粒岩相岩石中可见尖晶石为绿色,不规则粒状,极高正突起,有不规则裂纹,化学成分见表6-13。

由表2-13可知,尖晶石主要成分为Al_2O_3、FeO、MgO,属镁铁尖晶石,含有微量MnO、Cr_2O_3。

在高级泥质变质岩中堇青石、石榴石、紫苏辉石、尖晶石存在如下关系（Hensen and Green,1973）：

堇青石(Cord)+石榴石(Gr) $\Longleftrightarrow$ 紫苏辉石(Hy)+尖晶石(Spi)

堇青石(Cord)+石榴石(Gr) $\Longleftrightarrow$ 橄榄石(Ol)+尖晶石(Spi)+石英(Qz)

该区高角闪岩相—麻粒岩相的岩石中见到的主要是生成物。

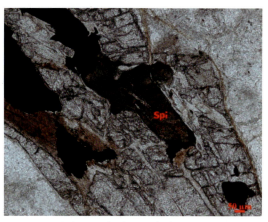

照片 6-58　尖晶石包裹在石榴石中

薄片(一)　41(j)

Spi. 尖晶石

表 6-13　尖晶石化学成分　　　　　　　　　　单位:%

序号	矿物名称	Al_2O_3	FeO	MnO	MgO	Cr_2O_3	合计
1	尖晶石	62.48	17.43	0.09	15.64	0.03	95.67
2	尖晶石	62.75	17.51	0.04	15.51	2.85	98.66

3. 紫苏辉石

紫苏辉石产于紫苏辉石黑云斜长片麻岩、紫苏辉石斜长角闪岩和紫苏辉石麻粒岩中。紫苏辉石斜长角闪岩中,紫苏辉石的含量为2%~7%,与斜长石、石英、石榴石共生,紫苏辉石呈粒状,具淡绿—淡红多色性,平行消光。见少量角闪石残留于紫苏辉石中。紫苏辉石麻粒岩中,紫苏辉石含量为36%~60%,与石榴石共生。紫苏辉石黑云斜长片麻岩中,紫苏辉石含量5%~10%,与黑云母、斜长石、石榴石、石英共生。紫苏辉石见角闪石反应边,为退化变质交代作用形成。

该区麻粒岩类中只含紫苏辉石,未见单斜辉石、钾长石,一般均含石榴石。据多列佑夫(1971)提出的判别紫苏辉石产状及形成温度意见,该区紫苏辉石属正常区域变质成因,属高角闪岩相—低麻粒岩相的产物。

第七章 地球化学研究

第一节 主成分特征

一、基本特征

该区各石墨矿区石墨矿石主要成分化学分析结果见表 7-1,统计计算结果见表 7-2 和图 7-1、图 7-2。由表 7-1、表 7-2,图 7-1、图 7-2 可知:

(1)各矿区石墨矿石主成分相似,最主要的组成是 SiO_2、Al_2O_3。SiO_2 的含量 46.51%~67.56%,平均为 60.24%;Al_2O_3 的含量 11.41%~15.24%,平均为 14.96%。其次为 Fe_2O_3、K_2O、MgO、H_2O^+。Fe_2O_3 的含量为 3.21%~7.42%,平均为 5.41%;K_2O 的含量为 2.67%~4.48%,平均为 3.96%;MgO 的含量为 1.28%~2.64%,平均为 2.02%。再次为 CaO、S。CaO 的含量为 0.12%~1.19%,平均为 0.572%;S 的含量为 0.04%~3.55%,平均为 1.03%。总体特征为富硅铝、贫钙。

有用组分固定碳的含量为 1.86%~19.10%,平均为 8.74%。

(2)各组分含量的变化系数相差很大,可分为两个层次。SiO_2、Al_2O_3、Fe_2O_3、MgO、K_2O 属第一层次,变化系数(V)小于 20%,说明成矿时这些成分作为背景,稳定分布,构成了石墨矿石的基本化学组成。固定碳(C)、S、CaO、Na_2O 的变化系数(V)为 59.02%~122.53%,属另一个层次,是叠加在背景值之上不稳定产出的组分,它们的含量受到某种因素的控制。

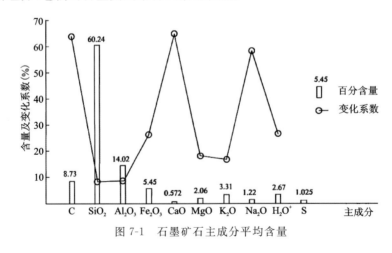

图 7-1 石墨矿石主成分平均含量

第七章 地球化学研究

表 7-1 石墨矿石主成分含量

单位:%

样号	采样地点	固定碳	SiO_2	Al_2O_3	Fe_2O_3	CaO	MgO	K_2O	Na_2O	H_2O^+	CO_2	S	合计
S_1	三岔垭石墨矿	7.39	65.11	11.76	4.86	1.19	1.98	2.70	1.19	2.30	<0.2	1.73	100.41
S_6	三岔垭石墨矿	3.91	61.47	14.96	7.42	0.32	1.84	3.96	1.14		<0.2	1.12	96.14
TJ-1	谭家河石墨矿	17.85	46.51	14.80	7.17	0.92	2.52	2.67	2.20	3.05	<0.2	3.01	100.90
TJ-4	谭家河石墨矿	12.60	59.45	13.04	3.70	0.24	2.22	3.13	0.42	3.13	<0.2	0.06	98.17
E-2	二郎庙石墨矿	8.25	63.62	11.41	6.02	0.89	2.06	2.99	0.87	1.56	<0.2	3.55	101.42
F-1	葛藤垭石墨矿	19.10	53.15	14.32	3.21	0.12	1.28	3.70	0.29	2.95	<0.2	0.04	98.36
D-1	东冲河石墨矿	6.02	61.23	14.64	7.15	0.15	1.76	3.06	1.04	3.68	<0.2	0.04	98.97
Q-1	青茶园石墨矿	6.86	61.63	14.98	4.83	0.50	1.94	3.45	1.20	3.26	<0.2	0.06	98.91
T-1	坦荡河石墨矿	3.55	62.67	15.24	5.68	0.38	2.64	4.48	1.04	2.55	<0.2	0.04	98.48
TJG-1	谭家沟石墨矿	1.86	67.56	15.05	4.01	1.01	1.92	2.97	2.81	1.56	<0.2	0.60	99.55

表 7-2 石墨矿石主成分含量统计计算结果

单位:%

统计值	固定碳	SiO_2	Al_2O_3	Fe_2O_3	CaO	MgO	K_2O	Na_2O	H_2O^+	S
平均值 $\bar{x}$	8.739	60.240	14.020	5.405	0.572	2.016	3.311	1.220	2.671	1.025
样本标准差 $x\sigma_{n-1}$	5.923	6.132	1.427	1.527	0.394	0.386	0.583	0.759	0.743	1.324
总体标准差 $x\sigma_n$	5.620	5.818	1.353	1.448	0.373	0.366	0.553	0.720	0.701	1.256
变化系数 V	64.30	9.658	9.650	26.79	65.200	19.150	16.70	59.020	26.240	122.530

二、元素的相互关系

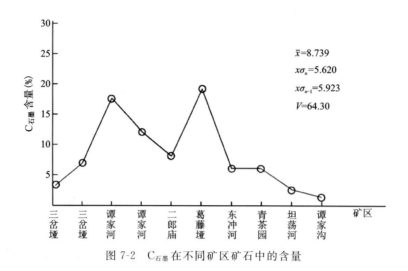

图 7-2 $C_{石墨}$ 在不同矿区矿石中的含量

$C_{石墨}$ 的含量主要受控于原岩中有机碳的含量,有机碳的含量取决于微古植物繁衍的程度和聚集堆积的密度。微古植物对沉积环境是有选择性的,而不是普遍发育。在有利的环境中有机碳大量堆积,使样品中固定碳含量很高,可达到 19.10%,曾发现含固定碳 30%～40% 的样品,而在不利生长的环境中,碳的含量只有 0.1%～1.0%,甚至基本不含固定碳。一般的片麻岩中石墨碳的含量只有 0.11%(样品 F-2),钙硅酸盐岩中固定碳含量低于检出限(样品 S_4)。在同一矿区中,石墨固定碳分布的不均匀性同样得到反映,图 7-3 为谭家沟矿区 ZK101 从矿层顶板到底板石墨碳的分布图,固定碳的含量为跳跃式,说明随着时间的变化,碳质的富集程度也各不相同。

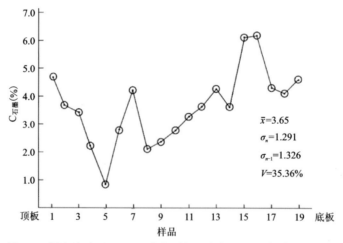

图 7-3 谭家沟矿区 ZK101 孔自顶板至底板石墨固定碳含量变化

CaO 与 Na_2O 变化系数大主要是由混合岩化引起的,混合岩化脉体主要成分除石英外就是斜长石,即为钙钠长石。虽然全区混合岩化非常普遍,但对于每一个矿区混合岩化的程度和形式差别明显,在脉体发育的矿区 CaO 与 Na_2O 的含量高,反之含量低。

S 的分布不均匀性也与混合岩化有关,在混合岩化过程中,硫被局部熔融作用从岩石中解脱进入脉体,常随碳质在不同部位以黄铁矿或磁黄铁矿的形式重新结晶出来。

二、元素的相互关系

主成分元素含量的相关系数矩阵见表 7-3。

表 7-3 矿石主成分相关系数矩阵

	$C_{石墨}$	SiO_2	Al_2O_3	Fe_2O_3	CaO	MgO	K_2O	Na_2O	H_2O^+	S
$C_{石墨}$		−0.868 8	−0.139 7	−3.079	−0.157 3	−0.151 0	−0.256 6	−0.313 4	0.379 4	0.198 8
SiO_2			−0.232 2	−0.332 7	0.215 7	−0.775 0	0.099 9	0.081 5	−0.511 1	−0.208 6
Al_2O_3				0.170 3	−0.418 8	0.041 2	0.179 3	0.355 2	0.407 5	−0.533 6
Fe_2O_3					0.407 7	0.325 9	0.076 4	0.211 4	0.203 1	0.430 4
CaO						0.313 0	−0.610 2	0.641 6	0.035 3	0.673 6
MgO							0.031 2	0.302 3	−0.094 9	0.293 3
K_2O								−0.370 7	0.127 7	−0.511 7
Na_2O									−0.374 8	0.268 6
H_2O^+										−0.479 6
S										

注：检验值 0.576(a=0.05)，下加横线表示超过检验值。

由表 7-3 可知，具有确定相关关系（相关系数大于检验值）的元素对为：$C_{石墨}$-SiO_2、CaO-K_2O 为负相关关系；CaO-Na_2O、CaO-S 为正相关关系，这 4 对元素的相关关系点群图和回归方程见图 7-4～图 7-7。

$C_{石墨}$-SiO_2：两者为负相关关系，相关系数 γ=−0.868 8。矿石中有用矿物的含量和脉石的含量总是互为消长的，石墨含量高，脉石成分就少，脉石含量高，矿石品位低。然而这里作为研究对象的是碳与 SiO_2 含量，因此还应与元素的赋存状态联系起来进行分析。矿石中的石墨碳只有一种矿物状态，而 SiO_2 则除了以石英形式产出，还含在长石和云母中，长石中 SiO_2 的含量又高于云母中的含量。矿石中 SiO_2 的含量取决于这 3 种矿物的含量，特别是石英与长石含量。片岩型矿石云母含量高，石英和长石含量低，SiO_2 含量亦低，含 C 高，可成为富矿。片麻岩型矿石石英、长石含量高，SiO_2 含量较片岩型矿石高，C 的含量一般也较低，成为贫矿。如果探讨深层次原因，则与成矿作用有关。片岩的原岩为泥岩，片麻岩的原岩为碎屑岩，在沉积成矿阶段，有机质更多地与泥质同时沉积，而碎屑岩中有机质的含量就少得多。

CaO-K_2O：两者为负相关关系，相关系数 γ=−0.610 2。这与矿石中斜长石的含量与云母的含量互为消长有关。矿石中钙主要赋存在斜长石中，钾则赋存于云母中。石墨云母片岩中云母的含量一般在 30% 以上，斜长石含量只有 3%～5%，钾高钙低；含石墨云母片麻岩中云母含量为 10%～30%，而斜长石含量为 10%～15%，钾降低而钙升高。

CaO-Na_2O：两者为正相关关系，相关系数 γ=0.641 6。在矿石中 CaO 与 Na_2O 构成斜长石，两者含量随着矿石中斜长石含量多少而同步消长。TTG-1 和 S_1 样品斜长石含量较多，含 CaO 1.01%～1.19%，相应含 Na_2O 1.19%～2.81%；F-1 和 TJ-4 样品，含斜长石很少，含 CaO 仅 0.24%～0.12%，含 Na_2O 随之减少到 0.29%～0.42%。

CaO-S：两者为正相关关系，相关系数 γ=0.673 6。两者的正相关关系与该区 S 主要在混合岩化阶段富集有关。原生矿石中 S 的含量较低，在混合岩化阶段，由于长英质的局部熔融，使其中微量 S 进入熔体，然后与长石石英脉体同时析出，两者共存，造成了 CaO 与 S 的正相关关系。如 S_1 样品：钙高硫高，CaO=1.19%、S=1.73%，F-1 样品：钙低硫低，CaO=0.12%、S=0.04%。

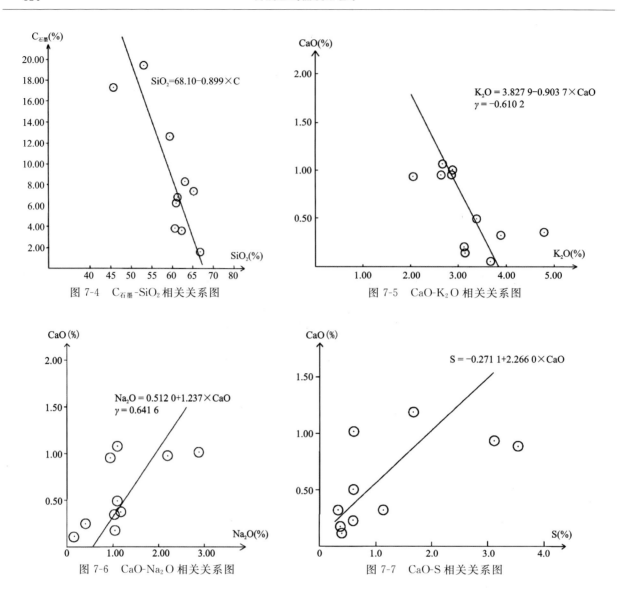

图 7-4 $C_{石墨}$-SiO_2 相关关系图

图 7-5 CaO-K_2O 相关关系图

图 7-6 CaO-Na_2O 相关关系图

图 7-7 CaO-S 相关关系图

三、矿石原岩类型推断及特征分析

1. 西蒙南图解

矿石化学成分西蒙南参数见表 7-4 和图 7-8。

表 7-4 矿石成分西蒙南参数

样号	矿区	西蒙南参数						石墨品位
		Si	al	fm	c	alk	(al+fm)−(c+alk)	
S_1	三岔垭	367	39	37	7	16	53	中品位
S_6	三岔垭	292	42	39	1	17	63	低品位
TJ-1	谭家河	202	38	41	4	17	58	高品位

续表7-4

样号	矿区	西蒙南参数						石墨品位
		Si	al	fm	c	alk	(al+fm)−(c+alk)	
TJ-4	谭家河	365	47	37	1	14	69	高品位
E-2	二郎庙	347	37	43	5	15	60	中品位
F-1	葛藤垭	343	54	28	1	17	64	高品位
D-1	东冲河	309	43	40	1	15	67	中品位
Q-1	青茶园	321	46	34	3	18	59	中品位
T-1	坦荡河	292	42	38	2	18	60	低品位
TJG-1	谭家沟	329	43	28	6	23	42	低品位

注:石墨品位>10%为高品位;10%~5%为中品位;<5%为低品位。

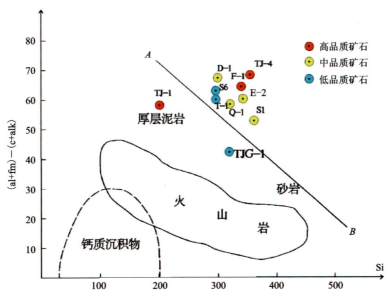

图7-8 石墨矿石成分参数西蒙南图解投影点(底图据Simonen,1953)

由表7-4和图7-8可知:

(1)石墨矿石在西蒙南图解中投影点相对集中,分布于Si=290~360,(al+fm)−(c+alk)为53~69的范围内。多数投影点在AB线靠近泥岩一端,说明石墨矿含矿岩石原岩为含一定数量砂质的碳质泥岩或碳质粉砂质泥岩。

(2)矿石投影点总体位置偏高,(al+fm)−(c+alk)的数值大,造成这种情况的原因是矿石中Al_2O_3及Fe_2O_3的含量较高,而CaO的含量低,矿石原岩贫钙的特征明显。

(3)不同品位矿石投影点没有明显的规律性,说明只要基本岩性为含砂泥岩或粉砂质泥岩,微体植物的繁衍对化学成分并没有严格的选择。

2. 与扬子陆块沉积岩成分对比

西蒙南图解说明了含矿岩石的大类及某些组成特征,为详细推断矿石原岩的种类,将矿石全部主量成分与扬子陆块各类沉积岩相应成分进行对比,结果见表7-5和图7-9。

表 7-5　本区石墨矿石主要成分(平均值)与扬子陆块几类岩石对比　　　　　　　　单位:%

岩石类型	SiO_2	Al_2O_3	Fe_2O_3	CaO	MgO	K_2O	Na_2O	C
该区石墨矿石	60.24	14.02	5.41	0.57	2.016	3.37	1.22	8.74
扬子陆块粉砂岩	69.08	13.00	4.59	1.93	1.50	2.74	1.32	0.20
扬子陆块泥岩	61.98	16.24	4.51	1.81	1.96	3.61	0.88	0.30
扬子陆块粉砂质泥岩	65.57	14.24	5.27	2.01	1.73	3.27	0.96	0.32
扬子陆块碳质泥岩	63.23	16.07	3.54	0.82	1.27	4.17	0.49	2.21
扬子陆块富铝泥质岩	54.82	24.90	5.95	0.89	0.79	2.76	0.35	0.30

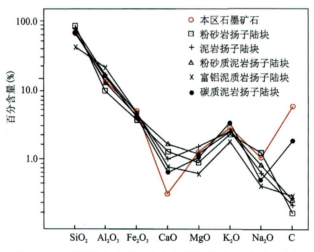

图 7-9　本区石墨矿主要成分与扬子陆块几类岩石对比图

由表 7-5 和图 7-9 可知:

(1)矿石成分与粉砂岩、粉砂质泥岩成分相似程度较低,粉砂岩和粉砂质泥岩不是成矿原岩。

(2)矿石成分与泥岩成分相似程度较高,但含碳量高,CaO 含量较低,Fe_2O_3 含量较高。

(3)矿石成分与富铝泥质岩相比,SiO_2、Al_2O_3、Fe_2O_3、C 含量差别都很大,富铝泥质岩不是成矿母岩。

(4)矿石成分与碳质泥岩相似程度最高,成分曲线(图 7-9)最为吻合,两者的全成分相似度系数(S)为 0.997 4,因此,石墨矿成矿母岩应是碳质泥岩。但是,该区石墨矿成矿母岩与一般碳质泥岩比,碳的富集程度更高,Fe_2O_3、MgO、Na_2O 的含量也较高,CaO 含量较低,是成分较为特殊的一种碳质泥岩。

四、与国内同类型矿床比较

我国与该区同类型的石墨矿分布较广,共同的特征是产于前寒武纪克拉通基底,含矿岩石为结晶片岩、片麻岩,石墨以结晶片状产出,片度较粗。矿区内混合岩化作用强烈,对石墨矿有改造作用。典型矿床有黑龙江鸡西柳毛石墨矿、山东南墅石墨矿、内蒙古兴和与什报气石墨矿。本区石墨矿石与这些矿区主成分的对比见表 7-6。

由表 7-6 可知,本区石墨矿石与国内同类型矿石基本成分相似,但是由于所处区域构造背景、含矿沉积建造及变质程度的差异,矿石成分有所差别。

表 7-6 本区石墨矿石主成分与国内同类型矿床对比　　　　　　　　　　　　单位:%

矿区	矿石类型	SiO_2	Al_2O_3	Fe_2O_3	CaO	MgO	K_2O	Na_2O	C
柳毛	石墨片岩	52.15	8.91	4.57	13.02	2.77	1.65	0.65	14.50
南墅	石墨片麻岩	55.25	14.08	6.94	2.32	2.80	2.86	1.73	8.56
兴和	石墨斜长片麻岩	60.16	13.28	9.51	1.75	1.88	3.00	2.49	4.33
什报气	石墨斜长片麻岩	43.46	8.78	12.32	10.12	5.58	2.36	0.91	3.66
本区	石墨片岩	60.24	14.02	5.41	0.57	2.02	3.31	1.22	8.39

柳毛石墨矿位于天山-兴安地区、嫩松-佳木斯微地块南端,含矿岩系为麻山群,属于古元古代沉积变质产物,亦为由片岩、含矽线石榴片麻岩、含石墨片麻岩、大理岩及麻粒岩组成的孔兹岩系。与黄陵地区相比其原岩为黏土半黏土岩-碳酸盐岩-基性火山岩建造,因此 SiO、Al_2O_3 的含量较低,而 CaO 含量特别高,达 13.02%。同时变质程度高于黄陵地区,达到二辉麻粒岩相,矿石类型复杂得多。主要矿石类型为钒榴石透辉石墨片岩,黄陵地区石墨片岩中未见钒榴石,透辉石少见。

南墅石墨矿位于华北陆块胶辽地块克拉通基底中,石墨矿产于古元古代早期的胶东岩群中。含矿岩系沉积建造为基性火山岩-碳酸盐岩-黏土半黏土岩浅海火山盆地建造,因此矿石中 SiO_2 含量较低、铁镁含量较高。内蒙古兴和石墨矿和什报气石墨矿产于华北陆块基底北缘古元古代集宁岩群中,其中表壳岩岩性大致可和迁西岩群对比,上亚群主要为富含石墨的片麻岩系,属孔兹岩系,其沉积建造亦为基性火山岩-碳酸盐岩及黏土半黏土岩,但基性火山岩的成分较多,以致兴和石墨斜长片麻岩含 Fe_2O_3 达 9.51%,什报气石墨斜长片麻岩含 Fe_2O_3 12.32%,远高于黄陵地区。

以上对比表明,该区含矿沉积岩系主要为碎屑岩-碳酸盐岩-泥质岩建造,火山活动微弱,与其他矿区不同,属我国区域变质型石墨矿中独特的一类。

第二节 微量元素特征

一、石墨矿石微量元素特征

该区石墨矿石共计测定了 54 种微量元素的含量,其中有 15 种为稀土元素。除稀土以外的 39 种微量元素的分析结果列于表 7-7。

微量元素在地质体中的浓度分配随着介质条件的变化往往发生较大的变动,而这种变动在常量元素中得不到反映,因此微量元素的含量、分配及相似元素的比值,可作为成岩成矿物理化学条件的指示剂。在沉积作用中微量元素组合除受其本身地球化学性质的制约外,最主要的因素是蚀源区元素及沉积成岩过程中各种地球化学作用。

1. 石墨矿石造岩组分微量元素示踪

根据石墨矿石造岩组分对蚀源区岩石组分的继承性推断源岩。石墨矿石与本区野马洞岩组、东冲河片麻杂岩微量元素含量的对比见表 7-8 和图 7-10、图 7-11。

表 7-7 石墨矿石微量元素分析结果

单位：10^{-6}

序号	样号	产地	Li	Ba	Cr	Ni	Ta	Th	U	V	Ag	As	Be	Bi	Cd	Co	Cs	Cu	Ga	Ge	Hf	In
1	S₁	三岔垭	37.8	720	80	44	0.9	18.10	4.77	80	0.09	<0.2	2.11	0.41	0.02	8.9	11.75	124.5	17.35	0.20	0.2	0.021
2	S₆	三岔垭	24.9	734	120	53	0.75	19.10	3.97	133	0.17	<0.2	1.74	0.44	0.04	15.0	9.58	76.2	22.8	0.26	5.8	0.066
3	TJ-1	谭家河	20.7	1240	110	27	0.6	24.60	3.34	156	0.28	<0.2	2.08	0.29	0.02	12.2	6.34	62.2	21.3	0.21	0.3	0.077
4	TJ-4	谭家河	10.8	1695	110	23	1.3	22.10	5.35	143	<0.01	<0.2	1.70	0.75	<0.02	2.6	9.92	29.7	23.0	0.16	0.3	0.096
5	E-2	二郎庙	17.3	3060	90	68	0.9	13.30	2.94	86	0.21	<0.2	2.61	0.38	5.44	18.6	3.55	116.5	16.0	0.18	0.1	0.055
6	F-1	葛藤垭	13.9	1875	130	36	0.7	17.95	2.13	172	<0.01	<0.2	0.88	0.21	0.03	4.8	3.13	35.0	22.5	0.17	0.3	0.074
7	D-1	东冲河	37.8	1140	150	103	1.0	13.40	1.94	96	0.14	0.9	2.26	0.25	0.04	22.3	3.26	151	22.5	0.16	0.4	0.042
8	Q-1	青茅园	20.4	1500	140	39	0.6	25.50	2.26	132	0.01	<0.2	0.92	0.29	0.03	11.8	4.29	145	21.9	0.20	0.1	0.064
9	T-1	坦荡河	14.7	930	130	32	0.8	22.50	2.90	110	<0.01	<0.2	0.96	0.08	0.04	11.8	6.74	81.7	23.5	0.23	0.1	0.069
10	TJG-1	谭家沟	20.6	681	90	41	0.6	12.50	2.97	66	0.01	<0.2	0.35	0.09	0.03	10.8	7.67	30.7	16.25	0.19	0.3	0.040
	平均		21.9	1357	115	47	0.81	18.90	3.25	117	0.01	<0.2	1.56	0.32	0.57	11.9	6.62	85.3	20.7	0.20	0.8	0.06

序号	样号	产地	Mn	Mo	Nb	Pb	Rb	Re	Sb	Sc	Se	Sn	Sr	Ta	Te	Tl	W	Zn	Zr	P	Ti
1	S₁	三岔垭	436	5.11	11.3	10.9	159.5	0.008	0.30	9.9	1	0.8	77.3	0.95	0.15	1.33	2.0	96	7.3	770	2280
2	S₆	三岔垭	253	1.93	13.5	11.6	198.5	<0.002	<0.05	14.7	2	2.3	47.0	0.75	0.08	1.06	1.2	95	211	380	4230
3	TJ-1	谭家河	336	7.98	7.0	16.8	110.5	0.019	0.05	11.2	<1	1.2	128.0	0.58	0.24	1.42	0.9	60	8.1	180	2410
4	TJ-4	谭家河	260	3.15	7.5	28.6	144.0	0.002	0.07	12.6	<1	7.1	53.9	0.57	0.05	1.08	3.2	84	10.8	130	2710
5	E-2	二郎庙	340	4.20	3.8	10.1	106.5	0.010	<0.05	11.4	1	1.8	71.4	0.27	0.14	0.82	1.3	261	1.8	800	1450
6	F-1	葛藤垭	83	2.83	11.1	9.4	133.0	0.004	0.14	15.6	<1	1.8	34.5	0.81	0.34	0.63	1.1	70	8.9	40	3360
7	D-1	东冲河	141	1.42	5.9	13.5	147.0	<0.002	0.22	9.2	<1	1.7	39.5	0.48	0.26	1.11	1.2	56	11.3	200	1990
8	Q-1	青茅园	292	1.75	10.6	18.6	135.5	<0.002	0.12	13.9	<1	1.5	92.7	0.53	0.23	1.13	1.2	68	4.3	110	3480
9	T-1	坦荡河	284	1.34	14.1	11.2	201.0	<0.002	0.07	13.8	<1	1.5	77.7	0.85	0.11	1.23	0.8	1.4	4.3	120	3890
10	TJG-1	谭家沟	237	1.92	8.1	24.6	131	0.002	<0.05	7.3	<1	1.5	158.5	0.66	0.06	0.67	0.8	69	3.5	450	2170
	平均		266	3.16	9.3	15.5	146.7	<0.002	0.11	11.9		2.12	78.1	0.65	0.17	1.05	1.4	97.3	27.1	318	2800

第七章 地球化学研究

表 7-8 石墨矿石与源岩微量元素特征对比

单位：10^{-6}

样品	Nb	Ta	U	Th	Zr	Cr	Ni	Co	Rb	Sr	Ba	V	Pb	Sn	Be	Sc	W
玄武岩[a]	20	0.8	0.75	3.5	120	185	145	47	38	452	315	225	7	1.5	0.70	27	0.9
中国玄武岩[c]	28	1.8	0.73	3.0	186	203	120	47	23	560	465	180	9.6	1.2	0.50	25	0.45
本区野马洞岩组斜长角闪岩	6.0	0.9	1.0	1.4	86.5	201.5	74.8	41	25	261	211	196	17	1.1	1.20	40	
本区石墨矿平均	9.3	0.81	3.25	18.9	27.1	115	47	11.9	146.7	78.1	1357	117	15.5	2.12	1.56	11.9	1.40
中国奥长花岗岩[c]	6.6	0.34	33	4.4	125	8.2	6.4	5.3	40	400	630	33	9	0.9	1.70	4.2	0.32
本区东冲河片麻杂岩奥长花岗岩	3.5	0.14	—	—	349	61	—	4.6	81	423	1163	3.5	0.19	—	—	2.11	—
花岗岩[b]	20	3.90	3	13	227	13	10	4	140	270	630	66	17	2.3	2.50	10.5	1.75

注：a 据 Turekian 和 Wedepohl(1961)、Vinogradov(1962)平均；b 据 Turekian 和 Wedepohl(1961)；c 据鄢明才和迟清华，1997。

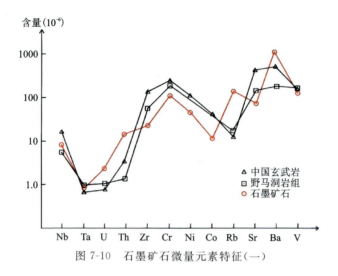

图 7-10 石墨矿石微量元素特征(一)

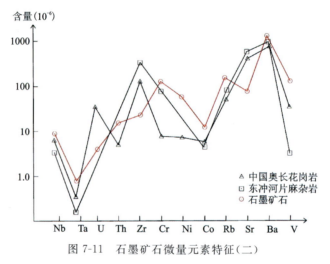

图 7-11 石墨矿石微量元素特征(二)

由表 7-8 和图 7-10、图 7-11 可知。

(1)微量元素分为两组：一组为 V、Cr、Co、Ni，在自然界主要分布于基性、超基性岩中；另一组为 Rb、Sr、Ba、Be，在自然界主要分布于酸性岩中。该区野马洞岩组斜长角闪岩微量元素特征与中国玄武岩相似，以 Cr、Ni、V、Co 含量高为标志，与此前对野马洞岩组斜长角闪岩原岩研究的结论一致，属拉斑玄武岩。东冲河片麻杂岩以低 Cr、Ni、V、Co，高 Rb、Sr、Ba、Be 为特征，与中国奥长花岗岩的微量元素组合相似，再次支持其原岩为英云闪长岩、奥长花岗岩和花岗闪长岩组合。

(2)石墨矿石微量元素特征显示双重性：V、Cr、Co、Ni 含量低于野马洞岩组，明显高于东冲河片麻杂岩；Rb、Sr、Ba、Be 与东冲河片麻杂岩相近，而与野马洞岩组不同。这种微量元素特征的双重性说明该区石墨矿造岩组分的多源性，野马洞岩组和东冲河片麻杂岩共同为石墨矿的物源。

2. 石墨矿石沉积成岩过程中的地球化学障

微量元素在表生迁移过程中由于局部物理化学条件产生明显变化而导致元素分异沉淀，不再继续运移，犹如一屏障。形成富集的地段称表生地球化学障(geochemical barrier)。该区石墨矿石在沉积成岩过程中有机质、黏土矿物、铁、铝、硅胶体，能形成吸附地球化学障，形成了由 V、P、Th、U、Rb、Pb、Zn、Cu、Ga、Cs、Co 等微量元素组成的复杂的共生组合。表 7-9 通过对比各类岩石的微量元素含量证明了石墨矿石吸附地球化学障的存在。

由砂岩、粉砂岩、泥岩至该区石墨矿石,随着碳质、黏土矿物等能造成吸附地球化学障的成分含量增加,U、Th、Ga、Cu、Zn、Rb、Mo、Ni、Tl等元素的含量也逐步升高。

表 7-9 石墨矿石沉积地球化学障微量元素组合 单位:10^{-6}

样品名称	C(%)	U	Th	Ga	Cu	Zn	Rb	Mo	Ni	Tl
砂岩[a]	0.20	2.1	9.2	13.6	15	51	78	0.54	17	0.51
粉砂质泥岩[a]	0.32	2.9	13.7	6.0	24	80	136	0.55	32	0.67
碳质泥岩[a]	2.21	7.2	16.5	6.3	35	48	137	8	45	0.83
本区石墨矿石	8.74	3.25	18.9	20.7	85.3	97.3	146.7	3.16	47	1.05

注:a 据鄢明才和迟清华,1997。

二、石墨矿含矿层中各类岩石的微量元素特征

组成石墨矿含矿层的岩石有片麻岩、大理岩、钙硅酸盐岩、石英岩,其微量元素含量见表 7-10。

该区石墨矿含矿层组成一个粒度由粗到细的沉积韵律层:石英岩(石英砂岩)—片麻岩(泥质砂岩、泥质粉砂岩)—石墨片岩(含碳泥岩、粉砂质泥岩)—钙硅酸盐岩(不纯碳酸盐岩)—大理岩(碳酸盐岩)。沉积环境周期性改变而引起的沉积分异,在微量元素的组合中得到了体现:

(1)Ba、Cr、Cs、Ga、Li、Nb、Ni、Pb、Ta、Th、Ti、U、V、Zn 等元素,自石英岩、片麻岩、石墨片岩,含量发生变化,片麻岩与石墨片岩最为接近,石英岩差别较大,至钙硅酸盐岩、大理岩,则发生剧烈变化,微量元素含量普遍明显降低。

(2)微量元素记录了沉积韵律层形成的过程,自粗粒沉积变成细粒沉积、化学沉积,微量元素含量发生有规律的变化(表 7-11)。自石英砂岩至泥岩,随着碎屑粒度变细,Ba、Cr、Ga、In、P、Sn 含量逐步升高,U、Zr、Hf 含量逐步降低。自泥岩至白云岩,因沉积性质发生改变,由碎屑沉积转变为化学沉积,微量元素含量普遍突然降低。这是由于碎屑岩的微量元素以各种形式存在于矿物的晶格中、晶隙间,或被表面吸附,很少溶解于水介质中,因此当碳酸盐岩以化学沉淀的方式沉积时,其中微量元素含量很低。

(3)岩石的微量元素特征可作为原岩种类的示踪,石英岩、片麻岩、石墨片岩、大理岩微量元素的组合和含量特征分别与石英砂岩、粉砂岩、含碳泥岩及白云岩相似。其中石英岩最为特征,作为标志的 Zr、Hf 两个元素的含量在石英岩中异乎寻常地高,Zr 含量为 6110×10^{-6}、Hf 含量为 173×10^{-6},说明石英岩原岩为滨海成因的石英砂岩,锆英石在滨海石英砂岩中富集。该区东冲河片麻杂岩中 Zr 的含量为 $(204\sim349)\times10^{-6}$,平均为 278×10^{-6},Hf 的含量为 $(6.13\sim2.89)\times10^{-6}$,平均为 9.02×10^{-6};野马洞岩组 Zr 的含量为$(38\sim190)\times10^{-6}$。这两种岩石经风化剥蚀后锆英石被搬运至海区,作为重矿物在滨海石英砂中富集。Hf 以类质同象的形式存在于锆石中,东冲河片麻杂岩中 Hf/Zr=0.032,石英岩中 Hf/Zr=0.028,锆英石在风化、搬运、沉积过程中,只发生了机械富集作用,Hf/Zr 值并没有发生明显改变。

表 7-10　片麻岩、大理岩、钙硅酸盐岩、石英岩微量元素含量

单位：10^{-6}

序号	样号	名称	Ag	Ba	Be	Bi	Cd	Co	Cr	Cs	Cu	Ga	Ge	Hf	In	Li	Mn	Mo	Nb	Ni	P
1	S_3	大理岩	<0.01	241	0.51	0.05	1.91	2.0	5	6.36	0.8	2.2	0.23	0.4	0.011	3.5	109	0.08	1.3	10.0	220
2	S_4	钙硅酸盐岩	0.01	38.6	0.65	0.01	2.10	2.5	4	4.23	2.7	2.3	0.24	0.4	0.02	0.8	260	0.07	1.9	11.6	210
3	TJ-5	大理岩	<0.01	76.6	0.26	0.03	1.68	1.8	5	2.72	0.8	1.7	0.24	0.3	0.005	1.0	253	0.05	1.1	10.4	230
4	E-1	大理岩	<0.01	103.0	0.19	0.01	1.30	2.5	12	1.64	2.0	1.8	0.23	0.3	0.009	4.6	310	0.05	0.9	10.8	390
5	F-2	片麻岩	<0.01	656	2.46	0.03	0.05	17.5	100	9.44	1.9	21.8	0.23	5.6	0.036	27.4	1320	0.39	15.1	62.6	290
6	G-1	大理岩	0.01	7.8	<0.05	0.13	0.26	2.2	5	0.08	0.3	2.4	0.18	0.5	0.010	0.6	381	0.20	1.6	9.9	270
7	Q-4	石英岩	0.04	371	0.90	0.07	0.02	2.7	45	0.42	41.4	8.4	0.23	173	0.008	2.8	29	30.1	0.7	10.2	40

序号	样号	名称	Pb	Rb	Re	Sb	Sc	Se	Sn	Sr	Ta	Te	Th	Ti	Tl	U	V	W	Zn	Zr	As
1	S_3	大理岩	2.5	19.0	<0.002	<0.05	1.4	<1	0.5	80.2	0.11	<0.05	1.19	290	1.02	0.15	4	2.3	21	15	<0.2
2	S_4	钙硅酸盐岩	6.0	5.6	<0.002	<0.05	1.3	<1	0.8	72.1	0.11	<0.05	1.15	250	0.13	0.43	6	1.1	68	15	<0.2
3	TJ-5	大理岩	2.4	14.5	<0.002	<0.05	1.1	<1	0.4	82.0	0.18	<0.05	0.54	250	0.49	0.15	4	0.1	9	11	<0.2
4	E-1	大理岩	2.2	8.5	<0.002	<0.05	1.1	<1	0.3	100.5	0.08	<0.05	1.07	180	0.24	0.22	4	0.2	13	11	<0.2
5	F-2	片麻岩	22.5	191.0	<0.002	0.19	12.5	<1	1.0	220	1.22	<0.05	20.7	3720	1.10	3.85	77	0.5	148	199	<0.2
6	G-1	大理岩	7.3	0.9	<0.002	<0.05	1.7	<1	<2	72.6	0.13	<0.05	2.03	360	0.02	0.45	6	0.8	54	17	<0.2
7	Q-4	石英岩	32.4	34.6	<0.002	0.05	17.1	2	0.6	94.0	0.15	0.14	15.45	130	0.16	43.10	3	0.5	5	611	<0.2

表 7-11 沉积韵律层中微量元素含量变化　　　　　　　　　　　　　　　　　　　　单位:10^{-6}

岩石	原岩	Ba	Cr	Ga	In	Li	P	Sn	U	Zr	Hf
石英岩	石英砂岩	371	45	8.4	0.008	2.8	40	0.6	43	6110	173
片麻岩	粉砂岩	656	100	21.8	0.036	27.4	290	1.0	3.85	199	5.6
石墨片岩	泥岩	1357	115	20.7	0.06	21.9	318	2.12	3.25	27.1	0.8
大理岩	白云岩	107	7	1.1	0.01	1.5	278	0.55	0.24	14	0.4

第三节　稀土元素特征

稀土元素是一组地球化学性质极其相似的元素,在地质、地球化学过程中,往往以一个"整体"运移,但不同的稀土元素之间性质仍有微小差别。由于外界条件的变化,稀土元素之间可发生一定程度的分馏,成为一种良好的地球化学指示剂。笔者测定了石墨矿石(石墨片岩)和含矿层中主要岩石的稀土元素含量。

一、石墨矿石稀土元素特征

1. 稀土元素含量

石墨矿石稀土元素含量见表 7-12。

由表 7-12 可知,石墨矿石稀土元素总量平均为 201.73×10^{-6},轻稀土富集,轻重稀土 LREE/HREE 值为 3.79~14.37,平均为 5.75。出现 Eu 亏损,δEu 为 0.36~0.87,平均为 0.55,出现明显的 Tb 正异常。

2. 稀土元素配分形式与北美页岩、中国东部碳质泥岩比较

石墨矿石、北美页岩和中国东部碳质泥岩稀土元素经球粒陨石标准化后的配分形式见图 7-12。

石墨矿石和中国东部碳质泥岩、北美页岩稀土配分形式是相似的:同为右倾曲线,轻稀土元素富集,重稀土元素相对含量低;同时存在 Eu 亏损。北美页岩与我国东部碳质泥岩曲线形态几乎完全一致,并且相互平行,中国东部碳质泥岩曲线位于北美页岩曲线之上。

但是该区石墨矿石稀土配分形式与上述两种沉积岩也有明显的差别:①存在明显的 Tb 正异常和 Yb 负异常;②自 Dy 以后,Ho、Er、Tm、Yb、Lu 含量明显低于页岩和泥岩。

石墨矿石与页岩和碳质泥岩稀土元素特征的异同说明:石墨矿石的原岩为碳质富集的泥质岩石,但在变质过程中稀土元素发生分异,Tb 保存在矿石中并得到富集,Ho、Er、Tm、Yb、Lu 则从沉积物中通过水岩反应解析出来,进入变质溶液,随之流失。

3. 石墨矿石稀土配分形式与野马洞岩组及东冲河片麻杂岩对比

石墨矿石与野马洞岩组斜长角闪岩和东冲河片麻杂岩、英云闪长质片麻岩稀土元素配分形式见图 7-13。

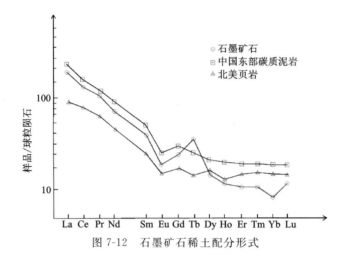

图 7-12　石墨矿石稀土配分形式

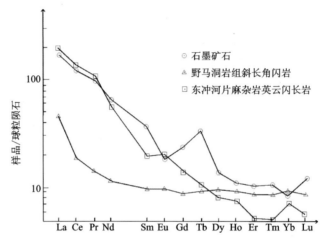

图 7-13　石墨矿石与野马洞岩组及东冲河片麻杂岩稀土配分对比图

石墨矿石稀土配分形式与野马洞岩组斜长角闪岩差别很大,轻稀土部分石墨矿石含量比斜长角闪岩高得多,重稀土部分两者含量开始接近。石墨矿石存在 Eu 明显的负异常和 Yb 负异常,斜长角闪岩均无。与东冲河片麻杂岩相比,差别也明显:轻稀土部分两者(La—Eu)接近,自 Gd 开始,差别显现,东冲河片麻杂岩 Gd—Lu 的含量比石墨矿石低得多。东冲河片麻杂岩 Eu 为正异常,Yb 也为正异常,与石墨矿石正好相反。

前述石墨矿石常量元素和微量元素地球化学特征表明,野马洞岩组和东冲河片麻杂岩是石墨矿石造岩组分的供给源,反映两者地球化学特征的继承性,而稀土配分形式的差异则表明从供给源到成矿母岩这一过程发生了强烈的地球化学变化,而不只是物质简单的机械转移。源区岩石经受了强烈的化学风化,矿物被氧化、分解、水解,或发生离子交换作用,稀土元素发生分异、重组,形成石墨矿石稀土元素独特的配分形式。

二、含矿层中各类岩石稀土元素特征

含矿层中片麻岩、大理岩、钙硅酸盐岩、石英岩的稀土元素分析结果见表 7-13。

自石英岩、片麻岩、石墨片岩、钙硅酸盐岩至大理岩,代表原岩沉积的一组韵律层,石英岩、片麻岩、石墨片岩原岩为陆源碎屑岩,沉积物粒度从粗到细,到钙硅酸盐岩和大理岩转变为化学沉积,硅铝杂质

表 7-12 石墨矿石稀土元素含量

单位：10^{-6}

样号	La	Ce	Pr	Nd	Sm	Eu	Gd	Tb	Dy	Ho	Er	Tm	Yb	Lu	Y	LREE/HREE	δEu
S_1	49.6	99.4	11.95	43.8	8.68	0.95	6.89	3.02	6.06	1.30	3.55	0.50	3.02	0.44	31.2	3.79	0.36
S_6	54.0	103.5	11.70	43.4	7.28	1.09	5.97	0.83	4.75	0.90	2.47	0.34	2.23	0.34	27.0	4.93	0.49
TJ-1	55.4	105.5	12.35	43.4	7.66	1.28	5.36	1.52	4.31	0.84	2.18	0.28	1.52	0.25	19.8	6.25	0.58
TJ-4	38.3	57.4	7.43	24.9	4.28	0.49	2.92	0.87	2.17	0.40	0.95	0.13	0.87	0.11	9.6	14.37	0.40
E-2	37.1	68.9	8.31	30.0	5.64	1.02	4.62	2.04	4.19	0.86	2.36	0.34	2.04	0.31	22.9	3.80	0.59
F-1	44.0	32.6	9.11	32.2	5.70	1.00	4.13	0.63	2.35	0.37	0.87	0.11	0.63	0.10	9.2	6.77	0.60
D-1	31.6	49.0	5.70	18.70	3.05	0.75	1.98	0.64	1.51	0.29	0.72	0.10	0.64	0.10	7.7	5.76	0.87
Q-1	42.2	70.8	8.98	30.2	5.00	0.97	3.25	1.16	2.78	0.56	1.45	0.20	1.16	0.17	16.4	5.79	0.69
T-1	48.7	95.8	10.40	36.7	6.50	0.93	4.05	0.49	2.49	0.39	0.77	0.09	0.49	0.07	8.5	11.48	0.52
TJG-1	31.3	61.2	7.02	24.2	4.46	0.96	3.25	0.65	2.25	0.38	0.88	0.17	0.65	0.10	9.2	7.37	0.74
平均	43.2	74.41	9.30	32.8	5.83	0.94	4.24	1.19	3.29	0.63	1.62	0.25	1.33	0.20	16.2	5.75	0.55

表 7-13 片麻岩、大理岩、钙硅酸盐岩、石英岩稀土元素分析结果

单位：10^{-6}

样号	岩石名称	La	Ce	Pr	Nd	Sm	Eu	Gd	Tb	Dy	Ho	Er	Tm	Yb	Lu	Y
S_3	大理岩	5.3	10.1	1.05	3.8	0.67	0.14	0.52	0.08	0.49	0.11	0.30	0.04	0.26	0.04	3.3
S_4	钙硅酸岩	5.1	9.5	1.06	3.9	0.82	0.15	0.62	0.09	0.55	0.11	0.29	0.04	0.24	0.04	3.5
TJ-5	大理岩	3.3	6.2	0.65	2.4	0.38	0.12	0.44	0.06	0.37	0.07	0.19	0.03	0.18	0.03	2.3
E-1	大理岩	4.3	7.9	0.83	3.2	0.47	0.15	0.60	0.08	0.47	0.10	0.27	0.04	0.26	0.04	3.2
F-2	片麻岩	55	101.5	11.20	40.4	7.09	1.36	5.74	0.84	4.86	0.99	2.88	0.40	2.65	0.39	28.7
G-1	大理岩	5.6	10.7	1.17	4.3	0.82	0.16	0.74	0.09	0.57	0.12	0.35	0.05	0.29	0.04	3.5
Q-4	石英岩	10.9	18.1	1.92	6.9	1.55	0.73	2.37	0.39	2.88	0.78	2.73	0.48	3.67	0.63	29.2

从多到少。这种由沉积环境改变而引起沉积岩性的规律性变化,在稀土元素的特征上得到反映:由石英岩、片麻岩到石墨片岩,Tb 含量由 0.39×10^{-6} 增加到 1.19×10^{-6};Lu 由 0.63×10^{-6} 减少至 0.20×10^{-6},Yb 由 0.367×10^{-6} 减少至 1.33×10^{-6},并出现负异常;Y 由 29.2×10^{-6} 减少至 16.2×10^{-6}。对于钙硅酸盐岩和大理岩,其中硅铝质含量降低,导致 Sm、Gd、Dy 含量的降低,分别由 0.82×10^{-6}、0.62×10^{-6}、0.55×10^{-6} 降低为 0.67×10^{-6}、0.52×10^{-6}、0.49×10^{-6}。

第四节 同位素地球化学特征

一、锆石 U-Pb 定年

该区野马洞岩组、东冲河片麻杂岩及黄凉河岩组均已获得年龄资料,相应的同位素年龄分别为 $(3166\sim2913)\pm25\text{Ma}$、$3200\sim2900\text{Ma}$ 和 $2500\sim1800\text{Ma}$,理清了它们形成的时间先后。对于广泛分布于黄凉河岩组中的花岗岩的年代存在不同认识,笔者认为黄凉河岩组中的花岗岩为同期混合花岗岩,为证实这一点,在孙家包花岗岩中采集两个锆石 U-Pb 定年样品。

在全岩样品中分离得锆石单矿物,阴极发光分析结果见照片 7-1。

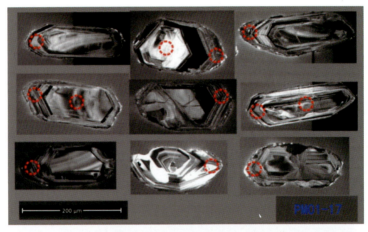

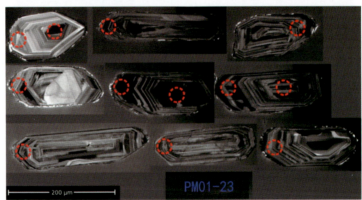

照片 7-1 花岗岩中锆石阴极发光分析图像(据万传辉,2018)

由照片可知,锆石的阴极发光图像显示内部密集的振荡环带,为典型火成岩锆石结构特征。将在偏光显微镜下检查无裂纹的锆石采用离子微探针技术测定 U-Pb 年龄,结果见图 7-14。

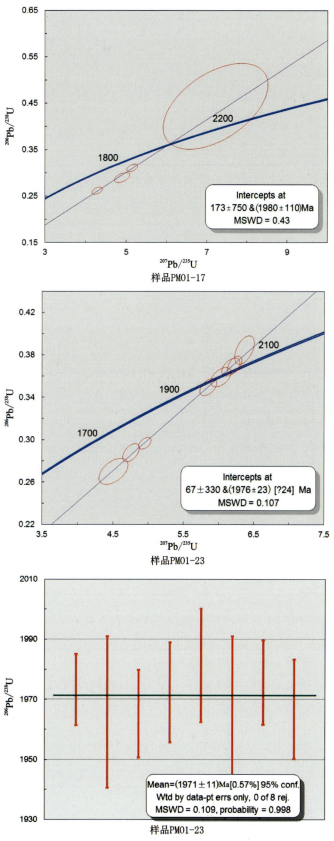

图 7-14 锆石 U-Pb 测年分析图解（据万传辉，2018）

两个样品测得的年龄数据基本一致：PM01-17样为(1980±110)Ma，PM01-23样为(1976±23)Ma。这两个年龄均落入黄凉河岩组的年龄区间内，因此可以认定研究区黄凉河岩组中广泛分布的花岗岩为同期混合花岗岩。

二、碳同位素

(一)碳同位素值分布

该区9件石墨矿石和4件大理岩样品碳同位素分析结果见表7-14和图7-15。

表7-14 碳同位素测定结果

样品编号	采样地点	样品名称	$\delta^{13}C(‰)$
S_1	三岔垭	石墨片岩	−13.38
TJ-1	谭家河外围	石墨片岩	−9.69
TJ-4	谭家河矿区	石墨片岩	−14.06
E-2	二郎庙	石墨片岩	−17.90
F-1	葛藤垭	石墨片岩	−17.91
D-1	东冲河	石墨片岩	−14.21
Q-1	青茶园	石墨片岩	−22.13
T-1	坦荡河	石墨片岩	−25.35
TJG-1	谭家沟	石墨片岩	−17.82
S_3	三岔垭	大理岩	8.94
TJ-5	谭家河外围	大理岩	11.32
E-1	二郎庙	大理岩	7.13
G-1	葛藤垭	大理岩	2.95

由表7-14和图7-15可知，本区石墨矿石碳同位素有以下特点：

(1)石墨与大理岩的同位素分布区间完全不同，石墨$\delta^{13}C(‰)$值为−25.4～−9.69，大理岩为2.95～11.32，两者没有重叠区，说明它们的碳质具有不同来源。

(2)石墨$\delta^{13}C(‰)$值落入地质碳库的"沉积有机物、石油和煤""海洋及非海洋生物"区间内，大理岩$\delta^{13}C(‰)$落入"海洋碳酸盐和淡水碳酸盐"区间，说明石墨碳和大理岩中分别来源于有机沉积物和碳酸盐沉积物。

(3)与国内典型区域变质型石墨矿(柳毛、南墅)相比，$\delta^{13}C$具有相似的特征：石墨碳和大理岩碳的$\delta^{13}C$清楚地分为没有重叠区的两组，分属不同的碳源。

(二)碳同位素分馏机制讨论

石墨碳源来自沉积有机物，沉积有机物主要由C、H、O、N、S等生命元素组成。这些元素在合成生

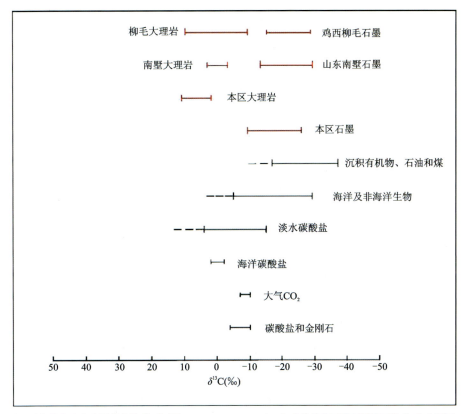

注：黑色线段为自然界碳库的$\delta^{13}C$值（据Jochen Hoets，2002）；红色线段为区域变质型石墨$\delta^{13}C$分布区间

图 7-15 碳同位素分布区间

命有机质的过程中，发生了一系列生物化学作用（光合作用、热降解等），导致碳同位素不同程度的分馏。有机碳同位素的分布与植物进行的光合作用有关，在光合作用过程中CO_2的羧化反应中$^{12}CO_2$的反应速率高于$^{13}CO_2$，导致植物细胞富集轻碳同位素，$\delta^{13}C$有很大的负值。据 Schidlowski（1988），主要自养生物和甲烷菌的同位素分布值$\delta^{13}C(‰)$：藻类$-35\sim-8$；蓝细菌$-27\sim-3$，绿色细菌$-21\sim-9$，紫色细菌$-36\sim-26$，红细菌$-28\sim-19$；甲烷菌$-41\sim+6$。

有机质沉积后在成岩过程的早期阶段，由于生物大分子在微生物和水解酶的作用下分解成生物单体，随后又发生聚合，形成地质聚合物，最后变成固体和油气。在这一过程中，$\delta^{13}C$负值不断加大，最后形成石墨$\delta^{13}C(‰)$的区间为$-25.5\sim-22.5$（图 7-16）。

海相碳酸盐$\delta^{13}C(‰)$平均值为 0，大气$\delta^{13}C(‰)$平均值为$-10\sim-8$，两者存在着平衡关系。在变质作用中受温度、压力的影响，碳同位素组成变化较大，该区大理岩中$\delta^{13}C(‰)$值为$2.95\sim11.32$，高于海洋沉积碳酸盐的平均值。

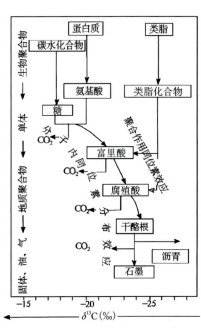

图 7-16 沉积有机质成岩过程中碳同位素组成的变化

（据 Glimov，1980）

三、氢氧同位素

该区石墨矿石氢氧同位素分析结果见表 7-15，分析结果在"水的氢氧同位素组成图"上的投影点见图 7-17。

表 7-15 石墨矿石氢氧同位素测定结果

样品编号	采样地点	样品名称	$\delta^2 H(‰)$	$\delta^{18} O(‰)$
S_1	三岔垭	石墨片岩	−44.2	9.0
TJ-1	谭家河外围	石墨片岩	−39.1	8.1
TJ-4	谭家河矿区	石墨片岩	−72.6	11.8
E-2	二郎庙	石墨片岩	−51.8	7.3
F-1	葛藤垭	石墨片岩	−56.2	8.2
D-1	东冲河	石墨片岩	−58.8	10.4
Q-1	青茶园	石墨片岩	−87.4	10.1
T-1	坦荡河	石墨片岩	−64.6	10.7
TJG-1	谭家沟	石墨片岩	−47.7	9.6

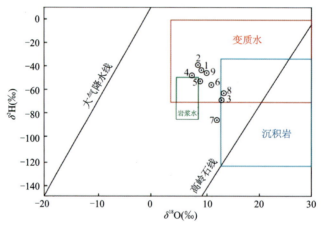

图 7-17 石墨矿石氢氧同位素组成的投影点位置
（底图据陈骏等，2005，综合修改）

由表 7-15 和图 7-17 可知：

（1）石墨矿石氢氧同位素组成为：$\delta^2 H(‰)$ 为 −87.4～−39.1；$\delta^{18} O(‰)$ 为 7.3～10.4，在"水的氢氧同位素组成图"上的投影点除个别样外均落入"变质水"的范围，符合该区实际。变质水是变质作用过程中矿物脱水所释放的水，变质水的氢氧同位素组成变化大，主要取决于变质原岩的性质和变质过程中的水岩反应。本区石墨矿原岩为特定的沉积岩，变质反应基本在封闭系统中进行，因此氢氧同位素成分分布比较集中。

（2）石墨矿石氢氧同位素成分投影点位置处于"岩浆水"和"沉积岩"之间。岩浆水是与岩浆达到平衡的水，并没有确切的成因意义，随着岩浆去气作用岩浆水的 $\delta^2 H(‰)$ 值会发生不断变化，一般认为岩浆水的氢氧同位素组成为：$\delta^{18} O(‰)=6‰～10‰$，$\delta^2 H(‰)=−80‰～−50‰$。"沉积岩"氢氧同位素组成通常与原始碎屑物质和自生沉积矿物有关，同时还受水岩反应及生物分馏的影响。该区石墨矿石氢氧同位素组成介于这两者之间,提示矿石中的水既有来自"沉积岩"的,也有来自"岩浆水"的。

(3)区域变质作用中温度、压力是最重要的因素,在不同的温度、压力下形成不同矿物共生组合。据陈岳龙等(2005),随着区域变质温压升高,变质程度加深,依次出现的石榴石带、十字石-蓝晶石带、十字石-矽线石带、矽线石带,$\delta^{18}O$含量逐渐降低,并且氧同位素之间的差值也相应变小。该区石墨矿石$\delta^{18}O$值和$\Delta\delta^{18}O$值均比较小,分布在"变质水"范围的左下角,表明石墨矿石变质程度较高。

四、硫同位素

测定了3个含黄铁矿较多的石墨矿石样品的硫同位素组成,结果为:样品S_1,$\delta^{34}S=-6.27‰$;样品TJ-1,$\delta^{34}S=-6.09‰$;样品E-2,$\delta^{34}S=-10.67‰$。地质数据库中各类岩石$\delta^{34}S$的分布范围(Hefs,2002)除玄武质岩石外都很大;沉积岩$\delta^{34}S$为$-40‰\sim50‰$;变质岩为$-20‰\sim20‰$;花岗质岩石为$-3‰\sim10‰$。该区石墨矿硫同位素组成,包括在变质岩范围内,变质岩硫同位素组成取决于变质原岩、变质过程中的水-岩反应和同位素交换。该区石墨矿石中硫来源于富有机物的泥质沉积岩,富集于混合岩化石墨片岩,因此具有"生物成因有机硫"及"花岗质岩石"硫同位素的综合特征,$\delta^{34}S$为比较小的负值($-10.67‰\sim-6.09‰$)。

第五节 晶质石墨形成的热力学分析

该区晶质石墨的形成由一系列物理化学过程组成,其中两个基本过程是有机碳裂解成单质碳和碳质结晶成石墨。

一、有机碳转化为单质碳

1. 生物碳沥青化

该区石墨矿碳质来源于微古植物形成的腐泥质,沉积岩腐泥质中的生物碳主要成分为蛋白质、脂肪,含少量纤维素,均为复杂的高分子有机化合物。水层将沉积物和空气中的氧隔开,在成岩过程中经埋藏、压实,蛋白质(基本成分为氨基酸)在还原条件下发生沥青化,伴之以氧的贫缺和碳、氢的富集(斯米尔诺夫,1985)。这一过程可简单地表述为:

$$R-\underset{\underset{NH_2}{|}}{\overset{\overset{H}{|}}{C}}-COOH \xrightarrow{沥青化} C_nH_{(2n+2)}$$

(氨基酸) (烷烃)

沥青的主要成分为烷烃,由氨基酸转变为烷烃其结构中要脱除氨基($-NH_2$)和羧基($-COOH$),这一过程为非自发过程,因为只有获得氨基和羧基与碳原子的键解离能,反应才成为可能。据热力学键能数据:C—C的键能为347.0kJ/mol,C—N的键能为288.9kJ/mol,因此,氨基酸转化为烷烃需要能量635.9kJ/mol,这部分能量来自上覆岩层的压力和埋深后的地热增温。沉积岩的负荷压力可达到$1\sim2$kPa,地热温度可达到$100\sim200℃$,提供了键解离能,使这一过程得以完成。煤矿床中褐煤变成烟煤的过程与此类似,褐煤随地层加深,地温升高,发生脱水、脱羧、脱氧和缩聚,碳含量不断升高,氧、氮含量不断下降。

2. 沥青碳化

组成沥青的烷烃碳化（即脱除氢原子，转变成碳单质）也是非自发过程。现以最简单的烷烃甲烷为例，分析这一过程。$CH_4 \longrightarrow C+2H_2$ 的反应标准自由能 $\Delta G_{298}^O = 673.0 kJ/mol$，$\Delta G_{298}^O > 0$，因此，此过程不能自发进行。甲烷（$CH_4$）分子中 C 原子的 1 个 2S 轨道和 3 个 2P 轨道杂化而形成 4 个 SP^3 杂化轨道，各与 1 个氢原子上的 1S 轨道重叠，形成 4 个共价键。只有获得离解这 4 个共价键的能量，才能获得单质碳。实验数据证明，4 个键离解先后不同，它们的离解键能也各不相同。

$$CH_4(气) \longrightarrow CH_3 \cdot (气) + H \cdot (气) \qquad \Delta H_{298}^O = 422 kJ/mol$$
$$CH_3 \cdot (气) \longrightarrow \cdot CH_2 \cdot (气) + H \cdot (气) \qquad \Delta H_{298}^O = 439 kJ/mol$$
$$\cdot CH_2 \cdot (气) \longrightarrow \cdot \overset{\cdot}{C}H(气) + H \cdot (气) \qquad \Delta H_{298}^O = 477 kJ/mol$$
$$\cdot \overset{\cdot}{C}H(气) \longrightarrow \cdot \overset{\cdot}{\underset{\cdot}{C}} \cdot (气) + H \cdot (气) \qquad \Delta H_{298}^O = 347 kJ/mol$$

因此，要使甲烷转变成碳（气）和氢（气），需要获得离解键能 1655kJ/mol。在工业生产中利用焦煤生产焦炭即类似于这一过程，炼焦是在高温高压下进行的，在自然界，则只有靠温压很高的区域变质作用。

二、无定型碳结晶成为石墨

对这一过程拟用熵变定律进行讨论。物理化学中熵定义为 $S = \dfrac{q}{T}$，即过程发生中能量的变化（q）除以过程发生时的绝对温度（T）所得的商。熵的微观意义是体系中无序程度的量度，波尔兹曼给出了熵（S）与系统质点无序度（Ω）的关系：$S = k \ln \Omega$，式中的 k 为波尔兹曼常数。因此我们可以直接用熵值来判断系统质点的无序性并确定自发反应的方向。

1. 熵值

碳以不同形式存在状态的标准熵数据：

C（气）： $\qquad S_{298}^O = 245.4 J/K \cdot mol$

C（无定型）： $\qquad S_{298}^O(石墨) < S_{298}^O(无定型碳) < S_{298}^O(气态碳)$

C（石墨）： $\qquad S_{298}^O = 5.69 J/K \cdot mol$

C（金刚石）： $\qquad S_{298}^O = 2.4 J/K \cdot mol$

金刚石 S_{298}^O < 石墨 S_{298}^O < 无定型碳 S_{298}^O < 碳气体 S_{298}^O

无定型碳（焦炭、木炭）曾被认为是完全无序的碳与石墨、金刚石并列作为固态碳的 3 种同素异形体。实际上，无定型碳是无序碳和有序碳的过渡类型。无定型碳可产生模糊不清的 X 衍射线，因此从总体上看是非晶态的，但并非完全无序，存在着部分有序状态。在现有的物理化学手册中，尚无无定型碳的标准熵的数值，但据此可推测其标准熵应在石墨和 C（气）之间。根据上述各种形式碳的 S_{298}^O 数值和化学反应的熵判据：$\Delta S > 0$ 自发过程；$\Delta S < 0$ 不可能发生的过程。可以确定，无定型碳不可能自发结晶变成石墨，因为 $S_{298}^O(石墨) - S_{298}^O(无定型碳) < 0$。

2. 无序度

通过考察物质内部原子排列无序状态也可判定无定型碳不能自发结晶成石墨。4 种形式碳原子凝集体的质点的无序程度见表 7-16。

表 7-16 碳不同凝集体原子的有序度

凝集体	原子聚集状态	物理性质	无序度
C 气体	自由的单个原子，相互引力小，运动方向随意变化	气态，无一定形状，能充满容器	完全无序
无定型碳	凝集成固态，质点不能自由移动，有小部分结晶成微晶石墨，有模糊的 X 衍射线	粉末状固体	基本无序
石墨	碳原子排列成六方网状，同层碳原子以 SP^2 杂化轨道与相邻碳原子的杂化轨道重叠，形成牢固的 σ 键。六方层间有与其垂直的相互平行的 P 轨道重叠形成大 π 键，电子可在每一层平面间移动	六方鳞片状，可导电，硬度小	基本有序 (3/4 有序，1/4 无序)
金刚石	每个碳原子形成 4 个 SP^3 杂化轨道与其他 4 个碳原子形成共价键	八面体晶体，极高硬度	完全有序

由表 7-16 可知，无定型碳变成石墨是一个有序化的过程，碳原子凝集体将从基本无序转变成基本有序。热力学研究表明，系统的自发过程是系统微观无序度（混乱度）增加的过程，而不可能向相反方向进行，因此无定型碳不可能自发变成石墨。

综上所述，单质碳结晶成石墨的过程必须借助于外界提供能量。对比不同类型石墨矿床即可发现，石墨结晶形成的温压条件相当高。例如接触变质型矿床（含碳层经与火成岩接触变质形成的石墨矿），由于中酸性岩浆通过接触带提供的能量有限，所以形成的石墨结晶小（<1μm），碳质石墨化不彻底，部分为半石墨。只有在区域动热变质的温压条件下，才能提供形成鳞片状结晶石墨的能量。当然，碳在区域变质作用中形成石墨是一个复杂的自然过程，不完全是能量问题，能量效应只是表明了反应的方向，其他因素对反应也有重要的作用。例如，流体的加入对晶质石墨化有至关重要的影响，有流体加入的韧性剪切带比剪切带外围的同一岩性含碳质岩石的晶质石墨化程度往往要高得多，可能与流体状态下有利于质点运动和晶体的生长等有关，即晶质石墨化程度还与晶体生长要素有关。

三、碳的相图和石墨生成温压条件的推断

由于碳的熔点很高，蒸气组成也很复杂，液态碳的性质直至 20 世纪 90 年代仍有争议。20 世纪 80 年代后，激光及大电流脉冲放电等加热加压技术、拉曼光谱等检测手段及更加深入的理论分析，碳相图的范围逐渐扩大，内容也日趋丰富。1989 年邦笛总结了前人的研究成果，提出了 1989 新版邦笛相图（图 7-18），明确地划分出石墨相的稳定范围。在相图中还根据克拉伯龙方程计算出等体积增量的 p-T 线。

Kamenelsky 等（2004，2008）利用金伯利岩中橄榄石内的辉石和石榴石的包裹体成分，推断金伯利岩形成压力相当于 5GPa，温度为 900～1000℃，其温压范围位于金刚石-石墨平衡线之上，固此碳以金刚石形式出现。该区区域变质型石墨矿共生岩石组合为含石墨斜长片麻岩、石墨云母片岩、矽线石榴片麻岩、石榴斜长角闪岩等，其形成的温压条件位于石墨相区，具体可利用 Spear 和 Cheney（1989）的泥质岩变质成岩格子来推断，推断结果为：$T=600$～$700℃$，$p=0.5$～$0.65\,GPa$（详见第八章）。

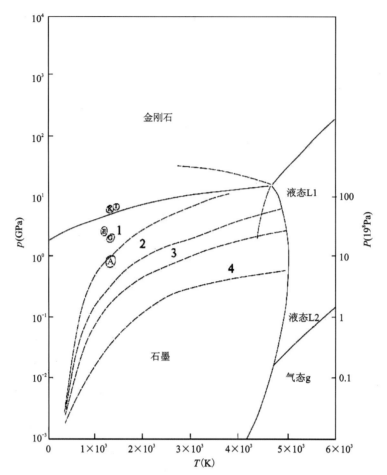

A. 区域变质型石墨矿形成区;K. 金伯利岩形成区;I. 工业合成金刚石区;E. 榴辉岩区;
G. 麻粒岩区。等体积增量线:1. $\Delta V=0$;2. $\Delta V=0.5$;3. $\Delta V=0.7$;4. $\Delta V=0.9$

图 7-18　碳相图(底图据邦笛,1989)

四、几点认识

(1)根据形成石墨反应的 ΔH_{298}^O、ΔG_{298}^O、S_{298}^O 等热力学参数可以确定由有机碳变成单质碳及单质碳结晶成石墨,在常温常压下均不能自行发生,对应地质环境,即在表生条件下有机碳不可能自行变成结晶石墨,要实现这些反应必须借助于外界的能量。

(2)由腐泥质中的氨基酸转变成烷烃,需要的能量较低,只在浅埋藏、低地温条件下($p=0.1\sim0.2$GPa,$T=100\sim200$℃)即可发生。

(3)由烷烃变成单质碳需要较高的 C—H 键离解能,这一过程需在区域变质的温压条件下才能完成。

(4)在区域变质作用中,石墨以"渐进的地热石墨化作用和突变相变模式"生成,即随地层的深埋程度逐渐升高,一旦到达碳质有序化的温度,石墨的结晶以突变形式完成。

(5)区域变质型石墨矿中石墨生成温压条件为:$T=600\sim700$℃,$p=0.5\sim0.65$GPa,相当于区域变质高压角闪岩相的形成环境。

第八章 成矿作用研究

第一节 概　　述

根据对石墨矿形成的贡献和对矿石品位品质的影响，该区石墨矿应属沉积变质矿床，成矿作用可分为沉积成矿和变质成矿两个阶段，每一阶段又可细分为两个时期。沉积成矿阶段包括沉积期成矿作用和成岩期成矿作用；变质成矿阶段包括变质期成矿作用和混合岩化成矿作用（表8-1）。

表 8-1　晶质石墨矿成矿作用

成矿阶段和成矿作用		对成矿的贡献和影响
沉积成矿阶段	沉积期成矿作用	藻类在潮坪或潟湖环境繁衍、聚集、遗体堆积形成碳质腐泥，为石墨矿提供了物质基础。原始古陆风化剥蚀，形成碎屑，泥质，Ca、Mg等溶解物质，提供了石墨赋存的载体
	成岩期成矿作用	含有机碳沉积物埋藏、压实、脱水固结，组成藻类的蛋白质、脂类在封闭还原及上覆压力和升温的条件下，发生沥青化，转化为烃类，伴之氧的贫缺和碳氢的富集
变质成矿阶段	变质期成矿作用	在区域动力热变质作用中烃类碳化（脱除氢）转变为单质碳，同时发生有序化形成石墨结晶。赋存石墨的泥岩、泥质粉砂岩相应地变质成为石墨云母片岩、石墨片岩、含石墨黑云斜长片麻岩
	混合岩化成矿作用	当变质作用向超变质作用发展时，局部熔融的长英物质贯入石墨片岩、石墨片麻岩，形成混合岩化石墨片岩和混合岩化石墨片麻岩。贯入物可使早期形成的石墨汇聚，由小片结晶变成大片结晶。但长英物质贯入亦使石墨矿品位降低

沉积成矿作用是该区石墨矿形成的关键，碳质在沉积成矿作用中富集形成碳质泥岩，是石墨矿形成的前提，若无此前提，那么无论怎样的变质作用都产生不了石墨矿。沉积成矿作用也是石墨矿品位和规模的决定因素，只有在碳质规模富集的场所才能形成石墨矿床；只有碳质聚集程度高的部位才能形成工业矿体。沉积成矿作用形成泥质砂岩、泥岩、碳酸盐岩成为碳质赋存的载体，是石墨矿形成不可或缺的条件。

变质成矿作用主要是改变碳的赋存状态，使沉积物中的有机碳变成单质碳，同时结晶成石墨。石墨的结晶随变质程度的加深、温压的升高，片径逐渐增大。混合岩化作用可使石墨进一步聚集变成大片径。

第二节 沉积成矿作用

一、成矿物质来源

(一)碳质来源

长期以来,石墨矿床的碳源属性(生物碳或非生物碳)一直是成因上争论的焦点。该区石墨矿有以下依据,确定为有机成因。

(1)石墨矿石中有些石墨呈微粒状、丝状、链状,类似微古植物的残体。

(2)黄凉河、王家台等地黄凉河岩组的大理岩、石墨云母片岩中含有微古植物化石:*Leiominuscula* aff. *minuta* Naum(光面小球藻),*Leiopsophosphaera* sp.(光面球藻),*Protoleiosphaeridium solidum* (原光球藻),*Trematosphaeridium* sp.(穴球藻),*Polyporata obsoleta* 等。化石大部分直径在 20 μm 以下,小—很小型个体,类型单调,结构简单。含微古植物样品由鄂西地质大队采集,鄂东北地质大队李金华、苗永勤、杨道政鉴定,并经中国科学院南京地质古生物研究所尹磊明审定,黄凉河岩组含微古植物化石的事实可以确认。

据地球生命史研究(刘本培,2012),在西澳大利亚 34 亿年前的沉积岩石找到丝状、链状细胞。南非特兰斯瓦(Transvaol)超群 2300Ma 前的黑色页岩中,以及加拿大甘弗林(Cunflint)组 2000~1950Ma 前的沉积岩中见有大量微古植物,据 Barghoom 等研究,定出蓝绿藻 16 个属。我国其他地区元古宇中亦见有丰富的叠层石及微古植物,已发现至少 40 余种微古植物化石,其中 *Leiominuscula* 与该区发现的相同。目前普遍认为,生物的演化具有最佳的全球性,生物演化每达到一个新的阶段,都将较快扩展到全球。因此,黄凉河岩组中出现微古植物化石表明,该区生命演化与全球生命演化基本同步。

(3)矿石中石墨多夹在云母层间,与石英、长石相间,这与沉积岩中有机物主要混杂于泥质沉积中而与碎屑颗粒相间的情况相似。

(4)根据煤田地质研究(смирнов,1985),浮游藻类等低等微古植物聚集在盆地底部形成腐泥质沉积物,与泥质岩、粉砂质泥岩共生,与该区石墨矿原岩岩石组合一致。

(5)石墨矿体形态为似层状、透镜状、楔状,多层产出;延长数十米至上千米,厚数米至 10 余米;矿层有尖灭再现现象;含矿岩系岩石组合具有韵律结构。与腐泥煤型煤矿层特征相似。

(6)矿石中石墨碳同位素 $\delta^{13}C=-25.35‰\sim-9.69‰$,与世界各地不同时代有机质 $\delta^{13}C$ 的平均值接近,而与大理岩中方解石 $\delta^{13}C$ 值(2.95‰~11.32‰)完全不同。

(二)岩石物质来源

1. 源区岩石

前人认为黄凉河岩组原岩的物质来源为东冲河片麻杂岩风化剥蚀的产物,2015 年区域地质调查认为:"黄凉河岩组属于以花岗质岩石为蚀源区的细陆屑沉积物"。笔者对比野马洞岩组、东冲河片麻杂岩及黄凉河岩组的平均化学成分(表 8-2),认为野马洞岩组应和东冲河片麻杂岩同为黄凉河岩组原岩的主要物源,并且以野马洞岩组为主。

表 8-2　野马洞岩组、东冲河片麻杂岩和黄凉河岩组主要化学成分对比　　单位：%

源区	SiO_2	Al_2O_3	Fe_2O_3	MgO	CaO	Na_2O	K_2O
野马洞岩组	45.63	10.57	14.31	8.31	9.36	2.88	1.98
东冲河片麻杂岩	68.58	14.43	3.43	1.29	2.12	4.53	4.17
黄凉河岩组	50.89	14.31	10.84	5.16	7.74	0.514	1.15

比例数据由表 8-2 化学成分计算而得，黄凉河岩组含铁高（10.84%），而东冲河片麻杂岩含铁低（3.43%），如果只是东冲河片麻杂岩提供物源，则无法提供如此高含量的铁。镁、钙的情况也是如此，黄凉河岩组含镁、钙量均高于东冲河片麻杂岩。因此，推断黄凉河岩组中铁、镁、钙等组分，主要来自野马洞岩组，而 SiO_2、Al_2O_3 等组分则主要来自东冲河片麻杂岩。根据化学分析结果可以粗略推算黄凉河岩组物源的组成，如以 Fe_2O_3、MgO、CaO 为标准，野马洞岩组占 68.11%，东冲河片麻杂岩占 31.89%；如以 SiO_2 和 Al_2O_3 为标准，野马洞岩组占 66.43%，东冲河片麻杂岩占 33.66%。因此，黄凉河岩组的主要源岩应为野马洞岩组，其次为东冲河片麻杂岩，而不只是单一的东冲河片麻杂岩。

关于这一点，地史学方面也提供了支持。在古元古代原始古陆形成时，野马洞岩组为表壳岩，出露地表，东冲河片麻杂岩为深成侵入体，距地表至少 3000m。黄凉河期沉积盆地形成初期，盆地周围古陆地表大面积分布的应是野马洞岩组，而东冲河深成侵入体只是剥蚀出露地表部分。随着剥蚀加深，东冲河片麻杂岩出露面积不断扩大，其作为黄凉河岩组物源的比例才逐渐增加。

2. 源区与含矿岩系成分关系

源区岩石和含矿岩系成分关系见表 8-3。

表 8-3　源区岩石和含矿岩系成分关系

源岩	源岩成分	风化产物	为含矿岩系提供成分
野马洞岩组	角闪石、斜长石、石英、黑云母、白云母、磁铁矿、金红石	长石碎屑（多）、岩石碎屑（少）、云母碎屑（少）、黏土矿物（多）；Fe_2O_3 胶体（较多）、Al_2O_3 胶体（多）、Ca^{2+}、Na^+、K^+、Mg^{2+}（多）、磁铁矿、金红石	石英碎屑（少）、长石碎屑（多）、岩屑（少）、云母碎屑（多）、黏土矿物（多）、新生褐铁矿（较多）、赤铁矿（少）、高岭石（多）、伊利石（多）、方解石（多）、白云石（多），副矿物为磁铁矿、金红石等
东冲河片麻杂岩	斜长石、钾长石、石英、黑云母、白云母、绢云母、绿泥石、角闪石、锆石、磷灰石、榍石、帘石、磁铁矿	石英碎屑（多）、钾长石碎屑（少）、斜长石碎屑（少）、云母碎屑（少）、岩石碎屑（少）、黏土矿物（多）；Al_2O_3 胶体（多）、Fe_2O_3 胶体（少）、Ca^{2+}、Na^+、K^+、Mg^{2+}（少）；磁铁矿、锆石、磷灰石、榍石等	石英碎屑（多）、长石碎屑（少）、云母碎屑（少）、岩石碎屑（少）、黏土矿物（多）、高岭石（多）、伊利石（多）、方解石（少）、白云石（少），副矿物为磁铁矿、锆石、磷灰石、榍石等

由表 8-3 可知，野马洞岩组主要提供了长石碎屑、Fe_2O_3 胶体、黏土矿物，及组成方解石和白云石的钙、镁离子。东冲河片麻杂岩主要提供了石英碎屑、黏土矿物微粒，及 SiO_2、Al_2O_3 胶体（胶凝成为新生高岭石，有钾质加入成为伊利石）。源区副矿物性质稳定，大部分转入沉积岩。

3. 源区的风化作用

该区石墨云母片岩，含 Al_2O_3 13.87%～14.85%，含 SiO_2 52.05%～58.82%，含 K_2O 2.67%～

4.48%,含 Na₂O 0.29%~2.81%,CaO 0.12%~1.19%,固定碳 1.86%~17.85%。原岩为碳质含粉砂泥岩。据化学成分推算原岩矿物组成:伊利石 36.19%,蒙脱石 20.35%,高岭石 15.35%,碳质 8.74%,石英粉砂 19.37%。黏土矿物占岩石组成的 71.89%,必须有大量的泥质物源,由此可推测源区的风化作用已进入强烈化学风化的阶段。

  黏土矿物主要由长石经水解而成。长石与各类黏土矿物的稳定关系见图 8-1。由图 8-1 可知,钠长石、钙长石和钾长石均可形成蒙脱石、伊利石和高岭石。其中斜长石(钠钙长石)可形成高岭石和蒙脱石,钾长石可形成伊利石和高岭石。长石的水解需要潮湿温暖的环境,同时雨量又不能过大,过大的雨量和高地势不利于蒙脱石和高岭石的形成(图 8-2)。该区黏土矿物的组成表明黄凉河期古气候条件为湿、热、雨量中等。Beber(1971)曾经强调过水流作为风化作用控制因素的重要性:当雨量过大,地表水流速度过快时,由于硅酸移去太快,则不能形成高岭石。碳质泥岩中古球藻类大量繁殖,球藻类适宜生长的温度为 20~23℃,也表明当时气温较高。另外黄凉河岩组成分在涅洛夫图解中投影点到"化学上强分异或中等分异的黏土岩区"。国外 Nesbit 和 Young(1982)通过对休伦湖亚群细碎屑岩中主要元素特征研究分析古元古代气候,结论也是湿热气候。

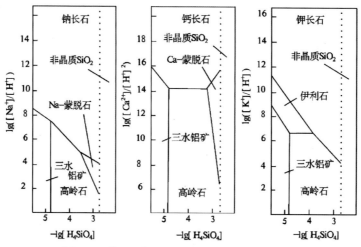

图 8-1 黏土矿物和长石类矿物的稳定关系图

(据 Brownlow,1979;Stumm and Morgan,1970)

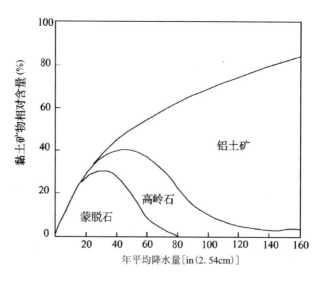

图 8-2 夏威夷岛年平均降水量与土壤中铝土矿、高岭石和蒙脱石的关系曲线图

(据 Brownlow,1979)

二、沉积期成矿作用

1. 生物化学沉积作用

生物化学沉积作用为该区石墨矿形成最主要的沉积作用。古元古代黄凉河期,在陆间海的潮坪及潟湖地带,微古生物大量繁衍,主要为小球藻属。据小球藻生态特征研究,小球藻属于单细胞真核生物,含有丰富的叶绿素,光合作用非常强,具有每隔20h分裂出4个细胞的旺盛繁殖能力,不断以几何级数的方式复制,可以形成大规模的聚集(胡鸿钧,1980)。死亡后遗体沉降到盆底,与细碎屑和泥质物混杂,形成腐泥层,作为该区石墨矿的矿胚。

2. 机械沉积

源岩风化剥蚀初期,主要产生岩石和矿物的碎屑,石英、长石、云母碎屑及少量岩屑以机械搬运的方式带至海洋,在滨海地带以机械沉积的方式沉积,形成砂岩,当含有较多泥质物时则成为泥质砂岩、硬砂岩、粉砂岩。随着风化作用的加强,长石等矿物因水解作用产生细小黏土矿物,以悬浮的形式搬运,并与碎屑一起沉积。

3. 胶体沉积和化学沉积

随着化学风化作用增强,源岩中铁镁硅酸盐和硅铝酸盐矿物(角闪石、黑云母等)及钙钠硅铝酸盐矿物(长石)进一步分解,析离出SiO_2、Al_2O_3、Fe_2O_3胶体,Ca、Mg、K、Na等元素成为可溶性Ca^{2+}、Mg^{2+}、K^+、Na^+。Fe_2O_3胶体胶凝成为褐铁矿、赤铁矿,SiO_2和Al_2O_3胶体因电性中和,发生"相互聚沉"形成了新生的高岭石类矿物。源岩中析出的Ca^{2+}、Mg^{2+}与海水中的CO_2结合以方解石、白云石的形式沉淀。上述组分由于沉积分异作用,分别形成细碎屑岩层、泥岩层和白云岩层。

三、成岩期成矿作用

由藻类遗体与黏土矿物混杂形成的腐泥层,被上覆不断增加的沉积物覆盖,压实、脱水、胶结、固化,温度和压力逐渐升高。当上覆压力达到$0.1\sim0.2GPa$,温度达到$100\sim200℃$时,蛋白质中的氨基酸发生沥青化,转变为烃类。脂肪分解成脂肪酸,最后也转化为烃类。

与碳质同时沉积的Fe_2O_3胶体脱水成为褐铁矿和赤铁矿。Al_2O_3和SiO_2胶体结合聚沉形成的高岭石类矿物,脱胶结晶成微细的粒状或片状,相互交织。$CaCO_3$和$MgCO_3$渗入到碎屑颗粒间结晶成为胶结物。

成岩期成矿作用使复杂的有机碳变成了简单的有机化合物烃类,混杂在黏土矿物之中,固结成为碳质泥岩,为变质期石墨的结晶和石墨片岩的形成作了准备。

第三节 碳质的富集

一、黄凉河期岩相古地理概述

古元古代黄凉河期(2500~1800Ma),该区地质历史发生了重大变化,出现了原始古陆和原始海洋。

(一)原始古陆出现

该区发现最古老的表壳岩为野马洞岩组($Ar_2y.$),成岩年龄为3051Ma。野马洞岩组原岩为一套双峰式火山活动形成的拉斑玄武岩和英安岩。它是原始地幔局部熔融的产物,而偏酸性的英安岩为玄武岩分异的产物。这种分异作用显示,原始硅铝质地壳已开始萌发。至中太古代东冲河片麻杂岩(年龄3200~2900Ma),为变质的深成侵入岩,原岩成分为英云闪长岩、奥长花岗岩和花岗闪长岩,属典型的TTG岩套。世界上许多学者(Condie,2005;Rollinso,2009;张旗和翟明国,2012)认为,TTG岩套的出现,标志原始低密度陆壳的形成。新生陆壳直接漂浮在地幔之上,构成地球早期陆壳的主体。该区以野马洞岩组和东冲河片麻杂岩为主体,以及少量中太古代超镁铁侵入岩(交战垭超镁铁岩)和新太古代钙碱性侵入岩(晒家冲片麻杂岩)共同构成了黄陵原始陆壳。太古宙晚期五台运动(2500Ma)使原始陆壳发生差异性升降,在隆起区形成古陆,在凹陷区形成沉积盆地。古陆区主要由野马洞岩组和东冲河片麻杂岩组成,接受风化剥蚀,为沉积盆地提供物源。

(二)原始海洋出现

在地球层圈同一发展过程中,原始大气圈形成,据Dott和Batten(1981)研究,在古元古代,大气圈主要成分为N_2、CO_2及少量H_2O。其中H_2O基本上来自地球内部,火山活动带出大量水气,先逸散在大气圈中,后冷却凝聚,汇聚在沉积盆地中形成原始海洋,并开始接受海相沉积。该区野马洞期大规模火山喷发逸出水气,为该区沉积盆地提供了水源。黄凉河岩组即为原始海洋、滨浅海区的一套沉积岩石组合。

(三)海陆分布

如前所述,野马洞岩组和东冲河片麻杂岩构成古陆,黄凉河岩组为海相盆地沉积。根据这几类岩石的分布,可大致推断古海陆的分布。该区黄凉河期古地理的基本格局为海陆相间分布,自西向东依次为东野古陆、花果树垭-老林沟陆间海、大坦古陆、黄陵陆间海(图8-3)。

1. 东野古陆

该古陆位于研究区西北部,包括水月寺、野马洞、坟墕坪、圈椅墕等广大地区。大面积出露东冲河片麻杂岩,野马洞岩组零星出露。晒家冲片麻杂岩分布在古陆西部,也有较大的面积。古陆中部的岩株状圈椅墕花岗岩,为古元古代的侵入体。该古陆在黄凉河期出露地表的应主要是野马洞岩组,随着剥蚀的加深,东冲河侵入岩才逐渐出露,并且面积迅速扩大,野马洞岩组共同成为黄凉河岩组的主要物源。

2. 花果树-老林沟陆间海

花果树-老林沟陆间海位于东野古陆和大坦古陆之间,为北东东向转为北东向的弧形陆间海,包括北起樟村坪、花果树垭,向西南经三岔垭、二郎庙,至谭家河转为近东西向,达老林沟、王家台等广大区域,整个海区为黄凉河岩组分布区。大理岩沿着西海岸线连续出露。海区中央为古元古代力耳坪岩组分布区,自北至南,贯穿整个海域。黄凉河期靠近两边古陆至海区中央,依次为滨海带、浅海带和深海区。深海区为一裂谷带,随着裂陷槽的扩张和深化,发生火山喷发,发育了一套基性—中酸性的火山碎屑岩建造,即力耳坪岩组。沿着滨海区分布一系列石墨矿,是研究区石墨矿的集中产区。

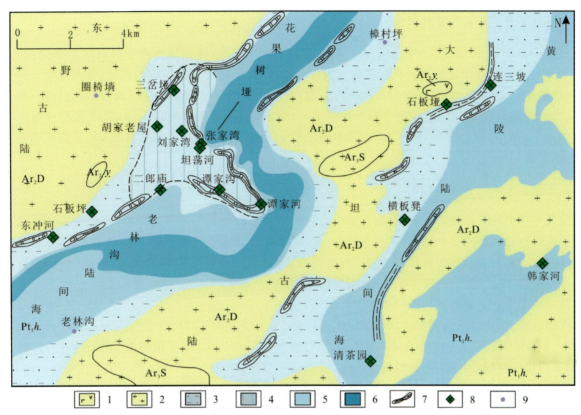

1.古陆:由拉斑玄武岩系列玄武岩英安岩组成;2.古陆:由英云闪长岩、奥长花岗岩、花岗闪长岩组成;3.潮坪相:石英砂岩、泥质砂岩、含碳质泥质砂岩、碳质泥岩;4.潟湖相:泥质砂岩(粉砂岩、杂砂岩等)、含碳泥质砂岩、含碳泥岩、不纯白云岩;5.滨外浅海;6.海槽;7.大理岩、透闪石透辉石大理岩;8.石墨矿床(点);9.地名;ArD.中太古代东冲河片麻岩;Ary.中太古代野马洞岩组;ArS.新太古代晒甲冲片麻岩;Pt₁h..中元古代黄凉河岩组

图 8-3 黄凉河期岩相古地理图

3.大坦古陆

该古陆位于花果树垭-老林沟陆间海以东,黄陵陆间海以西呈北东方向展布,包括大岗、巴山寺、坦荡河等广大区域,为东冲河片麻杂岩分布区。中部有小片晒家冲片麻杂岩分布,北部有野马洞岩组零星出露,南部分布有古元古代小坪杂岩和少量新元古代基性岩浆,均在黄凉河期沉积形成以后侵入。

4.黄陵陆间海

黄陵陆间海位于大坦古陆以东,黄庙古陆以西,包括连三坡、石板垭、横凳坡的广大地区,为黄凉河岩组分布区。沿东海岸有石墨片岩连续分布,沿西海岸有石墨片岩、大理岩分布。南部也有多处石墨片岩和大理岩出露,在连三坡、石板垭、横凳坡等地均发现石墨矿。

二、碳质富集有利岩相

为分析石墨矿赋矿有利沉积岩相,需要先建立石墨矿变质岩岩性柱状剖面,再通过原岩恢复转化为沉积岩岩性柱状剖面。

1. 石墨矿变质岩岩性柱状剖面

根据三岔垭、二郎庙、东冲河、谭家沟石墨矿的含矿岩系组成，建立变质岩岩性柱状剖面见图 8-4～图 8-7。由图可知，石墨矿变质岩岩性柱状剖面可分为两类：一类为黑云斜长片麻岩-含石墨黑云斜长片麻岩-石墨片岩-大理岩组合，4 种岩石在剖面上周期性出现，属于这一类柱状剖面的以三岔垭石墨矿为代表；另一类为石英岩-石墨片岩-含石墨片麻岩-片麻岩组合，也具有韵律结构，以谭家沟石墨矿为代表。石墨矿在剖面中一般有 4 层，有的矿区只有 2 层。石墨片岩品位高，构成富矿；含石墨片麻岩品位低，构成贫矿。

2. 石墨矿原岩岩性柱状剖面

应用变质岩原岩恢复的方法，将变质岩岩性柱状剖面逐层恢复为沉积岩原岩，将变质岩岩性柱转换为沉积岩岩性柱。由图 8-4～图 8-7 可知，第一类型变质岩岩性柱转化成的沉积岩岩性柱为泥质砂岩（粉砂岩、杂砂岩）-含碳泥质砂岩-含碳泥岩-不纯白云岩；第二类型变质岩岩性柱转化成的沉积岩岩性柱为石英砂岩-泥质砂岩-含碳泥质砂岩-碳质泥岩。

第一类型沉积剖面各类岩石的指相意义如下。

泥质砂岩：多产出在有障壁海岸的潮间带或潟湖中，为中等能量的泥砂混合沉积，岩性为泥质砂岩、粉砂岩、杂砂岩和粉砂质泥岩。陆源碎屑海岸组合的淡化潟湖沉积，主要是碳酸盐质的粉砂岩、泥质页岩等，沉积物粒度较细，很少有粗碎屑分布（刘宝珺和曾允孚，1985）。

含碳泥岩：产生在潮坪潮上带，以泥质沉积为主，也产于潟湖环境。泥质物沉积时，水体中藻类生长旺盛。

不纯灰质白云岩：该区白云岩为原生白云岩。原生白云岩常产于潟湖环境，如澳大利亚南部库隆潟湖，川南三叠纪潟湖均有原生白云岩产出。

综上所述，笔者认为第一类型沉积剖面代表古代潟湖沉积相，微量元素与碳含量的相关性也为潟湖相成因提供支持。李光辉等（2002）认为，矿石化学组分统计表明 U、V 等金属元素呈明显正相关，则反映沉积环境具有蒸发盆地的特性，即潟湖体系。该区产于潟湖环境的石墨矿，碳与 V、Th、Ga、Rb、Cr 的关系由表 8-4 可知，这些元素含量具有正相关性。

第二类型沉积剖面各类岩石的指相意义如下（图 8-8）。

石英砂岩：成熟度高，是长期风化、分选和磨蚀的产物，形成于高能浅海环境，堆积于障壁后的低能环境，产于浅的潮下带。微量元素 Zr 含量达 6110×10^{-6}，Hf 含量为 173×10^{-6}，提示石英砂岩为滨岸海滩沉积。

泥质砂岩：泥岩和砂岩互层，或含泥质高的砂岩，为潮坪沉积。

含碳泥质砂岩泥岩：黑色泥岩、灰色泥岩，生物活动旺盛，为高潮泥坪和潮上坪的产物。

泥质砂岩和碳质泥岩：为潮坪海退层序粒度逐渐变细的序列。

因此，第二类型沉积剖面代表潮坪相沉积。

第一类型与第二类型的主要差别为：第一类型有大量的白云岩产出，而未见石英砂岩；第二类型与之相反，出现大量石英砂岩而无白云岩。

3. 赋矿岩相分布

潮坪相：分布于花果树垭-老林沟陆间海西海岸南部滨岸带，从东冲河向东北方向经石板垭到谭家河一带，沉积相剖面为第二类型，石墨矿层产于由石英砂岩过渡为泥质砂岩的上部含碳泥岩中。由于潮坪是平缓的海岸地带，沉积物平行岸线呈带状分布，因此，产于潮坪相的石墨矿厚度可达数米至数十米，延长可达千米以上，但矿石类型以含石墨斜长片麻岩为主，品位相对较低。

变质岩岩性柱	厚度(m)	岩性描述	原岩岩性柱	原岩名称
	26.10	黑云斜长片麻岩		泥质砂岩
	91.13	绢云母片岩，夹黑云斜长片麻岩，含石墨绢云黑云片麻岩		含碳泥岩 泥质砂岩
	13.42	黑云斜长片麻岩、石榴黑云斜长片麻岩		泥质砂岩
	106.54	黑云斜长片麻岩、含石墨黑云斜长片麻岩		泥质砂岩 含碳泥质砂岩
	31.14	含石墨黑云斜长片麻岩，含石墨2%～4%（Ⅵ号矿体）		含碳泥质砂岩
	10.71	黑云斜长片麻岩		泥质砂岩
	19.99	大理透辉岩，以大理岩为主		不纯灰质白云岩
	21.65	含石墨黑云斜长片麻岩，含石墨1%～3%（Ⅴ号矿体赋存层位）		含碳泥质砂岩
	20.59	黑云斜长片麻岩		泥质砂岩
	10.51	石墨片岩（Ⅲ号矿体）		碳质泥岩
	84.27	透辉大理岩，大理岩似层状分布与透辉岩内，有3～4层		不纯灰质白云岩
	5.46	石墨片岩（Ⅱ号矿体）		碳质泥岩
	10.1	蛇纹石大理，上下边部变为透辉岩		不纯灰质白云岩
	40.91	石墨片岩，绢云母质结核体及眼球状体发育（Ⅰ号矿体）		碳质泥岩
	22.02	黑云斜长片麻岩		泥质砂岩
	5.78	透辉岩		不纯灰质白云岩
	50.28	含石墨黑云斜长片麻岩，含石墨2%～4%（Ⅳ号矿体赋存层位）		含碳泥质砂岩
	201.55	石榴云母斜长片麻岩		含铁泥质砂岩

图 8-4　三岔垭石墨矿含矿岩系及原岩恢复

变质岩岩性柱	厚度(m)	岩性描述	原岩岩性柱	原岩名称
	15.91	上部：大理岩 下部：云母片岩		上部：碳酸盐岩 下部：碳质泥岩
	7.22	石墨片岩(Ⅴ矿层-主矿层)		碳质泥岩
	22.44	白云石大理岩		白云岩
	35.98	含石墨斜长片麻岩		含碳泥质砂岩
	30.67	石英岩		石英砂岩
	5.20	石墨片岩夹大理岩(Ⅲ矿层)		碳质泥岩
	27.62	上部：二长花岗岩 下部：黑云斜长片麻岩		上部：混合花岗岩 下部：泥质砂岩
	5.20	石墨片岩(Ⅱ矿层)		碳质泥岩
	33.19	含橄榄石大理岩		不纯灰质白云岩
	60.98	上部：含石墨黑云斜长片麻岩 下部：二长混合花岗岩 底部：白云石大理岩		上部：含碳泥质砂岩 下部：混合花岗岩 底部：白云岩
	29.13	上部：二长混合花岗岩 下部：蛇纹石化含橄榄石大理岩		上部：混合花岗岩 下部：不纯灰质白云岩
	57.34	黑云斜长片麻岩		杂砂岩、泥质砂岩
	10.99	大理岩夹斜长片麻岩，顶部石墨片岩(Ⅱ-2矿层)		顶部：碳质泥岩、碳酸盐岩类夹砂岩
	51.20	含石墨黑云母斜长片麻岩夹云母片岩		砂岩、泥质砂岩，夹泥岩
	2.26	下部大理岩，上部石墨片岩(Ⅰ-1矿层)		碳酸盐岩(下)，含碳泥岩(上)

图 8-5　二郎庙石墨矿含矿岩系及原岩恢复

变质岩岩性柱	厚度(m)	岩性描述	原岩岩性柱	原岩名称
	26.58	片麻岩，夹少量石英岩，夹很少量石墨片岩		泥质砂岩、杂砂岩，夹少量石英砂岩，含碳泥岩
	18.71	灰白色－白色石英岩		石英砂岩
	54.81	片麻岩，其间夹有石英岩，局部含少量石墨片麻岩		泥质砂岩、杂砂岩，夹少量石英砂岩，含少量碳泥质砂岩
	31.50	上部片麻岩有石英岩团块分布； 中部含少量石墨片麻岩； 下部云母片麻岩		砂岩、杂砂岩、泥质砂岩，夹含碳泥质砂岩，石英砂岩
	17.75	石墨片岩夹白色团块状石英岩(见2矿层)		碳质泥岩，夹石英砂岩
	16.23	石墨片岩，局部夹团块状石英岩(见3矿层)		碳质泥岩，夹石英砂岩
	4.23	石英岩和片麻岩互层		石英砂岩、泥质砂岩

图 8-6　谭家沟石墨矿含矿岩系及原岩恢复

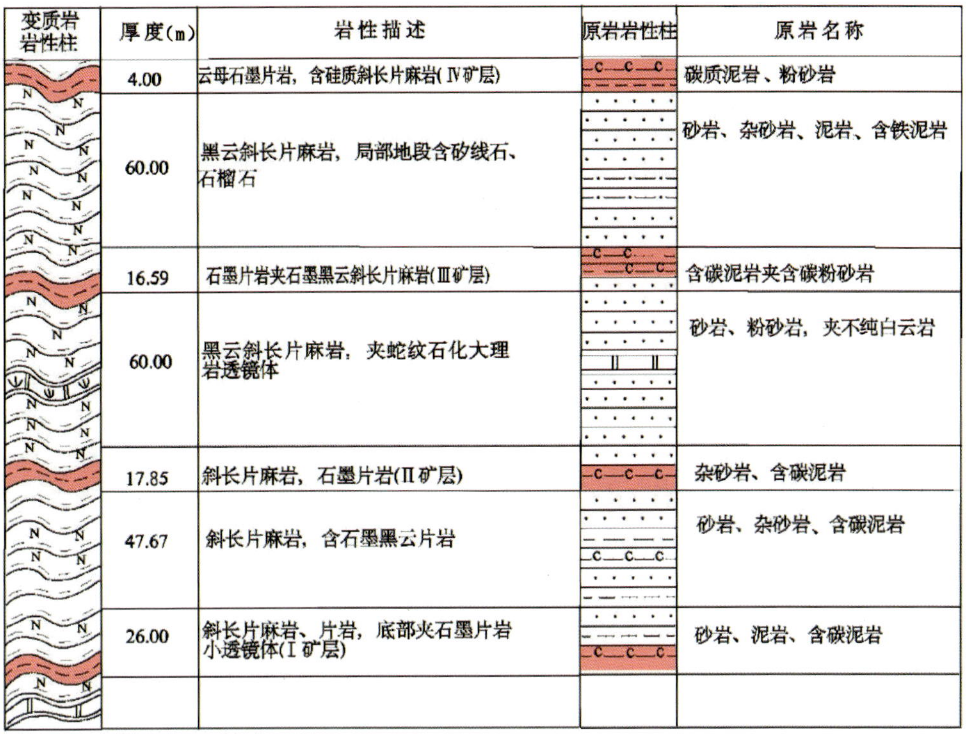

图 8-7 东冲河石墨矿含矿岩系及原岩恢复

表 8-4 石墨矿石微量元素含量　　　　　　　　　　单位：10^{-6}

样号	C	V	Th	Ga	Rb	Cr
S1	7.34	80	18.10	17.35	—	80
TJ-1	17.85	156	24.60	21.30	—	110
TJ-4	12.60	143	22.10	23.00	—	110
E-2	8.25	86	13.30	16.00	—	90
F-1	19.10	172	17.95	22.50	—	130

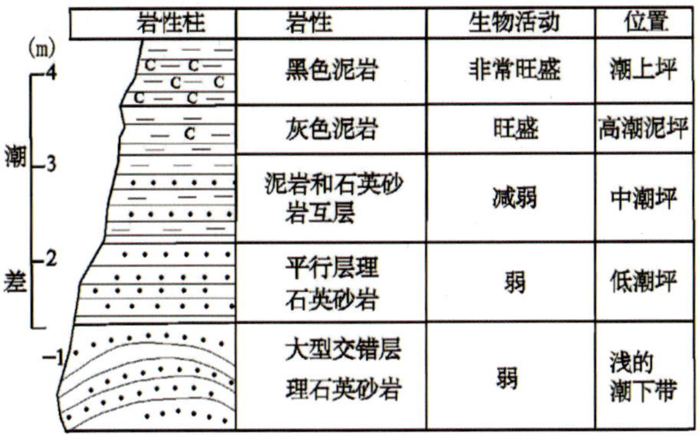

图 8-8 潮坪沉积序列（据 Tan Kard,1977 修改）

潟湖相：分布于花果树垭-老林沟陆间海西海岸北部滨岸带，从三岔垭经贺家老屋到二郎庙。另在谭家河区域也有一较小的潟湖。沉积剖面为第一类型，含矿岩系中白云岩与石墨矿层紧密相随，常产于白云岩上部的碳质泥岩中。海岸潟湖为封闭或半封闭的浅水盆地，常平行海岸延长，长度数千米至数十千米,由于封闭条件较好,因此石墨矿规模较大,品位较高。矿层中石墨片岩和含石墨片麻岩交替产出,前者形成富矿,后者一般为贫矿。

第四节 变质成矿作用

一、概述

(一)吕梁期(2500~1800Ma)变质作用 p-T-t 轨迹

含矿岩系黄凉河岩组对变质作用反应敏感,记录了黄陵地区吕梁运动及其热动力演化历史。根据不同世代矿物组合和构造变形面理关系分析,推定其变质过程经历 4 个阶段(图 8-9,表 8-5),分别命名为 M_1、M_2、M_3、M_4 阶段。

由图 8-9 和表 8-5 可知,从早期升压升温变质阶段(M_1)至峰期等压升温变质阶段(M_2),温度和压力逐步升高。压力由 0.2GPa 升高至 0.5GPa 后,基本保持等压状态,只有小幅升降,到达 0.6GPa 顶峰然后又下降至 0.5GPa;温度则由 T=300℃一直保持上升,M_1 阶段末期达到 560℃(为绿片岩相与角闪岩相边界区),至 M_2 阶段末期达到 750℃,已超过了水饱和的花岗岩的固相线(Gs),达到了角闪岩相和麻粒岩相的边界。晚期减压升温变质阶段(M_3),压力由 0.5GPa 下降至 0.3GPa,而温度继续升高至850℃,引起长英物质的大量熔融,全区发生大规模的混合岩化作用。随后进入后期退化变质作用阶段 M_4,温度、压力下降,矿物共生组合由高温组合变低温组合。

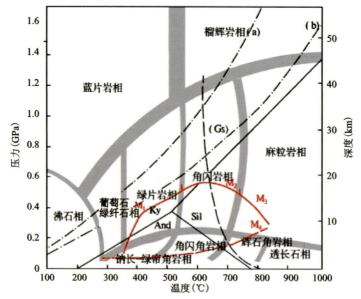

注:红色线和字母为黄凉河岩组吕梁期变质 p-T-t 轨迹,(Gs)曲线为水饱和的花岗岩的固相线;(a)为大陆平均地热梯度;(b)为造山带 30℃/km 的较高地热梯度。Al_2SiO_5 三相点是 Winter(2001)用 Berman(1991) TWQ 程序计算所得

图 8-9 黄凉河岩组吕梁期变质 p-T-t 轨迹

表 8-5 黄凉河岩组吕梁期变质作用 p-T-t 阶段

变质作用阶段	早期升压升温变质阶段(M_1)	峰期等压升温变质阶段(M_2)	晚期减压升温变质阶段(M_3)	后期退化变质阶段(M_4)
变质温度与压力	$T=300\sim560℃$ $p=0.2\sim0.5GPa$	$T=560\sim750℃$ $p=0.5\sim0.6GPa$	$T=750\sim850℃$ $p=0.5\sim0.3GPa$	$T=850\sim300℃$ $p=0.3\sim0.1GPa$
变质相	绿片岩相	角闪岩相	麻粒岩相	麻粒岩→低绿片岩相
矿物组合特征	石榴石＋黑云母＋绿泥石＋石英组合；见蓝晶石、红柱石，由绿泥石、叶腊石、绢云母反应而成	石榴石＋矽线石＋云母＋石英组合；蓝晶石、红柱石转变为矽线石	矽线石、石榴石、黑云母发生分异和重结晶，形成粗大针柱状矽线石。长英质局部熔融，混合岩化强烈	先期变质矿物被绿泥石、绢云母、绿帘石交代
石墨矿化特征	石墨结晶，粒细：0.001～0.01mm，半自形至他形	石墨结晶变粗：0.1～1.0mm，自形、半自形	微细石墨聚集结晶成粗粒，粒径0.5～1.0mm	石墨保持不变，共生矿物变为绿泥石、绿帘石、绢云母等

自 M_1 阶段开始，石墨开始结晶，但片度很小，为隐晶质或微晶质，结晶不完整。部分有机碳尚未完全石墨化，成为半石墨。石墨主要结晶阶段发生在 M_2 阶段，石墨结晶变成中粗粒，石墨化比较彻底，已基本不存在半石墨的碳质。M_3 阶段，表现为混合岩化作用促进石墨晶体由小片聚集成大片，形成大鳞片石墨。M_4 阶段，由于石墨性质稳定，形状大小基本保持不变，但与石墨共生的矿物则由黑云母、白云母变成绿泥石、绿帘石、绢云母。由 M_1 至 M_4 整个变质矿化作用结束。

(二) 变质作用中石墨形成条件

1. 石墨形成条件的实验研究

有关石墨形成条件的实验研究已有不少成果，常使用的方法是将无烟煤在电炉内绝氧强热至2500℃时可获得结晶石墨。1985 年 Inagakim 综合报道了近年来合成石墨研究成果：在常压下，无催化剂，焦炭转化为石墨需要 2500℃以上的高温。由于无定型碳转化为石墨体积减少，因此加压有利于石墨的结晶。在 $p=0.5GPa$ 时石墨化的温度可降至 1630℃（图 8-10）。实验产品的石墨化程度是以石墨(002)面网和(004)面网的衍射峰来衡量。石墨化程度低，则衍射峰不显；石墨化程度高，则出现明显的窄而高的衍射峰。

图 8-10(a)表示在常压下温度与石墨化的关系。温度在 1190℃时无石墨化反应。1640℃时开始有反应，形成石墨小而少，结构不完整(称作乱层或混层结构，turbostratic)。随着温度升高，结晶逐渐完整，(004)面网衍射峰变高而窄，

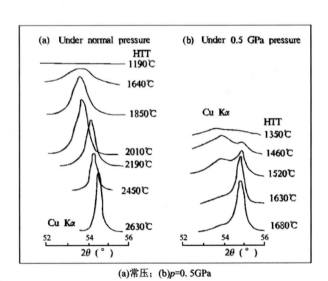

图 8-10 加热焦炭的温度与石墨(004)面网衍射峰的关系
(据 Inagakim, 1985)

直至2630℃才形成完整的鳞片石墨。图8-10(b)表示在0.5GPa的压力下温度与石墨化的关系。在1460℃时开始有反应，至1680℃形成完整石墨晶体。无论是常压或高压，石墨形成实验温度与地质推断温度相差甚大，其中主要原因是在自然条件下有催化剂（矿化剂存在）。于是Inagakim又进行了有矿化剂$Ca(OH)_2$存在情况下温度与石墨化关系的实验（图8-11）。由图8-11可知，当有$Ca(OH)_2$存在时，$T=800$℃，保持1h，即有反应发生，样品中石墨含量为2%，$T=850$℃保持20min，即可发生明显反应，样品中石墨含量达9%。这一实验的结果与形成石墨的地质条件已很接近。

2. 石墨成矿的地质条件

目前多数研究者认为，天然石墨的生长和人工合成过程可观察到的生长机制相似。石墨化作用的主要因素是温度、压力和矿化剂的存在。Bonjjoly和Oberlin在研究了法国中部中央地块的无烟煤—半石墨—石墨系列样品的石墨结构后，就自然环境中石墨形成机制的可能性，提出了渐进的"地热"石墨化作用和突然相变模式，认为在温度和压力升高的某一时刻，无烟煤中的芳香层突然刚性化，形成了中间阶段的石墨片。

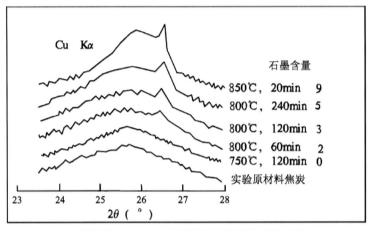

图8-11 催化剂$Ca(OH)_2$存在情况下加热焦炭与石墨(002)面网衍射峰的关系（$p=0.3$GPa）（据Inagakim，1985）

我国鲁塘接触变质石墨矿，为印支期骑田岭花岗岩与围岩——晚二叠世斗岭组煤系地层接触，煤变质成为石墨矿床。从远离接触带到靠近接触带，记录了随着温度升高石墨矿化的整个过程（表8-6）。

1号样品最靠近岩体，推断压力$p=0.2$GPa，$T=500$℃，碳质已基本石墨化，电阻率为$1.5×10^{-4}\Omega·m$，与石墨的电阻率靠近。其温压条件与区域变质低绿片岩相相似。随着与岩体距离加大，温度逐次降低，石墨由微晶变成隐晶，片度越来越小。在距岩体1000m和1200m的部位，石墨矿的电阻率为$(0.113\sim4.5)×10^{-1}\Omega·m$，说明石墨化很不完全，存在大量半石墨，过渡为无烟煤。鲁塘石墨矿实例充分说明影响石墨结晶的主要条件是温度。

表8-6 鲁塘石墨矿Ⅱ矿层不同部位矿石性质比较（据莫如爵等，1989）

样品	1	2	3	4
距岩体(m)	390	700	1000	1200
石墨结晶	微晶	微晶	微晶	微晶
晶形	自形—半自形	半自形—他形	半自形—他形	他形—半自形
鳞片平均尺寸(μm)	3	2.5	1.5	1.0
含挥发分(%)	2.37	2.42	3.80	11.39

续表 8-6

样品	1	2	3	4
电阻率($\Omega \cdot m$)	1.5×10^{-4}	0.29×10^{-3}	$(1.31 \sim 4.5) \times 10^{-1}$	$(0.113 \sim 1.27) \times 10^{-1}$
推断温压（据红柱石等特征矿物）	$T=500℃$, $p=0.2GPa$	$T=500 \sim 400℃$, $p=0.2GPa$	$T=400 \sim 300℃$, $p=0.2GPa$	$T=300 \sim 200℃$, $p=0.2GPa$

为更好地与该区变质矿化过程对比，选择了国内一批不同变质程度的区域变质型鳞片石墨矿说明不同变质阶段石墨矿化特征（表8-7）。南江坪河、随县清潭石墨矿变质温压较低，为低绿片岩相，石墨片径很小，结晶不完整。金溪峡山石墨矿变质相达到绿片岩相，石墨结晶变大，自形程度提高，但片度仍然较小。柳毛、南墅石墨矿变质相达到角闪岩相—麻粒岩相，生成自形、粗片径石墨。

表 8-7 不同变质相石墨矿化特征

矿床	南江坪河	随县清潭	金溪峡山	柳毛	南墅
主要含矿岩石	石墨板岩、石墨片岩	含石墨云母片岩	含钒云母石墨片岩	含钒榴石透辉石墨片岩	含石墨混合岩化石榴斜长片麻岩
变质相	低绿片岩相	低绿片岩相	绿片岩相	角闪岩相—粒岩相	角闪岩相
温压条件	$T=300℃$, $p=0.2GPa$	$T=300℃$, $p=0.2GPa$	$T=280 \sim 330℃$, $p=0.3GPa$	$T=750 \sim 800℃$, $p=0.5GPa$	$T=650 \sim 700℃$, $p=0.5GPa$
石墨特征	片径 $0.001 \sim 0.01$mm，大于 0.1mm 极少，有部分隐晶石墨，半自形、他形，石墨 H/C=0.014	片径 $0.005 \sim 0.01$mm，他形	片径 $0.01 \sim 0.1$mm，半自形—他形	片径 $0.063 \sim 0.25$mm，自形、半自形，石墨 H/C=0.005	片径 $0.1 \sim 0.4$mm，自形、半自形，石墨 H/C=0.007

我国区域变质型石墨矿含矿岩石，变质相与石墨片径特征如图8-12所示。石墨结晶程度和片度大小随着变质程度提高的规律清楚而确定。

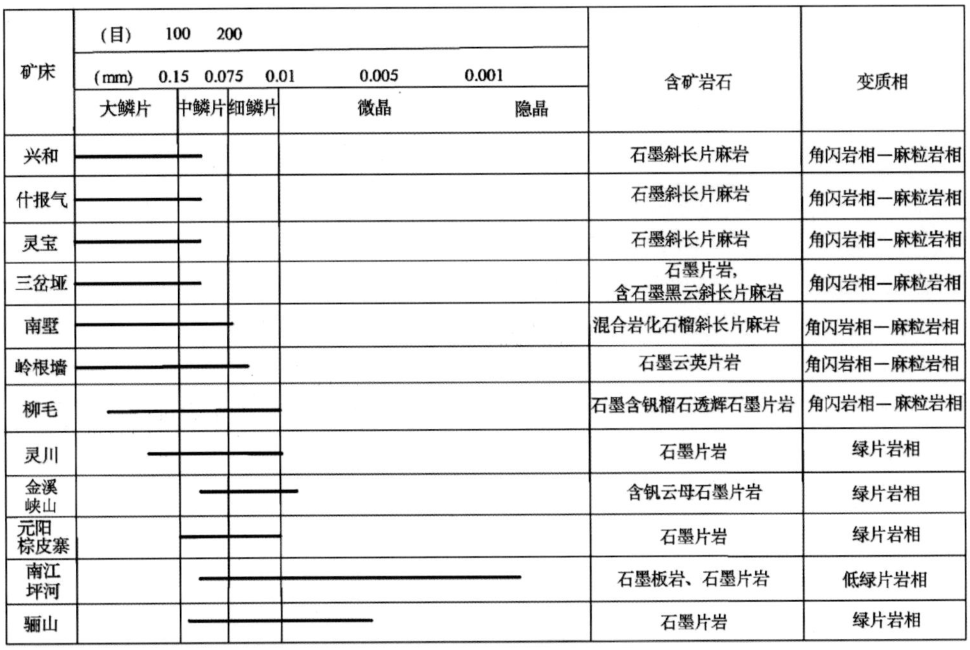

矿床	（目） 100 200 （mm） 0.15 0.075 0.01 0.005 0.001 大鳞片 中鳞片 细鳞片 微晶 隐晶	含矿岩石	变质相
兴和	大鳞片	石墨斜长片麻岩	角闪岩相—麻粒岩相
什报气	大鳞片	石墨斜长片麻岩	角闪岩相—麻粒岩相
灵宝	大鳞片	石墨斜长片麻岩	角闪岩相—麻粒岩相
三岔垭	大鳞片	石墨片岩，含石墨黑云斜长片麻岩	角闪岩相—麻粒岩相
南墅	大鳞片—中鳞片	混合岩化石榴斜长片麻岩	角闪岩相—麻粒岩相
岭根墙	中鳞片	石墨云英片岩	角闪岩相—麻粒岩相
柳毛	中鳞片	石墨含钒榴石透辉石墨片岩	角闪岩相—麻粒岩相
灵川	中鳞片—细鳞片	石墨片岩	绿片岩相
金溪峡山	中鳞片—细鳞片	含钒云母石墨片岩	绿片岩相
元阳棕皮寨	中鳞片—细鳞片	石墨片岩	绿片岩相
南江坪河	细鳞片—微晶	石墨板岩、石墨片岩	低绿片岩相
骊山	细鳞片—微晶	石墨片岩	绿片岩相

图 8-12 我国主要区域变质型石墨矿变质相与石墨片度关系

二、变质期成矿作用

(一)早期升温升压阶段(M_1)

1. 矿物的变质反应

该区石墨片岩和石墨黑云斜长片岩原岩为含碳粉砂质泥岩和含碳泥质粉砂岩。主要矿物组成为细粒石英碎屑、黏土矿物(高岭石、蒙脱石、伊利石)、褐铁矿、方解石、白云石等,在升温升压的初期即发生如下反应:

蒙脱石⟶叶腊石+白云母　　　　　　　　　　　　　　①
高岭石+石英⟶叶腊石+H_2O　　　　　　　　　　　②
伊利石⟶绢云母+H_2O　　　　　　　　　　　　　　③
高岭石+褐铁矿⟶绿泥石　　　　　　　　　　　　　　④

由这些反应生成的叶腊石、绢云母、白云母、绿泥石,在升温升压的过程中继续发生反应:

绿泥石+石英⟶石榴石+H_2O　　　　　　　　　　　⑤
绿泥石+绢云母+石英⟶十字石+黑云母+H_2O　　　⑥
绿泥石+石英⟶红柱石+Fe_2O_3+H_2O　　　　　　⑦
叶腊石⟶蓝晶石+石英+H_2O　　　　　　　　　　　⑧

出现在这一阶段中的变质矿物组合变为细粒石榴石+黑云母+绿泥石+石英、蓝晶石+红柱石+十字石+黑云母,这些矿物定向排布。石榴石变斑晶内的石英、钛铁矿等包裹体排列方向与晶外片理一致。特征矿物组合显示变质程度为高绿片岩相。微细石墨片晶嵌生于云母片之中,其长轴方向与云母一致。

2. 碳质在变质过程中性状的变化

在这一阶段原沉积岩中的有机碳将脱除分子中的 H 和 O,变成单质碳,并形成隐晶质和微晶质的石墨晶体。随着温度、压力的升高,石墨晶体片径增大,可达到微晶或细晶的尺度,但其结晶程度不高,多为半自形或他形(照片 8-1、照片 8-2)。

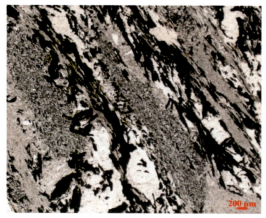

照片 8-1　石墨矿石,M_1 阶段形成的微细粒石墨
与 M_3 阶段形成粗晶石墨
薄片(-)　E_2

照片 8-2　石墨矿石,M_1 阶段形成的微细粒石墨
顺片理走向分布,下部为 M_3 阶段形成粗晶石墨
光片(-)　TDH-2(g)
Gph. 石墨

(二)峰期等压升温变质阶段(M_2)

1. 矿物共生组合的变化

十字石、蓝晶石、红柱石,随着温压的升高,进入了矽线石相区,均发生相变,转变为矽线石。在区域变形面理上见较多的纤维晶束状矽线石,蓝晶石、红柱石转变为矽线石,白云母、黑云母也有部分转变为矽线石:

白云母+石英──→钾长石+矽线石+H_2O ⑨

黑云母──→矽线石+石榴石+H_2O ⑩

特征矿物转变及新生矿物组合显示其为角闪岩相特征。在这一阶段的后期,温度升高至麻粒岩相,主要表现为:

(1)出现麻粒岩,麻粒岩主要分布于秦家坪—周家河—坦荡河一线,二郎庙、李家屋场也有分布。常呈透镜状夹于黄凉河岩组角闪岩相变质岩中。标志矿物为紫苏辉石。在紫苏辉石麻粒岩中,紫苏辉石含量可达36%~60%。在含紫苏辉石斜长角闪岩中,紫苏辉石含量为2%~7%。紫苏辉石为粒状变晶,淡绿色—淡红色,见少量角闪石呈细粒残留状产于其中。

(2)与石墨矿层伴生的大理岩,出现白云石+方解石+金云母+镁橄榄石+透辉石组合。

2. 石墨矿化特征

在这一阶段,碳质石墨化比较彻底,据化学分析,矿石中碳质几乎全部为石墨碳,残留有机碳量很少(表8-8),据X衍射分析石墨化度为97.67%。石墨片径0.15~1.0mm,为中鳞片和大鳞片。石墨多夹杂在黑云母和白云母解理间,石墨结晶完好,自形、半自形,呈六方形片状、板状、鳞片状。0001解理细密清楚。双反射、偏光色清楚,最大反射率(546mm)达17.4%。石墨光性特征显示其变质程度高(照片8-3~照片8-6)。X衍射(002)(004)面网衍射峰明显。

由于受韧性剪切作用,云母和夹杂其中的石墨在剪切应力作用下发生香肠化"S"形扭曲或脆性破裂形成鱼状外形,成为"云母鱼""石墨鱼"。石墨云母层常发生揉皱,形成形形色色的揉皱构造,在揉皱部位,碳质集中,石墨密集分布。这一阶段形成两种类型的石墨矿石。

(1)石墨片岩:层状产出,鳞片石墨含量10%~25%,云母为白云母和黑云母两种,含量相近,石墨与白云母关系更为密切,常形成条带与细粒石英条带相间。有的含有少量石榴石、长石。

(2)含石墨黑云斜长片麻岩:层状产出,与石墨片岩有过渡关系或互层。石墨含量较少,一般为3%~5%,沿片麻理分布,黑云母含量8%~15%,钾长石含量8%~10%,斜长石含量40%~50%,石英含量25%~30%。具粒状变晶结构、鳞片变晶结构,矿物粒径0.5~2.0mm,片麻状构造。

表8-8 石墨矿石中有机碳和固定碳的含量   单位:%

样品	石墨矿区	有机碳	固定碳	固定碳占比
S1	三岔垭	0.19	7.39	97.49
TJ-1	谭家河	0.25	17.85	98.61
TJ-4	谭家河	0.10	12.60	99.21
E-2	二郎庙	0.19	8.25	97.75
F-1	葛籐垭	0	19.10	100.00
D-1	东冲河	0.02	6.02	97.41
Q-1	青茶园	0.02	6.86	99.71
T-1	坦荡河	0.03	3.55	99.16
TJG-1	谭家沟	0.03	1.86	98.41

照片 8-3　石墨矿石，M_2 阶段形成石墨鳞片
多嵌生于云母间
薄片(一)　$TC_1H(g)$
Bi. 黑云母；Gph. 石墨

照片 8-4　石墨矿石，M_2 阶段形成石墨鳞片
沿云母解理和粒间分布
光片(一)　4(L)
Mu. 白云母；Gph. 石墨

照片 8-5　石墨矿石，M_2 阶段石墨鳞片
不规则散布于粒状矿物间
薄片(一)　TJ_4

照片 8-6　石墨矿石，M_2 阶段片麻岩型矿
石，石墨鳞片沿片麻理木筏状分布
薄片(一)　3(L)

(三) 主要变质成矿阶段温压推断

石墨结晶的主要成矿阶段为峰期等压升温变质阶段，成矿温压条件通过该阶段形成矿物的元素分配系数、泥质岩成岩格子及特征矿物和结构进行推断。

1. 共存矿物元素分配地质温压计

1) 镁在黑云母和石榴石之间的分配

该区石榴石黑云母片麻岩中共存黑云母和石榴石(照片 8-7)，矿物化学分析结果见表 8-9。

由表 8-9 可知，1 号样计算得石榴石 $Mg/(Fe+Mg+Mn)=0.122$，黑云母 $Mg/(Fe+Mg+Mn)=0.528$，2 号样石榴石 $Mg/(Fe+Mg+Mn)=0.094$，黑云母 $Mg/(Fe+Mg+Mn)=0.286$，两个样分别投影点图 8-13 获平衡温度 $T=500\sim650$℃。然后根据 2 号样求得 Mg 分配平衡常数 $\ln K=-1.11$，温度以 650℃ 为准，投影点图 8-14 获平衡压力 $p=5.5$ GPa。

第八章 成矿作用研究

照片 8-7 石榴石黑云母片岩,共存石榴石、
黑云母间 Mg 的分配作为地质温度计
薄片(一) 40(j)
Bi. 黑云母;Gr. 石榴石

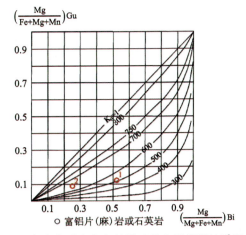

图 8-13 含矿岩系中共存的黑云母和石榴石地质温度计
(据江麟生和周忠友,2005,有修改)
(注:红色圆圈为该区投影点;底图据格林维基斯,1970)

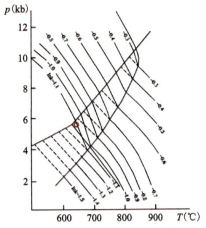

图 8-14 含矿岩系中共存的黑云母和石榴石地质压力计
(据江麟生和周忠友,2005,有修改)
(注:红色圆圈为该区投影点;底图据格林维基斯,1977)

2) 钙在斜长石和角闪石之间的分配

黄凉河岩组斜长角闪岩中共存斜长石和角闪石（照片8-8）化学成分见表8-10。$X_{Ca}^{Hb}=0.739$，$X_{Ca}^{Pl}=0.558$，投影点于图8-15，得$T=750℃$。

照片8-8　斜长角闪岩，共存角闪石和斜长石间
Ca的分配作为地质温度计
薄片（一）　ZK501-B₄
Hb.角闪石；Pl.斜长石

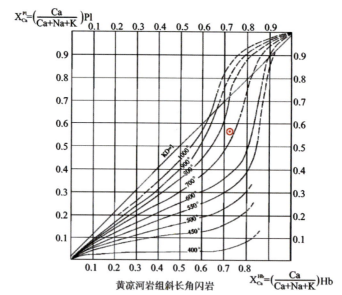

图8-15　共存的斜长石-角闪石矿物地质温度计（底图据别尔丘克，1967）
（据江麟生和周忠友，2005，有修改）

2. 泥质变质岩的成岩格子

1989年，Spear和Cheney提出泥质变质岩格子（图8-16），泥质岩被看成是Al_2O_3-FeO-K_2O-SiO_2-H_2O组分系统。每一条线代表一个变质反应的平衡线，平衡线相交组成"格子"则代表具有特定矿物共生组合的温压区域。

第八章 成矿作用研究

表 8-9 石榴石黑云母片麻岩共存黑云母、石榴石化学成分和阳离子系数

样号	矿物	化学成分(%)							阳离子系数						
		SiO_2	TiO_2	Al_2O_3	FeO	MnO	MgO	CaO	Si	Ti	Al	Fe^{2+}	Mn	Mg	Ca
1	石榴石	38.53	0.0	22.60	30.52	4.50	2.77	2.11	3.03	—	2.09	2.00	0.30	0.32	0.18
	黑云母	37.30	1.51	20.67	16.71	0.05	10.87	Na_2O 0.31 K_2O 9.54	2.98	0.09	1.95	1.12	—	1.30	Na 0.05 K 0.97
2	石榴石	37.07	0.00	21.76	36.36	0.46	2.13	0.85	3.02	—	2.09	2.47	0.03	0.26	0.07
	黑云母	34.76	2.01	20.26	22.91	—	5.11	Na_2O 0.28 K_2O 9.48	2.95	0.13	2.03	1.62	—	0.65	—

表 8-10 黄凉河岩组斜长角闪岩中共存斜长石、角闪石化学成分和阳离子系数

矿物	化学成分(%)						阳离子系数				
	SiO_2	Al_2O_3	FeO	CaO	Na_2O	K_2O	Si	Al	Fe^{2+}	Ca	Na	K
角闪石	47.29	7.96	14.59	11.09	1.33	1.27	6.91	1.92	1.86	1.87	0.41	0.25
斜长石	53.25	29.74	—	11.65	4.98	0.19	2.41	1.59	—	0.57	0.44	0.01

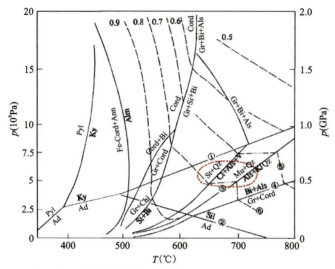

图 8-16 泥质变质岩成岩格子(据 Spear and Cheney,1989)
(红色点划线为该区石墨矿主要成矿阶段的温压区;Ad.红柱石;Sil.矽线石;Ky.蓝晶石;Mu.白云母;
Qz.石英;Kf.钾长石;Gr.石榴石;Cord.堇青石;Bi.黑云母;Chl.绿泥石;Alm.铁铝榴石;Ann.铁云母);
St.十字石;Als.铝硅酸盐;Pyl.叶腊石

根据该区石墨含矿岩系的矿物共生组合推断主要成矿阶段(角闪岩相)的成矿温压:

(1)富铝矿物以矽线石(Sil)为主,蓝晶石(Ky)和红柱石(Ad)出现少,因此成岩 T-p 区应在图 8-16 中①线和②线之间,即位于 Sil-Ky-Ad 三相平衡图的 Sil 区域(照片 8-9、照片 8-10)。

照片 8-9 白云母矽线石片岩,富铝矿物均为矽
线石,未见蓝晶石和红柱石
薄片(一) 41(j)
Sil.矽线石;Mu.白云母

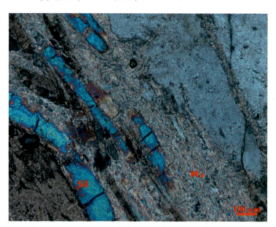

照片 8-10 白云母矽线石片岩,鳞片状白云母与
纤维状矽线石、石英、钾长石共生
薄片(+) 41(j)
Sil.矽线石;Mu.白云母

(2)常见的矿物共生组合为白云母(Mu)+石英(Qz)+矽线石(Sil)+钾长石(Kf),故 T-p 应沿③线变化。③线为下列反应的温压单变线。

$$\text{白云母} + \text{石英} \rightleftharpoons \text{钾长石} + \text{矽线石} + H_2O$$

4 种矿物并存,表明达到平衡状态。

(3)堇青石(Cord)少见,黑云母(Bi)和矽线石(Sil)常见,故 T-p 区应在④线以上。④线为下列反应的温压单变线。

$$\text{石榴石(Gr)} + \text{堇青石(Cord)} \rightleftharpoons \text{黑云母(Bi)} + \text{矽线石(Sil)}$$

该区反应物少见,生成物多见,因此温压应在平衡线之上。

(4)黑云母中 FeO/(FeO+MgO)介于 0.8~0.7 之间,因此 T-p 区应在⑤线与⑥线之间。

根据(1)~(4)可推断本区石墨矿变质成矿作用的 T-p 应在图 8-16 中红色点划线区域,即 $T=600\sim$

$700℃$,$p=0.55\sim0.65$ GPa。

3. 片麻岩中条纹长石的分布

片麻岩中分解条纹长石广泛分布，并且 $Ab/Or=10\%\sim20\%$（照片 8-11）。根据 Hall(1987)提出的碱性长石的钾长石-钠长石二元相图（图 8-17），推断形成温压为 $p=0.5$ GPa, $T=600\sim700℃$。

4. 大理岩中的镁橄榄石

大理岩中的镁橄榄石常与方解石共生（照片 8-12），是通过如下反应而产生：

$$透闪石+11白云石 \Longleftrightarrow 8镁橄榄石+13方解石+9CO_2+H_2O$$

根据这一反应温-压单变曲线，结合以上对于压力的推断，镁橄榄石形成时的温压为 $p=0.5$ GPa, $T=600℃$。

照片 8-11 黑云斜长片麻岩，其中钾长石分解条纹结构常见，$Ar/Or=20\%$
薄片(+) 6(L)

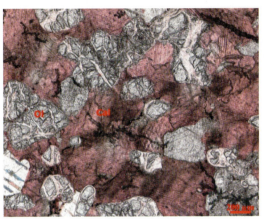

照片 8-12 含橄榄石方解石白云石大理岩，方解石橄榄石由变质反应形成
薄片(−) E_1
Ol. 橄榄石；Cal. 方解石

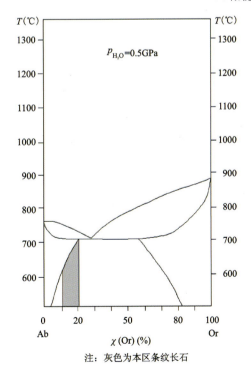

注：灰色为本区条纹长石

图 8-17 钾长石-钠长石二元系相图（据 Hall,1987）

该区石墨矿形成的温度和压力用以上 4 种方法获得的结果见表 8-11。

表 8-11　不同方法推断变质温度、压力的结果

方法	p(GPa)	T(℃)
石榴石-黑云母共生矿物对	0.5	500～650
斜长石-角闪石矿物对	0.55～0.65	600～700
泥质变质岩成岩格子	0.5	600～700
分解条纹长石	0.5	600
镁橄榄石生成	—	700

由表 8-11 可知，对于变质成矿阶段石墨形成温压条件，用 4 种方法推算的结果相近，温压范围可确定为 $p=0.5～0.65$ GPa，$T=600～700$℃。

(四) 矿化剂的存在对石墨形成温压的影响

石墨合成试验表明，矿化剂的存在对石墨形成的温压有重大影响，有流体作为介质，有矿化剂（Ca^{2+}、Mg^{2+}、Fe^{2+}、Mn^{2+} 等）的存在，可使温压条件大幅度下降。本章第四节变质期成矿作用中矿物变质反应②⑤⑥⑦⑧⑨⑩均有 H_2O 析出，矿石中又有电气石出现，说明石墨形成时流体是丰富的。丰富的流体降低了本区石墨结晶的温压条件。

(五) 本区石墨矿成矿温压条件与国内外孔兹岩系石墨形成条件对比

国内外某些孔兹岩系石墨形成条件见表 8-12。由表可知，该区石墨矿形成温度和压力相对较低，可能与该区孔兹岩系形成时代较晚有关。

表 8-12　国内外某些孔兹岩系石墨形成温压条件

地区	时代	压力(GPa)	温度(℃)	资料来源
芬兰 Lapland	太古宙	0.7～0.8	800	Barbey et al.,1980；Horman,1980
俄罗斯阿尔丹	古太古代	0.6～0.7	700～800	姜继圣,1990
斯里兰卡	太古宙	0.6～0.8	700～750	Sandiford,1988
印度	太古宙	0.6±0.15	700±80	Bhattachaya,1986
麻山群	太古宙	0.4～0.5	700	姜继圣,1990
集宁群	古中太古代	0.55	800	姜继圣,1990
兴和石墨矿	太古宙	0.75～1	670～750	王时鳞,1989
本区	古元古代	0.5～0.6	600～700	本书,2017

三、混合岩化期成矿作用

1. 含矿岩系混合岩化作用

吕梁期变质对含矿岩系的作用分成早期升温变质阶段（M_1）、峰期等压升温阶段（M_2）、晚期减压升

温阶段(M_3)和后期退化变质阶段(M_4)。在峰期等压升温阶段后期,压力为 0.5GPa,温度为 750℃,已越过了 Gs 曲线-水饱和的花岗岩固相线(图 8-9)。岩石中的长英物质开始局部熔融,变质岩基体在韧性剪切应力作用下发生塑性化,长英物质顺基体层注入、贯入、侵入,并发生强力揉曲作用,变质作用进入了混合岩化阶段。

黄凉河岩组含矿岩系据混合岩化的程度分为 3 类:第一类脉体含量 15%~20%,基体保持原变质岩性质,形成混合岩化云母石墨片岩、混合岩化含石墨黑云斜长片麻岩,这类混合岩化利大于弊,致使石墨矿层增厚、品位有所下降,但石墨片径增大。第二类脉体含量接近 50%,则形成混合岩,根据其产出形式分为眼球状、条带状、揉皱状、肠状混合岩。混合岩中脉体含量过大,基体中含有石墨,含量被"稀释",达不到工业要求。第三类为全部由脉体组成,即混合岩化花岗岩,基本为长英物质组成,偶尔见少量基体残留体。混合花岗岩以大小不同的规模分割,破坏了石墨矿层,对石墨矿化为不利因素。

2. 石墨矿层混合岩化作用

该区主要石墨矿区均经受混合岩化作用。

三岔垭石墨矿:混合岩化有两种表现形式,即①细小的脉体顺层注入石墨矿层,或脉体以数厘米大小的斑块浸染于矿石中形成眼球状混合岩化石墨片岩;②以厚数米、数十米至上百米的混合花岗-白岗岩顺着大理岩、透辉岩和石墨矿层之间侵入。各矿层混合岩化强度与矿体厚度和品位的关系见表 8-13。

表 8-13 三岔垭石墨矿矿层混合岩化特征

矿体	含矿岩石	混合岩化	矿层厚度(m)	品位(%)
Ⅰ号	石墨片岩	长英物质以数厘米的"眼球"浸染,数量小于 20%,或以窄条带顺层贯入	20.47	11.37
Ⅱ号	石墨片岩	混合岩化弱	3.62	13.61
Ⅲ号	石墨片岩	有长英质脉体顺层贯入	3.90	9.44
Ⅳ号	含石墨黑云斜长片麻岩	注入式混合岩化发育,品位、厚度不稳定	39.95~50.28	2~4
Ⅴ号	含石墨黑云斜长片麻岩	混合岩化强烈,有白岗岩侵入,品位、厚度不稳定	0~10.50	1~3

由表 8-13 可知,三岔垭石墨矿混合岩化强烈,无论是石墨片岩或含石墨片麻岩均受到混合岩化。随着混合岩化加强,注入脉体数量增加,石墨矿层厚度增加,Ⅰ号矿体、Ⅳ号矿体品位下降(如Ⅳ号矿体)。由于石墨片岩整体混合岩化不是很强烈,因此石墨品位受混合岩化影响品位下降得不十分显著。Ⅳ号、Ⅴ号矿体含矿岩石为含石墨黑云斜长片麻岩,原岩石墨含量较低,一般为 5% 以下。受到混合岩化后品位进一步下降。Ⅴ号矿体比Ⅳ号矿体混合岩化强烈,石墨品位下降至 1%~3%。同时矿体受白岗岩侵入,厚度、品位均不稳定。

三岔垭石墨矿混合花岗岩非常发育,大面积顺不同岩性界面侵入,与矿层相间分布,白岗岩和矿层界线清楚,矿层厚度和连续性并未明显破坏。

二郎庙石墨矿:有 4 个矿层,各层混合岩化特征见表 8-14。

表 8-14 二郎庙石墨矿混合岩化特征

矿体	含矿岩石	混合岩化特征	厚度(m)	品位(%)
Ⅰ号	石墨片岩夹片麻岩	夹混合质黑云斜长片麻岩	1.00~9.70	3.99~13.66
Ⅱ号	石墨片岩	顶板为含石墨混合质黑云斜长片麻岩及二长混合岩	1.31~6.27	3.57~12.44

续表 8-14

矿体	含矿岩石	混合岩化特征	厚度(m)	品位(%)
Ⅲ号	石墨片岩、石墨黑云斜长片麻岩	混合岩化强烈，矿体中夹二长混合岩透镜体	2.45～26.19	4.61～7.11
Ⅳ号	石墨片岩、石墨黑云斜长片麻岩	混合岩化较弱，少量脉体注入	1.00～38.17	2.57～17.08

由表 8-14 可知，二郎庙石墨矿混合岩化表现形式与三岔垭石墨矿有所不同，没有大量的混合花岗岩出露。主要形式以长英质脉体贯入矿体，在矿体中形成二长混合岩透镜体，或形成混合质片麻岩。对比Ⅲ号、Ⅳ号矿体石墨品位，Ⅲ号矿体混合岩化较强，品位降低。Ⅰ号、Ⅱ号矿体均有混合岩化，脉体主要以夹层形式存在，且量不是很大，矿石品位尚能保持。

东冲河石墨矿：各矿层混合岩化特征见表 8-15。

表 8-15　东冲河石墨矿混合岩化特征

矿体	含矿岩石	混合岩化特征	厚度(m)	品位(%)
Ⅰ号	含石墨黑云斜长片岩、黑云片岩	混合岩化强烈，形成混合质片岩、片麻岩	26.00	无工业意义
Ⅱ号	石墨黑云斜长片岩、二长石墨片岩	混合岩化强烈，形成混合质片岩、片麻岩	圈出 3 个矿体，厚分别为 3.60、4.96、5.94	7.27、5.70、6.15
Ⅲ号	石墨片岩、石墨黑云斜长片麻岩	混合岩化强烈，形成混合质片岩、片麻岩	圈出 3 个矿体，厚分别为 2.30、4.68、3.25	3.16、8.53、6.15
Ⅳ号	二长石墨片岩、含石墨黑云斜长片麻岩	混合岩化强烈，形成混合质片岩、片麻岩	4.13	3.78

由表 8-15 可知，东冲河石墨矿混合岩化普遍而强烈，Ⅱ号、Ⅲ号矿层形成混合质石墨片岩和石墨黑云斜长片麻岩。虽然有较多的脉体注入，矿层尚能保持较为稳定的厚度和品位。Ⅳ号矿层上部为混合质含石墨榴二云片岩，混合质黑云斜长片麻岩，夹混合花岗岩透镜体。由于脉体成分增加，矿体品位降低。Ⅰ号矿体由于混合岩化过于强烈致使其品位在工业指标以下。

综上所述，由于混合岩化作用，脉体贯入到矿体中，致使矿体厚度增加、矿石品位下降。在混合岩化特别强烈，形成混合花岗岩侵入的矿层，矿层将受到破坏，厚度和品位不稳定，矿石质量较差。

3. 矿石混合岩化作用

矿石的混合岩化作用除肉眼能见到的长英质"眼球"和顺层脉体之外，在光薄片下展现更多的细节：

(1) 矿石中见宽 1～3mm 的长英质细脉，或拉长状透镜体顺片理注入。长英质的组成为粗粒石英、斜长石和钾长石。石英呈他形，斜长石可见板状晶形和密集的聚片双晶，钾长石颗粒粗大，条纹结构发育。在脉体与基体交界处，石墨片径粗大(照片 8-13、照片 8-14)，有的石墨产于长石和石英脉体中(照片 8-15～照片 8-17)。这部分石墨是在混合岩局部熔融过程中进入到脉体，随后又在脉体中重结晶加大。

(2) 脉体与基体的接触带见到粗粒石墨片，与基体(石墨片岩)中的石墨粒径相比，脉体中的要粗很多，两种石墨在显微镜下呈明显对照：基体中的石墨密集，片径小而均匀，$d=0.1～0.3mm$；脉体边缘的石墨片径大，$d=0.5～3.0mm$。

(3) 脉体边缘的粗晶石墨，边缘均不光整，而是呈毛刺状。这些"毛刺"均为细粒石墨附着在粗晶石墨的表面而形成。仔细观察，可见细小毛刺状石墨，垂直大片石墨表面生长。这一现象记录了混合岩化过程中基体中细粒石墨汇聚(照片8-18、照片8-19),结晶形成大鳞片的过程,使整个矿床大鳞片比例大为提高(照片8-20~照片8-22)。

(4)改变了矿石中硫、铁等组分的赋存状态,硫铁结合成黄铁矿或磁黄铁矿(照片8-23),在矿石中不均匀分布。黄铁矿的粒径达0.05~0.1mm,呈不规则粒状,在矿石中呈点状散布。这些铁质原来以阳离子的形式存在于黑云母、角闪石及钛铁矿中,在混合岩化后期的水化变质作用中铁质从矿物中析出,角闪石变成纤闪石、黑云母退色,薄片中见到这些矿物铁质析出的不透明小颗粒。

(5)重熔作用使部分碳质迁移,充填于裂隙中,形成石墨细脉,这种石墨脉在该区宽度较窄(照片8-24)。山东南墅石墨矿脉体较宽,斯里兰卡紫苏花岗岩中则见到石墨片径达2~3cm的石墨脉(Mancuso,1981)。

(6)混合岩化与韧性剪切构造作用相伴而生,因此在矿石中韧性剪切构造形迹比比皆是:石墨鳞片木筏状"S"形排布,粒状矿物旋转拉长(照片8-25、照片8-26);矿石在韧性剪切应力作用下出现S-C面理组构、组成显微鞘褶皱(照片8-27、照片8-28);云母、石墨在韧性剪切应力作用下保持矿物连续性的情况下变形、位移(照片8-29、照片8-30)。

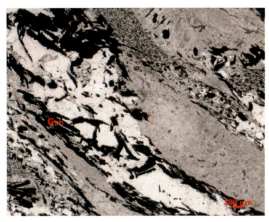

照片8-13 混合岩化石墨矿石,贯入长英物质与
基体交界处石墨粗大
薄片(一) E_2
Gph.石墨

照片8-14 混合岩化石墨矿石,在长英质贯入物中
石墨鳞片较基体中的粗大
薄片(一) F_1
Gph.石墨

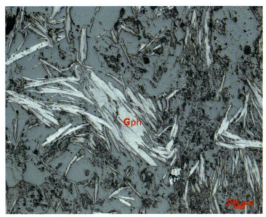

照片8-15 混合岩化石墨矿石,脉体中结晶完好、
片径粗大的石墨
光片(一) 3(L)
Gph.石墨

照片8-16 混合岩化石墨矿石,脉体中结晶完好、
片径粗大的石墨
光片(一) 3(L)
Gph.石墨

照片 8-17 混合岩化石墨（Gph）矿石脉体中石墨
无定向排列
光片（一） E₂

照片 8-18 混合岩化石墨（Gph）矿石，粗粒石墨边界
有许多细小石墨鳞片附着
薄片（一） TJ₄

照片 8-19 混合岩化石墨（Gph）矿石，脉体中大鳞片
石墨边缘"毛刺状"附着的细粒石墨
薄片（一） T₁

照片 8-20 混合岩化石墨（Gph）矿石，石墨大鳞片密集
产出，略显弯曲
光片（一） Tj-1

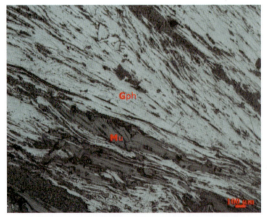

照片 8-21 混合岩化石墨矿石大鳞片石墨中夹
有云母
光片（一） Tj-1

Gph. 石墨；Mu. 白云母

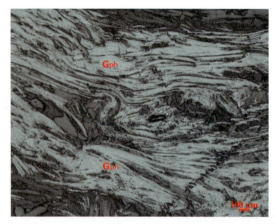

照片 8-22 混合岩化石墨矿石，大鳞片形成时受
应力作用成揉皱状
光片（一） Tj-1

照片 8-23　混合岩化石墨矿石磁黄铁矿产于
石墨片间
光片(一)　E₂
Pyrh.磁黄铁矿

照片 8-24　混合岩化石墨矿石石墨沿长英质
裂隙脉状充填
薄片(一)　b095
Gph.石墨

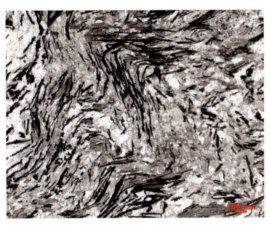

照片 8-25　石墨矿石,矿石受韧性剪切作用,
石墨鳞片呈"S"形排布
薄片(一)　4(L)

照片 8-26　石墨矿石,矿石受应力作用后粒状
矿物旋转拉长
薄片(＋)　4(L)

照片 8-27　石墨矿石,矿石受韧性剪切作用出现
S-C 面理组构,组成显微鞘褶皱
薄片(一)　TC₁-H₁(g)

照片 8-28　石墨矿石,矿石中挤压面理和剪切面理
薄片(＋)　TC₁-H₁(g)

 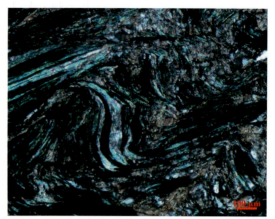

照片 8-29　石墨矿石,韧性剪切作用使矿物形变,未破坏矿物的连续性
薄片(一)　TC_1-H_1(g)

照片 8-30　石墨矿石,云母、石墨和粒状矿物均在重塑状态下发生质点位移变形
薄片(+)　TC_1-H_1(g)

4. 混合岩化对石墨矿地质勘查的影响

(1) 矿层连续性:在多数情况下,混合岩化的脉体为顺层发育,对矿体连续性影响不大。

(2) 矿层厚度:当脉体厚度为数厘米、数十厘米夹于矿层中,若不能作为夹石剔除,则增加矿体厚度。当脉体厚度大于夹石厚度时,则分隔矿层,使矿层结构复杂化。

(3) 矿石品位:脉体的加入"稀释"矿层,使品位下降。

(4) 矿石类型:由片岩型和片麻岩型矿石转变为混合岩化片岩或混合岩化片麻岩型矿石。

(5) 矿石工艺性质:使石墨片度提高,片径大于 0.287mm 的比例增加。矿石总体嵌布粒度变粗,选矿效果变好。

第五节　成矿模式

根据成矿区域地质背景、成矿地质条件和主要成矿作用,总结该区石墨矿床成矿模式如表 8-16 和图 8-18 所示。

表 8-16　黄陵基底核北部区域变质石墨矿成矿模式表

名称		黄陵基底区域变质石墨矿成矿模式
基本特征		产于黄陵基底北部结晶变质岩系中的晶质石墨矿床
成矿时代		古元古代
大地构造位置		扬子陆块、扬子克拉通基底、黄陵基底
沉积成矿阶段	含矿岩系	古元古代黄凉河岩组
	含矿母岩	含碳泥质岩、含碳泥质粉砂岩
	古地理环境	滨海环境、古气候湿热
	沉积相	潮坪相、潟湖相
	成矿作用	机械沉积成矿作用、胶体沉积、化学沉积、生物化学沉积作用
	物质来源	成岩物质来自古陆,碳质来自微古生物

续表 8-16

	名称	黄陵基底区域变质石墨矿成矿模式
变质成矿阶段	区域变质阶段	绿片岩相→角闪岩相→麻粒岩相→退化变质
	主成矿期变质相	角闪岩相至麻粒岩相
	混合岩化	强烈、使石墨片径加粗、矿石品位降低
成矿地球化学特征		含碳富硅铝贫钙,微量元素 Ba、Cr、Ni、Cu、Ga、Mn、Sr 含量较高
矿床成因类型		沉积变质矿床
含矿岩系岩石组合		石墨云母片岩、石墨云母斜长片麻岩、大理岩、钙硅酸盐岩、石英岩
矿石类型		片岩型(富矿)、片麻岩型(贫矿)
矿物组合		石墨、黑云母、白云母、石英、长石等
结构构造		片状构造、片麻状构造
矿床实例		宜昌夷陵区三岔垭石墨矿床

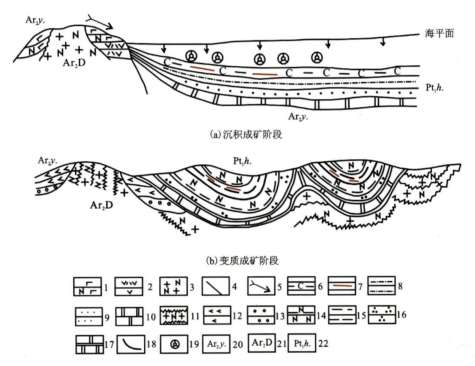

1.拉斑玄武岩;2.英安岩;3.英云闪长岩;4.断层;5.陆源碎屑搬运方向;6.碳质泥岩;7.碳质富集部位/石墨矿体;8.粉砂岩;9.石英砂岩;10.白云岩;11.英云闪长质、花岗质片麻岩;12.角闪岩;13.变粒岩;14.斜长片麻岩;15.石墨片岩;16.石英岩;17.大理岩;18.混合岩;19.微古生物;20.中太古代野马洞岩组;21.中太古代东冲河片麻杂岩;22.古元古代黄凉河岩组

图 8-18 黄陵基底核部沉积变质型石墨矿成矿模式示意图

这一成矿模式由下列不可或缺的基本要素构成:

(1)成矿区域背景必须是陆块古老克拉通结晶基底,而不是活动带区域变质型矿床。与国内分布于华北陆块、内蒙地轴、胶辽地块结晶基底中的矿床属于同一类型。与产于碎裂活化坳陷活动带和陆块边缘活动带的区域变质型石墨矿不属同一类型。

(2)成矿分为两个阶段,即沉积成矿阶段和变质成矿阶段。沉积建造为滨海潮坪和潟湖含碳泥质岩-细碎屑岩和碳酸盐岩建造,火山活动不强烈。沉积阶段,碳质的富集规模和富集程度决定了矿体的规模和矿石品位。

(3)变质成矿期主要变质相为角闪岩相至麻粒岩相,压力 $p=0.5\sim0.65\text{GPa}$,温度 $T=600\sim700℃$。变质成矿作用改变碳质赋存状态,使碳质有序化变成晶质石墨。

(4)混合岩化普遍强烈,条带注入为主,局部肠状、眼球状,塑性变形明显。混合花岗岩发育,顺层侵入,多层出现。混合岩化对石墨矿影响明显,使石墨矿片径成倍增大,矿体厚度增加,但品位降低。

第六节 矿产地质篇小结

(1)该区石墨晶体结构为 2H 型,空间群为 P63/mmc,晶胞参数:$a_0=b_0=2.4617\text{Å}$,$c_0=6.7106\text{Å}$,$d_0=3.555\text{Å}$,石墨化度 97.67%;反光显微镜下有很强的双反射和特强的非均质性;扫描电子显微镜下石墨三维形貌清楚,边缘规则,小鳞片呈叠层状,大鳞片晶面上常附生有次生小鳞片石墨;能谱分析确定:石墨含碳 89.95%~95.01%(原子比 92.78%~96.45%),包裹杂质数量很少。以上矿物学特征表明,石墨有序化程度高,结晶发育完好,具有中高级区域变质成因特征,属纯净优质鳞片石墨。

(2)矿区石墨片度曲线有两种形态,单纯上升型和"V"字形,存在差异的原因是石墨结晶世代发育程度的不同。该区石墨有 3 个世代,形成 3 种不同片径的石墨:第一世代石墨形成于早期升温升压变质阶段,相当于绿片岩相的温压条件($T=300\sim560℃$,$p=0.2\sim0.5\text{GPa}$),结晶的石墨片径小($d=0.001\sim0.01\text{mm}$),半自形至他形;第二世代石墨形成于峰期等压升温变质阶段,相当于角闪岩相温压条件($T=560\sim750℃$,$p=0.5\sim0.6\text{GPa}$),形成石墨片径较粗($d=0.1\sim1.0\text{mm}$),是片度中 80~50 目石墨的主要产出阶段;第三世代石墨形成于晚期减压升温变质阶段,此阶段发生强烈而普遍的混合岩化作用,受混合岩化的影响,石墨片径增大($d=0.5\sim3\text{mm}$),大部分粗晶石墨形成于这一阶段。

(3)主要造岩矿物及特征变质的矿物学特征为含矿岩系的成因、变质温压条件和成矿作用提供了重要信息。对石榴石的研究表明,不同时期形成的石榴石具有不同光性特征、化学组成、晶胞参数。主要成矿期形成的石榴石多以变斑晶形式产出,与矽线石共生。单矿物中含 Al_2O_3 18.90%,FeO 35.45%,属铁铝榴石。实测晶胞参数 $a_0=11.5242\text{Å}$,莫氏硬度为 7.8。说明铁铝榴石形成时温压较高,致使结构紧密,硬度增高。

石墨矿石中镁电气石的出现和矿物特征提示石墨成矿时富含流体矿化剂,流体矿化剂降低石墨结晶温度,是石墨成矿作用中不可缺少的条件。

(4)黄凉河岩组岩石组合、矿物共生组合、岩石化学特征和微量元素、稀土元素研究表明,黄凉河岩组原岩为一套由碎屑岩、泥质岩及碳酸盐岩组成的沉积建造,形成于相对稳定的构造环境。黄凉河岩组主要成分不只是前人所述"以富铝为特征",而应是以富铝和富铁为特征,富铁是不可或缺的要素,并以此推论,黄凉河岩组的主要物源不是前人认为的"花岗质岩石"(指东冲河片麻杂岩),而应是含铁较高的野马洞岩组。据化学成分对比推算,黄凉河岩组物源 66.43%~68.11%由野马洞岩组供给,31.89%~33.57%由东冲河片麻杂岩供给。

(5)野马洞岩组斜长角闪岩稀有元素蛛网图与下地壳的曲线形态基本一致,是原始地幔演化初期的产物。变粒岩蛛网图介于上地壳和下地壳之间,是基性岩浆演化的结果。斜长角闪岩和变粒岩的稀土配分曲线形态与"洋岛拉斑玄武岩"和"普通型洋中脊玄武岩"均不相似,而与"E-型洋中脊玄武岩"基本相似,形成于高重力异常和高梯度的海底高原洋中脊,富含"不相容元素"。

(6)东冲河片麻杂岩岩石学特征表明,它属于扬子克拉通基底中的 TTG 岩套,与全球 TTG 岩套对比,本区这一套花岗质岩石具有钾长石含量偏高,斜长石基性程度大,K_2O 含量及 K_2O/Na_2O 值超过世界 TTG 岩套平均值,微量元素 Ni、Cr 比平均值偏高的特征,由地幔直接部分熔融而成,并普遍遭受了后期流体的交代。

(7)石墨矿中广为分布的"花岗岩""白岗岩""伟晶岩"等花岗质岩石均属于混合花岗岩,为韧性剪切深熔成因,是吕梁期变质作用最为强烈时期的产物。该区 M_3 变质期,温度已超过"水饱和花岗岩固相线",在强烈的区域韧性剪切带的作用下,低熔长英组分熔融分异,变质基体在强应力作用下塑性化,脉体注入、贯入、揉皱、褶曲,形成了形态各异的混合岩。

(8)微量元素和稀土元素地球化学特征表明:石墨矿石在沉积成岩过程中有机质、黏土矿物及铁铝硅胶体形成地球化学障,造就了由 V、P、Th、U、Rb、Pb、Zn、Cu、Ga、Cs、Co 等组成的复杂的微量元素共生组合。石英岩中 Zr、Hf 含量异乎寻常的高,为石英岩原岩,是滨海石英砂沉积提供了证据。石墨矿石与野马洞岩组、东冲河片麻杂岩稀土配分形式的差异表明,从供源区到成矿母岩的过程中,发生了强烈的地球化学变化,而不只是物质简单的机械转移。源区岩石经受了强烈的化学风化,矿物被氧化、分解、水解及离子交换,稀土元素发生分异、重组,形成石墨矿石稀土元素独特的配分形式。

(9)同位素地球化学研究获得如下认知:①混合花岗岩锆石 U-Pb 年龄测定获 1980Ma、1976Ma 两个数据,均落入黄凉河岩组年龄区间,为混合花岗岩成因提供年代学佐证;②石墨矿石碳同位素组成为 $\delta^{13}C=-25.4‰\sim-9.69‰$,大理岩的碳同位素组成为 $\delta^{13}C=2.95‰\sim11.32‰$,两者没有重叠区,说明它们的碳质具有不同来源,石墨碳源为有机质沉积物,大理岩碳源为海相碳酸盐沉积物;③石墨矿石氢氧同位素组成为 $\delta^2H=-87.4‰\sim-39.1‰$,$\delta^{18}O=7.3‰\sim10.4‰$,表明石墨矿石中氢和氧既有来自"沉积岩"的,也有来自"岩浆水"的;④石墨矿石硫同位素组成为 $\delta^{34}S=-10.67‰\sim-6.09‰$,具有"生物成因有机碳"及"花岗质岩石"硫同位素的综合特征。

(10)该区石墨矿床属沉积变质矿床,成矿作用分为沉积成矿和变质成矿两个阶段,每一阶段又分为两个时期:沉积成矿阶段包括沉积期和成岩期;变质成矿阶段包括变质期和混合岩化期。沉积成矿作用是石墨矿形成的关键,碳质在沉积成矿阶段富集形成碳质泥岩是石墨矿形成的前提和基础,若无此基础,无论怎样的变质作用都产生不了石墨矿。沉积成矿作用中碳质富集的规模和堆积的密度决定了石墨矿床的规模和矿石品位。变质成矿作用主要是改变碳质的赋存状态,使有机碳单质化、有序化,变成晶质石墨。混合岩化可使微细石墨聚集变成粗晶。

(11)沉积期成矿作用包括生物化学沉积、机械沉积、胶体沉积和化学沉积,生物化学沉积是本区石墨矿形成最主要的沉积作用,微古植物化石证据表明,古元古代黄凉河期陆间海的潮坪及潟湖地带,微古生物大量繁衍,主要为小球藻属。小球藻含有丰富的叶绿素,光合作用非常强,具有旺盛繁殖能力,死亡后遗体沉降到盆底,与细碎屑和泥质物混杂,形成腐泥层,作为该区石墨矿的矿胚。

机械沉积发生在风化剥蚀初期,矿物岩石碎屑以机械搬运方式带至滨海地带沉积,形成砂岩、粉砂岩;随着风化作用的加强,在湿热气候条件下发生强烈化学风化,形成胶体沉积(伊利石、高岭石)、化学沉积(白云石、方解石),形成泥质岩、白云岩,黏土矿物和细碎屑作为碳质的载体;碎屑岩、碳酸盐岩与碳质泥岩共同组成含矿岩系源岩。

(12)研究该区石墨矿的成矿地质条件,首先应着眼于沉积成矿期岩相古地理。该区黄凉河期岩相古地理基本格局:由野马洞岩组和东冲河片麻杂岩组成的原始古陆和黄凉河岩组分布区的原始海洋相间分布,分别形成东野古陆、花果树-老林沟陆间海、大坦古陆、黄陵陆间海。石墨矿无一例外地分布于陆间海靠近古陆的滨浅海地带。

(13)通过变质岩原岩恢复,分析原岩岩性柱状剖面,确定碳质富集于两个沉积相:潮坪相和潟湖相。潮坪相沿岸线作带状分布,厚度数米至数十米,延长可达千米以上。石墨矿层产于由石英砂岩过渡为泥质砂岩上部的含碳泥岩中;潟湖相为封闭或半封闭的浅水盆地沉积,平行海岸延长,长度数千米至数十千米。含矿岩系中白云岩与石墨矿紧密相随,常产于白云岩上部的碳质泥岩中。

(14)变质成矿阶段主成矿期为"峰期等压升温变质"阶段。在这一阶段碳质石墨化彻底(石墨碳占比 97.41%～100%),石墨结晶完好,片径 0.15～1.0mm。由于受韧性剪切作用,石墨晶片常弯曲变形。

主成矿期的温压条件通过"共存矿物元素分配地质温度压力计""泥质变质岩成岩格子""条纹长石二元相图""白云石镁橄榄石变质反应"等方法综合推断为：$p=0.5\sim0.65\mathrm{GPa}$，$T=600\sim700℃$，相当于高角闪岩相的温压条件。

(15) 显微镜和扫描电子显微镜观察到并记录了混合岩化作用中石墨增大的过程：脉体边缘的粗晶石墨，晶面均不光整，而是呈毛刺状，这些"毛刺"均为细鳞片石墨，并常垂直大片石墨表面生长。混合岩化过程中，微细石墨鳞片能发生位移、汇聚增大，甚至形成石墨细脉。

第二篇

地质勘查

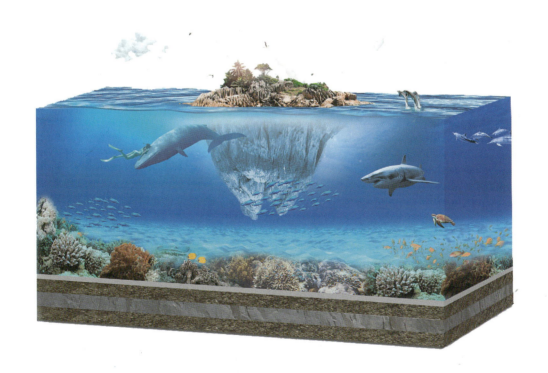

第九章　地质勘查及开发利用情况

第一节　地质勘查

黄陵基底穹隆晶质石墨矿的找矿地质勘查始于 1960 年，先后有湖北非金属地质公司、湖北省地质局第七地质大队、中南冶金地质研究所等多家地勘单位开展了石墨地质勘查工作，共勘查评价了矿区 10 余处，其中三岔垭、二郎庙、谭家河、谭家沟、韩家河、东冲河、余家河 7 个矿区查明了资源量，已列入了《湖北省矿产资源储量表》(截至 2019 年底)，石板垭-连三坡、蔡家冲、龚家河-青茶园石墨 3 个矿区工作程度较低，需要进一步开展工作。

一、主要勘查成果

黄陵基底各晶质石墨矿区主要勘查成果见表 9-1。

表 9-1　黄陵基底晶质石墨主要矿区勘查成果一览表

序号	矿区名称	勘查时间（年-月）	勘查单位	报告名称	主要成果
1	宜昌市夷陵区三岔垭石墨矿区	1979-6	湖北省非金属地质公司	《湖北宜昌县三岔垭石墨矿区地质勘探总结报告》	鄂储字(79)13 号认定
		2016-11		《湖北省宜昌市三岔垭矿区石墨矿资源储量核实报告》(截至 2016 年 6 月底)	累计查明矿石资源量 1 464.2 万 t，矿物量 100.3 万 t，Fc 平均含量 11.47%。鄂土资储备字〔2017〕16 号文认定
2	宜昌市夷陵区二郎庙石墨矿区	1987-9	湖北省地质局第七地质大队	《湖北省宜昌县二郎庙矿区石墨矿详细普查地质报告》	鄂地审〔1990〕11 号审查意见书审查备案
		2017-12	冶金地质总局中南地质勘查院	《湖北省宜昌市夷陵区二郎庙矿区石墨矿资源储量核实报告》(截至 2017 年 12 月底)	累计查明矿石资源量 545.4 万 t，矿物量 357.4 万 t，Fc 平均含量 7.49%。鄂土资储备字〔2018〕27 号审查备案

续表 9-1

序号	矿区名称	勘查时间（年-月）	勘查单位	报告名称	主要成果
3	宜昌市夷陵区谭家河石墨矿区	1988-1	湖北省地质局第七地质大队	《湖北省宜昌县谭家河矿区石墨矿详细普查地质报告》	累计查明矿石推断资源量258万t，矿物量20万t，Fc平均含量7.96%。鄂地市〔1990〕10号审查备案
4	宜昌市夷陵区谭家沟石墨矿区	2013-6	湖北省非金属地质公司	《湖北省宜昌市夷陵区谭家沟矿区石墨矿普查报告》	鄂土资储备字〔2013〕96号文审查备案
		2017-8		《湖北省宜昌市夷陵区谭家沟矿区石墨矿详查报告》	累计查明TD+KZ矿石资源量128.2万t，矿物量4.5万t，Fc平均含量3.55%。鄂土资储备字〔2018〕18号文审查备案
5	兴山县东冲河石墨矿区	1987-9	湖北省地质局第七地质大队	《湖北省兴山县东冲河矿区石墨矿初步普查地质报告》	鄂地审〔1990〕43号审查备案
		2015-8		《湖北省兴山县东冲河矿区石墨矿详查报告》	鄂土资储备字〔2015〕80号文审查备案
		2016-2		《湖北省兴山县东冲河矿区石墨矿详查报告资源储量类型调整说明书》	累计查明KZ+TD矿石资源量229.5万t，矿物量13.3万t，Fc平均含量5.79%。鄂土资储备字〔2016〕13号文审备案
6	远安县韩家河铜锡矿区	2009-8	武汉鄂矿安全技术咨询有限公司	《湖北省远安县韩家河矿区铜锡矿区地质普查报告》	鄂土资储备字〔2009〕88号文建议备案
		2014-12	武汉安平泰地质矿产勘查有限公司	《湖北省远安县韩家河矿区铜锡矿详查报告》	累计查明TD矿石资源量28.9万t，矿物量1.4万t，Fc（固定碳）平均含量4.94%。鄂土资储备字〔2014〕49号文审查备案
7	宜昌市夷陵区余家河矿区	2019-8	湖北省地质局第七地质大队	《湖北省宜昌市夷陵区余家河石墨矿预查报告》	累计查明TD+QZ矿石资源36.4万t，矿物量1.2万t，Fc平均含量3.51%。鄂自然资储备字〔2019〕005号文审查备案
8	宜昌市夷陵区石板垭-连三坡石墨矿区	2020-5	中南冶金地质研究所	《湖北省宜昌市夷陵区石板垭-连三坡石墨矿预查报告》	累计查明QZ矿石资源267万t，矿物量12.3万t，Fc平均含量4.61%。鄂地勘基金审〔2020〕84号审查备案

续表 9-1

序号	矿区名称	勘查时间（年-月）	勘查单位	报告名称	主要成果
9	宜昌市夷陵区龚家河-青茶园石墨矿区	2018-12	中南冶金地质研究所	《湖北省宜昌市夷陵区龚家河-青茶园矿区石墨矿预普查报告》	累计查明 TD+QZ 矿石资源 2 374.1 万 t，矿物量 102.8 万 t，Fc 平均含量 4.33%
10	宜昌夷陵区蔡家冲石墨矿区	2020-10	湖北省地质局第七地质大队	《湖北省宜昌市夷陵区蔡家冲石墨矿普查报告》	累计查明 TD 矿石资源量 886.5 万 t，矿物量 25.62 万 t，Fc 平均含量 2.89%

注：Fc. 固定碳；TD. 推断；KZ. 控制；QZ. 潜在；TM. 探明，后同。

二、地质勘查工作存在的主要问题

黄陵基底晶质石墨矿尽管有 40 多年的勘查历史，但勘查程度总体偏低，勘查精度和研究深度不够，尚存在一些需要解决的关键地质问题。

1. 勘查程度总体偏低

黄陵基底晶质石墨矿产勘查共发现矿区 10 处，其中大型矿区 2 处，中型矿区 3 处，小型矿区 5 处，大型矿区占比仅 20%，中型矿区占比 30%，小型矿区占比 50%，说明黄陵基底晶质石墨矿床规模暂以中小型矿床为主（表 9-2）。

表 9-2 黄陵基底晶质石墨主要矿区勘查现状和资源基本情况统计表

序号	矿区名称	勘查程度	矿区规模	保有资源量（矿物/矿石万 t）	资源类别
1	宜昌市夷陵区三岔垭石墨矿区	勘探	大型	71.7/1204	TM+KZ+TD
2	宜昌市夷陵区二郎庙石墨矿区	详查	中型	34.3/448.8	KZ+TD
3	宜昌市夷陵区谭家河石墨矿区	普查	中型	20.0/258	TD
4	宜昌市夷陵区谭家沟石墨矿区	详查	小型	4.5/128.2	KZ+TD
5	兴山县东冲河石墨矿区	详查	小型	13.3/229.5	TM+KZ
6	远安县韩家河铜锡矿区	普查	小型	1.4/28.9	TD
7	宜昌市夷陵区余家河矿区	普查	小型	1.2/36.4	TD+QZ
8	宜昌市夷陵区石板垭-连三坡石墨矿区	调查评价	小型	12.3/267	QZ
9	宜昌市夷陵区龚家河-青茶园石墨矿区	调查评价	大型	102.8/2 374.1	TD+QZ
10	宜昌夷陵区蔡家冲石墨矿区	普查	中型	25.62/886.5	TD
	合计			287.12/5 861.4	TM+KZ+TD+QZ

对有一定工作基础的10个矿区进行统计,仅10%达到勘探工作程度,30%达到详查工作程度,40%达到普查工作程度,表明地质勘查程度总体偏低。截至2020年底,黄陵基底晶质石墨地质勘查工作共获得TM+KZ+TD+QZ资源总量287.12/5 861.4万t,其中TM+KZ资源量占比不足20%。此外,除了对占比较少的勘探和详查进行了较系统控制外,占比达60%的普查、调查评价只进行了地表槽探和稀疏深部钻探控制,且控制矿体斜长均达不到现行规范勘查深度(一般300m)的要求,表明本区勘查精度和研究深度不够。

2. 需要解决的关键地质问题

(1)以往黄陵基底晶质石墨矿地质勘查工作主要针对古元古代黄凉河岩组($Pt_1h.$)下含矿岩系($Pt_1h_1^1$)富铝质片岩大理岩岩组,已勘查评价的有三岔垭、二郎庙、谭家沟等大中小型矿床多处。但对黄凉河岩组($Pt_1h.$)上含矿岩系($Pt_1h_1^2$)石墨片麻岩片岩钙硅酸盐岩组石墨矿体的追溯连接、成矿规律、控矿因素、矿石选冶性能等尚缺乏研究,制约了扩大区域石墨矿找矿远景。

(2)黄陵基底晶质石墨矿含矿层多,各含矿层分层标志和矿体(层)间识别标志不明显,在黄凉河岩组上含矿岩系($Pt_1h_1^2$)石墨片麻岩片岩钙硅酸盐岩组中表现尤为突出,矿体间连接的可靠性存在质疑,亟待建立一套可靠的对比识别标志。

第二节 开发利用情况

从20世纪80年代初开始,黄陵基底晶质石墨已开发利用,全区现有石墨开采企业3家,设计生产规模33.8万t/a;石墨加工企业2家,设计生产石墨精矿2.2万t/a,约占全国晶质石墨2020年产量(92万t)的2.4%。

一、开采现状

黄陵基底正在开采的有中科恒达石墨股份有限公司所属的三岔垭金昌石墨矿、二郎庙精英石墨矿和湖北新成石墨有限责任公司所属的东冲河石墨矿三宗采矿权(表9-3),矿山基本情况简述如下。

表9-3 黄陵基底晶质石墨采矿权投放及资源占用情况表

采矿权人	面积(km^2)	设计生产规模(万t/a)	占用资源量(矿物/矿石万t)	保有资源量(矿物/矿石万t)	行政区	备注
中科恒达石墨股份有限公司	1.003 2	15	80.1/7314	50.8/4712	夷陵区	近年停采,环境局部破坏治理中
	0.348 9	0.8	211.2/3873	197.8/2365		
湖北新成石墨有限责任公司	0.179 63	18	132.92/2295	132.17/2278	兴山县	—
合计	1.531 73	33.8	424.22/13 482	380.77/9355	—	—

1. 三岔垭金昌石墨矿

三岔垭石墨矿于1980年开发,1990年更名为金昌石墨矿。设计采矿能力15万t/a。矿山采用露天开采,公路运输开拓,组合台阶采矿法,采矿最大深度为110m。截至2020年12月,矿山累计采出矿石量218.6万t,累计消耗资源储量260.2万t,平均开采回采率约84%。

2. 二郎庙精英石墨矿

该矿于1990年3月建矿投产,设计采矿能力15万t/a,采用地下开采,斜井开拓,分段矿层开采,崩落法采矿,开采回采率约75%,矿石贫化率为2%~5%。截至2020年底,矿山保有资源储量236.51万t(固定碳量19.78万t),目前该矿仍在改扩建之中。

3. 东冲河石墨矿

该矿于2020年6月获取采矿许可证,东部葛藤垭露天采区已投入正常生产,平均回采率96%,西部鲁家包地下采区尚在筹建。矿山设计生产规模18万t/a,开采方式为露天/地下开采,开拓方案露天为公路开拓运输,地下采用平巷+斜坡道无轨机动车运输。截至2020年12月底,矿山保有资源量(KZ+TD)万吨(固定碳量132.17万t),另查明潜在资源(QZ)0.795/15.8万t。

二、加工企业情况及产品概况

黄陵基底晶质石墨矿的开发始于1980年,现有选矿、加工企业2家,分别为中科恒达石墨股份有限公司和湖北新成石墨有限责任公司,经过多次整合及优质资产的注入,近几年均得到了快速发展,已成为集石墨开采、深加工、科技研发和进出口贸易于一体的高新技术企业。

1. 中科恒达石墨股份有限公司

该公司前身为湖北恒达石墨股份有限公司,成立于2009年7月,注册资本6500万元,下辖有石墨高新科技工业园、石墨基础材料工业园、石墨矿山工业园、石墨制品生产厂区。2010年通过ISO9001:2008质量管理体系认证,被湖北省发展和改革委员会认定为"新型石墨材料湖北省工程研究中心";2011年,通过ISO14001:2004环境管理体系认证和高新技术企业认定。

公司下属的金昌石墨矿、精英石墨矿年产矿石达15.8万t,正常生产可年生产石墨精矿约1.2万t。公司主营产品为石墨产品系列、盘根产品系列、垫片产品系列、机械密封产品系列和其他密封产品及原材料。公司通过引进国外先进石墨烘干分级超细粉碎、柔性石墨卷材等先进设备和技术,已形成石墨采选—化学提纯—石墨密封产品深加工一条龙生产线,开发出系列高附加值石墨深加工产品,包括1.5万t中碳石墨、1万t高碳石墨、1000t可膨胀石墨、1000t柔性石墨板、1000t超细石墨粉等。部分高端石墨产品被列为国家重点新产品,如公司生产的"柔性石墨卷(板)材系列产品"已被列入国家高新技术产品名录,"华碳"牌柔性石墨卷(板)材被授予"湖北名牌产品"。公司同美国、德国、韩国、日本等发达国家有广泛的业务来往。

2. 湖北新成石墨有限责任公司

该公司前身为宜昌新成石墨有限责任公司,成立于2003年10月,注册资金3000万元,旗下拥有10家子公司。公司通过ISO9000质量管理体系认证,被中国产品质量技术监督协会授予"湖北省诚信经营示范单位"。公司为中国石墨产业联盟副理事长单位、国家标准化管理委员会委员单位、石墨协会副理事长单位及中国密封件协会"理事单位"。

公司下属的东冲河石墨矿年产矿石达18万t,设计年生产石墨精矿1.0万t。公司目前是柔性石墨生产领先企业,拥有可膨胀石墨生产线3条,年产可膨胀石墨2万t;柔性石墨卷(板)材生产线10条,年产石墨卷(板)材1万t;生产密封材料设备8套,可年产2000t石墨密封件。公司目前已自主研发成功的石墨材料有高纯低硫低氯石墨导热板,无硫可膨胀石墨,无硫柔性石墨纸,热压高强度石墨复合板材,高抗拉强度超薄柔性石墨纸、细鳞片石墨复合材料、石墨聚苯板建筑材料及石墨烯纳微片、石墨烯防腐涂料等新产品，其中部分研发产品在行业中具世界先进水平。公司产品的质量在国内外市场上享有较高的声誉，"新成"品牌在国际上备受青睐，其中，可膨胀石墨主要出口韩国、俄罗斯、乌克兰等国，柔性石墨卷板材及高强复合板主要出口美国、意大利、日本、印度等国。

三、我国石墨产业主要消费领域及发展趋势

由于石墨具有良好的导电性、导热性、润滑性、耐高温和化学稳定性，产品种类繁多，应用领域广泛，又是新兴材料和高科技的重要原料。中国与世界天然石墨消费结构基本相同，主要用于耐火材料、冶金铸造、导电和润滑等领域，在冶金领域占比最大，钢铁行业是消耗耐火材料最大的行业。

根据中国五矿集团资料（王炯辉，2019），我国是世界石墨资源大国，也是第一大石墨生产国、出口国和消费国，但长期以来，我国石墨加工技术落后，大量出口低附加值产品（主要是耐火材料、铸造等），高端深加工产品主要依赖进口，开发利用粗放，资源优势未能转化为技术和经济优势。据行业统计，在石墨消费结构中，新材料和电池等新兴产业领域约占30%，耐火材料和钢铁等传统工业领域约占70%，随着科技的进步，业界认为未来耐火材料和铸造领域将长期仍占有重要比重，但呈现放缓或下降态势，晶质石墨应用领域将得到发展。近年来，随着石墨高端应用研究的加速，已经研发出多种高性能石墨产品，其性能和用途见表9-4。

表9-4 高性能石墨产品及用途表

序号	产品名称	主要性能	主要用途
1	球形石墨	粒度分布集中、振实密度大、比表面积小、品质稳定	锂离子电池负极材料、燃料电池板原材料等
2	高纯石墨	鳞片结晶完整、片薄，良好的导热性能、耐高温和抗腐蚀	军事工业火工材料安定剂、冶金工业高级耐火材料和化肥工业催化剂、添加剂等
3	等静压石墨	热膨胀系数低、耐热性好、耐化学腐蚀、导热导电性能良好	多晶硅铸锭炉用加热器、高温气冷堆（核裂变堆）、核聚变反应堆、放电加工电极等
4	膨胀石墨	耐高温、耐高压、密封性好、耐多种介质腐蚀	新型高级密封材料、海面除浮油、抑制大气污染等
5	氟化石墨	低表面能	金属模的脱模剂，作为高级润滑剂用于高温轴承、飞机和汽车引擎等，作为电池原料应用于计算机等集成电路存储器中
6	胶体石墨	在高温条件下具有特殊的抗氧化性、自润滑性和可塑性，以及良好的导电、导热和附着性	主要用于密封、冶金脱模等行业
7	石墨烯	最薄最轻、硬度最高、韧性最强、导热性和导电性最好的纳米材料	在新能源电池领域，作为负极材料可应用于锂离子电池、动力电池、超级电容、燃料电池、风电储能装置等领域；作为复合材料，可用于抗静电复合材料、导电复合材料、导热复合材料料和高分子复合材料等，部分产品已在传感器、生物医药、环境保护、新能源、机器人等领域中实现了产业应用

总之,随着石墨深加工技术的不断创新突破,石墨烯、高纯石墨和新型硅碳负极材料等石墨高端材料产品在新能源汽车、储能、核能和电子信息等战略性新兴产业领域消费快速增加,开发深加工技术和发展高端产品将成为石墨产业发展的必然趋势。

四、石墨产业发展存在的主要问题

虽然黄陵基底晶质石墨产业发展具有明显的资源优势和区位优势,开发企业已具备一定的规模和基础,但石墨产业的发展也存在以下主要问题:

(1)资源优势发挥不足。截至2020年底,黄陵基底晶质石墨已查明保有石墨资源总量5 861.4万t(矿物量287.12万t),目前有3家采矿权人开采,矿区面积仅1.53 km²,占有资源量(42.422/1 348.2万t)和保有资源量(38.077/935.5万t)相差不大,晶质石墨年产量占比小(占全国产量的2.4%),表明黄陵基底晶质石墨矿开发强度低,开发利用能力不足,资源应有的经济和战略价值没有得到充分体现。

(2)研发技术有待提升。石墨产品一般分为高纯石墨(固定碳含量>99.9%)、高碳石墨(94%～99%)、中碳石墨(80%～93%)和低碳石墨(50%～79%)四大类,根据"十四五"期间国家重点研发计划"战略性矿产资源开发利用"重点专项,目前超大鳞片石墨矿精矿固定碳回收率达不到92%,细鳞片石墨矿的精矿固定碳回收率达不到90%,超大鳞片的产率、球形石墨球形化率有待提高,晶质石墨鳞片保护与杂质迁移过程机制,晶质石墨超大鳞片、大鳞片和细鳞片采选协同保护和短流程分选技术,多场耦合提纯技术,长循环低成本天然石墨负极材料技术以及氟化石墨制备技术等共性技术问题尚需攻关,制约了石墨高端产品的稳定、健康发展。据调查,中科恒达石墨股份有限公司和湖北新成石墨有限责任公司主营低碳、中碳石墨产品,高碳和高纯石墨产品相对较少。柔性石墨、膨胀石墨、氟化石墨和微粉石墨等深加工产品占比有限,深加工技术相对落后。

(3)环境保护压力不断增加。石墨从开采、选矿提纯到加工产品的过程中,会产生粉尘、烟尘、尾矿砂以及生产过程所产生的废酸废碱等有害化学物质,对生态环境的破坏和污染都是比较严重的。例如,①大气环境的破坏:勘查开采所产生的粉尘、生产过程中释放的有毒气体等直接污染和改变环境;②水资源的污染:选矿产生的废水、废液,石墨产品生产过程中产生的废酸废碱(如制备石墨烯等);③土地植被破坏:露天开采对林地的破坏难以恢复,采矿工程占用和破坏土地,废弃的采矿场、废石、废渣占用和破坏土地植被,尾矿综合利用问题突出;④次生地质灾害:因矿山开发而产生地表变形、滑坡、泥石流等地质灾害的发生;⑤噪声污染:采矿工业中所产生的噪声污染较为严重,对周边居民造成危害等。预计随着黄陵基底晶质石墨矿开发规模和开发强度的不断增大,矿业活动集中区环境保护压力不断增加,矿区生态环境保护与修复任务较为艰巨。

五、对策和建议

在初步调查了解国内外石墨资源开发利用现状、发展趋势、产业发展态势及新技术应用后,结合黄陵基底晶质石墨开发利用产业发展环境和条件,提出如下对策和建议:

(1)开展专项规划工作。依据国务院关于印发《"十三五"国家战略性新兴产业发展规划的通知》(国发〔2016〕67号)、《国务院关于印发全国国土规划纲要(2016—2030年)的通知》(国发〔2017〕3号)等规划要求与政策,对黄陵基底晶质石墨采选行业实施专项规划、总体布局,积极推动黄陵基底晶质石墨高质量利用,提高石墨矿产的持续供应能力。

(2)加强资源勘查工作。在黄陵基底石墨成矿条件较好地区,根据选区区划(湖北省地质局第七地质大队,2013),对划定的"一个石墨矿Ⅴ级找矿远景区、七个石墨矿找矿靶区"加大资金支持和地质勘查力度,提高勘查程度、调查勘查精度和研究深度,查明黄陵基底石墨资源量,加强战略储备,为产业可持续发展提供资源保障。

(3)保护大鳞片石墨资源。黄陵基底石墨以"鳞片大、质量好"而著名,大鳞片石墨在润滑性、可塑性、耐热和导电性能等方面表现优良。大鳞片石墨的保护主要在选矿阶段,在选别方法上采用多段磨矿、多次选别的工艺提高大鳞片石墨产出率。矿山企业应根据资源禀赋情况,设计和建设先进的石墨采、选生产线,提高大鳞片石墨产出率指标,从而在开发深加工技术产品和高端产品上占据一席之地。

(4)强化绿色发展理念。大力推进绿色勘查、绿色矿山和绿色矿业发展示范区建设,鼓励企业引进先进技术设备,改进工艺流程,降低生产能耗;加大尾矿治理和综合利用,实现废弃物减量化、无害化、资源化处理。

(5)加强科技研发创新。依托现有大型骨干企业和企业集团,推进产业延伸、产品配套、技术集成,形成产业链衔接完善的高新技术产业集群。以提升产业核心竞争力为目标,支持形成石墨产业技术创新平台,开发重大关键共性技术。积极支持企业营销机构按照市场经济规律,努力开拓国内外市场,适时收集国际市场的信息,指导企业的产品研发和调整。

第十章　勘查阶段

第一节　地质勘查目的及遵循的基本原则

该区已完成三岔垭石墨矿地质勘探，二郎庙、谭家沟、东冲河、韩家河、谭家河石墨矿的地质详查。按照勘查进行的时间可分为4个阶段：第一阶段为1986年全国矿产储量委员会颁布《石墨矿地质勘探规范》以前，如三岔垭石墨矿；第二阶段为1986年至2002年版的《石墨矿勘查规范》颁布前，如二郎庙、谭家河石墨矿勘查；第三阶段为2002年至2017年新版《石墨矿勘查规范》颁布前，如东冲河、谭家沟、韩家河石墨矿勘查执行《玻璃硅质原料、饰面石材、石膏、温石棉、硅灰石、滑石、石墨矿产地质勘查规范》(DZ/T 0207—2002)；第四阶段为2018年后执行《石墨、碎云母矿产地质勘查规范》(DZ/T 0326—2018)，如余家河、青茶园石墨矿。黄陵地区石墨矿地质勘查始于20世纪60年代，当时由于缺乏经验只能借鉴国外。在经过多年研究和总结大量勘查经验的基础上，2018年颁布了适合我国石墨矿特点的地质勘查规范。上述3个规范基本原则上是一致的，2018年版规范与前期规范有关石墨部分相比，修改了勘查工程间距，修改和增加了石墨矿一般工业指标。本书主要依据《石墨、碎云母矿产地质勘查规范(DZ/T 0326—2018)》(2020修订版)进行叙述。

一、地质勘查目的

晶质石墨矿床地质勘查最终目的通过查明矿床矿体地质特征，评价矿产资源开发利用工业价值，为矿山建设规划、设计提供矿产资源量和开采技术条件等必要的地质依据，以减少开发风险和获得最大的经济效益。

各个勘查阶段勘查的目的各不相同。

普查阶段：对矿产资源潜力较大地区，通过数量有限的取样工程和相应的物探工作，初步查明矿体地质特征和矿石质量；初步评价共(伴)生矿产；初步了解矿床开采技术条件和矿石加工选矿技术性能；估算推断资源量；进行可行性概略研究，作出是否有必要转入详查的评价，圈定有详查价值范围，为详查阶段地质勘查工作必要性提供依据。例如夷陵区谭家沟石墨矿区前期进行的是普查阶段的地质勘查，并已经在2013年完成。因地质工作有少量工程控制，圈定了有详查价值的地段，为2017年详查工作提供了依据。

详查阶段：对详查区进行较详细的地质、物探工作，采用有效的勘查方法和手段，进行系统地质勘查工程控制和取样，基本查明矿体地质特征和矿石质量；基本确定矿体连续性；评价共(伴)生矿产；基本查明矿床开采技术条件和矿石加工选矿技术性能；估算控制资源量；进行预可行性研究或概略研究，为矿区规划、勘探区确定等提供地质依据，作出是否有必要转入勘探的评价，提出可供勘探范围。谭家河石墨矿开展了详查阶段的地质勘查工作,有深部地质工程,提交详查地质报告。东冲河石墨矿于2015年完成详查,已详细查明矿体规模、产状及矿石加工技术性能,正在进行矿山建设。二郎庙石墨矿完成了详查地质工作,基本确定矿体形态产状和开采、加工技术条件,于1998年建矿投产。

勘探阶段:对已知有工业价值的矿床或详查圈定的勘探区进行详细的地质、物探工作,采用有效的勘查方法和手段,进行系统勘查工程控制,加密勘查工程,提高勘查和研究程度,详细查明矿床地质特征和矿石质量;确定矿体连续性;详细评价共(伴)生矿产;详细查明矿床开采技术条件和矿石加工选矿技术性能;估算探明资源量;进行可行性研究或预可行性研究,为矿山建设设计确定矿山生产规模、产品方案、开采方式、开拓方案、矿石加工选冶工艺以及矿山总体布置提供必需的地质资料。三岔垭石墨矿1979年完成了勘探阶段的各项任务,并已进行矿山建设,1980年建成投产。

二、地质勘查遵循的基本原则

矿床地质勘查基本原则取决于勘查工作性质和实践经验积累。必须以地质科学技术为基础,以国民经济需要为前提,以找矿评价为目的,多快好省地查明和评价矿床,以满足国民经济建设对矿产资源和地质、技术经济的需要。这是地质勘查工作的根本指导思想,也是地质勘查工作必须遵循的基本原则。

1."实际出发"的原则

从"实际出发"原则是地质勘查工作最基本的原则,这是由成矿作用复杂性的地质特点决定的。从矿床实际情况出发,按实际需要决定地质勘查工作,才能收到比较符合实际的经济效果。

2."循序渐进"原则

"循序渐进"原则反映了人们对矿床认识过程的客观规律。随着地质勘查工作的逐步开展,资料的不断积累,认识的不断深化,勘查工作按照"由表及里,由浅入深,由粗到细,由已知到未知,从普查—详查—勘探"循序渐进逐步进行。各勘查阶段并非僵化、不可逾越,而是根据各个矿床具体地质特征灵活运用。

3."全面研究"原则

"全面研究"原则是由矿床勘查目的所决定的,它反映了对矿床进行地质、技术、经济全面评价的要求。勘查过程中必须对矿床地质条件,矿体的分布、形态、数量、规模,矿石质量,资源储量,矿石加工选矿技术性能,矿床开采技术条件,可行性评价,成矿规律,找矿预测等内容全面进行研究,以便指导勘查工作,全面评价矿床工业价值。

4."综合评价"原则

对主要矿产勘查评价的同时,必须对共生、伴生矿产和有益组分进行综合勘查评价,提升矿床的工业利用价值。

5."经济合理"的原则

矿床地质勘查工作是一项地质、技术、经济的综合性工作,它必然受国民经济规律所制约,贯彻经济合理的原则。基本要求是:了解分析国民经济建设的需要、市场供需动态趋势、近期和远期发展规划;加强矿床开发利用技术经济的分析研究,确定合理的工业指标和勘查程度;重视配套矿产资源和勘查评价等。在保证勘查程度的前提下,力求采取最合理的勘查方法和手段,取得最佳经济的勘查成果。

6. "绿色勘查"原则

绿色勘查理念应贯穿于固体矿产勘查的全过程。矿产勘查应尽可能选择有利于环境保护的技术、方法和工艺,最大限度减少对生态环境的扰动。勘查工程布置应合理避让生态环境敏感地段。场地选址、道路选线等应最大限度减轻对生态环境的负面影响,尽量少占地、少揭露、少毁植被。对可能影响生态环境、人身健康,严重影响产品质量的有害组分,应设计一定的工作量予以查定。注重技术创新和管理创新,提高绿色勘查的成果和效果。

上述地质勘查原则具有相辅相成的统一性,全面贯彻合理地实施勘查工作,收到速度快、质量高、投资少、效益好的勘查成果。

第二节　勘查阶段划分

勘查阶段的合理划分是找矿勘探学的基本问题之一,是提高地质勘查效果和合理开发利用矿产资源的实际问题,也是地质、技术、经济研究的重要内容和国家制定矿产资源开发利用政策的依据。

划分勘查阶段要体现各个勘查阶段的勘查目的、勘查程度、资源量可靠程度及其对矿产资源开发利用的作用。它既要符合地质勘查工作逐步深入开展的过程,又要与国家经济建设相应的技术经济评价要求相适应,是一项地质、技术、经济的综合性工作,具有生产和科研双重性质。

由于各个时期国家经济技术产业政策不同,对矿产资源需求也不同,我国地质主管部门对各个时期矿产资源勘查阶段划分方案尚不统一。

20世纪50年代:基本上采用苏联划分方案,即普查、详查、勘探阶段。

20世纪60—70年代:冶金工业部《关于冶金地质工作技术管理若干要求》,将勘查阶段划分为普查找矿(D级)、矿区评价(C+D级)、矿区勘探(B+C级)阶段;地质部《矿产储量分类规范(总则)》,将勘查阶段划分为初步普查(地质储量+部分D级)、详细普查(D+部分C级)、初步勘探(C+D级)、详细勘探(B+C级)阶段。

20世纪80年代:根据地质体制改革精神,冶金部和地质部将勘查阶段划分为普查(D级)、详查(B+C+D级)、勘探(A+B+C+D级)阶段,勘探阶段又细分为初勘、详勘、最终勘探阶段。

20世纪90年代以后将勘查阶段划分为预查(预测的资源量)、普查(推断的资源量)、详查(控制的资源储量)、勘探(探明的资源储量)阶段。

2020年对《石墨、碎云母矿产地质勘查规范》(DZ/T 0326—2018)进行了修改,为了保持与2020年国家《固体矿产资源储量分类》(GB/T 17766—2020)标准之间的协调性和一致性,将DZ/T 0326—2018中预查、普查、详查、勘探4个勘查阶段调整为普查、详查、勘探3个勘查阶段,删去了预查阶段,并经自然资源部于2020年4月30日批准,自2020年4月30日起实施。

尽管各个时期晶质石墨矿床勘查阶段划分方案尚不统一,但都基本上反映了矿产地质勘查从区域到矿区、从矿床到矿体、从粗略到详细、从单一到综合循序渐进的勘查理念。勘查过程自始自终遵循着地质工作程序,服从地质规律,形成完整体系。

黄陵基底穹隆晶质石墨矿床的地质勘查工作集中于20世纪60年代后期,跨越时期较长,当时执行的勘查阶段划分方案虽有不同,但大同小异,概括起来大致经历了预查、普查、详查、勘探4个阶段。每一个勘查阶段勘查目的、勘查内容、技术要求不同。一般而言,预查和普查阶段的勘查程度仅能作为下一步地质勘查的地质依据,只有达到勘探阶段的勘查程度的矿床才能作为矿山规划、设计、建设、开发的依据。有的中、小型矿床由于矿床地质复杂程度较为简单,不一定要达到勘探程度,达到详查阶段勘查程度即可作为矿山总体规划、建设的依据。该区三岔垭石墨矿床为大型矿床,地质工作达到了勘探程度,查明的矿体地质特征和矿石质量,所提供的地质资料可作为矿山设计、建设的依据,随后顺利建矿山选厂。二郎庙和东冲河矿区,虽只达到了详查程度,但属中小型矿床,详查资料即可作为建矿依据,因此也可先后建设矿山。

第三节 勘查研究程度

根据自然资源部《石墨、碎云母矿产地质勘查规范》(DZ/T 0326—2018)地质矿产行业标准,晶质石墨矿床各个勘查阶段主要勘查内容和技术要求如下。

一、普查阶段

1. 地质研究

区域地质:收集研究与普查区成矿有关的区域地层、构造、岩浆岩、变质岩及矿产资料,进行野外地质调查,研究成矿地质背景、控矿因素、找矿标志,大致查明成矿地质条件。收集区域物探、化探、遥感找矿信息。

矿床地质:初步查明普查区含矿层位、岩性及矿体的空间分布;初步查明普查区岩浆岩种类、期次、形态及空间分布;初步查明普查区变质岩种类、分布情况及与矿(化)体的关系;初步查明普查区内主要地质构造的性质、规模、产状及分布范围,初步了解构造对矿体的影响;初步查明普查区风化带和覆盖层的深(厚)度、分布范围。

矿体地质:初步查明矿体空间分布、数量、规模、形态、产状等地质特征;矿体中夹层种类、分布;矿石质量、品位、厚度变化规律及连续性;构造、岩体(岩脉)等因素对矿体的破坏影响程度;风化层、覆盖层分布范围、深度、厚度及对矿床开采的影响。

2. 矿石质量研究

初步查明矿石类型、矿石矿物和化学成分、矿石结构构造、品位及变化特征;初步划分矿石类型,初步了解石墨片度,初步了解共生或伴生有用(益)、有害组分的种类和含量。

3. 矿石加工选冶性能研究

类比研究或可选性试验,难选矿石进行实验室流程试验,初步评价矿石加工选冶性能。

4. 矿床开采技术条件研究

收集分析区域水文地质、工程地质、环境地质资料,初步查明矿区水文地质、工程地质、环境地质条件,为进一步开展工作提供依据。

5. 综合勘查评价

大致了解具有工业利用价值的共(伴)生矿产种类、物质组成、含量、赋存状态,评价其综合利用可能性。

二、详查阶段

1. 地质研究

区域地质:详细收集研究与成矿有关的地层、构造、岩浆岩、变质岩及矿产资料,物探、化探、遥感找矿信息,基本查明成矿地质条件。

矿床地质:基本查明详查区地层、含矿岩系、构造、岩浆岩、变质岩等地质特征,分布规律及控矿作用;构造、岩体(岩脉)地质特征及对矿体的破坏影响程度;覆盖层和风化层的分布范围、岩性、深度、厚度及对矿床开采的影响;研究变质岩地质特征及变质作用与成矿的关系。

矿体地质:基本查明矿体空间分布、数量、规模、形态、产状等地质特征;矿石质量、品位、厚度变化规律及连续性;矿体中夹层和顶底板围岩的分布、岩性、厚度;构造、岩体(岩脉)对矿体的破坏影响程度;风化层和覆盖层分布范围、深度、厚度及对矿体开采的影响。

2. 矿石质量研究

基本查明矿石类型、矿石的矿物和化学成分、结构构造、品位及变化特征;石墨片度;有益和有害组分种类、含量;研究风化作用对矿石质量的影响。

3. 矿石加工选冶性能研究

易选矿石进行实验室流程试验;难选矿石进行实验室扩大连续试验,基本评价矿石加工选冶性能。

4. 矿床开采技术条件研究

按照《矿区水文地质工程地质勘探规范》(GB 12719—91)要求,基本查明矿区水文地质、工程地质、环境地质条件,预测评估可能发生的水文地质、工程地质、环境地质问题,提出防治措施和建议,综合评价矿床开采技术条件。

水文地质:调查研究区域水文地质条件;基本查明矿床含(隔)水层、构造破碎带、风化层的水文地质特征和分布规律;地下水的补给、径流、排泄条件;地表水体与地下水水动力联系;矿床主要充水因素。初步预测露天采场最大汇水量和矿坑涌水量,评价其对矿床开采的影响。调查研究供水源的水量、水质和利用条件。综合评价水文地质条件复杂程度。

工程地质:初步划分矿床工程地质岩组,测定主要岩(矿)石力学强度。基本查明构造发育程度、岩石风化程度、软弱夹层的分布规律及工程地质特征;矿床开采范围内岩矿石的稳固性;露天采场边坡和坑道围岩的稳定性。预测矿床开采引起的工程地质问题,提出防治措施建议,综合评价工程地质条件复杂程度。

环境地质:调查了解地震、新构造活动特征,评估区域地壳稳定性。基本查明矿区地质灾害现象和有毒、有害物质种类及含量,预测矿山开采和选矿可能发生的环境地质问题,提出防治措施和建议。综合评价环境地质条件复杂程度。

5. 综合勘查评价

按照《矿产资源综合勘查评价规范》(GB/T 25283—2010)要求,基本查明具有工业利用价值的共(伴)生矿产种类、物质组成、含量、赋存状态和分布规律,评价其综合利用可能性。

三、勘探阶段

1. 地质研究

区域地质：详细收集研究与成矿有关的地层、构造、岩浆岩、变质岩及矿产资料，查明成矿地质条件。

矿床地质：详细查明地层、含矿岩系、构造、岩浆岩、变质岩等地质特征和分布规律及控矿作用；构造、岩体（岩脉）地质特征及对矿体的破坏影响程度；覆盖层和风化层分布范围、岩性、深度、厚度及对开采的影响。详细研究变质岩地质特征及变质作用与成矿的关系。

矿体地质：详细查明矿体的空间分布、数量、规模、形态、产状等地质特征；厚度、品位的变化规律及连续性；矿体中夹层和顶底板围岩的分布范围、岩性、厚度；成矿后构造、岩体（岩脉）对矿体的破坏影响程度。

2. 矿石质量研究

详细查明矿石类型、品级、矿物和化学成分、结构构造、品位及变化特征；石墨片度；有益和有害组分的种类、含量、赋存状态；研究风化作用对矿石质量的影响。

3. 矿石加工选冶性能研究

易选矿石进行实验室扩大连续试验，难选矿石进行半工业试验，必要时进行工业试验，在晶质石墨选矿试验中，应保护大鳞片石墨（+100目，0.147mm），详细评价矿石加工选冶性能。

4. 矿床开采技术条件研究

按照《矿区水文地质工程地质勘探规范》（GB 12719—1991）要求，详细查明矿区水文地质、工程地质、环境地质条件，预测评估可能发生的水文地质、工程地质、环境地质问题，提出防治措施和建议，综合评价矿床开采技术条件。

水文地质：调查研究区域水文地质条件。详细查明含（隔）水层的水文地质特征；地下水补给、径流、排泄条件；构造破碎带、风化带的富水性；地表水体的水文特征及与地下水的水动力联系；老窿分布及积水情况；矿床主要充水因素、充水方式及途径。估算露天采坑最大汇水量和坑道涌水量，评价其对矿床开采的影响。调查研究供水水源水量、水质和利用条件。综合评价矿床水文地质复杂程度。对水文地质条件特别复杂的矿床，应进行专门的水文地质评价工作。

工程地质：详细查明矿体和围岩的工程地质条件；工程地质岩组分布、性质；矿石、围岩物理力学性质；各类结构面（断层、裂隙、软弱夹层等）发育程度、分布及组合特征；覆盖层和风化层分布、深度、厚度及对开采的影响。评价露天采场边坡和坑道围岩的稳定性。预测矿床开采可能引发的工程地质问题，提出防治措施和建议，综合评价矿床工程地质条件复杂程度。对工程地质条件特别复杂的矿床，进行专门的工程地质勘查评价。

环境地质：调查了解地震、新构造活动特征，评估区域地壳稳定性。基本查明地质灾害现象，有毒和有害物质的种类、含量。预测矿山开采、选矿可能引发的环境地质问题，提出防治措施和建议；综合评价矿床环境地质条件复杂程度。

5. 综合勘查评价

按照《矿产资源综合勘查评价规范》（GB/T 25283—2010）要求，对具有工业利用价值的共（伴）生矿产进行详细综合勘查评价，详细查明其种类、物质组成、含量、赋存状态、分布规律及与主矿产关系，评价其工业利用价值。

第十一章 勘查类型

确定晶质石墨矿床勘查类型是矿床地质勘查中重要环节，其目的是借鉴以往晶质石墨矿床地质勘查经验，以正确选择勘查方法和手段，合理确定勘查工程间距和勘查工程，对矿床进行有效控制，对矿体的连续性进行有效查定，达到以最小的投入而取得最佳勘查效果。

第一节 勘查类型确定的原则

晶质石墨矿床勘查类型确定应遵循以下基本原则。

一、追求最佳勘查效果的原则

勘查工作的选择和布置要遵循矿床地质规律，从需要、可能、经济、合理等多方面综合考虑，以最少的投入而获取最佳的勘查效果。

二、从实际出发的原则

各个矿床都具有各自的地质特征，同一类型的矿床也不完全相同，影响矿床勘查难易程度的 5 个主要地质依据，因矿床而异，既有区别，又互相联系，要综合各种因素，根据矿床的实际来确定。当出现变化不均衡时，应以其中增大矿床勘查难度的主导因素为确定的主要依据，兼顾其他因素综合考虑合理确定矿床勘查类型。

三、以主矿体为主的原则

一个矿床往往由多个矿体组成，划分为主矿体和次要矿体。其中主矿体也常由一个或几个矿体构成，其资源储量一般应占矿床总资源储量的 70% 以上。确定矿床勘查类型应以主要矿体的 5 个主要地质依据来衡量。

四、允许多个勘查类型及过渡类型存在的原则

晶质石墨矿床按简单、中等、复杂3个等级一般划分为Ⅰ、Ⅱ、Ⅲ三个勘查类型。由于确定矿床类型地质因素变化的复杂性,允许期间有过渡类型存在。当矿床规模较大、其空间变化也较大时,可按不同地段矿体的地质因素特征,分区(块)或矿体确定勘查类型,不局限于一个矿床一种勘查类型。

五、在勘查实践中验证并及时修正的原则

对已确定的勘查类型,仍须在勘查实践中加以验证,随着勘查进程、认识的不断提高,若发现确定的勘查类型不符合矿床地质特征,要及时研究予以修正。

第二节 晶质石墨矿床勘查类型及确定的主要依据

按照自然资源部《石墨、碎云母矿产地质勘查规范》(DZ/T 0326—2018),晶质石墨矿床勘查类型划分为Ⅰ、Ⅱ、Ⅲ三类(表11-1)。

表11-1 石墨矿床勘查类型

勘察类型	矿床规模	主矿体形态	矿体厚度稳定程度	矿石质量稳定程度	构造复杂程度
Ⅰ	多为大型	规则	稳定	稳定	简单
Ⅱ	多为大型、中型	较规则	较稳定	较稳定	中等
Ⅲ	多为大型、中型	不规则	不稳定	不稳定	复杂

一、主矿体规模

根据主矿体的延展长度分为大型、中型、小型。
大型:矿体长度大于1000m。
中型:矿体长度500~1000m。
小型:矿体长度小于500m。

二、主矿体形态及内部结构

主矿体形态及内部结构一般分为规则(简单)、较规则(中等)、不规则(复杂)3种类型。
规则(简单):主矿体多呈层状、似层状或大透镜体,边界规则,不含或少见不连续夹层,夹石率一般小于10%。
较规则(中等):主矿体多呈似层状、透镜状,边界较规则,不连续夹层较多,夹石率一般为10%~30%。

不规则(复杂):主矿体多呈小透镜状、不规则状、扁豆状或小矿体群,边界不规则,不连续夹层很多,夹石率一般大于30%。

三、主矿体厚度稳定程度

主矿体厚度稳定程度分为稳定、较稳定、不稳定3种类型。
稳定:主矿体连续,厚度变化小或变化有规律,厚度变化系数一般小于40%。
较稳定:主矿体基本连续,厚度变化不大或变化较有规律,厚度变化系数一般为40%～70%。
不稳定:主矿体连续性差,厚度变化大或变化无规律,厚度变化系数一般大于70%。

四、矿石质量稳定程度

矿石质量稳定程度分为稳定、较稳定、不稳定3种类型。
稳定:主矿体矿石类型(品级)单一或主要矿石类型分布规则,矿石品位或其性能变化小或变化有规律,品位变化系数一般小于40%。
较稳定:主矿体主要矿石类型(品级)分布较规则,矿石品位或性能变化不大或变化较规律,品位变化系数一般为40%～70%。
不稳定:主矿体主要矿石类型分布不规则,矿石品位或性能变化大或变化规律不明显,品位变化系数一般大于70%。

五、构造复杂程度

构造复杂程度分为简单、中等、复杂3种类型。
简单:主矿体呈单斜或简单的开阔背、向斜,无较大断层及岩浆岩体或岩脉破坏,对矿体形态破坏影响小。
中等:主矿体有次一级褶曲或局部较紧密褶皱,有少数较大断层及岩浆岩体或岩脉破坏,对矿体形态有一定影响。
复杂:断层、褶皱或岩浆岩体、岩脉发育,矿体形态受到严重破坏。

第三节 黄陵基底晶质石墨矿床的勘查类型

黄陵基底穹隆晶质石墨矿床的勘查类型见表11-2。已勘查评价的6个矿床,第Ⅱ勘查类型4个,第Ⅲ勘查类型2个,说明黄陵基底穹隆晶质石墨矿床成矿地质条件为中等—复杂型,矿体多呈似层状、透镜状,小透镜矿体较多,矿体形态和内部结构规则或不规则,厚度变化较稳定或不稳定,品位变化较均匀或不均匀,断裂、岩体(岩脉)较发育,矿体受到明显破坏影响,构造复杂程度中等或严重。这与我国古老结晶基底隆起区区域变质岩型晶质石墨矿床的勘查类型规律基本类同。

表 11-2 黄陵基底穹隆晶质石墨矿床勘查类型

矿床名称	矿床规模	确定矿床勘查类型的主要地质因素					勘查类型
		主矿体规模	主矿体形态及内部结构	主矿体厚度稳定程度	矿石质量稳定程度	构造复杂程度	
三岔垭晶质石墨矿床	大型	主矿体:1号矿体,长1178m,宽55~240m,厚1.13~36.95m,最大埋深280m,倾角45°~60°,占总资源储量的75.49%。矿体规模:大型	似层状、透镜状,边界较规则,主要矿石类型分布较规则,不连续夹层较多,夹石率20%左右,主矿体形态和内部结构较规则(中等)	矿体厚度1.13~36.95m,厚度变化大。变化规律不明显,厚度变化系数大于70%,厚度变化不稳定	平均品位11.47%,矿石品位及性能变化大,变化规律不明显,品位变化系数60%左右,品位变化小	矿层有次一级褶皱,断裂,岩体(岩脉)较发育,矿体受到破坏影响,构造复杂程度:中等	Ⅱ
二郎庙晶质石墨矿床	中型	主矿体:Ⅳ-3号矿体,长1330m,宽30m,厚2.0~15.2m,最大埋深360m,倾角6°~48°,占总资源储量的89.8%。矿体规模:大型	似层状、透视状,小矿体多(10个),主要矿石类型分布较规则,不连续夹层较多,夹石率30%左右,主矿体形态和内部结构较规则(中等)	厚度2.0~15.2m,厚度变化大,变化规律不明显,厚度变化系数119%,厚度变化不稳定	平均品位7.49%,矿石品位变化小,变化有规律,品位变化系数34%,品位变化小	断裂、岩体(岩脉)较发育。矿体受到破坏影响,构造复杂程度:中等	Ⅱ
谭家河晶质石墨矿床	中型	主矿体:Ⅱ号矿体,长3750m,宽35~230m,厚1.0~17.13m,最大埋深280m,倾角42°~80°,占总资源储量的87%。矿体规模:大型	似层状、透镜状,边界较规则,主要矿石类型分布较规则,不连续夹层较多,夹石率20%左右,主要矿体形态及内部结构较规则(中等)	主矿体厚度1.0~17.13m,厚度变化较大,变化规律不明显,厚度变化系数大于70%,厚度变化不稳定	平均品位7.96%,矿石品位变化较大,品位变化系数60%左右,品位变化较小	花边褶皱、断裂、岩脉发育,对矿体破坏明显,构造复杂程度:严重	Ⅱ
谭家沟晶质石墨矿床	小型	主矿体:Ⅳ-2号矿体,长274m,厚1.26~15.21m,最大埋深208m,倾角50°,占总资源储量的35.16%。矿体规模:小型	矿体呈似层状、透镜状,小透镜状矿体多(8个),主要矿石类型分布不规则,不连续夹层多,夹石率一般大于30%,主矿体形态及内部结构不规则(复杂)	主矿体厚度1.26~15.21m,厚度变化较大,变化规律不明显,厚度变化系数大于70%,厚度变化不稳定	矿体平均品位3.55%,品位变化较大,变化规律不明显,品位变化系数50%左右,品位变化较小	矿层有次一级褶皱,断裂、岩脉较发育,矿体受到一定破坏影响,构造复杂程度:中等	Ⅲ

续表 11-2

矿床名称	矿床规模	确定矿床勘查类型的主要地质因素					勘查类型
		主矿体规模	主矿体形态及内部结构	主矿体厚度稳定程度	矿石质量稳定程度	构造复杂程度	
东冲河晶质石墨矿床	小型	主矿体：Ⅱ-2号矿体，长964m，宽78～206m，厚2.0～15.8m，最大埋深158m，倾角45°～62°，占总资源储量的63.19%。矿体规模：中型	主矿体呈似层状，其他透镜状多（8个），主要矿石类型分布较规则，不连续夹层较多，夹石率一般小于30%，主矿体形态及内部结构较规则（中等）	主矿体厚度2.0～15.8m，厚度变化不大且较有规律，厚度变化系数50%左右，厚度变化较稳定	平均品位5.79%，品位变化大，变化规律不明显，品位变化系数大于70%，品位变化大	断层、岩脉较发育，矿体受到破坏影响，构造复杂程度：中等	Ⅱ
韩家河晶质石墨矿床	小型	主矿体：Ⅶ号矿体，长170m，宽140m，厚1.09m，最大埋深905m，倾角69°～80°。矿体规模：小型	主矿体：小透镜状，矿体小而数量较多（7个），不连续夹层多，主要矿石类型分布不规则，不连续，主矿体形态及内部结构不规则（复杂）	主矿体平均厚1.09m，厚度变化较大，变化规律不明显，厚度变化系数大于70%，厚度变化不稳定	平均品位4.94%，品位变化较大，变化规律不明显，品位变化系数65%，品位变化小	断裂、岩脉发育，对矿体破坏影响较大，构造复杂程度：严重	Ⅲ

黄陵基底目前还未发现符合第Ⅰ勘查类型的石墨矿区。

第Ⅱ勘查类型（地质条件中等型）：主矿体规模多为大型、中型，矿体长500～1000m或1000m以上；主矿体形态和内部构造较规则，矿体呈似层状，大者呈透镜状，边界较规则，不连续夹层较多，夹石率一般为10%～30%；主矿体厚度稳定程度为较稳定，矿体基本连续，厚度变化不大或变化较有规律，厚度变化系数一般为40%～70%；矿石质量稳定程度为较稳定，主要矿石类型（品级）分布较规则，矿石品位或其性能变化不大或变化较规律，品位变化系数一般为40%～70%；构造复杂程度中等，矿体有次一级褶皱或局部较紧密褶皱，断层、岩浆岩体（岩脉）较发育，对矿体有一定影响破坏。例如东冲河石墨矿，主要工业矿体规模为中等，矿层主矿体（Ⅱ-2）长964m，形态较规则，呈层状、似层状。矿体厚度2.00～15.8m，变化系数73.64%，矿石品位3.00%～10.99%，平均5.70%品位变化系数35.48%。矿体呈单斜构造。矿区发现断层9条，对矿体具切割破坏作用的断层仅有F_8，规模断距较小。岩浆岩对矿体的影响轻微。符合划分为第Ⅱ勘查类型的标准。

第Ⅲ勘查类型（地质条件复杂型）：主矿体规模多为小型，矿体长度小于500m；主矿体形态和内部构造不规则，以透镜状、扁豆状、不规则形状或小矿体群断续产出，边界不规则，不连续夹层很多，夹石率一般大于30%；主矿体厚度稳定程度为不稳定，厚度变化大，变化无规律，厚度变化系数大于70%；矿石质量稳定程度为不稳定，主要矿石类型（品级）分布不规则，矿石品位或其性能的变化规律不明显，品位变化系数一般大于70%；构造复杂程度为复杂，褶皱紧密复杂，断层、岩浆岩体（岩脉）发育，矿体受到严重影响破坏。该区谭家河石墨矿为小型规模，主矿体长274m，透镜状，厚度、品位变化大，区内岩脉、断裂、次级褶皱发育，对矿体有一定破坏。符合划分为第Ⅲ勘查类型标准。

第十二章　勘查工程、勘查工程间距及勘查程度

第一节　勘查工程

根据晶质石墨矿床地质特征及矿体产出特点,采用的勘查工程主要是:地表矿体(层)采用轻型山地工程槽探、剥土、浅井(或浅钻)工程揭露;深部以钻探工程为主,配合少数坑道工程。

槽探:是系统揭露地表矿体(层)的主要工程,用于追溯和圈定覆盖层下近地表的矿体(层)或其他构造、地质界线,适用于覆盖层厚度不超过3~5m,槽探规格视揭露目的实际情况确定。为保证采样质量,需揭露到新鲜基岩,达到连续采样的目的。探槽一般垂直矿体(层)走向(或平均走向)或主要构造线方向,按一定间距布置,尽量与勘查线保持一致,探槽总体要贯通矿体厚度。当矿体形态复杂、产状不明时,也可沿矿体平均走向或根据物探资料布置。

根据槽探的作用不同,可分为主干探槽和辅助探槽。主干探槽布置在矿床的主要地质剖面或勘查线上,控制所有石墨矿层,以确定主要工业矿层;辅助探槽是加密于主干探槽之间的短槽,加密控制主要工业矿层或某一重要构造和地质界线。它们可以平行或不平行。

剥土:是在地表清除浮土覆盖层、风化层的一种工程,无一定形状,适于浮土不超过0.5~1m,主要用于取样,确定矿体厚度,追溯矿体边界或其他地质界线,要求清除至新鲜基岩。剥露面积大小及深度,视实际情况确定。

浅井:当覆盖层较厚,探槽达不到地质目的时,采用浅井(或浅钻)控制浅部矿体。它是地表向下垂直方向的地质勘查工程。断面形状一般为正方形或矩形,也有小圆井,深度一般5~10m,断面面积1~2m^2。浅井布置依矿体产状不同而异,矿体产状缓时,垂直矿体走向沿其上盘布置追溯矿体;当矿体较陡时,不易掘至矿体,在浅井下拉石门。轻型山地工程施工质量和技术要求应达到地质目的和揭露矿体、采样、编录的要求。

钻探工程:是勘查深部矿体普遍采用的主要勘查工程,在各个勘查阶段均有使用。根据钻探工程目的不同,用于系统揭露勘查矿体深部地质特征,追溯、圈定矿体,了解矿石质量、矿化深度和范围的钻探工程,称为勘查钻孔;专门用于查明构造、水文地质情况及验证物化探异常的钻探工程,分别称为构造钻孔、水文钻孔、验证钻孔。这几类钻孔在晶质石墨矿床勘查中均普遍采用。钻探工程以达到探矿目的、地质编录、采集样品为宗旨。钻探工程质量和技术要求按《地质岩心钻探规程》(DZ/T 0227—2010)执行。

坑探工程:在地形条件有利、经济合理的情况下,晶质石墨矿床勘探阶段也采用少数坑探工程,且以沿脉、穿脉水平坑道应用居多。主要用于矿体形态复杂、有用组分分布不均匀或极不均匀的情况,以检验钻探质量、求高级储量、采取工艺样品。坑探工程多布置于首采区或主要资源储量区,除用于探明矿体外,还考虑将来为矿山生产所利用。坑探工程质量和技术要求按《地质勘查坑探规程》(DZ/T 0141—1994)执行。

晶质石墨矿床勘查中所采用的勘查工程，一般是几种勘查工程联合使用，即勘查工程系统。一个具体矿床应用哪一种勘查工程系统最合理、最经济，主要取决于矿体的规模、形态、产状、复杂程度等因素，在达到评价矿床地质要求的基础上，选择技术、经济最合理的勘查工程系统。黄陵基底穹隆6个已勘查评价的晶质石墨矿床主要采用地表探槽（剥土）＋钻探工程＋物探工作系统，配合个别坑道工程。物探工作是找矿勘查中不可或缺的手段，实践表明，物探工作成果为指导勘查工作布置、深部和外围找矿、准确划分矿层提供信息。

第二节　勘查工程布置

为了有效、经济地对矿床进行勘查，勘查工作布置应遵循以下要求：

（1）各种勘查工程，按一定间距系统而有规律地布置，并尽量使各种相邻勘查工程互相联系，以利于绘制勘查线剖面和获取各种参数。

（2）勘查工程尽量垂直于矿体走向（或平均走向）、主要地质、构造线方向布置，以保证勘查工程沿矿体厚度方向控制矿体或地质、构造带。

（3）坑探工程布置要考虑与开采系统和技术要求相一致，尽可能为将来开采所利用。

（4）遵循对矿床的认识规律，勘查工程布置按照从已知到未知、由地表到深部、由稀到密的原则。

（5）勘查工程布置应采用科学合理的技术方法手段，确保质量达到相关要求，注重绿色勘查，保护生态环境。

（6）勘查工程测量一般采用全国统一的平面坐标系统和国家高程基准，测量精度应符合《地质矿产勘查测量规范》（GB/T 18341—2021）的要求。地形图比例尺和测量范围应满足地质测量与矿产资源储量估算的需要。

晶质石墨矿床勘查工程总体布置一般采用勘查线法。一组勘查工程应从地表到深部按一定间距布置在与矿体走向（或平均走向）垂直的勘查线剖面内，并在不同深度揭露或追溯矿体，以保证勘查线上的勘查工程沿倾斜方向截穿矿体，构成控制整个矿体的若干勘查线。

勘查线上可以是同一类勘查工程，而在大多数情况下是各种勘查工程的综合应用。不论勘查工程手段是单一或多种的，都必须保证各勘查工程在同一勘查线剖面内。一般情况下，各勘查线应相互平行或近似平行，便于勘查线资料整理及资源量估算。若矿体规模较大，产状变化明显时，可按具体情况划分若干地段，并采用不同方向各组平行勘查线布置。首批勘查线布置于矿体中部，然后再逐渐向外扩展布置。

不同勘查阶段勘查工程布置要求各不相同。

普查阶段：地表矿体采用轻型山地工程（探槽、剥土、浅井等）系统揭露，深部少量钻探工程控制，一般先布置施工主干勘查线上验证孔和远景孔，后布置施工主干勘查线两侧的稀疏控制孔，对主矿体达到求推断资源量控制程度。

详查阶段：按已确定的矿床勘查类型所选取的勘查工程间距和勘查网度，布置系统的各种勘查工程，对矿体进行系统控制。施工中根据勘查工程见矿情况验证矿床勘查类型，并及时调整勘查工程布设，对矿体达到求控制的资源储量控制程度。

勘探阶段：按已确定的矿床勘查类型所选取的勘查工程间距和勘查网度，布置系统的各种勘查工程，对矿体进行系统控制。对首采区或主资源量区视矿体稳定程度和矿山建设设计的需要加密勘查工程，提高勘查和研究程度，达到求探明资源量控制程度。

地表勘查工程设计要与深部勘查工程相配合。首批探槽（浅井、浅钻等）一般设计在矿体中部，然后根据所确定的距离依次向两边扩展布置其平行工程。向两边扩展时若遇矿体露头，一般用剥土代替。

当矿体成群成带出现时,则设计主干探槽,其位置选择在可能遇到平行矿体机会最大的位置。对覆盖层下倾斜的层状、似层状矿体,按照"V"形法则,判断矿层可能出现的位置。地表勘查工程设计一般要比深部勘查工程相对密集。

钻探工程设计要编制理想设计剖面图。钻孔尽量垂直矿体走向(或平均走向)上盘方向布置,对于倾角小于45°、产状平缓的矿体布置直孔;对于倾角大于45°以上的陡倾斜矿体布置斜孔;对于上缓下陡、倾角变化太大、片理发育、软硬相间、倾角大于60°的矿体,为使钻孔以理想的角度穿过矿体,按照矿体倾角随深度有规律变化的特点,可考虑设计定向孔。

坑道工程主要用于矿体形态复杂、矿石质量不均匀或极不均匀、构造破坏严重、钻探工程难以控制的复杂矿体,一般布置于首采区或主储量区。由于坑道工程工程量较大、施工技术复杂、投入费用多,设计时要有充分的地质依据和明确的目的,不但要从地质、经济效果两方面权衡,选择最佳方案设计,而且在满足地质勘查要求的前提下,尽量考虑开采时可利用的原则进行布置。坑道间的垂直距离要与开采坑道高度相一致或为其整数。在晶质石墨矿床第Ⅲ勘查类型勘探阶段对主矿体一般采用个别探矿坑道工程。

勘查工程布置施工顺序遵循由已知到未知、由浅到深、由近到远、由稀到密的原则。

由已知到未知:首先施工的勘查工程布置在地质情况最清楚、最有把握的找矿地段上,然后根据其见矿效果推测未知勘查工程。

由浅到深:先施工地表和浅部勘查工程,再逐渐向深部扩展。

由近到远:首批施工的勘查工程应为靠近矿体中心,逐渐扩展到未知地段。

由疏到密:在圈定矿体大致分布范围的基础上,首批勘查工程间距要大,根据见矿情况逐渐加密,逐渐提高勘查程度。

总之,勘查工程布置施工要分阶段逐步进行,首批勘查工程要分布在地质情况最清楚、成矿条件最有利、矿化好、矿体厚度大、延伸最有把握的地段,为下一阶段勘查工程布置提供依据。

第三节 勘查工程间距和勘查程度

一、勘查工程间距确定的原则和方法

矿床勘查工程间距是指相邻勘查工程控制矿体的实际距离。它是由矿床地质勘查经验和矿山探采实际综合研究确立的。由于各个矿床地质特征不同,在矿床地质勘查中要选取合理、经济的勘查工程间距。

确定晶质石墨矿床勘查工程间距的要求主要有:

(1)以矿床勘查类型为基础,根据矿床勘查类型、勘查阶段和探求的资源储量级别选取相应的勘查工程间距。

(2)选择的勘查工程间距应不漏掉一个具有工业价值的矿体,满足相邻勘查线剖面或勘查工程可以联系和对比。

(3)普查阶段勘查工程少,其勘查工程间距不作具体要求,但要充分考虑与后续勘查工程的衔接,投入的勘查工程量应满足求推断资源量的控制程度;详查阶段勘查工程间距是矿床勘查的基本勘查工程间距,投入的勘查工程量和勘查工程间距要满足求控制的资源储量的控制程度;勘探阶段勘查工程间距原则上是在基本勘查工程的基础上加密,提高勘查和研究程度,投入的勘查工程量和勘查工程间距要达到求探明的资源储量的控制程度。

（4）第Ⅲ勘查类型矿床由于矿体规模小、矿体形态和内部结构复杂、矿石质量变化大、构造或岩体（岩脉）对矿体破坏影响大、勘查难度大，勘查工程间距以达到控制矿体为目的。勘探阶段的勘查工程间距是矿床勘查中最密的勘查工程间距，当采用的勘查工程间距仍难获得理想的勘查效果时，可转为"边采边探"的方式，在今后的采掘过程中对矿床地质特征进一步调查，进行探采对比，总结矿床勘查经验，指导今后同类型矿床地质勘查工作。

（5）勘查工程间距可在一定范围内变化，以适应同一勘查类型不同矿床或同一矿床内各矿体（或矿段）的实际变化差异。主要矿体与次要矿体、浅部与深部、重点勘查地段与外围概略了解地段要区别对待，不能采用一成不变的勘查工程间距。

（6）矿体出露地表时，揭露和圈定矿体的地表勘查工程，应比揭露圈定深部矿体的勘查工程间距适当加密；矿体规模小、形态和内部结构复杂、矿石质量变化大、构造或岩体（岩脉）破坏影响大的地段可酌情加密。

（7）勘查工程间距按由稀到密次序进行，在矿床勘查过程中要不断检验勘查工程间距的合理性，并及时调整使其更加合理。矿床勘查类型一旦修正，其勘查工程间距也相应调整。

勘查网度是指截穿矿体的勘查工程所控制的面积，以勘查工程沿矿体走向与倾向的距离来表示。矿床勘查中要求选取合理、经济的勘查网度，即能够获得的地质成果与实际情况的误差在允许范围之内的最稀勘查密度。

合理的勘查网度取决于矿床勘查类型和查明的资源储量级别的要求以及采用的勘查技术手段等方面，达到与矿床勘查类型和资源储量级别相匹配的勘查网度。

矿床勘查类型是确定勘查网度最主要因素，从第Ⅰ到第Ⅲ勘查类型，勘查工程网度依次加密。矿体规模较大、矿体形态规则连续、沿走向和倾角变化稳定、厚度变化稳定、矿石类型（品级）单一、品位变化均匀、构造简单且对矿体影响破坏小，勘查工程间距和网度可以放稀，相反则加密。放稀或加密程度以达到控制矿体和求资源储量目的而确定。

资源量级别高低反映了勘查工程的控制程度，资源量级别越高，勘查工程控制程度越高，勘查工程间距和网度越密；相反，勘查工程间距和网度放稀。

勘查技术手段和勘查工程种类不同，勘查工程间距也不一样。一般情况下，坑道工程比钻探工程间距疏，地表勘查工程比深部勘查工程密，勘查工程比验证物化探异常验证钻探密。

根据自然资源部《石墨、碎云母矿产地质勘查规范》（DZ/T 0326—2018）探求石墨矿控制的资源储量勘查工程间距见表12-1。

表12-1 探求控制的石墨矿资源储量勘查工程间距

勘查类型	控制的基本勘查工程间距(m)	
	沿矿体走向	沿矿体倾向
Ⅰ	200	100~200
Ⅱ	150~200	100~150
Ⅲ	100	50~100

表12-1中探求石墨矿控制的资源储量勘查工程间距为参考值，并不完全适用于每个矿床，在实际矿床地质勘查中要根据各个矿床成矿地质特征，以地质勘查认识为基础，以勘查和矿山开拓工程所查明的程度为依据，对勘查工程间距和勘查网度的合理性进行求证，选取合理的勘查工程间距和网度。对于勘查工程间距不能满足要求的局部问题，如对矿床控制程度不足而存在的漏矿现象、矿体覆盖层、首采地段、控制的构造、侵入岩、破碎带等要适当增加勘查工程，勘查工程加密或放稀程度根据实际需求确定。

在实际勘查工作中，勘查范围只给出了勘查间距的选择范围，究竟何种勘查间距最经济合理，需要进行勘查间距和网度合理性求证,黄陵地区尚未见有这方面的资料,现以黑龙江柳毛石墨矿和山东南墅石墨矿为例,说明"稀空法"求证网度的应用。这两个矿区勘查时按当时的规范勘查工程的间距见表12-2。

表12-2 我国晶质石墨矿床勘查工程间距

勘查类型	勘查工程间距(m)			
	B级		C级	
	沿走向	沿倾向	沿走向	沿倾向
Ⅰ	100～200	100	200	100～200
Ⅱ	100	50～100	100～200	100
Ⅲ	50～100	50	100	50～100
Ⅳ	边采边探			

柳毛晶质石墨矿床大西沟矿段勘查时按第Ⅱ勘查类型,采用100m×50m控制B级,200m×100m控制C级,经"稀空法"验证勘查网度合理性,其稀空后的C级与B级块段勘查网度对比,矿体在平面和剖面上的面积重合率为90%～100%,平均97%;矿体形态误差指数为0～31.8%,平均0.5%;矿体平均品位相对误差为2.5%～6.2%,平均3.3%;资源储量总误差1%左右,说明C级储量勘查网度和B级储量勘查网度所圈定的矿体形态比较接近,平均品位和储量误差较小,仅个别块段误差较大。

南墅晶质石墨矿床岳石矿区一个地段探采对比,按第Ⅱ勘查类型,采用100m×50m控制B级,100m×(100～80)m控制C级,储量相对误差B级<20%,C级<40%;品位相对误差B级<10%,C级<20%;面积重合率B级>70%,C级>60%。对比表明品位相对误差不大,不影响矿山生产;储量相对误差勘查储量比开采储量小22.13%,其中主矿体相对误差为19.2%,次要小矿体为51.68%。造成资源量误差的主要原因是主矿体西部倒转重复增加了计算资源量,次要小矿体形态复杂,勘查工程控制不够,导致误差较大。

两个实例表明勘查规范的勘查工程间距及勘查网度并不完全适用于每个矿床,而且是针对控制的主矿体,要根据勘查工作的任务要求,结合矿床的具体情况,在总结勘查工作经验的基础上,合理布置勘查工程,才能收到好的勘查效果。

二、黄陵基底石墨矿床勘查工程间距和勘查程度

(一)勘查工程间距

1. 三岔垭石墨矿床

工程总体布置采用勘探线法。勘探线基本垂直矿体各矿段的总体走向布设。为控制矿段的断层及岩脉边界,铺设若干辅助勘探线。勘探工程沿勘探线布设。工程间距按第Ⅱ勘查类型,勘探要求确定为:B级储量,钻探沿走向间距80m。倾向间距40～50m;探槽间距70～80m;C级储量,钻探沿走向间距不大于160m,沿倾向间距不大于80m。

Ⅱ-Ⅰ矿段在Ⅱ号矿体先期开采地段上盘,相距为50～70m。按B级网度予以控制。

2. 谭家河石墨矿床

首先地表用探槽揭露圈定矿体,初查阶段控制间距为100m,详查地段加密至50m。对覆盖较厚的

地段,则用浅钻控制矿体产状,中深部以 200m×100m 网度用钻探控制,控制矿体斜深 250m,探查矿区总体工业远景。3 号勘探线有 ZK301、ZK302、ZK303 3 个钻孔,钻孔间距 50m,控制了主矿体(Ⅱ号矿体)产状、厚度和品位,达到详查要求。

3. 二郎庙石墨矿床

普查阶段的工程密度,浅部为 200m×100m,深部为 400m×100m,地表以 50m 间距进行控制。Ⅳ号矿体为主体矿,转为详查,掩盖区下的代槽浅孔控制斜深 5~40m,平均 25m,而其他钻孔间距为 55m×150m,平均 89m,即平均网度为 200m×89m。Ⅱ矿层钻孔间距 55~280m,平均 110m,平均网度达到 200m×110m。Ⅰ矿层钻孔间距为 150~243m,平均 200m,网度达到 200m×200m。地表工程在施工条件允许情况下,一般按 50m 间距布置。二郎庙石墨矿床 15 号勘探线施工有 ZK1053、ZK1054、ZK1055、ZK1506 四个钻孔和地表探槽,自地表至深部分别以 30m、100m、115m、70m、100m 的斜深控制矿体产状、厚度和品位,达到详查要求。

4. 东冲河石墨矿床

普查阶段以控制Ⅱ矿层为主,兼控Ⅲ矿层。以 10~110m 不等间距进行了地表槽探揭露;以 200m 的间距布设勘探线 7 条,除 8 线因地形原因未施工外,其余 6 条勘探线均以斜深 50m 对矿层进行钻探控制,0 线、16 线两条总景线,又以斜深 150m 进行了深部矿层了解;对于矿区西部地表探槽无法揭露的覆盖地段,

以 100m 间距施以代槽浅钻,并对矿区边缘的物探异常中心予以验证。详查阶段对区内普查大致查明的Ⅱ矿层、Ⅲ矿层进行钻孔加密控制;对矿区北东部新发现的Ⅱ矿层、Ⅲ矿层延伸矿段则采用地表探槽配以深部少量钻孔加以控制。

各施工 2~3 孔,控制Ⅱ矿层斜深 150~259m。探槽按 50~100m 间距对Ⅱ、Ⅲ两矿层进行揭露控制,对主要断层进行揭露。在 0 线和 16 线施工第二排钻孔,在 32 线增加 2 个孔。实际第一排孔控制Ⅱ矿层孔距为 90~120m。控制斜深 35~110m;第二排孔孔距为 400m。控制斜深 118~155m。2015 年详查采用 100m×100m 的基本间距,圈定控制的内蕴经济资源量(332 类);采用 200m×200m 的工程间距,圈定推断的内蕴经济资源量(333 类)。

(二)勘查程度

黄陵基底穹隆目前共勘查评价了 10 个晶质石墨矿床,其中大型矿床 2 个,中型矿床 3 个,小型矿床 5 个。其中达到勘探程度的矿区 1 个,达到详查程度的矿区 3 个,达到普查程度的矿区 4 个;有 2 个矿区处于调查评价阶段(表 12-3)。

表 12-3 黄陵基底石墨矿床勘查程度

矿床名称	矿床规模	勘查程度	矿床名称	矿床规模	勘查程度
三岔垭石墨矿	大型	勘探	韩家河石墨矿	小型	普查
二郎庙石墨矿	中型	详查	余家河石墨矿	小型	普查
谭家河石墨矿	中型	普查	石板垭-连三坡石墨矿	小型	调查评价
谭家沟石墨矿	小型	详查	龚家河-青茶园石墨矿	大型	调查评价
东冲河石墨矿	小型	详查	蔡家冲石墨矿	中型	普查

黄陵基底穹隆晶质石墨矿床勘查程度较高,1 个达勘探程度,5 个达详查程度,所获得的资源储量可靠性较高,为矿床的开发利用奠定了地质依据。

第十三章 采样、制样及分析测试

第一节 样品的采集

晶质石墨矿床地质勘查采集的样品种类主要有化学分析样(包括基本分析样、组合分析样、光谱全分析样、化学全分析样)、岩矿鉴定样、差热分析、X 衍射分析样,片度测定样、岩矿石物理技术性能样、选矿试验样等,为矿床评价、资源储量估算以及选冶和综合利用提供基本数据。

晶质石墨矿床是经多种地质作用形成的地质体,矿石组分复杂且分布不均匀,因此样品的代表性是取样工作的核心。采样方法多种多样,晶质石墨矿床地质勘查最常用的采样方法是刻槽法和岩矿芯半分法取样。各种采样方法适用范围、操作方法、取样效果和注意事项各不相同。其中化学分析样、体重样、选矿试验样、片度测定样测试结果是晶质石墨矿床矿体圈定、确定矿石质量、资源储量估算、矿床工业价值评价不可或缺的参数。在此仅对这 4 类主要样品的采样方法和质量要求作简要介绍。

一、化学分析样

化学分析样常用的主要种类有基本分析样、多元素分析样、组合分析样、全分析样等。基本分析样目的是查明矿石中主要有益元素含量及变化,是了解矿石质量、圈定矿体、划分矿石类型和品级进行资源储量估算的主要依据。采样方法以刻槽法、岩矿芯半分法为主。矿体露头、探槽、浅井、坑道等勘查工程中,对矿体(层)采用连续刻槽法取样。样槽断面规格和样长视矿化均匀程度、矿石类型和品级、矿体厚度确定。晶质石墨矿样槽规格一般为(5cm×3cm)~(10cm×5cm),样长 1~2m。根据三岔垭、北墅、金溪、柳毛等晶质石墨矿床地质勘查采样规格对比结果,采用 5cm×3cm 与 10cm×5cm 规格采样分析,若按允许绝对误差 0.5%~0.6%的要求,合格率达 93.5%,说明采用小规格对石墨矿质量评价同样具有代表性。

样品布置及质量要求为:

(1)样槽延伸方向要与矿体厚度方向或矿石质量变化最大方向相一致,同时要控制矿体(层)的全部厚度。

(2)按矿石类型、品级或矿层分段连续布样,同一件样品不得跨越不同矿石类型、品级或矿层。

(3)矿层中夹石大于或等于夹石剔除厚度,矿石和夹石分别取样;小于夹石剔除厚度应合并到相邻样品。

(4)矿层顶底板必须各有 1~2 件控制样。

(5)样品间距取决于取样目的和矿化均匀程度。矿化均匀,品位变化小,样品间距放稀;反之,间距加密。

探槽中样品多布置于槽壁或槽底;浅井中一般在井壁取样;坑道中可在坑壁、顶板或掌子面取样。

岩矿芯用劈样机或切割机半分法取样,1/2保留,1/2作为样品。劈开面尽量垂直于矿化集中面,两侧矿化相对均匀。当岩芯破碎,呈小岩块、岩屑、岩粉时,无法劈开,改用拣块法取样,将小岩块敲打1/2作为样品,其余岩屑、岩粉混合均匀后取一半作为样品。同一件样品不得跨越不同孔径或采取率相差较大的回次。

无论是刻槽法或岩矿芯半分法取样都要防止石墨鳞片飞溅造成贫化。样品的实际质量与理论质量的误差不大于10%。

多元素分析样是分析多种元素样品,它是在矿体的不同部位采取的代表性样品,有目的地分析若干元素,以析查矿石中可能存在的伴生有益元素种类和含量,为组合分析项目提供依据。分析项目根据矿石类型、元素共生组合规律、岩矿鉴定和光谱分析结果确定。样品数量视矿石类型、矿物成分复杂程度灵活而定。

组合分析样目的是了解矿体具有综合回收利用价值的有益组分或影响矿石选冶性能组分含量,分析结果可用于伴生有益组分储量计算或划分矿石类型或品级。一般以单工程为单位,按矿体(层)、矿石类型、品级从连续若干基本分析样副样中,按基本分析单样样长比例,计算出每件单样的质量进行组合。当矿石成分变化不大、矿层薄、单工程基本样品数量少时,可用同一矿产资源估算块级的相邻工程的同一矿体(层)、矿石类型、品级的基本分析副样组合,基本分析样的数量为几件或几十件或更多,样品质量一般缩分为100~200g。

化学全分析样目的是全面了解各矿石类型中各种元素组分的含量,以便进行矿床物质或成分研究。一般采自组合分析样副样或单独采取具有代表性的样品,每一种矿石类型不少于3件。

二、体重样

采取体重样目的是测定矿石在自然状态下单位体积的质量,用于资源储量估算。包括小体重样和大体重样。

小体重样在探槽、坑道、浅井、矿芯中按矿体(层)、矿石类型、品级分别用拣块法取样,空间分布要有代表性。每个矿石类型和品级不少于3件,总数不少于30件,样品体积一般为60~120cm³。

大体重样:在矿层表面凿取四壁及底部都平整的正方形或矩形体,全部取出,每个矿石类型采集1件,对小体重质量进行校正,样品体积一般不小于0.125m³。

三、选矿试验样

晶质石墨矿石经选矿后方可用生产工业产品,矿石选矿性能研究是矿床工业评价极其重要的内容。

选矿试验样采样目的是研究矿石选矿技术性能、选矿方法和工艺流程,为矿山设计及矿床技术经济评价提供依据。

晶质石墨矿床地质勘查中主要进行可选性试验、实验室流程试验或实验室扩大连续试验、半工业试验、工业试验。普查阶段初步评价矿石选矿性能,进行可选性试验,难选矿石进行实验室流程试验;详查阶段基本评价矿石选矿性能,易选矿石进行实验室流程试验,难选矿石进行实验室扩大连续流程试验;勘探阶段详细评价矿石选矿性能,易选矿石进行实验室扩大连续试验,难选矿石进行半工业试验,必要时做工业试验。

可选性试验目的是通过实验室初步选矿试验,了解在目前技术经济条件下能否提取矿石中有用组分,有无工业利用价值;实验室流程试验目的是取得矿石详细的可选性依据,确定最优选矿方法和工业流程;半工业试验目的是对难选的复杂的矿石在生产选厂条件下继续进行试验,检验选矿工艺流程的可行性,确定合理的技术经济指标;工业试验是对极为复杂难选矿石,为建设选矿厂最后检验选矿工艺流程的合理性和技术经济指标的试生产试验。

1. 采样原则和要求

(1)采集的样品应有充分代表性,矿石的有益有害组分、品位、结构构造、泥化等,均应与样品所代表的矿石类型、品级基本一致。

(2)采集混合矿石样时,可将矿床内各矿石类型按各自所占储量比例分采混合。

(3)为满足试验要求,应由地质、生产设计、试验单位共同商定采样要求,并编制采样设计,报上级主管部门审批。

2. 采样方法和布置要求

采样方法取决于矿石成分的复杂程度、矿化均匀程度和试验种类。可选性试验样品常用刻槽法、矿芯劈开半分法取样,质量100～300kg;实验室流程试验、半工业试验、工业试验由于样品质量大,除以上采样方法外,一般用全巷法、剥层法。其中,实验室流程试验样品质量500～1000kg;半工业试验样品质量5～10t或视实验单位设备及能力而定;工业试验样品质量随试验工业的生产规模和试验时间长短而定。

样品布置最重要的是要有代表性,在研究矿体地质特征和矿石质量的基础上,要兼顾到以下几个方面:

(1)充分利用已有勘查工程,尽量避免或减少专门的取样工程。

(2)取样点在矿床和矿体中大致分布均匀,在矿体浅、中、深部,中央与两端都要布点,兼顾各个勘查线,重点放在主矿体和首采地段。

(3)矿石类型、品级多而齐全的勘查工程列为重点取样工程,储量多的矿石类型多采。大型矿床一般在首采区取样,其他地段兼取少数代表性样品。

(4)以钻探为主要勘查手段的矿床,若确需专门坑道工程取样时,坑道应垂直于矿体走向布置,并作检查钻探质量或将来开采所利用。

(5)采集矿样要考虑矿石品位变化特征,根据变化特征分别采样。要包括一定量的顶底板围岩和夹石,因为矿床开采将会有其混入,一般露天开采混入率为5%～10%,坑采混入率为10%～20%。

(6)要考虑矿石的其他特殊性质,如含泥成分、含泥量、含水性等,这些性质都影响选矿工艺流程的复杂性。

(7)当矿体、近矿围岩和夹石中有可供综合回收的伴生有益组分,应详细研究其空间分布和赋存状态后,采取代表性样品进行综合回收试验。

四、片度测定样

片度测定样按不同矿石类型、品级用拣块法采取。样品数量大型矿床不少于150片,中型矿床不少于100片,小型矿床不少于50片。

第二节 样品制备

一、样品加工

样品的加工分为破碎(研磨)、辅助过筛和检查过筛(筛分)、混匀和缩分。样品加工和缩分的原则：缩分后样品的组成应完全符合原始样品的组成，而加工过程所用工作量则应尽可能小；样品加工过程中总质量损失率不大于5%，样品缩分误差不大于3%。为保证样品缩分后的代表性，应按切乔特经验公式操作：

$$Q = Kd^2$$

式中：Q 为缩分后样品的重量(kg)；K 为矿石中有用矿物分布不均匀程度系数；d 为样品最大颗粒的直径(mm)。

黄陵基底晶质石墨矿中有用组分石墨碳的含量为1.86%～19.10%，主要成分 SiO_2 的含量为46.51%～67.56%，Al_2O_3 的含量为11.41%～15.24%，石墨鳞片在矿石中的分布一般较均匀，品位变化系数较小，缩分系数 K 值可取0.1。少部分矿石类型复杂的矿区，样品加工时 K 值可根据实际情况试验确定。

要注意由于石墨鳞片具有韧性，磨细较困难，切不可强迫过筛或任意抛弃鳞片，造成样品品位的误差。

二、样品制备质量检查

样品制备质量应按《地质矿产实验室测试质量管理规范 第二部分岩石矿物分析试样制备》(DZ/T 0130.2—2006)的要求进行检查。

制样损耗率要求：粗碎阶段低于3%，中碎阶段低于5%，细碎阶段低于7%，计算式为：

$$损耗率(\%) = \frac{原样或最后缩分留样质量(g) - 碎筛后质量(g)}{原样或最后缩分留样质量(g)} \times 100\%$$

制样中缩分误差要求：每次缩分后两部分样品的质量差(两份差)不得大于3%。缩分质量差的计算如下式：

$$缩分质量差(\%) = \frac{|留样质量(g) - 弃样质量(g)|}{缩分前样质量(g)} \times 100\%$$

制样质量内部检查：在制样过程中，应抽取3%～5%的样品进行内部检查(大型矿不少于30件，中型矿不少于20件)，样品从原始样品第一次缩分原要弃去的一半样品中抽取，抽查的样品按正样要求的制样流程加工并进行主要分析项目的测定，检查样品与相应的正样分析结果误差按不同人员或不同时间以该分析项目的允许偶然误差(RE)判定，制样质量检查的合格率应不低于90%。

试样粒度检查应在试样制备完成后，由测试管理人员通知制样组抽查试样的编号，提取各粒级副样或分析正样，按照规定的筛号(网目)过筛，过筛率达到95%为合格。

第三节 样品送检及分析质量检查

晶质石墨矿床地质勘查化学分析样品主要有 3 类，即基本分析样、组合分析样、化学全分析样。

基本分析样：要求测定矿石中主要元素含量，是圈定矿体、划分矿石类型及资源储量估算的主要依据。晶质石墨矿床基本分析元素为固定碳，石墨精矿分析项目为影响石墨精矿提纯、深加工的有害组分 SiO_2、Al_2O_3、Fe_2O_3、CaO、MgO、S 等。分析方法按国家标准《石墨化学分析方法》(GB 3521—83)进行。

组合分析样：一般从基本分析样副样中抽取，各样品取样质量按矿层长度比例组合。分析元素一般为 V_2O_5、TiO_2、P_2O_5、SiO_2、Al_2O_3、S 等，还可增加有可能综合利用的组分。

化学全分析样：分析项目为 SiO_2、Al_2O_3、Fe_2O_3、FeO、TiO_2、CaO、MgO、K_2O、Na_2O、MnO、P_2O_5、灼失量等。全分析结果总量控制在 99.3%～100.7%之间。化学分析质量检查按《地质矿产实验室测试质量管理规范》(DZ/T 0130—2006)要求执行。将岩石矿物试样重复分析相对偏差允许限的数学模型作为实验室内部检查和外部检查判定分析结果精度的允许限(YC)。当与检查分析结果相对偏差小于或等于允许限时为合格，大于允许限时为不合格。岩石矿物试样化学分析重复分析相对偏差允许限的数学模型公式为：

$$YC = CX(14.37X - 0.126\ 3 - 7.659)$$

式中：YC 为重复分析试样中某组分相对偏差允许限(%)；X 为重复分析试样中某组分平均质量系数(%)；C 为矿体某组分重复分析相对偏差允许限系数(表 13-1)。

表 13-1 石墨化学分析项目重复分析相对偏差允许限系数

矿性代码	矿性	C	项目(%)
4527	石墨	0.67	SiO_2
		1.00	C(固定碳)、Al_2O_3、Fe_2O_3、CaO、MgO、S、灰分、挥发分

内检：内检样品由送检单位从基本分析副样中抽取，密码编号后送原实验室检测。基本分析样按样品总数的 10%抽取，组合分析样按样品总数的 3%～5%抽取。当样品数量较少时，基本分析内检样不少于 30 件，组合分析内检样不少于 10 件。边界品位以下样品不作内检。不参加资源储量估算的组合分析项目，必要时可作一定数量内外检，数量无规定。

外检：外检样品由送检单位从基本分析内检合格的正样中抽取，由基本分析实验室送指定的同等或以上资质的实验室检测。外检分析数量分别为基本分析样和组合分析样的 5%。当基本分析样品数量较少时，外检样品数量不得少于 30 件。

一般情况下，实验室内检合格率不得小于 95%，外检合格率不得小于 90%。按照《地质矿产实验室测试质量管理规范》(DZ/T 0130—2006)要求进行质量管理和监控。

仲裁分析：内、外检两者分析结果出现系统误差时，双方各自检查原因。若无法解决，则要进行第三方仲裁分析。若仲裁分析证实基本分析是错误的，并无法补救，应全部返工。仲裁分析样从外检正样中抽取，数量不少于外检样数的 20%，最少不得少于 10 件。仲裁分析送检时应将原分析方法告知仲裁分析单位。

第四节 分析测试

一、化学分析测试

(一)固定碳的测定

石墨矿的有用组分为固定碳,固定碳是指石墨矿中不挥发的固体可燃物的含量,碳质呈晶质或隐晶质石墨的形态存在。根据石墨矿品位的高低和矿床种类的不同,有多种分析方法,目前固定碳主要采用间接定碳法、非水滴定容量法和高频红外碳硫分析仪法。

1. 间接定碳法

间接定碳法亦称燃烧法,即通过灼烧测得试样的挥发分、灰分后,由总量减去挥发分、灰分量,其差值为固定碳含量。

1)挥发分的测定

称取约 1g(精确至 0.000 1g)已干燥的试样置于已恒重的双盖瓷坩埚中,平铺在坩埚底部,盖好双盖,将坩埚放在坩埚支架上,迅速放入已升温至(950±20)℃的高温炉恒温区内,立即关好炉门[3min 内炉温必须达到(950±20)℃,否则重新试验],温度上升至(950±20)℃后灼烧 7min,取出稍冷,放入干燥器中冷却至室温,称重。

按下式计算 w_1(挥发分含量):

$$w_1 = \frac{m_s + m_1 - m_2}{m_s} \times 100\%$$

式中:m_s 为试样质量(g);m_1 为空坩埚质量(g);m_2 为残渣加坩埚质量(g)。

2)灰分的测定

称取约 1g(精确至 0.000 1g)试样,平铺于已恒重的瓷坩埚中(试样厚度不超过 5mm),先放在高温炉口预热 1~2min,再送入 900~1000℃的高温炉中,稍开炉门使试样充分氧化,灼烧至无黑色斑点为止,取出稍冷,放入干燥器中冷却至室温,称重。再在同样温度下反复灼烧,直至恒重。

按下式计算 w_2(灰分含量):

$$w_2 = \frac{m_3 - m_4}{m_s} \times 100\%$$

式中:m_s 为试样质量(g);m_3 为残渣加坩埚质量(g);m_4 为空坩埚质量(g)。

按下式计算石墨矿中固定碳的含量 w(固定碳):

$$w(固定碳) = 100\% - w_1 - w_2$$

此方法对于低品位的石墨矿样,存在着较多不确定的杂质元素,灼烧后其残渣的性质和质量有可能出现不同程度的变异,影响测定结果的稳定性。所以,该方法一般用于测定固定碳含量大于 50% 的石墨矿。

2. 非水滴定容量法

称取 0.2g(精确至 0.000 1g)试样,置于预先在 1000℃灼烧过的瓷舟中,试样均匀摊开,将瓷舟放入高温炉中,在 470℃灼烧 3~4min。取出冷却后,滴加(1+1)HNO_3,使碳酸盐完全分解,在电热板上加热蒸干。放入管式炉中,在1000℃通入氧气燃烧,生成的二氧化碳用预先调至浅蓝色的异丙醇-乙醇-二乙烯三胺吸收液吸收,以百里酚酞为指示剂,用乙醇钾标准溶液(3g KOH溶于1000mL的(1+1)乙醇-异丙醇溶液)滴定至浅蓝色不褪色为终点。同时做空白试验。

按下式计算固定碳的含量w(固定碳):

$$w(固定碳) = \frac{(V_1 - V_0) \times T}{m} \times 100\%$$

式中:V_1为滴定试样溶液消耗滴定液的体积(mL);V_0为滴定空白溶液消耗滴定液的体积(mL);T为滴定液对碳的滴定度(g/mL);m为试样质量(g)。

此方法对分析条件有着严格的要求,且需要把控好滴定终点的判断。

3. 高频红外碳硫分析仪法

称取约0.05g(精确至0.0001g)试样,置于预先在1000℃灼烧过的坩埚中,缓慢加入过量的(1+1) HNO_3溶液,使其充分反应,置于低温电热板上缓慢烤干,再分次滴加蒸馏水,将试样洗涤至中性。然后转移至马弗炉中,从低温升至350℃且马弗炉的炉门应留有缝隙,充分除去有机碳,灼烧2h左右,取出冷却。于前处理过的试样坩埚中加入约0.3g铁屑助熔剂和约1.5g钨粒助熔剂,上机测定即可得固定碳含量,同时做空白试验。

此方法通过对国家标准物质——GBW03118及GBW03119石墨矿成分分析标准物质进行多次验证试验,所得结果的准确度和精密度均达到石墨矿固定碳分析检测要求,尤其适合低品位碳酸盐型石墨矿中固定碳的测定。

(二)深加工有害组分的测定

影响石墨精矿提纯、深加工的有害组分主要为S和Fe_2O_3,以黄铁矿、磁黄铁矿、褐铁矿等形式存在,其他有害成分有SiO_2、Al_2O_3、CaO、MgO等。

1. 硫的测定

硫是石墨矿中的主要有害组分,该区各石墨矿区中S的含量为0.0X%~X.XX%,测定时一般以燃烧碘量法和高频红外碳硫仪法为主,而不采用误差较大的硫酸钡质量法。

1)燃烧碘量法

在吸收瓶中加入淀粉吸收液,滴定管内加入碘酸钾标准溶液,将管炉升温至1250~1350℃,打开钢瓶让气流通过整个测定系统,控制其流量为每秒通过吸收瓶2~3个气泡,逐段检查其密封情况,当确定其不漏气后,从滴定管向吸收器滴入碘酸钾标准溶液至得到稳定的蓝色。

称取0.3~0.5g(精确至0.0001g)试样,置于瓷舟内,加入约0.5g三氧化钨。取下燃烧管端橡皮塞,将瓷舟放入管内,再用镍铬丝钩把瓷舟推入高温区,立即塞进塞子,使气体通过吸收器。待吸收液褪色时,立即从滴定管加入碘酸钾标准滴定溶液,直至保持稳定的蓝色,记下读数。

按下式计算碘酸钾标准溶液对硫的滴定度T(μg/mL):

$$T = \frac{m_1 \times A}{V_0}$$

式中:m_1为硫标样的质量(g);A为硫标样的含硫量(μg/g);V_0为滴定硫标样消耗碘酸钾标准溶液的体积(mL)。

按下式计算硫的含量$w(S)$:

$$w(S) = \frac{V \times T \times 10^{-6}}{m} \times 100\%$$

式中：V 为滴定试样消耗碘酸钾标准溶液的体积(mL)；T 为碘酸钾标准溶液对硫的滴定度(μg/mL)；m 为称取试样的质量(g)。

2) 高频红外碳硫仪法

称取约 0.05g(精确至 0.000 1g)试样，置于预先在 1000℃灼烧过的坩埚中，加入约 0.3g 铁屑助熔剂和约 1.5g 钨粒助熔剂，上机测定，同时做空白试验。

该方法的原理为试样于高频感应炉的氧气流中加热燃烧，生成的二氧化硫由氧气载至红外线分析器的测量室，二氧化硫吸收某特定波长的红外能，其吸收能与其浓度成正比，根据检测器接受能量的变化可测得硫含量。

2. 铁的测定

该区石墨矿中 Fe_2O_3 的含量为 X.XX%，主要以黄铁矿、磁黄铁矿、褐铁矿等形式存在，常用的测试方法有重铬酸钾容量法、EDTA 容量法、磺基水杨酸光度法和 1,10-邻二氮菲光度法以及原子吸收光谱法，目前采用较多的为重铬酸钾容量法和原子吸收光谱法。

1) 重铬酸钾容量法

称取 0.1g(精确至 0.000 1g)试样，置于 250mL 锥形瓶中，加少许蒸馏水润湿，加入(3+2)硫-磷混合酸 25mL，于高温电热板上加热至白烟腾空即可取下冷却。冷至无烟时，加入 25mL HCl，加热，趁热加入 $SnCl_2$ 溶液至三价铁离子的黄色消失，再加 2 滴，于冷水中冷却至室温，加 10mL $HgCl_2$ 溶液，摇匀，放置 3~5min，加水至 150mL，加入 2 滴 5g/L 二苯胺磺酸钠溶液，用重铬酸钾标准溶液滴定至紫色为终点。同时做空白试验。

按下式计算 Fe_2O_3 的含量 $w(Fe_2O_3)$：

$$w(Fe_2O_3) = \frac{(V_1 - V_0) \times T}{m} \times 100\%$$

式中：V_1 为滴定试样溶液消耗重铬酸钾标准溶液体积(mL)；V_0 为滴定试样空白溶液消耗重铬酸钾标准溶液体积(mL)；T 为重铬酸钾溶液对铁(以 Fe_2O_3 计)的滴定度(g/mL)；m 为称取试样质量(g)。

2) 原子吸收光谱法

称取 0.1g(精确至 0.000 1g)试样，置于聚四氟乙烯烧杯中，加少量去离子水润湿，加入 5mL HCl、2mL HNO_3、5mL HF、1mL $HClO_4$，于电热板上加热分解试样。蒸至白烟冒尽，取下冷却，用水冲洗烧杯内壁，并加高氯酸数滴，继续蒸至不再冒烟，重复一次，取下冷却。加入 8mL(1+1)HCl，加热溶解盐类，取下冷却，定容 100mL 待测。同时做空白试验。在原子吸收光谱仪上，于波长 248.3nm 处测量 0μg/mL、50μg/mL、100μg/mL、200μg/mL、400μg/mL、800μg/mL Fe_2O_3 标准溶液的吸光度，绘制校准曲线，同时测量空白及待测试样的吸光度，根据标准曲线计算即可得试样中 Fe_2O_3 的含量。

3. 硅的测定

该区石墨矿中 SiO_2 的含量为 XX.XX%，含量较高，一般采用动物胶凝聚质量法、聚环氧乙烷凝聚质量法及盐酸两次脱水质量法，其中盐酸两次脱水质量法手续繁冗，现在例行分析中已较少应用。

1) 动物胶凝聚质量法

称取 0.5g(精确至 0.000 1g)试样，置于预先盛有 4g 无水 Na_2CO_3 的铂坩埚中，搅拌均匀，再覆盖 1g 无水 Na_2CO_3。盖上坩埚盖，放入高温炉，在 1000℃熔融 40min，取出冷却，用滤纸擦净坩埚外壁，放入 250mL 烧杯中，盖上表面皿，慢慢加入 50mL(1+1)HCl，待剧烈反应停止后，加热使熔块脱落，洗出坩埚和坩埚盖。如有结块，用玻璃棒压碎。盖上表面皿，置于沸水浴上蒸发至湿盐状，取下冷却，用玻璃棒压碎盐类。加入 20mL HCl，加热微沸 1min，将烧杯置于 70℃水浴中，加入 10mL 10g/L 的动物胶溶液，充分搅拌 1min，并在水浴上保持 10min，取下。用水冲洗表面皿，加热水至约 40mL，搅拌使可溶性盐类溶解，用中速定量滤纸过滤，滤液收集于 250mL 容量瓶中。将沉淀全部转入滤纸上，用(5+95)HCl 洗涤沉淀与烧杯各数次，并用一小片滤纸擦净玻璃棒和烧杯，再用水洗沉淀和滤纸至无氯离子。

将滤纸连同沉淀放入铂坩埚内，低温灰化后，于 1000℃ 灼烧 1h。取出稍冷后，放入干燥器中冷却 20min，称量。再在 1000℃ 下反复灼烧 30min 直至恒量。沿坩埚壁加 3～5 滴水润湿沉淀，加 10 滴 (1+1)H_2SO_4、5mL HF，加热蒸发至白烟冒尽，将坩埚连同残渣置于 1000℃ 高温炉中灼烧 30min，取出稍冷后，放入干燥器中，冷却 20min，称量。再在 1000℃ 下反复灼烧 30min 直至恒量。两次质量之差与滤液中残余 SiO_2 相加即为试样中 SiO_2 含量，滤液中残余 SiO_2 可用硅钼蓝光度法进行比色测得其中 SiO_2 含量。

2) 聚环氧乙烷凝聚质量法

称取 0.5g（精确至 0.0001g）试样，置于预先盛有 4g 无水 Na_2CO_3 的铂坩埚中，搅拌均匀，再覆盖 1g 无水 Na_2CO_3。盖上坩埚盖，放入高温炉，在 1000℃ 熔融 40min，取出冷却，用滤纸擦净坩埚外壁，放入 250mL 烧杯中，盖上表面皿，慢慢加入 50mL(1+1)HCl，待剧烈反应停止后，加热使熔块脱落，洗出坩埚和坩埚盖。如有结块，用玻璃杯压碎。盖上表面皿，置于沸水浴上蒸发至约 10mL，取下，冷却。加 10mL HCl，加 5mL 1g/L 聚环氧乙烷溶液，搅匀。放置 5min，加热约 30min，搅拌使可溶性盐类溶解，用中速定量滤纸过滤，滤液收集于 250mL 容量瓶中，将沉淀全部转入滤纸上，用(1+5)HCl 洗涤沉淀与烧杯各数次，并用一小片滤纸擦净玻璃棒和烧杯，再用水洗沉淀和滤纸至无氯离子。

将滤纸连同沉淀放入铂坩埚内，低温灰化后，于 1000℃ 灼烧 1h，取出稍冷后，放入干燥器中冷却 20min，称量。再在 1000℃ 下反复灼烧 30min 直至恒量。沿坩埚壁加 3～5 滴水润湿沉淀，加 10 滴 (1+1)H_2SO_4、5mL HF，加热蒸发至白烟冒尽，将坩埚连同残渣置于 1000℃ 高温炉中灼烧 30min，取出稍冷后，放入干燥器中，冷却 20min，称量。再在 1000℃ 下反复灼烧 30min 直至恒量。两次质量之差与滤液中残余 SiO_2 相加即为试样中 SiO_2 含量，滤液中残余 SiO_2 可用硅钼蓝光度法进行比色测得其中 SiO_2 含量。

4. 铝的测定

该区石墨矿中 Al_2O_3 的含量为 XX.XX%，最常用的测定方法为氟化物取代 EDTA 容量法及电感耦合等离子体发射光谱法，但高于 10% 的 Al_2O_3 在采用电感耦合等离子体发射光谱法时会有一定误差，需要采用国家标准物质校正，因此此处主要讨论氟化物取代 EDTA 容量法。

分取 25mL 碱熔系统分析溶液，置于 250mL 烧杯中，加 10mL 0.1mol/L 的 EDTA 溶液，放入一小片刚果红试纸，用(1+1)氢氧化铵调至刚果红试纸变红色，盖上表面皿，加热煮沸 2～3min，取下，加 10mL 乙酸-乙酸钠缓冲溶液，放冷水中冷却。用水冲洗表面皿及烧杯壁，加 2～3 滴二甲酚橙指示剂，滴加 5% 乙酸锌溶液至近终点，再用 0.01mol/L 乙酸锌标准滴定溶液滴定至橙红色为终点。立即加入 5mL 20% 氟化钾溶液，搅匀，用玻璃棒压住刚果红试纸，再煮沸 3min，取下立即放流水中冷却，用乙酸锌标准滴定溶液滴定至橙红色为终点，记下读数，此为铝、钛合量。将 TiO_2 结果乘以 0.6381，从铝、钛合量结果中减去即为试样中 Al_2O_3 含量。

按下式计算 Al_2O_3 的含量 $w(Al_2O_3)$：

$$w(Al_2O_3) = \frac{(V_1 - V_0) \times T \times V \times 10^{-3}}{m \times V_2} \times 100 - TiO_2\% \times 0.6381$$

式中：V_1 为滴定试样溶液消耗乙酸锌标准滴定溶液体积(mL)；V_0 为滴定试样空白溶液消耗乙酸锌标准滴定溶液体积(mL)；T 为乙酸锌标准滴定溶液对三氧化二铝的滴定度(mg/mL)；V 为试样溶液总体积(mL)；m 为试样量(g)；V_2 为分取试样溶液体积(mL)；0.6381 为二氧化钛对三氧化二铝的换算因数。

5. 钙、镁的测定

该区石墨矿中 CaO 的含量为 0.XX%～X.XX%；MgO 的含量为 X.XX%，一般采用原子吸收光谱法和电感耦合等离子体发射光谱法。

1)原子吸收光谱法

称取 0.1g(精确至 0.000 1g)试样,置于聚四氟乙烯烧杯中,加少量去离子水润湿,加入 5mL HCl、2mL HNO_3、5mL HF、1mL $HClO_4$,于电热板上加热分解试样。蒸至白烟冒尽,取下冷却,用水冲洗烧杯内壁,加高氯酸数滴,继续蒸至不再冒烟,重复一次,取下冷却。加入 8mL(1+1)HCl,加热溶解盐类,取下冷却,加入 10mL 50mg/mL 氯化锶溶液,定容 100mL 待测。同时做空白试验。在原子吸收光谱仪上,分别于波长 422.7nm 和 285.2nm 处测量 0ug/mL、50μg/mL、100μg/mL、200μg/mL、300μg/mL、500μg/mL CaO 和 MgO 标准溶液的吸光度,绘制校准曲线,同时测量空白及待测试样 CaO 和 MgO 的吸光度,根据标准曲线计算即可得试样中 CaO 和 MgO 的含量。

2)电感耦合等离子体发射光谱法

称取 0.1g(精确至 0.000 1g)试样,置于聚四氟乙烯烧杯中,加少量去离子水润湿,加入 5mL HCl、2mL HNO_3、5mL HF、1mL $HClO_4$,于电热板上加热分解试样。蒸至白烟冒尽,取下冷却,用水冲洗烧杯内壁,加高氯酸数滴,继续蒸至不再冒烟,重复一次,取下冷却。加入 8mL(1+1)HCl,加热溶解盐类,取下冷却,定容 100mL。同时做空白试验,上机测定得试样中 CaO 和 MgO 的含量。

(三)其他组分的测定

1. 化合水(H_2O^+)的测定

化合水包括结构水和结晶水。结构水是以化合状态的氢或氢氧基存在于矿物的晶格中,因组成岩石的矿物不同,结构水的含量和释放的温度也不同。结晶水与矿物的结合稳定性比结构水差,它是以水的分子状态存在于矿物的晶格中。化合水的测定方法有管炉法、用 U 型双球管冷凝的管炉法和气相色谱法,其中管炉法操作复杂,气相色谱法测定范围仅为微克级,实际分析中双球管法应用较为广泛。

将双球管和长颈漏斗洗净、烘干,双球管称重,称取 1.0g(精确至 0.000 1g)试样,通过长颈漏斗将试样导入双球管末端的玻璃球中,再称重盛有试样的双球管。在双球管开口的一端上塞有毛细管的橡皮塞,用浸过冷水的湿布缠住中间的空球,把管子放在水平的位置上,使开口一端稍微向下倾斜,用喷灯从低温到高温灼烧装有试样的玻璃球,不时转动管子,使之受热均匀,以免玻璃球软化下垂,并不时向湿布处滴冷水,使逸出的水分充分冷却。再强烈灼烧 15min 后,将末端玻璃球烧熔拉掉(不能把试样流入玻璃管中)。取下,冷却至室温,取去湿布及橡皮塞,用干布擦干双球管外壁,称重双球管。将带水的玻璃管置于 105~110℃的烘箱烘 2~3h 至干,取出,冷却至室温,称重。由两次质量之差,计算化合水的含量。

按下式计算化合水 H_2O^+ 的含量 $w(H_2O^+)$:

$$w(H_2O^+)=\frac{m_1-m_2}{m_3-m_4}\times 100\%$$

式中:m_1 为玻璃管与水的质量(g);m_2 为除去水分后玻璃管质量(g);m_3 为双球管与试料质量(g);m_4 为双球管空管质量(g)。

2. 吸附水(H_2O^-)的测定

吸附水是试样颗粒表面吸附的水分,其含量与试样粒度及大气相对湿度有关,因此在不同地区或不同时间其量会有变化。吸附水是分析结果的"基线",各种成分含量的相互比对是建立在干燥试样基础上的。吸附水的测定方法为质量法。

称取 1g(精确至 0.000 1g)试样,置于恒量的称量瓶中,轻轻晃动使试样均匀平铺于底部,半开瓶盖,置于已升温至 105~110℃的烘箱内干燥 2h。取出,盖严瓶盖。稍冷后,放入干燥器中,冷却至室温,称量(称量前微启瓶盖,使瓶内压力与大气压平衡)。再放入烘箱中,在相同温度下干燥 30min,取出冷却,称量,直至恒量。

按下式计算吸附水 H_2O^- 的含量 $w(H_2O^-)$:

$$w(H_2O^-) = \frac{m_1 - m_2}{m} \times 100\%$$

式中:m_1 为烘样前试样与称量瓶质量(g);m_2 为烘样后试样与称量瓶质量(g);m 为称取试样质量(g)。

3. 二氧化碳的测定

二氧化碳的测定方法目前有非水滴定法和质量法,质量法步骤较为复杂,但准确度高。

1) 非水滴定法

称取 0.1g(精确至 0.000 1g)试样,置于空的锥形瓶中,加入 50mL 煮过的蒸馏水,摇匀,塞紧瓶塞。从加酸器中加入 10mL(1+1)H_3PO_4 并打开旋塞,使其慢慢流入锥形瓶中,加热煮沸分析试样。此时产生的二氧化碳经洗气瓶进入吸收器中,吸收液蓝色变浅褪色,滴加滴定液至全部溶液为稳定的浅蓝色为终点。

按下式计算二氧化碳的含量 $w(CO_2)$:

$$w(CO_2) = \frac{(V_1 - V_0) \times T}{m} \times 100\%$$

式中:V_1 为试样消耗滴定液的体积(mL);V_0 为试样空白消耗滴定液的体积(mL);m 为称取试样质量(g);T 为滴定液对二氧化碳的滴定度。

2) 质量法

称取 1~2g(精确至 0.000 1g)试样,放入锥形瓶中,加水少许,使分液漏斗下端浸入水中。卸下吸收管,慢慢抽气 20~25min,以排除放入试样时所进入的二氧化碳。同时让水通入冷凝管中。将吸收管重新装上,向分液漏斗注入 15~20mL(1+9)HCl,打开仪器上所有 U 型管活塞,并开始向锥形瓶中逐滴加入盐酸。打开吸气水瓶及分液漏斗的活塞,调节气流以每秒两个气泡的速度通过仪器。通气 15~20min。停止抽气并将所有活塞关闭,卸下 U 型管,在干燥器中放置 30min 后称量。

按下式计算二氧化碳的含量 $w(CO_2)$:

$$w(CO_2) = \frac{m_1 - m_0}{m} \times 100\%$$

式中:m_1 为试样测定后吸收管的质量(g);m_0 为试样测定前吸收管的质量(g);m 为称取试样质量(g)。

(四)磷的测定

磷的传统分析方法有磷钒钼黄光度法和磷钼蓝光度法,近年还有 X 射线荧光光谱法和电感耦合等离子体发射光谱法等方法测定磷。

1. 磷钒钼黄光度法

称取 0.5g(精确至 0.000 1g)试样,置于铂坩埚中,以水润湿,加入 1mL 硫酸、1mL 硝酸、10mL 氢氟酸,将坩埚置于低温电热板上加热分解。蒸发至冒白烟,取下冷却,用水冲洗坩埚内壁,再加热至白烟冒尽,取下冷却,加入 1mL 硝酸,加 10mL 水,加热浸取。移入 50mL 容量瓶中,分取 10mL 分液于 100mL 容量瓶中,加入 20mL 钒钼酸铵显色剂,用水稀释至刻度,摇匀。放置 30min 后,在分光光度计上于波长 420nm 处,以试剂空白为参比测量其吸光度,对比校准曲线可得相应的磷的含量。

2. 磷钼蓝光度法

称取 0.5g(精确至 0.000 1g)试样,置于 200mL 烧杯中,盖上表面皿,加入 10mL 硝酸、5mL 盐酸、低温加热至试样溶解,再加入 10mL 硫酸,继续加热至冒白烟 2min。冷却后加入 8mL 氯化铁溶液、50mL 温水,加热溶解盐类,用中速滤纸过滤,温热硝酸溶液洗净。将滤液收集于 300mL 烧杯中,用水稀释至 200mL,加入 5mL 过氧化氢,边搅拌边加入氢氧化铵中和至沉淀刚好出现并过量 10mL,搅拌,再加入 2mL 过氧化氢,立即用中速滤纸过滤,温水洗净,弃去滤液和洗液。分次加入 50mL 温热硝酸溶解滤纸上的沉淀于原烧杯中,用温热硝酸洗净滤纸。加入 10mL 高氯酸,加热蒸发至高氯酸冒烟,并浓缩至溶液体积约为 5mL。取下冷却,加入 30mL 温水,加热溶解盐类,过滤,温水洗净,滤液收集于 100mL 容量瓶中,冷却至室温,以水稀释至刻度,混匀。移取 10mL 溶液于 100mL 容量瓶中,加入 10mL 亚硫酸氢钠溶液,摇匀,在沸水浴中加热至无色,立即加入 25mL 显色溶液,摇匀,再于沸水浴中加热 15min,流水冷却至室温,以水稀释至刻度,混匀。于分光光度计上 825nm 波长处,以试剂空白为参比,测定吸光度,对比校准曲线可得相应磷的含量。

(五)多元素的测定

1. X 射线荧光光谱法

试样用无水四硼酸锂熔融,以硝酸铵为氧化剂,加氟化锂和少量溴化锂作助熔剂与脱模剂,试样与熔剂的质量比为 1∶8,在熔样机上于 1150℃熔融,制成玻璃样片,用 X 射线荧光光谱仪进行测量。该方法可测二氧化硅、三氧化二铝、全铁、氧化镁、氧化钙、氧化钾、二氧化钛、五氧化二磷等的含量。

采用镶边粉末压片法制样,可用偏振能量色散 X 射线荧光光谱仪测量氧化钾、氧化钙、二氧化钛、全铁、铜等元素的含量。

2. 电感耦合等离子体发射光谱法

试样用硝酸、盐酸、氢氟酸、高氯酸分解,赶尽高氯酸,用(1+1)盐酸溶解后,可用电感耦合等离子体发射光谱仪测定氧化钙、氧化镁、三氧化二铁、三氧化二铝、氧化钾、铜、磷等的含量。

3. 电感耦合等离子体质谱法

试样用氢氟酸、硝酸、硫酸分解并赶尽硫酸,用王水复溶,经(3+97)硝酸稀释后,可用电感耦合等离子体质谱仪测定 15 个稀土元素的含量。

二、矿石体重测定

1. 小体重

小体重用封蜡排水法或塑封法测定。

封蜡排水法:分别测定干样品质量、封蜡体积及质量,用下式求得:

$$XT = P_1 \Big/ \Big(V - \frac{P_2 - P_1}{d}\Big)$$

式中:P_1 为干样品质量(g);P_2 为封蜡样品质量(g);V 为封蜡样品体积(cm^3);d 为蜡密度(一般为 0.93g/cm^3);XT 为小体重(g/m^3)。

塑封法:原理同封蜡排水法,其区别是用塑料袋替代封蜡,测定塑封样质量和体积,用下式求得:

$$XT = P/V$$

式中:XT 为小体重(g/m^3);P 为塑封样质量(g);V 为塑封样体积(cm^3)。

2. 大体重

测定矿石样所占空间体积，称取所采矿石质量，按下式求得：
$$DT = P/V$$
式中：DT 为大体重(t/m^3)；P 为所采矿石质量(t)；V 为矿石样空间的体积(m^3)。

晶质石墨矿床地质勘查中矿石体重多测定小体重值，每一矿石类型不少于3件，矿床小体重测定总数不少于30件，一般规格为 $60\sim120cm^3$。大体重按矿石类型测定1件，对小体重质量进行校正，样品规格不小于 $0.125m^3$。

三、石墨鳞片片度测定

晶质石墨矿床石墨鳞片片度及其分布情况，对评价矿床的工业价值和研究矿床成矿规律具有重要意义。石墨鳞片片度代表石墨的结晶程度，它与母岩的变质程度密切相关。一般来说，赋存于变质程度达到角闪岩相或麻粒岩相深变质岩中的石墨，其片度要大一些，而赋存于绿片岩相变质程度较浅岩石中石墨片度要小。同时，混合岩化作用常可使石墨重结晶而片度加大。

目前研究石墨鳞片片度主要采用野外目估、镜下鉴定及选矿后精矿筛析方法。野外目估不够准确，但通过与已知石墨鳞片片度样品测定结果对比积累经验，可概略分析石墨片度的分布特点，这是研究石墨鳞片片度的基础工作。在地质编录中要注意识别石墨鳞片集合体与其他片状矿物嵌布而形成的假象。镜下鉴定是在野外观察的基础上，采集代表性矿石标本，平行片理切制光片，按不同等级在镜下测定鳞片大小，并计算各目级所占百分比。由于石墨片度变化较为复杂，镜下测定光片数量不多而往往缺乏代表性，因此要求：大型矿床光片数量一般不得少于150片，中型矿床不少于100片，小型矿床一般不少于50片。

选矿后精矿筛析方法，可利用选矿试验精矿筛析结果，按不同等级分别计算其含量百分比。

需要指出的是：

(1)关于石墨鳞片片度分级及其划分标准，以往各个矿床勘查中不尽一致，影响资料的可比性。由于石墨鳞片的长度、宽度、厚度相差较大，不像颗粒矿物那样较为均匀，在野外观察时通常是按鳞片最长方向尺寸来统计；镜下鉴定往往是按石墨鳞片在光片中所占面积来统计；选矿精矿筛析方法则是通过不同筛眼的鳞片质量百分比统计，各有特点，又存在局限性。目前在石墨矿床地质勘查规范中对晶质石墨鳞片片度统计分级标准作了界定，即按 <100 目(0.147mm)、100~80 目(0.175mm)、80~50 目(0.287mm)、>50 目 4 个等级分别测定计算，便于资料对比。

(2)关于石墨鳞片片度测定方法，无论是镜下鉴定或是选矿精矿筛析方法都还存在一定的局限性。镜下鉴定由于石墨鳞片未分离，只能测定石墨鳞片的面积百分比；选矿精矿筛析结果，可以较精确地反映各级片度石墨所占质量百分比，但选矿试验量很少，样品是从不同矿石类型和不同矿体采集组合样，只能反映某一矿石类型石墨鳞片片度的总体情况，难以反映矿床各个部位石墨鳞片片度的变化。同时，在选矿加工过程中有些石墨鳞片受到破坏，不同选矿方法或不同流程，其选别效果也不一致，也难以反映石墨鳞片的自然状态。因此，进一步改进石墨鳞片片度测定工作，探求简易可行的测定方法，仍然是晶质石墨矿床地质勘查中有待研究的课题。当前，鉴于石墨鳞片片度测定方法的局限性，虽然资料的准确性和代表性受到一定的影响，但在晶质石墨矿床地质勘查评价中，注意综合各种测定方法资料，结合矿床地质特征，研究石墨鳞片分布规律，仍能为矿床工业评价、选矿设计合理流程和技术参数、提高精矿含碳量和大鳞片石墨产率提供有益资料。

第十四章 资源量估算

第一节 工业指标

矿床工业指标是在当前国家经济、技术政策条件下，矿床应达到工业利用的指标体系，它是评价矿床工业价值、圈定矿体、估算资源量的依据。

矿床地质勘查阶段采用的工业指标有两种情况：一是采用当时地质勘查规范所制定的工业指标（或称一般工业指标）；二是采用由地质勘查部门提出矿床工业指标建议书，主管部门委托有资质的设计单位进行技术经济论证，提出矿床工业指标推荐书，报矿产储量管理部门审批下达的方式取得的指标。晶质石墨矿床地质勘查多采用各个时期国家制定行业标准一般工业指标。

随着不同时期国家经济、技术、产业政策的调整，矿产资源供需形势的变化，以及科学技术的进步、矿产选冶技术的提高、矿产资源利用领域的扩展，国家对晶质石墨矿床评价的工业指标进行了多次修改。

矿床工业指标由矿石质量指标和矿床开采技术条件指标两部分组成。

2018年前晶质石墨矿床地质勘查执行行业标准 DZ/T 0207—2002，如表14-1所示。

表14-1　2002年晶质石墨矿床一般工业指标

类型	固定碳含量(%)		可采厚度(m)	夹石剔除厚度(m)	剥采比(m^3/m^3)
	边界品位	工业品位			
风化矿石	2～3	2.5～3.5	露天开采 2～4	露天开采 1～4	≤3∶1～4∶1
原生矿石	2.5～3.5	3～8			

注：DZ/T 0207—2002。

2018年晶质石墨矿床地质勘查执行行业标准 DZ/T 0326—2018，如表14-2所示。

表14-2　2018年晶质石墨矿床一般工业指标

矿石品位(固定碳含量)(%)		可采厚度(m)		夹石剔除厚度(m)	
边界品位	工业品位	露天开采	地下开采	露天开采	地下开采
≥2	≥2.5	2～4	1～2	2～4	1～2

注：DZ/T 0326—2018。

矿床开采技术条件（露天开采）：

最终开采边坡角：≤55°，采深高度<100m，边坡围岩稳定性好边坡角≤60°。

剥采比(m^3/m^3)：≤3∶1，超过3∶1时应做工业指标论证。

最低开采标高:一般不低于矿区最低侵蚀基准面,低于矿区最低侵蚀基准面应做工业指标论证。

最终底盘最小宽度:大、中型矿床≥40m,小型矿床≥20m。

爆破安全距离:不小于300m。

我国部分晶质石墨矿床所采用的一般工业指标见表14-3。

表14-3 我国部分晶质石墨矿床所采用的一般工业指标

矿床名称	固定碳含量(%)		可采厚度(m)	夹石剔除厚度(m)	剥采比(m^3/m^3)
	边界品位	工业品位			
黑龙江鸡西柳毛晶质石墨矿床	≥3	Ⅰ级≥10 Ⅱ级≥5	2	2	—
新疆奇台苏吉晶质石墨矿床	≥2.5	≥3	1	1	4
山东莱西南墅晶质石墨矿床	风化矿≥2	≥2.5	1	1	—
	原生矿≥2.5	≥3.0	4	4	
山东海阳部域晶质石墨矿床	≥3.0	≥4.0	2	2	—

黄陵基底穹隆晶质石墨矿床资源储量估算工业指标多采用 DZ/T 0207—2002 一般工业指标,原生矿石边界品位(固定碳含量)≥2.5%,工业品位≥3%,可采厚度≥1m,夹石剔除厚度>2m。例如三岔垭石墨矿在勘查接替资源时采用的工业指标为:边界品位≥2.5%;工业品位≥3%;地下开采可采厚度1m;夹石剔除厚度2m。该区多数石墨矿采用的边界品位为≥2.5%,工业品位≥3%。由于晶质石墨矿床地质勘查时期不同,采用的当时工业指标有所差异,这直接影响矿体圈定和资源储量估算结果,从矿床工业指标制定的沿革对比来看,边界品位和工业品位都有所降低,按照当时工业指标圈定的矿体规模可能将有所扩大,资源量将有所增加,建议在矿山后期报告编制过程中,按现执行的工业指标重新圈定矿体,估算资源量,扩大矿床规模,延长矿山服务年限。考虑到晶质石墨特殊的物理特性、用途及经济价值,根据各个矿床的实际,在选取工业指标时,还应参考以下情况:

(1)由于晶质石墨矿床石墨鳞片片度不同,其工业用途及经济价值相差甚大,在制定勘查工业指标时,应根据正目石墨含量的高低,采用相应高低的边界品位和工业品位,即正目石墨含量高者品位要求可低,反之则品位要求高。对应边界品位和工业品位的正目石墨含量要求,一般可掌握在40%~60%之间。所谓正目石墨含量,是指矿石经选矿所获得的精矿筛析后,+100目(0.147mm)石墨在精矿中所占的百分比。

(2)石墨鳞片片度的大小及不同大小鳞片的相对含量对晶质石墨精矿的用途和价格影响很大,单晶鳞片愈大愈好,但有时容易将晶质石墨鳞片集合体误认是大个单晶而造成评估失误。

(3)晶质石墨同一矿体风化部分和未风化部分矿石的硬度、松散度、可选性、采矿和选矿工艺及设备、生产成本等都有相当大的差别,应详细划分,采用不同的工业指标。风化矿石较原生矿石易采、易选,成本低。晶质石墨矿山一般都附设选矿厂,选成精矿,才能投入市场,因此要研究矿石可选性及选矿成本因素。

(4)探采实践表明,大型矿山或机械化程度高的矿山,可采厚度和夹石剔除厚度可采用2~4m,小型矿山1~2m,勘探阶段按1~2m厚度考虑。晶质石墨矿床一般品位都不高,工业指标中对石墨品位的要求即使相差仅1%,也会对资源储量估算、采出的矿量及投资效益产生很大的影响。

第二节 矿体圈定

一、矿体边界线种类

矿体边界线有以下几种：

(1)矿体边界线(尚难利用资源边界线)按边界品位圈定的矿体界线，它与可采边界线之间的矿量为尚难利用资源量。

(2)工业矿体界线(可采边界线)按最低工业品位和最小可采厚度确定的基点连线，用于圈定工业矿体的边界位置。

(3)矿石类型与品级边界线在工业矿体(可采边界线)范围内，按矿石类型或品级要求标准圈定的分界线。

(4)资源储量级别界线：按不同资源储量级别圈定的界线。

二、矿体圈定

1. 单工程矿体边界基点的确定

(1)据截穿矿体单个工程连续样品分析结果，大于或等于边界品位的样品全部圈入矿体。但应满足矿体平均品位大于或等于最低工业品位，厚度大于或等于最小可采厚度。

(2)矿体内连续多个样品的品位大于边界品位而小于最低工业品位时，允许小于夹石剔除厚度的样品进入矿体。

(3)若矿体一侧或两侧为厚度大且成片分布低品位矿时，应单独圈定。矿体顶、底"穿靴戴帽"的样品应小于夹石剔除厚度。

(4)一个矿体中剔除夹石后，大于或等于夹石厚度一侧的样品可并入主矿体，小于夹石厚度的样品不能进入矿体。

(5)在圈定矿体内，品位低于边界品位的样品，当其厚度小于夹石剔除厚度且不能分采时，则不必圈出，仍作为工业矿石对待；否则，必须圈出作夹石处理，但不能参加平均品位和矿体真厚度计算。

2. 矿体连续性的圈定

两个相邻见矿工程的矿体均合乎工业指标要求，赋存的部位互相对应，符合地质规律，在剖面上将这两个工程所见矿体连接为同一矿体。在圈定时要遵循以下原则：

(1)在资源量估算剖面图或平面图上的矿体连续，一般以直线连接。

(2)若用曲线圈定矿体时，工程之间的矿体推绘厚度不应大于相邻见矿工程矿体的实际厚度。

(3)两工程所见为同一矿体，若矿石类型或品级或资源储量类别不一致或一致时，前者互为对角线尖灭连接，后者直接连接。

(4)若见矿工程之间的矿体被断层或岩脉切割，则在允许的间距范围内，矿体据地质规律分别推绘至断层或岩脉边界。

(5)矿体内夹石层位相同、部位对应、地质特征一致，则相连成同一夹层。

(6)对于形态复杂、具有不同产状的分支或交叉矿体要划分出分支。当只有单工程见矿，且矿体厚度小于夹石厚度时,不能列为"分支"矿体。

3. 矿体外推原则

(1)有限外推:两个相邻工程,一个见矿且达到工业指标要求;另一个不见矿或仅见矿化(品位大于边界品位1/2以上),用有限外推原则确定边界点。前者推工程间距1/2尖灭(专业术语);后者推工程间距2/3尖灭或用内插法确定边界点。

(2)无限外推:见矿工程外无工程控制,或未见矿工程到见矿工程之距离远大于勘查时所要求的控制间距,由见矿工程向外推断矿体边界。主要依据自然尖灭法推断,也可推断相应勘查网度的1/2、1/3或1/4(视见矿工程矿体品位和厚度灵活采用)。若见矿工程矿体厚度或品位等于或接近工业指标要求,原则上不应外推,可用自然尖灭法圈定。当勘查工程过稀、间距太大时,不应机械强调外推距离,本着合理性原则外推。

(3)内插法:可采边界基点的确定一般用内插法确定。它适用于有用组分(或厚度)呈均匀渐变的情况。当两相邻见矿工程,一个合乎工业要求,另一个达不到工业要求,可采边界基点在两工程间直接内插;若另一个工程未见矿,先确定零点边界,再在零点边界点与见矿工程间内插确定可采边界基点。内插法有图解法和计算法。

需要注意的是,由于晶质石墨矿体形态不像沉积矿床矿体那样较为规则,变化相对较大,在计算外推资源量时,矿体外推部分要有充分的地质依据。对于单剖面单工程控制的矿体只能计算最低级资源量;具有一定规模,可单独开采的风化矿石,要与原生矿体分别圈定;具有工业利用价值的共伴生组分应按综合评价工业指标单独圈定估算资源量。

第三节 资源量估算

一、资源量估算的一般原则

(1)资源量估算所依据的工业指标,应按国家规定的一般工业指标或经论证审批程序确定的指标。估算供矿山建设设计利用的矿产资源量,应采用具体矿床的工业指标;不直接提供矿山建设设计利用的矿产资源量采用一般工业指标。

(2)参与矿产资源量估算的所有探矿工程的质量,应符合有关规范、规程的要求。

(3)矿产资源量应按矿体、块段、矿石类型、品级、资源量类型,分别估算矿石量、矿物量(固定碳含量),单位以10^4t表示。

(4)对具有综合利用价值的共(伴)生矿产,应按实际勘查研究程度和相应勘查规范综合利用指标的要求,估算其矿产资源量。

(5)夹石剔除量和覆盖层剥离量按体积分块段估算,单位为$10^4 m^3$。

(6)由于风化作用导致风化矿石与原生矿石在矿山开采、选矿加工中有较大差别,应按划分的大致分界线,分别估算风化矿石和原生矿石的资源量,若控制程度低,风化深度浅(小于10m),风化矿石资源量少时,也可不划分风化带界线,估算资源量。

(7)应根据矿床地质特点选择合理的资源量估算方法,提倡应用新技术、新方法、新理论,运用的资源量估算软件应经国务院地质矿产主管部门认定。

(8)地质勘查工作应与可行性评价工作紧密衔接,在普查、详查、勘探3个阶段,应进行概略研究、预可行性研究、可行性研究评价。

二、块段划分

矿体圈定后,按控制程度及资源量级别确定界线,分别划分块段。

(1)工程控制的块段:两勘查线之间为大块段,两勘查线间各工程连接为小块段。

(2)推断的块段:由已知工程控制块段外推的块段,外推线由外推点连接。

(3)各块段的资源量类型呈递降式。

(4)块段划分原则上以小块段为好,但对于厚度、品位变化太大的矿体,块段过小,由于厚度大、品位高的工程参与多个块段计算,会夸大资源量,这种情况下块段可以大一些,把厚度、品位相近的工程划为一个块段。

三、资源量估算参数确定

资源量估算的各项参数要准确,具有代表性。估算探明资源量和控制资源储量要依据实测参数确定,估算推断资源储量参数,在未取得实测参数情况下,可采用相似矿床类比资料确定。

资源量估算参数包括面积、平均品位、平均厚度、体重等。

(1)面积:在计算机上,根据矿体(块段)图形直接度量。

(2)平均品位:一般用加权平均法计算。计算有以下3种情况:①当品位与厚度存在相关关系,以厚度加权;②当厚度变化很小,取样间距不等,则用样品控制长度加权;③当取样间距不等,且品位与厚度存在相关关系,用厚度与样长乘积加权。

(3)特高品位处理:当某些样品的品位高出一般样品品位很多倍时,为特高品位。它是由个别样品采自矿化特别富集地方产生的。由于它的存在会使平均品位剧烈增高,需要进行处理。品位高出多少倍界定为特高品位,一般用类比法、统计法确定。实际应用中一般用高于平均品位的6~8倍来衡量。处理方法有以下几种:①计算平均品位时,除去特高品位;②用整个块段平均品位或一般品位最高值替代特高品位;③用特高品位相邻两个样品的平均值代替特高品位;④用统计法统计不同级别品位频率,用样品率加权计算平均品位。

在实际工作中特高品位是客观存在的,如果处理不当,将影响资源量的计算结果准确性。要认真研究特高品位形成的原因,如果系富矿体引起,不应人为除去,而要单独圈定富矿体。

(4)平均厚度:用算术平均法计算,应处理特大厚度。

(5)体重:体重样品强调代表性,要包括主要矿石类型和品级。

一般测定小体重样,用封蜡排水法或塑封法测定,每种主要矿石类型不少于30件。对于松散或裂隙发育的矿石要采集大体重样,不得少于3~4个,对小体重进行校正。对湿度较大矿石,测定湿度,当湿度大于3%时,要进行湿度校正。平均体重用算术平均法求得。

四、资源量估算方法

根据晶质石墨矿床(矿体)产出特征,采取的资源量估算方法有以下几种。

1. 地质块段法

晶质石墨矿体多呈层状、似层状、透镜状,具有厚度小、分布面积较大、产状较缓(一般倾角小于45°)

的特点,大多数选取"地质块段法"估算。即将矿体投影在平面图上,按控制程度和资源量级别划分块段,分别利用面积、平均厚度、体重参数估算块段和矿体矿石量,即:

$$Q = S_0 \cos\alpha MD$$

式中:Q 为矿石量(t);S_0 为水平投影面积(m^2);α 为矿体(块段)倾角(°);M 为矿体(块段)平均厚度;D 为矿石平均体重(t/m^3)。

矿物量为:

$$P = Q \cdot \overline{C}$$

式中:P 为矿物量(t);Q 为矿石量(t);$\overline{C}$ 为平均品位。

矿床(矿体)矿石量和矿物量为各矿体(块段)矿石量和矿物量之和。

对于少数矿体倾角大于 45°,勘探线间距大致相等,地形起伏不大的陡倾斜矿体,则采用平行断面法或垂直纵投影法估算。

2. 平行断面法

在勘探线剖面图上划分矿体(块段),分别测定面积,根据相邻剖面相对面积差 $(S_1-S_2)/S_1$ 大小选择不同公式计算体积,即:

当 $[(S_1-S_2)/S_1]<40\%$ 时,用梯形体积估算公式:

$$V = (L/2)(S_1+S_2);$$

当 $[(S_1-S_2)/S_1]>40\%$ 时,用截锥体积估算公式:

$$V = (L/3)(S_1+S_2+\sqrt{S_1+S_2});$$

当两相邻剖面矿体一个有面积,另一个矿体尖灭,则根据剖面上面积形态,分别选用楔形 $V=(L/2)\cdot S$ 或锥形 $V=(L/3)\cdot S$ 公式计算。

式中:V 为两相邻剖面矿体(块段)体积(m^3);L 为两相邻剖面间距(m);S_1、S_2 为两相邻剖面矿体(块段)面积(m^2)。

再估算各相邻剖面间矿体(块段)矿石量和矿物量,即:

$$Q = V \times \overline{D}; P = Q \cdot \overline{C}$$

式中:Q 为矿石量(t);V 为矿体(块段)体积(m^3);$\overline{D}$ 为平均体重(t/m^3);P 为矿物量(t);$\overline{C}$ 为平均品位。

矿床(矿体)矿石量和矿物量为各矿体(块段)矿石量和矿物量之和。

3. 垂直纵投影法

将矿体投影在垂直纵投影图上,并划分若干块段,分别利用面积、平均厚度、体重参数估算矿石量。

矿床(矿体)矿石量和矿物量为各矿体(块段)矿石量与矿物量之和。

五、资源量估算的误差分析

矿体自然形态复杂,各种复杂的地质因素对矿体形态影响多种多样,同时由于估算方法的局限性,在资源量估算时必然会产生一定的误差。其误差主要取决于矿床指标特征值变化程度和研究程度,也取决于资源量估算方法和指标特征值的测定精度。它包括技术误差和代表性误差。前者是由于测量方法不完善原因产生的误差;后者是用样本数据向总体推断时所产生的随机误差。因此,在资源量估算时,应依据矿床具体的地质特征,选取科学、合理的估算方法,以期最大限度地降低估算误差。

在资源量估算时,当采用除地质块段法、平行断面法或垂直纵投影法其中的一种方法外,还要求用另外一种合适的方法进行验证(可选用其中的某几个块段),检验其所采用的资源量估算方法的合理性及估算结果的准确性。如果误差太大,要查明其原因并予以修正。

六、资源储量分类

晶质石墨矿床地质勘查所采用的资源储量分类方案大致经历了3个阶段:第一阶段1999年前基本上参照苏联《固体矿产分类》方案,国家地质总局、冶金部在《金属矿床地质勘探规范总则》中,按技术经济条件将资源储量分为能利用储量和暂不能利用储量两大类,并根据勘查研究程度分为A、B、C、D四级;第二阶段1999年国家对矿产资源储量分类进行了重大改革,制定了分类标准《固体矿产资源、储量分类》(GB/T 17766—1999);第三阶段2020年3月31日发布2020年5月1日实施的《固体矿产资源、储量分类》(GB/T 17766—2020)代替GB/T 17766—1999。

固体矿产资源按照查明与否可分为查明矿产资源和潜在矿产资源。

查明矿产资源是指矿产资源经过资源勘查发现的固体矿产资源。矿体的空间分布、形态、产状、数量、质量、开采技术条件等信息已经获取。

潜在矿产资源是指未查明的矿产资源,是根据区域地质研究成果或遥感、物探、化探结果,有时有少量的取样工程预测的资源。

查明矿产资源按地质可靠程度分为探明资源量、控制资源量、推断资源量3种。地质可靠程度反映了矿体空间分布、形态、产状、矿石质量地质特征的连续性及品位连续性的可靠程度。

资源量:经矿产资源勘查查明并经概略研究,预期经济可采的固体矿产资源,其数量、品位或质量是依据地质信息、地质认识及相关技术要求估算的。

推断资源量:经稀疏取样工程圈定并估算的资源量,已经控制资源量或探明资源量外推部分,矿体空间分布、形态、产状和连续性是合理推断的;其数量、品位或质量是基于有限的取样工程和信息数据估算的,地质可靠程度较低。

控制资源量:经系统取样工程圈定并估算的资源量,矿体空间分布、形态、产状和连续性已基本确定;其数量、品位或质量是基于较多的取样工程和信息数据估算的,地质可靠程度较高。

探明资源量:经系统取样工程基础上加密工程圈定并估算的资源量,矿体空间分布、形态、产状和连续性已确定;其数量、品位或质量是基于充足的取样工程和信息数据估算的,地质可靠程度高。

资源量是储量的来源,它们之间是包含关系。资源量经过预可行性研究、可行性研究或与之相当的技术经济评价,扣除采矿和设计损失后得到储量。储量有较强的时效性,当采矿、加工选冶、基础设施、经济、市场、法律、环境、社区和政策等因素发生改变时,应重新估算资源量和储量。

储量:是探明资源量和控制资源量经过预可行性研究、可行性研究或与之相当的技术经济评价,充分考虑了矿石损失或贫化,合理使用转换因素后探明资源量和控制资源量中经济采出部分。分为证实储量和可信储量。

可信储量:经过预可行性研究、可行性研究或与之相当的技术经济评价,基于控制资源量估算的储量,或某些转换因素还存在不确定性的探明资源量部分。

证实储量:经过预可行性研究、可行性研究或与之相当的技术经济评价,基于探明资源量估算的储量。

(二)可行性评价工作

可行性评价分为概略研究、预可行性研究、可行性研究。

概略研究:是指对矿床开发经济意义的概略评价。执行《固体矿产勘查概略研究规范》(DZ/T 0336—2020)标准。在收集晶质石墨矿产国内外市场供需状况的基础上,分析已取得的地质资料,类比已知矿床,推测矿床规模、矿石质量和开采技术条件,结合工作区自然经济条件、环境保护等,综合分析市场形势、勘查区内外部建设条件、生态环境影响、矿产资源开发其他影响因素等,对勘查区内的资源作出是否具有开发远景的结论性评价。为资源储量类型的划分提供依据。

预可行性研究:是对矿床开发经济意义的初步评价。预可行性研究需要比较系统地对国内外晶质石墨矿产资源储量、生产、产品、质量要求、需求量和价格趋势进行调查研究与分析评估。根据矿床地质特征和矿床规模,借鉴同类企业实践经验,初步研究并提出项目建设规模、产品种类、工艺技术和矿山建设的原则方案,参照类似矿山开采、企业生产的成本和效益,初步提出项目建设投资、工程量和主要设备的需求,进行初步经济分析。

通过国内外市场调查和预测,综合矿床资源条件、工艺技术、建设条件、环境保护以及项目建设的经济效益等因素,从总体上和宏观上对项目建设的必要性、可行性及经济效益的合理性作出评价,为是否进行勘探阶段地质勘查工作以及推荐项目和编制项目建议书提供依据。预可行性研究一般在详查阶段地质勘查工作的基础上进行。

可行性研究:是对矿床开发经济意义的详细评价。认真对国内外晶质石墨矿产资源、市场供需情况、生产产品、质量要求、竞争能力进行分析研究和预测,充分考虑地质、工程、环境、法律和政府经济政策的影响,对企业生产规模、开采方式、开拓方案、产品方案、主要设备、供水供电、总体布局和环境保护等方面,进行深入细致调查研究、分析计算和多方案比较,并根据当时的市场趋势,确定投资和生产经营的成本、经济效益,有很强的时效性。为矿业开发投资决策、技术经济可靠性、确定项目建设计划提供依据。

可行性研究一般在勘探阶段地质勘查工作的基础上进行。

(四)资源储量分类

资源量类型划分按照地质可靠程度由低到高分为推断资源量、控制资源量、探明资源量。储量类型划分根据地质可靠程度,按照转换因素的确定程度由低到高,储量可分为可信储量、证实储量。

资源量和储量之间可以相互转换,转换关系如图14-1所示。

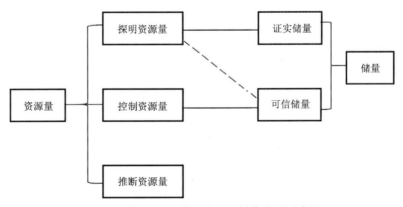

图14-1 资源量和储量类型及转换关系示意图

晶质石墨矿床地质勘查中,按照控制程度、地质可靠程度、可行性评价阶段成果,对勘查工作所获得的资源量进行分类,并按分类结果编制《矿产资源量分类结果表》,表明勘查工作所获得的矿石量、矿物量、平均品位(固定碳含量)。

黄陵基底穹隆晶质石墨矿床累计查明资源量汇总见表14-4。

表 14-4 黄陵基底穹隆晶质石墨矿床累计查明资源量表

矿床名称	资源量分类				资源量	平均品位（%）	矿床规模
	探明资源量	尚难利用资源量	控制资源量	推断资源量			
三岔垭晶质石墨矿床	$\dfrac{21.2}{186.4}$	$\dfrac{49.5}{1\,004.9}$	$\dfrac{4.4}{41.9}$	$\dfrac{25.2}{231}$	$\dfrac{100.3}{1\,464.2}$	11.47	大型
谭家河晶质石墨矿床				$\dfrac{20}{258}$	$\dfrac{20}{258}$	7.96	中型
二郎庙晶质石墨矿床	$\dfrac{29.8}{386.2}$			$\dfrac{5.9}{69.2}$	$\dfrac{35.7}{455.4}$	7.49	中型
东冲河晶质石墨矿床	$\dfrac{8.2}{138.9}$			$\dfrac{5.1}{90.7}$	$\dfrac{13.3}{229.5}$	5.79	小型
谭家沟晶质石墨矿床			$\dfrac{1.3}{35.9}$	$\dfrac{3.2}{92.3}$	$\dfrac{4.5}{128.2}$	3.55	小型
韩家河晶质石墨矿床				$\dfrac{1.4}{28.9}$	$\dfrac{1.4}{28.9}$	4.94	小型

注：$\dfrac{矿物量(万\,t)}{矿石量(万\,t)}$。

七、三岔垭石墨矿资源量估算实例

该实例是中国建材勘查中心湖北总队三岔垭石墨矿 2010 年深部找矿工作资源量估算的成果。

（一）工业指标的确定

根据国家地质矿产行业标准《玻璃硅质原料、饰面石材、石膏、温石棉、硅灰石、滑石、石墨矿产地质勘查规范》（DZ/T 0207—2002）的要求和矿山生产实际，经全国危机矿山接替资源找矿办公室设计审查同意，资源储量估算仍沿用 1979 年勘探报告的工业指标，具体如下。

1. 晶质（鳞片状）石墨矿原生矿石品位要求

边界品位：固定碳含量≥2.5%。
工业品位：固定碳含量≥3%。

2. 开采技术条件

地下开采可采厚度：1m；夹石剔除厚度 2m。

（二）资源量估算方法选择及其依据

矿床矿体呈层状产出，形态较简单，连续性较好，虽有断裂构造，但不复杂。勘探线基本垂直矿体走向,各勘探线矿层基本对应。因此,选择平行断面法估算资源量。

计算公式如下:

当相邻两剖面相对面积差小于或等于40%时,$Q = (S_1 + S_2)LD/2$;

当相邻两剖面相对面积差大于40%时,$Q = (S_1 + S_2 + \sqrt{S_1 + S_2})LD/3$;

当矿体呈楔形尖灭时,$Q = SLD/2$;

当矿体呈锥形尖灭时,$Q = SLD/3$;

式中:Q为资源量(t);S_1、S_2、S为剖面面积(m^2);L为剖面间距(m);D为矿石体重(t/m^3)。

(三)资源储量估算参数的确定

剖面面积(S):采用AutoCAD软件在勘探线剖面图上直接圈定获得。

剖面间距(A):勘探线间距直接由测量成果获得。

矿石体重(D_j):原勘探报告的测试结果值$2.37t/m^3$。本次测定结果为$2.58t/m^3$。在计算新增部分资源量时采用本次测定结果。

(四)矿体圈定的原则

根据国家地质矿产行业标准DZ/T 0207—2002的要求,按工业指标圈定矿体。其中:Ⅰ-1矿段、Ⅱ-5矿段、Ⅲ-5矿段资源量估算范围,根据矿体上部工程控制的厚度以及本次钻孔控制的厚度,按产状趋势往下推延;推延深度一般不超过相邻工程间距的一半。具体圈定做法如下。

1. 剖面图上矿体面积圈定及标示

将各勘探线剖面根据本次深部钻探成果和化学测试结果进行矿体重新连接,矿体面积进行重新圈定。如将12勘探线上的矿体,原地表、原钻孔及本次钻孔控制之间的矿体面积编号为"S_{12-1}",钻孔控制以外推伸的矿体面积编号为"S_{12-1}'"。

2. 块段划分

块段划分原则上保持原报告中Ⅰ号、Ⅲ号矿体纵向垂直投影图上划分的块段不变,储量级别不变。由于本次新增钻探工作量,涉及的3个矿段的各勘探线上矿体连接发生了一定变化,矿体面积等也有一定改变。为反映影响的块段体积的变化,本次仍采用原勘探报告和检测报告的块段编号,只是在原块段编号后加上"-x"以示区别。其中:块段编号前为"C"则表示该块段的资源储量分类为2M22,块段编号前为"D"则表示该块段的资源储量分类为333类。

其中:原勘探报告中6勘探线未进行圈定矿体,也未参与资源储量计算,故本次计算4勘探线至8勘探线之间石墨矿石资源储量时仍按大块段划分进行计算。

3. 矿石小体积质量的处理

原勘探报告中石墨矿石小体积质量平均值为$2.37t/m^3$。本次深部测定的矿石小体积质量平均值为$2.58t/m^3$。因此在计算新增矿石资源量时,采用的是本次测定结果。为避免因此产生的资源储量偏差,未直接扣减原资源储量,而是用重新圈定的矿石体积扣减原有矿石体积后计算的。

(五)资源储量分类

1. 控制的内蕴经济资源量(332类)

本次接替资源勘查是在原勘探区范围对Ⅰ-1矿段(12勘探线至4勘探线之间)、Ⅰ-5矿段(11勘探线至13勘探线之间)、Ⅲ-5矿段(19勘探线至21勘探线之间)3个区域进行深部钻探。由于本次深部每条勘探线均有1个或2个钻孔进行了控制,且走向上工程间距控制在160m之内,倾向上工程间距控制在150m之内,矿体厚度基本稳定,矿石品位基本达到工业指标要求。本次新增的Ⅰ号矿体Ⅰ-1矿段、Ⅰ-5矿段及Ⅲ号矿体的Ⅲ-5矿段的C级块段基本达到了地质详查工作程度。但由于地形不利、矿山开采现状等,矿山在现有露天开采场闭坑后,将转入地下开采,或转入其他矿段的露天开采等现实,苏州非金属矿设计院已经受矿山委托开始进行二期开采设计。矿床开采经济意义尚不清楚。因此,将上述矿段的C级块段划分为控制的内蕴经济资源量(332类)。

2. 推断的内蕴经济资源量(333类)

由本次钻孔按产状趋势往下推延的矿体或向外推测的矿体,外推间距或下延深度为相邻工程间距的一半,因仅有单工程控制,工程控制程度偏低,相当于普查阶段控制程度要求,故属推断的内蕴经济资源量。

(六)新增资源储量估算结果

通过本次深部普查地质工作,新增石墨矿石资源储量108.04万t,其中:边际经济基础储量(332类)41.94万t,333类资源量66.10万t。

第十五章　找矿勘查中应重视的几个地质问题

第一节　晶质石墨矿床的找矿

晶质石墨呈鳞片状，颜色黑暗，质软，银灰色条痕，矿石风化后呈黄褐色或棕色，在野外容易与其他类似矿物识别，可根据含矿岩系、矿层露头及产出特征发现和追溯矿体，就矿找矿。

晶质石墨具有良好的导电性，化学耐蚀性稳定，在多变的地质环境中，低电阻、高极化物性特点表现明显且保持稳定，矿体显示特征的低电阻异常和很强的自电异常，在晶质石墨地质找矿中是良好的地球物理标志，对寻找隐伏矿体、了解矿体形态产状和延伸效果显著。

电阻率、自然极化电位、激发极化电位是表征石墨电性的3个主要参数。在找矿勘查中普遍采用自然电场法、视电阻率法、激发极化法和电测井法等方法。结合地质认识合理推断解释物探异常，为找矿勘查提供信息。实践表明，运用地质与物探相结合手段是晶质石墨矿床找矿勘查行之有效的方法。利用物探异常的推断解释成果对了解矿体深部及外围找矿、勘查工作部署都能获得满意的效果。

区域变质型晶质石墨矿床一般形成于区域构造中结晶基底隆起区，成矿时代从太古宙至早寒武世均有发现，其中元古宙是重要成矿期。矿床的成矿条件主要取决于原岩建造和变质作用。富含有机质并有利于碳质重结晶形成晶质石墨的岩石建造是晶质石墨矿床形成的前提。通过原岩恢复，原岩一般为近陆缘浅海相富含有机质、富铝黏土半黏土-富镁碳酸盐建造，具有明显的成层性和沉积韵律层理，宜于有机物繁衍和聚积的古地理环境。经过区域变质作用形成由片岩、片麻岩、大理岩、透辉岩等组成的变质岩系。共同特点是铝、钙、碳含量高，常出现矽线石、蓝晶石、红柱石高铝矿物。晶质石墨矿层多产于原岩为碳酸盐岩与黏土、半黏土质岩层的过渡带，石墨矿层常与大理岩相伴出现，不同矿床石墨矿层与大理岩层发育程度、距离远近有别，在找矿勘查中要注意大理岩分布情况研究。区域变质作用是晶质石墨成矿的重要因素，晶质石墨矿床一般达角闪岩相，也有达麻粒岩相、绿片岩相。一般来说，变质程度愈高，石墨结晶愈好，片度越大，因此，在找矿勘查中要注意中高级变质相的片岩、片麻岩系。混合岩化作用一方面使石墨再次重结晶而片度增大；另一方面由于长英质贯入，往往使矿石结构变粗，品位相对贫化。有的矿床由于混合岩化期后热液交代作用，也可使部分石墨鳞片重叠而局部富集。

构造对晶质石墨矿床控制表现在两个方面：一方面是矿体呈层状、似层状、透镜体产出，矿体形态产状与层位基本一致，与褶皱形态吻合，褶皱轴部往往是储矿的良好场所；另一方面是后期断裂构造、岩体（岩脉）常破坏矿体的完整性，或挤压破碎带石墨糜棱化。

综合分析区域变质作用、原岩建造，研究成矿地质条件和有利因素，对晶质石墨找矿勘查工作起重要的指导作用。

值得注意的是，晶质石墨矿床由于地表露头矿和多数矿床陆续被发现，找矿难度日益增大。要提高矿床发现率，找矿有所突破，特别是深部隐伏矿发现，有待于提高矿床成因理论和成矿规律研究，有待于进一步完善创新找矿方法和手段。前者从分析研究成矿古地理环境、碳质来源、成矿地质作用、晶质石墨形成机理等方面着手，建立成矿和找矿模式，提高地质研究水平，指导找矿勘查工作；后者研究采用新的综合找矿勘查方法和手段，提高找矿效果。

第二节　始终注重地质研究工作

地质研究工作是晶质石墨矿床找矿勘查中的重要环节，其主要内容是对地质勘查中所获得的各种资料，结合矿床地质规律进行系统的综合分析研究，得出对矿床（体）地质特征、矿石质量、矿石加工选矿技术性能、矿床开采技术条件等方面的认识，对矿床工业利用价值作出合理评价。同时，通过地质研究总结不同类型矿床地质特征和成矿规律以及合理的地质勘查方法手段，在晶质石墨矿床地质勘查中始终要加强地质研究工作，在找矿勘查的各个阶段，以研究成果的认识，指导改进地质勘查工作。

需要指出的是在矿床地质研究中，除围绕为获得对矿床进行正确评价，提供矿山设计、生产可靠的地质资料内容外，同时要结合矿床地质特征，总结成矿作用和成矿规律、成矿机理、成矿模式和找矿模式，提高晶质石墨矿床地质研究水平，指导以后的找矿勘查工作。

一、矿体特征研究

晶质石墨矿体特征研究就是研究矿床内矿体的空间分布、数量、形态、规模、产状、厚度、品位和变化规律，以及构造、岩体（岩脉）对矿体的破坏影响，保证所探明的矿产资源储量和提供的地质资料准确性。在矿体特征研究中首先要重视矿体划分、连接、圈定的正确性，必须依据充分，对此连接可靠。

晶质石墨矿床往往由一个主矿体（层状、似层状、大透镜状）和多个小透镜状矿体（小矿体群）组成，矿体数量多，厚度不大，形态变化大，夹石分布较多，内部结构较复杂，分支复合和膨缩现象多见，特别是构造、岩体（岩脉）发育地段，对矿体完整性破坏影响大，矿体之间往往缺乏明显的对比标志，这为矿体划分和对比连接带来了困难。直接影响到矿体划分、连接圈定和资源储量估算的准确性。

根据地质勘查经验和探采对比实践，为准确划分连接矿体，建议从含矿岩系（含矿层位）岩石组合、矿层空间相对位置、矿层与岩石组合关系、主要矿石类型相似性及变化规律研究入手，结合成矿前构造的控矿作用及成矿后构造、岩体（岩脉）破坏影响程度，研究矿体产出规律，进行细致对比，准确划分和连接矿体。

二、石墨结晶程度和石墨片度研究

晶质石墨矿床矿石质量主要取决于品位（固定碳含量）高低和石墨的结晶程度和片度的大小。在地质勘查中应重视研究石墨结晶程度和片度、含量百分比、赋存状态及分布规律，以便合理评价矿床工业价值。

石墨的结晶程度和片度与变质程度密切相关，变质程度愈高，石墨的形态愈完整，达到角闪岩相和麻粒岩相中的石墨多呈清晰的结晶形态，石墨片度要大一些，而赋存于绿片岩相变质程度较浅的矿石石墨片度要小一些。混合岩化作用常可使石墨重结晶而加大其片度，对石墨鳞片粗化有很大裨益。构造破碎带中石墨矿石，由于挤压破碎和动力变质作用，石墨呈细微糜棱状，常出现晶质石墨矿石中夹有部分隐晶质石墨，矿石质量变差，甚至失去工业意义。不同矿床由于成矿地质条件不同，石墨结晶程度和片度分布情况常较复杂。按石墨鳞片大小，可分为大—中鳞片矿床、中—细鳞片矿床和细片—微晶矿床。三岔垭、南墅、兴和晶质石墨矿床为大—中鳞片矿床，柳毛、金溪石墨矿床为中—细鳞片矿床。

《石墨矿地质勘探规范》中对晶质石墨片度分级标准作了规定，即<100目、100~80目、80~50目、>50目4个等级。大鳞片石墨矿石系指+100目以上的鳞片，通常认为+100目石墨大于60%为大鳞片含量高的矿石，+100目石墨小于40%为大鳞片含量低的矿石。石墨片度测定有野外目估、镜下鉴定和选矿后精矿筛析等方法。石墨鳞片大小不同，其工业用途和价值不同，在采样、加工、选矿和采矿活动中要注意石墨鳞片的保护。

三、矿石中共(伴)生组分和有害元素研究

晶质石墨矿床常伴生V、Ti、S有益组分，有的矿床具有综合利用价值。钒以等价类质同象方式进入云母或钙榴石晶格内，形成钒云母和钒钙榴石。柳毛、金溪、坪河晶质石墨矿床V_2O_5分别达0.13%~0.33%、0.33%、0.51%，达到综合利用指标。金溪矿床浮选精矿中富集钒云母，V_2O_5含量提高到1.513%，回收率19.58%。含钛矿物为金红石，系变质矿物，柳毛、金溪、南墅、岭根墙、什极气晶质石墨矿床TiO_2含量分别为0.35%~0.68%、0.30%~0.54%、0.35%~0.40%、0.83%~1.08%、0.6%，其中南墅晶质石墨矿床已综合回收，优质精矿含TiO_2 92.17%，回收率71.84%。含硫矿物为黄铁矿，系与有机物同生沉积物，三岔垭、南墅、柳毛、金溪、兴和晶质石墨矿床SO_3含量分别达3.2%~5.2%、3.4%~4.3%、1.91%、2.03%、3.51%，可综合回收。按有益组分组合形式，将区域变质晶质石墨矿床分为硫型、硫-钛型、钛-钒型3种。

有的晶质石墨矿床常与大理岩相伴或矿床附近出现，形成共生矿产，是良好的建筑原料。

对于这些共(伴)生矿产需重视研究评价，根据其在矿石中赋存状态，富集和提纯的可能性，综合利用，提升矿床工业价值。

在晶质石墨矿床工业指标中，对矿石有害元素没有限制，但有害元素对矿石选别指标和工业利用价值有所影响。不要忽视矿石中石英、云母、绿泥石、黏土矿物、含铁矿物等杂质矿物，以及影响石墨精矿深加工产品SiO_2、Al_2O_3、Fe_2O_3、CaO、MgO等化学成分的研究。

黄陵基底石墨矿产于片岩和片麻岩中，矿石中云母含量达到了40%~60%，在选矿过程中进一步富集，可考虑综合利用。在含矿岩系中有多层大理岩，石英岩查处程度较高，应作为共生矿产评价。同时石墨矿石中普遍含黄铁矿，磁铁矿、硫的含量高的可达3%~5%，亦应在石墨选矿过程中回收。此外，石墨矿石中钛的含量为$(1990~4230)\times10^{-6}$，也值得注意。

四、矿床风化带的研究

裸露地表的晶质石墨矿石经过风化作用，矿石的物理性状、结构构造、化学成分等都发生不同程度的变化。风化矿石一般呈黄褐色、棕色，结构松散，矿石体重减小。由于石墨矿物物理化学性质稳定，风化矿石的矿物成分、化学成分、石墨片度没有太大变化，仅出现长石的高岭土化、黑云母的绿泥石化、黄铁矿的褐铁矿化；Fe_2O_3含量略高、S含量略低的淋滤作用。

风化矿石与原生矿石在采矿、选矿方法及其经济效益都有显著差别，因此在地质勘查中要准确划分风化带，研究风化带发育程度、深度、分布规律，确定风化带界线并估算风化矿石资源储量。矿床风化带分布、发育程度、深度与矿区气象和水文条件、地形地貌特点、矿层性质、地质构造等因素有关。晶质石墨矿床风化带因这些因素影响程度不同而有所差异，总体来看风化带深度一般小于50m，多为10~30m。在矿床地质勘查中，如果矿石风化程度较弱，风化深度小于10m，风化矿石资源储量少，选矿效果与原生矿石无显著差异时，可以不划分风化带界线。

划分风化带方法主要通过露头、矿芯风化矿石特征，结合岩矿鉴定及化学分析资料确定，也可配合物探方法，测定矿石密度及弹性波在矿层中的传播速度。必要时可布置个别专门确定风化带的工程加以检查验证。

第十六章 地球物理勘查方法的应用

第一节 石墨矿地球物理特征

一、石墨电性

石墨具有良好的导电性和化学耐腐蚀性,含石墨的岩石在多变的地质环境中往往会呈明显的低电阻高极化物性特点,且性质较稳定。其中,电阻率、自然极化电位与激发极化电位是表征石墨电性的3个主要参数。

1. 石墨的电阻率

实验室测定石墨的电阻率,其最小值可达 $10^{-7}\Omega\cdot m$。在野外测定石墨矿石的电阻率,受野外环境干扰的影响,其测定的数据变化较大,一般为 $10^2 \sim 10^{-5}\Omega\cdot m$。隐晶质石墨矿石的固定碳含量高,电阻率为 $10^{-2} \sim 10^{-5}\Omega\cdot m$,晶质石墨矿石的固定碳含量低,电阻率通常为 $10^2 \sim 10^{-2}\Omega\cdot m$。而对于地球物理勘探效果来说,比石墨电阻率高低更为重要的,是石墨矿体与围岩之间电阻率的差异。隐晶质石墨虽然具有很低的电阻率,但观测到的低阻异常,往往还不如电阻率较高的晶质石墨明显。因为晶质石墨的围岩多是片麻岩类或大理岩,电阻率较高,与石墨矿的电阻率差异较大。大多数石墨矿体与主要围岩之间存在 1~3 个数量级的差异,能满足开展电阻率法找矿的物性前提条件。而隐晶质石墨的围岩多为煤系地层,电阻率也普遍偏低,两者相差无几。再加上野外观测得到的电阻率实为视电阻率(ρ_s),受各种条件干扰,石墨矿与围岩的电阻率差异往往很小,电阻率法难以起到较好的找矿效果。

2. 石墨的自然电位

自然电位,又称自然极化电位,是指地质体天然存在的、无外部电流影响的一种电位,由复杂的电化学作用及物理作用所引起。一般情况下物质都是电中性的,即正、负电荷保持平衡。但在一定条件下,某些物质或某个系统的正、负电荷会彼此分离,偏离平衡状态,通常称这种现象为"极化"。呈极化状态的岩石和矿石会在其周围形成自然电场,从而产生自然电位。大多数硫化金属矿、磁铁矿、石墨和无烟煤等具有较强的自然电位,而以石墨的自然电位最强和最稳定。自然电位由于形成的机理不同可分为多种,其中矿化电位是石墨物探的探测对象,动电学电位则当作干扰因素,其他电位相对均较微弱,可予忽略。

矿化电位又称电化学电位或电子导电矿体的自然极化电位。如图 16-1 所示,赋存于地下的电子导电矿体,当其被地下潜水面截过时,往往会在其周围形成稳定的自然电场。其原因是,潜水面以上为渗透带,由于靠近地表而富含氧气,是那里的溶液(附着水)氧化性较强;相反,潜水面以下含氧气较少,使那里的溶液相对呈还原性。潜水面上、下水溶液性质的差异,通过自然界大气降水的循环总能长期保持。这样,电子导电矿体上、下部分总是分别处于性质不同的溶液中,在导体和周围溶液的分界面上形成不均匀的双电层,产生自然极化,并形成稳定的自然极化电场,产生自然极化电位即矿化电位。上述特定自然条件下,矿体上部处于氧化性溶液中,电极电位较高,矿体相对带正电,周围溶液带负电;而矿体下部处于还原性溶液中,电极电位较低,矿体相对带负电,周围溶液带正电。由此形成的电流在矿体内部自上而下,而在矿体外则自下而上(图16-1a)。通常,在硫化金属矿上可观测到几十毫伏到500mV的自然电位负异常;而在石墨矿化程度高的地层或石墨矿上,自然电位负异常的幅度可达$-900 \sim -800$mV,甚至更大。

动电学电位也称离子导体的自然极化电位,是岩石中地下水流动时带走了部分阳离子、沿水流方向造成的电位差,在水流的上方为负,下方为正。在这种极化机理中,好似水流过岩石时,岩石颗粒滤下了部分阴离子,故在电法勘探中形象地称由此形成的自然极化电场为过滤电场。地壳中的过滤电场主要有裂隙渗漏电场、上升泉电场、山地电场和河流电场等。这类自然电场都与地下水的运移有关,基于对它们的观测和研究,有可能解决某些水文地质和工程地质问题。例如,确定地下水流向及地下水与地表水补给关系,寻找水库漏水带或构造破碎带及上升泉等,而石墨物探则将它作为干扰来考虑。一般最常遇到的过滤电场是山地电场(图16-1b),其特点是山顶出现极小值,山谷中有电位的极大值,与地形呈镜像关系。据实验资料,高差1000m时,其强度约为200mV。单纯的山地电场,较矿化电位相对较弱,且只需与地形图对照,易于分辨。石墨自然电位测量工作必须考虑的是动电学电位和矿化电位叠加时的两种情况:在高差较大的测区,石墨矿体由于相对总基点所处高低位置的不同,其自然电位将受到动电学电位增强或减弱的影响;石墨矿体中存在破碎裂隙带且地下水活动剧烈时,其自然电位也会受到影响,具体是增强或减弱及影响程度,与水流方向及流速有关。

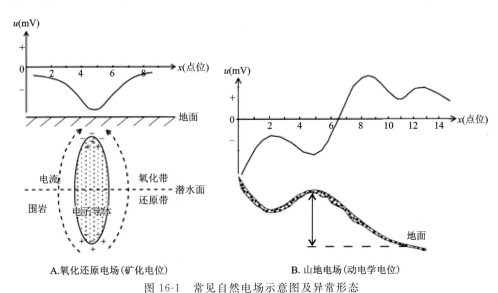

图16-1 常见自然电场示意图及异常形态

3. 石墨的激发极化电位

在外电流场作用下,电子导体或离子导体被激发而引起电化学作用及其他的物理、化学作用,致使其内部的电荷重新分布,产生一个与法线方向相反的电位,即激发极化电位,也称二次电位。当外部电场消失后,这种电位经历一个衰减过程后逐渐消失。

激发极化电位的大小及其衰变过程与导体的种类和导电物质的含量有关。以极化率(时间域中测量)及频散率(频率域中测量)来表征其极化性质,二者均为无量纲,测量方法不一,其实质和意义相同。目前国内石墨物探主要使用时间域测量,且仅测定断电后t时刻的单一值。

极化率（η）的数学表达式为：

$$\eta = \frac{\Delta U_2(t)}{\Delta U(T)} \times 100\%$$

式中：T 为充电时间；$\Delta U(T)$ 为矿体被激发极化后，供电时间为 T 时观测到的总电位差：$\Delta U(T) = \Delta U_1 + \Delta U_2(T)$。

ΔU_1 为假设无激电效应时，电流流过矿体由于欧姆电压降形成的电位差，也称一次电位差。$\Delta U_2(t)$ 为断电后 t 时刻测得的二次电位差。

现有实测资料表明：一般岩石的极化率均较低，大多不超过 2%，少数可达 4%；某些含水的岩石裂隙带达 10%；当岩石中含有金属矿或石墨及无烟煤等电子导电矿物时，极化率会显著增大，一般可达 20% 以上，尤以石墨为最佳。在我国石墨矿床上观测到的极化率，一般为 40% 左右，最大可达 80%。

二、石墨的其他物性

除了以上所述石墨的主要电性特征外，石墨的其他物性作为物探前提的资料有限，但有一些现象值得注意。例如：湖南郴州某石墨矿床中石墨的密度为 $1.95\sim2.10\text{g/cm}^3$，半石墨则小于 1.95g/cm^3。黑龙江某石墨矿在石墨片岩与石墨石英片岩上，观测到由岩石中含磁铁矿所引起 $1200\sim2000\text{nT}$ 的磁异常，在金溪峡山石墨矿也观测到由岩石中伴生钍所致 $50\sim200\gamma$ 的放射性异常等，这些虽然只是少数特例，但也为我们的石墨物探工作开拓了视野和思路：既要充分利用石墨自身的物性特征进行找矿，又要研究利用其他伴生矿物的特征，开展综合物探工作。这既是综合找矿的要求，也为解决更多的石墨地质问题提供了可能性。

第二节　石墨矿地球物理勘查方法

我国的石墨物探工作主要采用电法勘探，使用的方法包括自然电场法、视电阻率法和激发极化法等。各种方法中，以自然电场法应用率最高，约占总数的 80% 以上。

一、自然电场法

自然电场法又分电位观测和梯度观测两种方式。虽然都是测量 M、N 两电极之间的电位差，但梯度观测时两极需同时移动，电位观测则是将 N 极固定在总基点或分基点上固定不动，按测点逐点移动 M 极测量两极间电位差即可，因而测量的效率高，适合开展面积工作中使用。梯度观测则一般运用于某些剖面测量，通过观测曲线的零点位置来确定矿体中心。

自然电场法的野外工作方法简单，工作效率高，观测系统只需使用一台数字直流电位仪及两个不极化电极。1937 年苏联科学家谢苗诺夫发明的硫酸铜电极是世界上历史最悠久、使用最普遍的不极化电极，电极极罐内盛满饱和的硫酸铜溶液，铜电极浸于溶液中通过溶液的渗透保持与地面的接触，从而防止金属电极直接接地而产生的极化电位，保证观测数据的准确。经过几十年的技术更迭，现国内主要使用新一代的固体不极化电极，其具有电位差小、性能稳定、噪声低、频带宽、轻便耐用、易于保存、携带和使用方便等特点。电极与电极之间存在一定的极差，野外工作前，需在一组电极中选择极差最小且最稳定的一对电极，并对数据结果进行极差改正。

自然电场法的数据采集方式主要分剖面测量和面积测量,相对应的资料成果则为综合剖面图和电位平面图。石墨矿体在剖面上呈负异常,在平面图上则以负封闭圈的形式出现,其资料解释主要以定性为主。由于石墨矿体的自然电场是一个相对比较稳定且具有相当强度的天然场源,受地形和人为因素干扰影响较小,利用负异常来确定矿体平面位置比较直观且准确。虽然可以通过半定量的图解作图来对矿体的埋深和宽度进行推断解释,但实际资料表明,这种解释的结果均偏深偏大,精度较差。

二、视电阻率法

视电阻率法是指:以介质电阻率差异为基础,采用一定电极装置,供以稳定电流或可以忽略电磁效应的超低频交变电流,观测供电电流强度和测量电极之间的电位差,进而计算和研究视电阻率,推断介质的电阻率变化,以查明矿产资源和研究有关地质问题的勘探方法。由于地表测量数据计算得到的电阻率实际为视电阻率,该方法也称视电阻率法。视电阻率法的测量系统有 4 个电极,其中 A、B 两极为供电(或发射)电极,M、N 两电极为测量(或接收)电极。在野外工作中,只需测量 AB 电极之间的电流强度 I_{AB} 和 MN 电极间的电位差 ΔU_{MN},并根据电极的排列方式和距离计算出装置系数 K,即可按下式求得该点某一深度的视电阻率:

$$\rho_s = K \frac{\Delta U_{MN}}{I_{AB}}$$

视电阻率法的探测深度由 AB 电极极距来控制,极距越大,探测深度越大。

视电阻率法分电阻率测深法和剖面法:测深法是以测点为中心,AB 极距由小至大逐个观测视电阻率值,最后求得此点在垂直方向视电阻率的变化曲线,即测深曲线;剖面法则是在剖面上或某一测区,使用一个或多个 AB 极距,逐点观测,从而求得该剖面或测区内一个或多个深度的视电阻率值,获取视电阻率在剖面或平面上的变化规律。电阻率剖面法由于 $ABMN$ 电极排列方式的不同,可分为对称四极法、联合剖面法、偶极剖面法、中间梯度法和高密度电阻率法等。在石墨物探工作中,使用频率较高的是联合剖面法。其观测系统如图 16-2 所示,由两个三极装置所组成,故称联合剖面法。其中电源的负极置于无穷远(或称 C 极),电源的正极可接向 A 极,也可接向 B 极。其中视电阻率 ρ_s 表达式分别为:

$$\rho_s^A = K_A \frac{\Delta U_{MN}^A}{I_A} , \quad \rho_s^B = K_B \frac{\Delta U_{MN}^B}{I_B}$$

式中:
$$K_A = K_B = 2\pi \frac{AM \cdot AN}{MN}$$

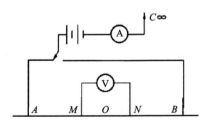

图 16-2 视电阻率联合剖面法装置示意图

将连续测量得到的 ρ_s^A 和 ρ_s^B 绘制成曲线,两条曲线交叉产生交点,ρ_s^A 下降、ρ_s^B 上升的交点称低阻正交点;反之,则称为高阻反交点,一般在石墨矿体上应出现低阻正交点。其交点位置往往表征了某一深度石墨矿体的中心位置,利用不同探测深度上正交点的位移可以推测出石墨矿体的产状。

视电阻率法是电法勘探中研究应用最早、使用最广泛的方法,该方法仪器装备比较简单,技术成熟,国内一般采用电法仪来进行测量。电阻率法的供电电源一般多采用干电池、蓄电池串联或并联使用,但对供电电极极距较大的中间梯度剖面法和测深装置而言,则需要使用发射机和发电机来提高发射功率。

视电阻率法的资料成果,主要是视电阻率平面图和综合剖面图,石墨矿体在图上分别呈低阻等值线封闭圈和低阻异常出现。

三、时间域激发极化法

激发极化法(简称激电法)是以地壳中不同岩石、矿石的激电效应差异为物质基础,通过观测与研究人工建立的直流(时间域)或交流(频率域)激电场的分布规律进行找矿和解决地质问题的一组电法勘探分支方法。时间域激发极化法与视电阻率法具有相类似的测量仪器和系统,不同的是:由于测量的二次电位数值较小,且处于迅速衰变过程中,需要在极短的时间内完成精确测量,该方法对仪器的精度和观测技术要求比电阻率法更高;观测中需要使用不极化电极,用于消除常规电极带来的极化补偿。

和视电阻率法相类似的,激发极化法的成果资料同样也分为平面图和剖面图,只是参数内容由视电阻率 ρ_s 换成视极化率 η_s。在图像上石墨矿体往往会呈高极化率封闭圈或高极化异常,结合区域的自然电位及视电阻率资料则能较准确地定位矿体:在矿体上方的 η_s 值明显增高,与 ρ_s 曲线和自然电位剖面成镜像对称。

时间域激发极化法的仪器系统包括直流激电仪(接收机)、发射机和供电电源。发射机根据输出功率,可分为小功率、中功率和大功率3种。供电电源为发电机或电池组,对它们的基本要求是输出足够的功率,满足接收机野外测量精度的要求。过去因仪器设备的限制,我国石墨激电工作中,一直只能测取到 η_s 的单一值,曾用它进行过面积测量,由于取得的信息单一,相对成本较高、效率较低,未能充分发挥作用。但激电仪器设备的发展,近年来突飞猛进,断电后按需要测取多个(即不同时刻) ΔU_2 值。这样通过激电测量,不仅得到单一的 η_s 值,还能基本掌握 η_s 的衰变过程,从而为解决石墨地质问题提供了又一探索的途径。

四、可控源音频大地电磁法

常规电法可对石墨矿的浅部地质问题起到较好的效果,但针对深部构造,则需要利用可控源音频大地电磁法来进行深部探测,从而通过石墨矿低电阻率的特性来进一步了解深部矿体的具体埋深、规模、产状等空间分布规律。

可控源音频大地电磁法(CSAMT)是在大地电磁法(MT)和音频大地电磁法(AMT)的基础上发展起来的一种人工源频率域测深方法。20世纪50年代,在苏联吉洪诺夫和卡尼亚(1953)的基础上,发展形成了基于观测超低频天然大地电场和磁场的正交分量,计算视电阻率的大地电磁法。我们知道,大地电磁场的场源,主要是与太阳辐射有关的大气高空电离层中带电离子的运动有关,其频率范围为 $10^{-4} \sim 10^2$ Hz。由于频率很低,MT法的探测深度很大,可达数十千米乃至100多千米,是研究深部构造的经济和有效手段。近年来它也被用于研究油气构造和地热资源探测。不过,由于其频率偏低,对浅层的分辨能力较差,而且生产效率较低。

为了更好地研究人类当前采矿活动深度范围内(几十米至几千米)的地电构造,在MT法的基础上,形成了音频大地电磁法(AMT)。其工作方法、观测参数与MT法相同,区别在于,一方面主要观测由雷电作用产生的音频($10^{-1} \sim 10^3$ Hz)大地电磁场。因为它的工作频率相对较高,故探测深度对资源勘查比较合适,而且生产效率也比MT法高。但另一方面,在音频段内,天然大地电磁场的强度较弱。与此同时,人为干扰强度较大。很低的信噪比使AMT法的野外观测十分困难,为了取得符合质量要求的观测数据,需要采用多次叠加技术,一个测深点的观测往往要用数个小时,甚至更长时间。

为了克服AMT法的上述困难,20世纪70年代初,加拿大多伦多大学的Strangway教授和他的学生 Goldstein 提出沿用 AMT 法的测量方式,观测人工供电产生的音频电磁场。由于所观测电磁场的频率、场强和方向可由人工控制,而其观测方式又与 AMT 法相同,故称这种方法为可控源音频大地电磁法(CSAMT)。

该方法通过有限长接地导线电流源向地下发送不同频率的交变电流,在地面一定范围内测量正交的电磁场分量,从而计算出卡尼亚视电阻率:

$$\rho_s^{E_x/H_y} = \frac{1}{5f} |E_x/H_y|^2$$

及阻抗相位

$$\varphi^{E_x/H_y} = \varphi_{E_x} - \varphi_{H_y}$$

达到探测不同埋深地质目标体的一种频率域电磁测深方法。式中,E_x 为地表沿测线(X)方向相应频率的电场分量,H_y 为与之正交的磁场分量,$|E_x|$、$|H_y|$ 和 φ_{E_x}、φ_{H_y} 分别为 E_x、H_y 的振幅和相位,f 为供电和观测频率。

依据观测的电磁场分量的平面覆盖范围和接收电极相对供电电极的不同位置,CSAMT 法工作有 3 种测量装置,即赤道(旁侧)装置(观测 E_x/H_y,接收电极分布在供电电极中垂线两侧约 45°张角的扇形区域内)(图 16-3a);轴向装置(也是观测 E_x/H_y,但接收电极分布在供电电极轴向线两侧约 30°张角的扇形区域内)(图 16-3a);E_y/H_x 装置(观测 E_y/H_x,接收电极分布在交于供电电极中点的两条斜对称轴两侧约 40°张角的扇形区域内)(图 16-3b)。在同样条件下,赤道(旁侧)装置与另外两种装置相比测量信号强度大,生产效率高,野外观测多选择该装置。

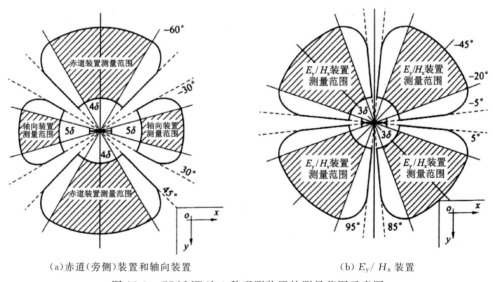

(a)赤道(旁侧)装置和轴向装置   (b)E_y/H_x 装置

图 16-3 CSAMT 法 3 种观测装置的测量范围示意图

可控源音频大地电磁法有标量、矢量和张量 3 种测量方式(图 16-4),标量测量方式通常用多道仪器同时观测沿测线布置的多对相邻测量电极间的 E_x 和位于该组测量电极(简称"排列")中部一个磁探头的 H_y(图 16-5)。由于磁场沿测线的空间变化一般不大,故用此 H_y 近似代表整个排列各测点的正交磁场分量,以计算卡尼亚视电阻率 ρ_s 和阻抗相位 φ。

除标量测量外,还可仿照 AMT 的方式做矢量测量(对一个方向的双极源,在每个测量点观测相互正交的两个电场分量 E_x、E_y 和 3 个磁场分量 H_x、H_y、H_z)和张量测量(分别用相互正交的两组双极源供电,对每一场源依次观测 E_x、E_y 和 H_x、H_y、H_z)。后两种测量方式可提供关于二维和三维地电特征的丰富信息,适用于详查研究复杂地电结构。但其生产效率大大低于标量测量,所以在石墨矿勘查中很少使用。

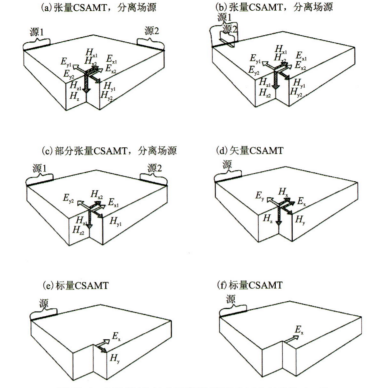

图 16-4 3 种测量方式示意图(据汤井田和何继善,2005)

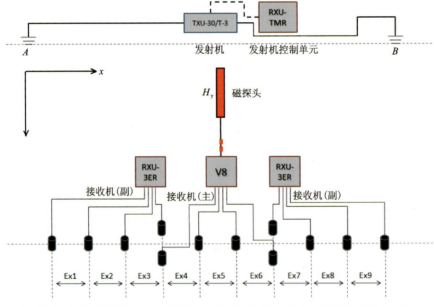

图 16-5 CSAMT 标量测量布置平面图(以加拿大凤凰公司 V8 多功能电法仪为例)

在 CSAMT 法中,增大供电电极极距 AB 和电流 I,可使待测电磁场信号足够强,达到必要的信噪比,所以野外观测比较快速,一般完成一整套频率的测量只需 1h 左右,加之,敷设 1 次供电线路,能观测一块较大的测区,更有利于提高生产效率。由于生产效率高,一般 CSAMT 法的测点距取得较小(常常与测量电极距 MN 相同,为 $10\sim 102\mathrm{m}$),所以它兼有测深和剖面测量双重性质,即垂向和横向的分辨率都较高,可以获取地下电性特别是深部的三维空间分布,对其他物探电法是一种很好的补充。

第三节 物探方法的应用实例

一、黄陵基底区域地球物理调查

区内开展物探工作主要有地质矿产部航空物探 904 队、906 队、909 队，湖北省航空物探队、江汉石油管理局，地质矿产部第四物探队等单位，进行过 1∶20 万～1∶50 万精度的航空磁测、重力场测量及放射性测量等面积性物探工作，圈定了一批航磁异常。

2016 年、2018 年调查矿种为石墨矿，与其密切相关的是自然电场扫面工作。黄陵基底北部前人做过自然电场普查工作。1982—1987 年，黄陵背斜北部地区开展过石墨矿自然电场普查工作。普查面积 192.35km²。共圈出 9 个自然电场异常（以下简称自电异常）带，其中有 6 个异常带由石墨矿体引起（表 16-1）。自然电场的强弱与各地层单元中石墨矿物的含量具有一定的正相关关系，不含石墨矿的地层自然电场强度较低，普遍在 −100～+100mV 之间平缓波动，或出现大面积较低正值，在石墨含量普遍较高的地层中如水月寺群第二岩组下段、第四岩组，自然电场普遍较高，其强度达 −400～−300mV，形成明显的高背景场，而在具有一定工业规模的矿层上则出现有一定规律和一定延伸规模的高强度自电异常带，强度可达到 −1000～−500mV。

表 16-1　黄陵基底北部自电异常特征表

异常编号	异常名称	分布地层	异常带规模 长度(m)	异常带规模 宽度(m)	异常强度	异常性质	工作程度
1	兴山东冲河异常带	$Pt_1h.$	1500	35～180	−800～−500	由Ⅱ号、Ⅲ号石墨矿层引起	已开采
2	宜昌二郎庙异常带	$Pt_1h.$	2600	20～200	−750～−500	主要为Ⅳ号矿层引起，次为Ⅱ号、Ⅲ号矿层	已开采
3	异常谭家河异常带	$Pt_1h.$	2000	25～80	−780～−500	主要为Ⅰ号、Ⅱ号矿层引起，次为Ⅲ号矿层	详查
4	宜昌刘家湾异常带	$Pt_1h.$	不规则				正在开展普查
5	宜昌三岔垭异常带	$Pt_1h.$	900	50～120	−750～−500	为Ⅰ号、Ⅱ号矿层引起	已开采
6	宜昌周家湾异常带	$Pt_1h.$	1500	100～350	−800～−500	为Ⅰ号、Ⅱ号、Ⅲ号矿层引起	正在开展普查
7	兴山大垭异常带	$Pt_1h.$	1500	100～350	−700～−500	为Ⅰ号、Ⅱ号矿层引起	矿点检查
8	兴山王家台异常带	$Pt_1h.$	2700	50～300	−900～−500	为Ⅰ号、Ⅱ号、Ⅲ号矿层引起	矿点检查
9	宜昌石板垭异常带	$Pt_1h.$	4800	40～150	−1000～−500	为Ⅰ号、Ⅱ号、Ⅲ号矿层引起	普查

1. 兴山东冲河Ⅰ号自电异常带

先后进行了1:2.5万、1:1万自电异常测量，两次所圈异常基本一致，异常呈北东东向展布的带状分布，异常带长约2600m，宽20～200m，异常强度在－800～－500mV之间，分布于水月寺群第二岩组下段，异常基本反映了矿区内Ⅱ号、Ⅲ号矿层的分布轮廓，异常峰值区基本能较好地指出矿层分布。

2. 宜昌二郎庙Ⅱ号自电异常带

先后进行了1:2.5万、1:1万自电异常测量，异常带长约1500m，宽35～180m，异常强度在－750～－500mV之间，分布于水月寺群第二岩组下段，两次所圈定的自电异常带总体轮廓和宏观形态基本相同，但1:1万自电异常带与矿层的关系更为清晰、密切，较清晰地反映了主要矿层的延展趋势及分布范围，异常峰值区直接指出了矿层的分布位置，2016年度刘家湾-石板坪石墨矿检查区位于该自电异常带，通过调查工作在该异常带西南边界附近新发现2个石墨矿体。

3. 宜昌谭家河Ⅲ号自电异常带

该异常先后进行了1:2.5万、1:1万自电异常测量，异常带长约2000m，宽25～80m，异常强度在－780～－500mV之间，异常带呈"V"形分布于水月寺群第二岩组下段，两次所圈定的自电异常带吻合程度较高，1:1万自电异常带较清晰地反映了主要矿层的延展趋势及分布范围，异常峰值区直接指示了矿层的分布位置及形态特征。

4. 宜昌刘家湾Ⅳ号自电异常带

该异常为1:2.5万自电异常带普查时所圈定，异常在－400mV等值线，形态不规则，在－800～－600mV的高值异常区，呈北东向展布，异常北东端较宽、南西端收缩，呈舌形。异常分布于水月寺群第二岩组下段，该异常在剖面上梯度变化较缓，无明显的峰值凸起，推断异常为石墨矿斜长片麻岩中局部富集的低贫石墨矿化层引起。

5. 宜昌三岔口Ⅴ号自电异常带

该异常分布于已知三岔口石墨矿层之上，已开展了1:2.5万自电异常普查工作，异常带长约900m，宽50～120m，异常强度在－750～－500mV之间。异常带分布于水月寺群第二岩组下段，由－500mV等级值线圈闭的异常呈弧形带状分布。剖面上异常北西侧梯度陡、南东侧较平缓，具峰状凸起的特征，西南东侧－400mV等值线向外凸出，形成局部的高背景场。该异常为区内Ⅰ号、Ⅱ号矿体的综合反映，南侧的局部高背景场与Ⅲ号矿层密切相关。

6. 宜昌周家湾Ⅵ号自电异常带

该异常为1:2.5万自电普查异常，异常带长约1500m，宽100～350m，异常由－800～－500mV等值线圈闭组成，－300mV等值线则将5个异常圈成一个整体。异常总体呈北北东向分布于水月寺群第二岩组下段，异常峰值区直接指示了矿层的分布位置及形态特征，异常低值区推测为区内含石墨片麻岩中的石墨局部富集所引起，2016年度周家湾石墨矿检查区位于该自电异常带，找矿效果较好，该检查区作为石墨矿普查区提交。

7. 兴山大垭Ⅶ号自电异常带

该异常为1:2.5万自电普查异常，异常带长约1500m，宽100～350m，异常强度在－700～－500mV之间。由3个小的异常组成，－300mV等值线则将3个异常圈定成一个带状整体，剖面异常呈陡梯度峰状凸起。异常分布于水月寺群第二岩组下段，异常带基本反映了区内矿化层的分布轮廓，各异常中心反映矿化层中石墨矿相对富集的部位,由于矿化层的品位低,没有进一步工作的价值。

8. 兴山王家台Ⅷ号自电异常带

对该异常先后进行了1∶25万、1∶1万自电测量工作,异常带长约2700m,宽50～300m,异常强度在－900～－500mV之间,分布于水月寺群第二岩组下段,开展了1∶1万自电详查时圈出5个主要的自电异常,各异常分别由－500mV等值线封闭,每个异常内各自有一个或多个高值中心,电场强度一般在－800～－500mV之间。5个异常组成一个规模较大的异常带,反映了区内矿化层总体分布形态,但每个异常的展布形态各有差异,且其之间的连贯性不很密切,反映异常在分布上相对独立,而又由总体的带状所统一。高值中心的分布排列不明显,大多数高值异常在剖面上表现为无规律的高峰值跳跃。总的梯度变化也不大,与工业矿层上的异常分布特征存在明显的差异,反映石墨矿层沿走向极不均匀,局部较为富集的地方可能形成强度较大的峰值异常。该异常总体上反映了区内矿化层的总体分布轮廓。2018年度王家台检查区位于该自电异常带,找矿效果良好,可进一步开展石墨矿普查工作。

9. 宜昌石板垭Ⅸ号自电异常带

对该异常先后进行了1∶2.5万、1∶1万自电测量工作,异常带长约4800m,宽40～150m,异常强度在－1000～－500mV之间,分布于水月寺群第四岩组,经1∶1万自电详查时圈出的5个主要的自电异常,由－300mV等值线封闭成一个弧形整体,剖面上异常峰值很有规律地连续分布,梯度变化较大,异常近于对称。平面上异常中心两侧等值线较密集,异常的连续性好,规模大,反映该区地层中含石墨矿层的分布范围及展布形态,异常峰值区指示了矿层或矿化层的分布位置。2016年度连三坡-石板垭石墨矿检查区位于该自电异常带,在该检查区发现多条石墨矿(化)体。

二、地球物理找矿勘查

(一)国内实例

1. 四川庙坪石墨矿

庙坪石墨矿位于四川省南江县上两乡,矿区面积约4.70km^2。研究区内的含矿岩系为中新元古代火地垭群麻窝子组第二段的浅变质岩系,主要岩性为灰白色—浅灰色等杂色中厚层—块状白云质大理岩、大理岩及千枚岩。含矿岩系地层呈北东-南西向延伸,在区内沿走向出露长度为4～5km,宽度为0.5～1.5km,总体呈北东走向,倾向南西,局部为南东。由区域已有的地质勘查资料可知,该成矿带内矿体规模较大且有一定的埋藏深度。为指导研究区石墨矿找矿勘查工作,该研究综合采用了自然电场法和可控源音频大地电磁法(CSAMT)对该区进行勘查。自然电场法主要采用自然电位剖面测量方法沿测线逐点观测相对于基点的电位差,测线距100m,测点距20m,测线长度为500～1700m不等。共圈出3个负电位异常区(Ⅰ、Ⅱ和Ⅲ),与石墨矿及其矿化带具有相关性,自然电位异常的强度和规模能够有效地解释石墨矿化的富集情况及矿化分布规律(图16-6)。

由于含石墨地层是形成天然电场的低阻地质体,故根据低电阻率特性可以进一步了解深部矿体的延伸情况。由于Ⅱ自然电位异常与地表石墨矿走向较为吻合,近扇形分布,为此在该异常中心部位布设了一条CSAMT剖面,得到了测线反演电阻率断面图。在CSAMT剖面上于平距240m处施工了ZK301钻孔,开孔倾角80°,方位130°,孔深405m。钻孔0～159.43m深度岩性为花岗斑岩、角闪辉长岩、大理岩,局部岩层较破碎,电阻率呈现中高阻特征;159.43～401m深度均见有石墨矿,矿体厚度大于200m,与物探工作圈定的自然电位异常对应较好(图16-7),验证了该异常为矿致异常,同时佐证了CSAMT法应用于石墨矿深部找矿勘探的有效性。

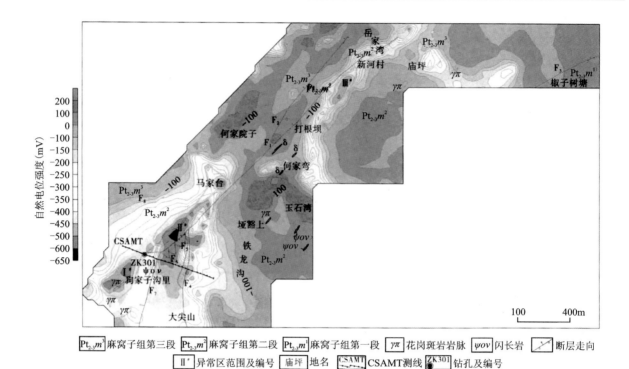

图 16-6　四川庙坪石墨矿区自电等值线平面图(据李勇等，2018)

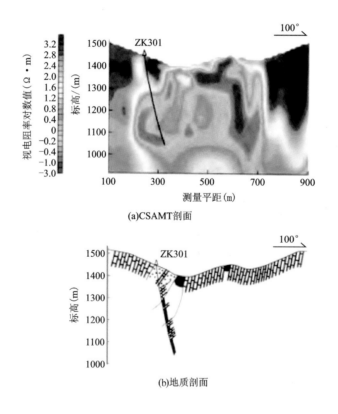

图 16-7　四川庙坪石墨矿区 CSAMT 法综合剖面图(据李勇等，2018)

2. 青海省口口尔图石墨矿

口口尔图地区地处青海省格尔木市乌图美仁乡,口口尔图石墨矿区大地构造位置处于东昆仑造山带伯喀里克-香日德元古宙古陆块体。区域地层出露简单,主要为古元古代金水口岩群($Pt_1 J.$)及第四系。其中,金水口岩群是区内分布最广的变质地层,呈北西西向带状分布于努可图郭勒—口口尔图一带,主要岩性为混合岩化片麻岩、混合岩、片岩夹变粒岩等,是石墨矿重要的赋矿层位。矿区内构造比较复杂,褶皱构造主要分布于古元古代金水口岩群的老变质地层中,断裂构造以北西向韧性、脆性断裂为主,对石墨矿的迁移富集有一定的改造作用。矿区采用工业矿体品位为$\geqslant 8\%$,低品位工业矿体品位$\leqslant 8\%$、$\geqslant 3.5\%$的标准,在区内圈定了3条矿化带、1条晶质石墨工业矿体、13条晶质石墨低品位矿体。

Ⅰ号、Ⅱ号矿化带内圈定的12条晶质石墨矿体,均呈北西向展布,赋存于斜长角闪片岩之中,矿体主要呈脉状、条带状、不规则状。Ⅲ号矿化带内圈定的1条石墨矿体(M5)呈脉状近南北向展布,赋存于大理岩之中,向南、北两侧逐渐尖灭。

该研究主要利用自然电场法电位测量和激电中梯测量作为物探工作方法。矿区内大面积风成沙土覆盖,为圈定自电异常,初步了解全区石墨矿化情况,缩小找矿靶区,矿区内布设1:1万自然电场法电位测量共计20km²,并形成了自然电场电位平面等值线图。该矿区自然电位表现为大面积的负异常,采用-100mV作为异常下限,共圈定了2处有一定规模和规律的负异常Z_1、Z_2:Z_1异常位于矿区东南部,呈不规则状北西西向展布,走向上长约1600m,宽约1200m,最大异常值为-515.4mV。异常带出露金水口岩群片岩段及大理岩段,经工程揭露控制,已发现石墨矿体6条。异常的展布形态与圈定的石墨矿化带走向一致,且异常北部负值凸显,变化梯度较为平缓,由此推断矿体产状与区域地层总体产状基本吻合,倾向偏北;Z_2异常位于矿区西北部,呈不规则状北西向展布,走向上长1350m,宽900m,最大异常值为-207mV。结合槽探工程揭露查证,发现2条石墨矿体,异常的展布形态与圈定的石墨矿(化)体走向基本一致(图16-8)。

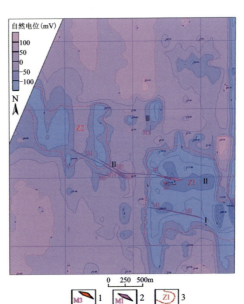

1.石墨工业矿体;2.石墨低品位矿体;3.自电异常及其编号

图16-8 青海省口口尔图石墨矿区自然电位等值线平面图(据谈艳等,2018)

为进一步验证自电异常,该研究还在Z_1、Z_2自电异常区内共布设了1:2000激电中梯剖面7条(JP1~JP7)、1:5000激电中梯剖面18条(JP8~JP25)。视电阻率曲线变化平稳,均值在100Ω·m左右;视极化率曲线变化平稳,值为2‰～16‰,呈北西向展布。结合地质特征和物探异常特征,圈定了2条"低阻高极化"激电异常带(J1、J2),其展布形态和自电异常重现性较好(图16-9)。

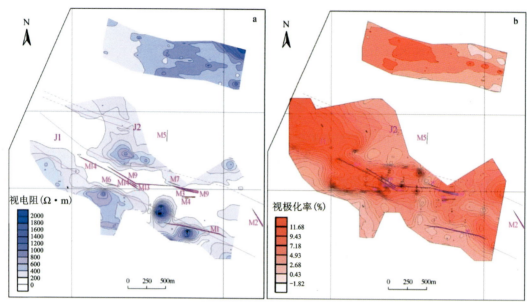

图16-9　青海省口口尔图石墨矿区视电阻率(a)和视极化率(b)等值线平面图(据谈艳等,2018)

(二)黄陵基底石墨矿实例

1. 三岔垭石墨矿

为配合三岔垭石墨矿找矿勘查,湖北非金属公司物探队于1967年、1970年、1973年做了3次多种方法的物探工作。结果表明,用自然电场法圈定石墨矿层的分布范围、用联合电剖面法确定断层的走向取得了比较好的效果(图16-10、图16-11)。

综合剖面的异常特征:

综合剖面选在Ⅰ号勘探线旁,穿过Ⅰ号、Ⅳ号矿体,剖面长480m。实验方法有自然电场电位(简称自电电位)和梯度法,两种极距的联合电剖面法,其异常反应分述如下。

Ⅰ号矿体上的异常反应:自然电场电位曲线反映为强度大、梯度大,最大异常值在-500mV以上,曲线圆滑,以异常曲线的1/2极值点确定矿体底板界面为65.6点,顶板界面为77.6点。

自然电场梯度异常反应为正负相伴的正弦曲线,以正、负异常曲线的极值点确定矿体顶、底界面分别为67点和75点。

两种极距的联合电剖面曲线均在矿体上呈明显的低阻异常反应,并在矿体中心部位形成正交点。对应于矿体的顶底界面 ρ_s^A、ρ_s^B 出现的极大值分别为80点和63点。按照高低阻接触界面联合剖面曲线的特征,确定矿体顶、底界面的位置为63.5点和79.5点。

TC19号探槽揭露结果显示,矿体底板界面为65点,顶板界面为78点。

综合剖面和自然电场法均为地质工程布置提供依据。

2. 龚家河-青茶园石墨矿

勘查区位于湖北省宜昌市西北方向的夷陵区樟村坪镇与雾渡河镇结合部,工作范围的总面积为14.78km²。勘查区大地构造位置属华南板块扬子陆块基底黄陵基底穹隆东部。区域内变质岩地层发

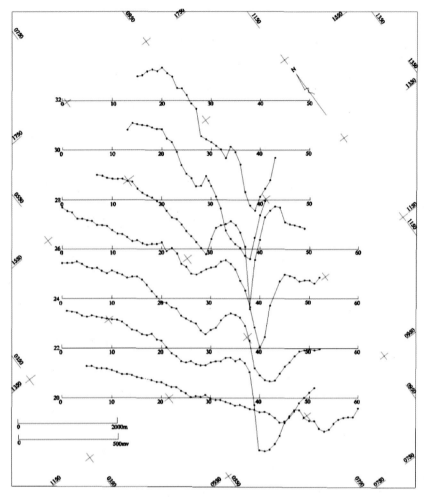

图 16-10 湖北省夷陵区三岔垭石墨矿区自电电位异常平剖图（Ⅱ测区）

育,为一套中—深变质岩石组合,变质岩地层由老至新分别为:中太古代野马洞岩组（$Ar_2 y.$）、中太古代东冲河片麻杂岩（$Ar_2 D$）、古元古代黄凉河岩组（$Pt_1 h.$）、中元古代力耳岩组（$Pt_2 l.$）。勘查区出露的地层有中太古代东冲河片麻杂岩和古元古代黄凉河岩组及第四系,其中黄凉河岩组一段为主要的含矿岩系。区内岩性主要为一套长英质片岩、片麻岩等区域变质岩,东冲河片麻杂岩可见花岗质混合岩。矿区主体构造为北北东向巴山寺倒转向斜构造,槽部出露黄凉河岩组上段地层,两翼依次为黄凉河岩组下段和东冲河片麻杂岩地层。两翼均倾向南东,倾角50°左右,含矿岩系位于南东翼。区内断裂构造较发育,但规模都较小。含矿岩系位于黄凉河岩组下段片麻岩、片岩钙硅酸岩组。包括Ⅰ号含石墨岩系和Ⅱ号含石墨岩系,其中Ⅰ号含石墨岩系为研究工作的重点。

1）Ⅰ号含石墨岩系

Ⅰ号含石墨岩系赋存于片麻岩、片岩、钙硅酸岩组上部,Ⅰ号含石墨岩系地表上按600m间距施工了10个探槽TC1、TC2、TC7、TC8、TC13、TC14、TC19、TC20、TC26和TC31,深部施工了2个钻孔ZK801和ZK701。沿走向出露长度约4500m,厚度较大,最大厚度约150m,最小厚度20m左右。倾向120°左右,倾角40°～65°。呈北东向展布,厚度较稳定,连续性好,岩性组合主要为含石墨黑云斜长片麻岩、黑云石墨片岩、黑云斜长片麻岩、花岗质混合岩。

2）Ⅱ号含石墨岩系

Ⅱ号含石墨岩系赋存于片麻岩、片岩、钙硅酸岩组下部,根据本次地质填图及实测剖面成果推测,呈北北东向展布,推测长度1500m,矿体走向210°左右,倾向约120°,倾角40°～65°,平均50°。厚度较稳

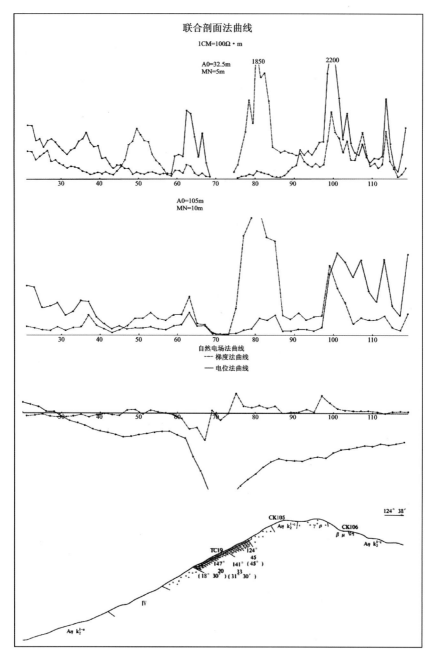

图 16-11 湖北省夷陵区三岔垭石墨矿区综合剖面图

定,推测与余家河石墨含矿岩系相连。

该研究主要利用自然电场法电位测量和 CSAMT 法作为物探工作方法。根据研究区地表的含石墨岩系露头圈定出大致找矿靶区,布设了自电物探剖面。自然电场法电位测量获取的剖面图中,矿致负异常的形态和强度往往与矿层的厚度、矿石结构、产出形态、围岩岩性及水文条件等有着密切的关系。矿层厚度大、覆盖浅或出露地表,则异常峰值明显、强度大、梯度陡;相反的,矿层厚度小、覆盖深,则异常峰值减弱、梯度变缓。从 7 号勘查线自然电位曲线的形态来看,异常幅值较大、宽度较大,随勘查线方向其变化梯度有明显增大、曲线变陡的趋势,推测矿层围岩低阻向高阻变化,且石墨矿层(矿化带)厚度逐渐增大。总体而言,7 号勘查线自电曲线和地表地质勘查、槽探及地下钻探结果所揭示的石墨含矿岩系形态较为吻合(图 16-13)。

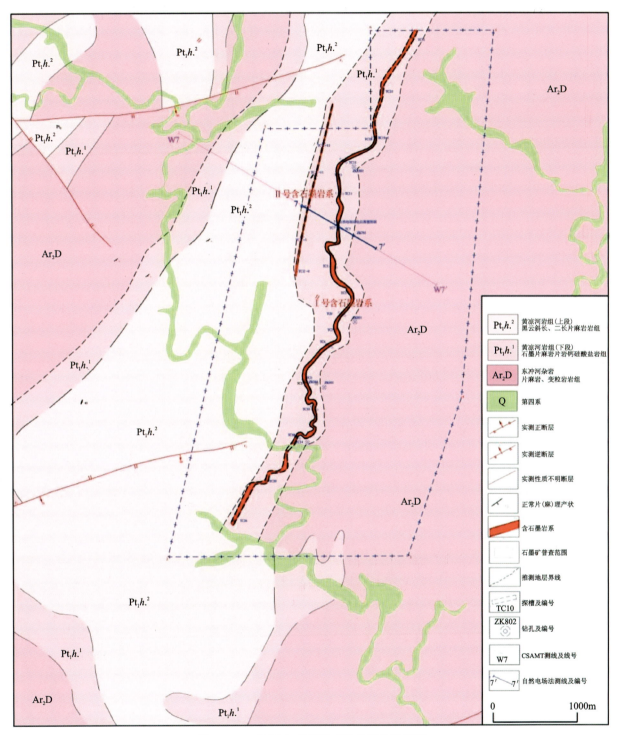

图 16-12 龚家河-青茶园石墨矿区地质简图

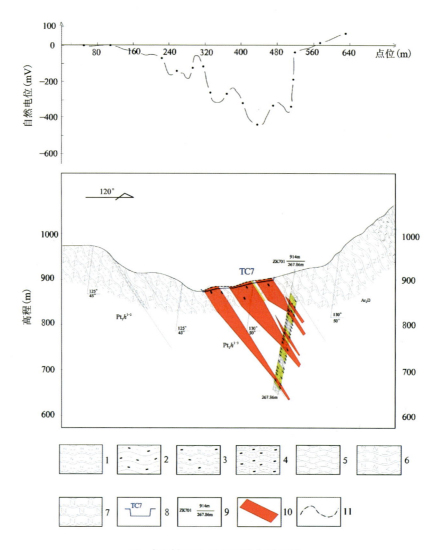

（上：自电剖面图；下：地质综合剖面图）

1.黑云斜长片麻岩；2.石墨片岩；3.含石墨黑云斜长片麻岩；4.含石墨黑云石英片岩；
5.石英片岩；6.斜长角闪片麻岩；7.斜长片麻岩；8.探槽及编号；9.钻孔编号、标高及深度；
10.石墨矿层；11.自电曲线

图 16-13　龚家河-青茶园石墨矿区 7 号勘探线自电地质综合剖面图

第三篇

石墨选矿

第十七章　鳞片石墨选矿

天然鳞片石墨的元素特征、六方晶系的层状结构、层与层间的分子键结合特征和呈片状产出的自然形态，使它较易从矿石中单体解离出来，具有极强的天然疏水性。因此，天然鳞片石墨是自然界最易浮选的矿物之一。通常情况下，在适宜的入选粒度和石灰作调整剂条件下，采用常规的煤油和松醇油（2号油），就可实现石墨与脉石矿物的分离。然而，由于石墨产品应用时有特殊要求，不仅固定碳含量需达到一定标准，而且鳞片尺寸越大越好，大鳞片石墨具有小鳞片石墨无法比拟的技术经济价值，出于保护产品中石墨鳞片的需求，多段磨矿多次精选的较为复杂的浮选流程成为常态；再者，石墨原矿中有时含泥量较高，有时含难抑制的脉石矿物（如片状云母）较多，有时大鳞片石墨矿中细鳞片数量较大，针对诸如此类的不利因素，也衍生出不同的鳞片石墨浮选工艺流程和工艺条件。

第一节　大鳞片石墨选矿

大鳞片石墨选矿的主要目标是保护石墨鳞片不受破坏或少受破碎，选矿的工艺流程和工艺条件均是围绕此目标展开。

通常大鳞片是指+0.3mm、+0.18mm、+0.15mm的鳞片状石墨，低于这些粒径的鳞片石墨叫作细鳞片石墨。大鳞片石墨对于细鳞片石墨来说具有更大的价值，表现在：①在鳞片石墨的经济价值上，同样品位下，大鳞片石墨价格是细鳞片的数倍。②在鳞片石墨的用途上，制造坩埚及膨胀石墨等必须使用大鳞片石墨，细粒级的不能使用或者很难使用；在石墨烯的制备原料中，大鳞片石墨制成的石墨烯具有更高的价值。③在鳞片石墨的自身性能上，大鳞片石墨要优于细鳞片石墨，如润滑性，石墨鳞片越大，摩擦系数越低，润滑性越好。④在鳞片石墨来源上，大鳞片石墨除了在原矿中提取之外，现代的工业技术无法生产合成大鳞片石墨，鳞片一旦被破坏就无法恢复，而细鳞片通过大鳞片破碎即可得到。⑤从储量上看，我国大鳞片石墨储量低，在选别过程中复杂的再磨再选流程致使石墨鳞片破坏严重，产量较少，导致市场供不应求。

一、大鳞片石墨矿选矿的常规工艺流程

大鳞片石墨矿选矿的常规浮选工艺流程是多段磨矿多次精选。粗选入选粒径多为40%~70%的−0.15mm，一段粗选后加1~2段扫选；粗精矿经3~6段再磨、5~8次精选，精选作业是否补加抑制剂、捕收剂和起泡剂，视矿浆中药剂浓度的具体情况而定；扫选精矿和精选尾矿依次返回上一级作业（图17-1）；如果中矿量大，也可采用部分集中再磨再选，以减少大量中矿对工艺过程的冲击，保障工艺过程的稳定性。

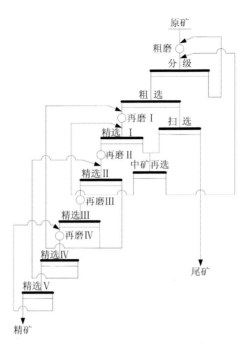

图 17-1 大鳞片石墨矿常规浮选工艺流程

二、大鳞片石墨选矿中的鳞片保护

大鳞片石墨选矿的关键技术是保护石墨鳞片不受破坏,保护鳞片的主要工艺环节是改进、优化磨矿作业方式和再磨段数,优化工艺流程。传统生产中一般采用以铸铁球为介质的球磨机,多段再磨多次再选;近年来为提高鳞片石墨矿选矿产品中大鳞片石墨产率,在磨机类型、磨矿介质种类、再磨段数优化(减少)、流程结构诸多方面进行了大量研究,部分成果已应用到生产实践中。在本节中主要就保护石墨鳞片这一关键问题进行探讨,而其他如中矿处理方式、云母抑制等是和细鳞片石墨选矿的共性问题,则在细鳞片石墨选矿中加以阐述。

(一)磨机类型对鳞片保护的影响

宋广业(1993)对鳞片石墨的破磨特性进行了研究,认为沿石墨结晶层面旋加碾磨力的盘磨机、碾磨机、振动磨等破磨设备,能较好地适应鳞片石墨的层状结晶特性,在磨矿过程中对大鳞片的破坏作用相对较小;呈线接触的棒磨机比呈点接触的球磨机对大鳞片的破坏作用相对较小;此外,适当降低球磨机的转速以减少磨矿过程中的冲击作用而增加研磨作用、采用长筒体的管磨机和小球,均对提高大鳞片产出率有益。另有研究发现,振动磨与砂磨机作为石墨精矿再磨设备,磨矿作用方式和碾磨机相似,也能减少对大鳞片石墨的破坏,提高其产出率。

杨香风(2010)分别采用锥形球磨机、行星式球磨机、搅拌球磨机、台式振动磨对石墨粗精矿进行再磨介质以及介质不同配比对保护石墨晶体的影响研究。其采用表征再磨效果的指标为:

$$\omega = (\gamma_{前} - \gamma_{后})/(\beta_{后} - \beta_{前})$$

式中:$\gamma_{前}$、$\gamma_{后}$为再磨前后一定级别的产率(%);$\beta_{前}$、$\beta_{后}$为再磨前后一定级别的品位(%);ω为再磨前后一定级别产率的减少与品位的提高的比值。

再磨前后产率减少得越小、品位提高得越多越佳。所以ω值越小,在提高品位的同时对大鳞片的保护作用越强。结果表明,搅拌球磨机磨矿后品位提高最多,振动磨及柱介质对石墨晶体保护效果最佳(表17-1),二者在保护石墨大鳞片和提高石墨品位方面均有良好表现。在最佳的再磨工艺条件下,采用台式振动磨进行粗精矿再磨细度、开路试验、中矿返回方式以及闭路试验,最终获得石墨精矿固定碳96.34%,回收率94.11%,+0.15mm级别产率16.17%(固定碳含量95.43%),尾矿固定碳含量0.69%的优良选别指标。

表17-1 不同磨矿设备再磨试验结果(+0.18mm)

再磨设备类型	再磨前(%)		再磨后(%)		ω
	品位	产率	品位	产率	
锥形球磨机	28.62	21.88	29.16	7.71	26.24
台式振动磨	28.56	21.76	31.57	12.45	3.09
搅拌球磨机	28.65	21.85	32.35	10.20	3.15
行星式球磨机	28.60	21.83	30.86	10.82	4.87

同时前期进行的磨矿粒度与磨矿时间关系试验也表明,达到同一磨矿粒度所用的时间从最短(磨矿效率最高)到最长依次为行星式球磨机、搅拌球磨机、台式振动磨、锥形球磨机。

刘文质等(1993)采用新型的立式磨矿机进行工业试验并与球磨机进行对比,发现立式磨矿机作为高碳石墨选矿的再磨设备,能提高大鳞片石墨产率。采用ZZ型立式研磨机对河南省几家石墨生产厂进行工业试验,与原生产流程(采用常规的球磨机再磨)相比,提高了选矿技术并取得了显著的经济效益。原流程处理量原矿70t/d,采用1段磨矿粗选、3段再磨、6次精选工艺,精矿品位只有83%~95%,回收率仅60%左右。而采用ZZ型立式研磨机代替第三段再磨,并取消再磨前的水力旋流器浮选流程不变,得到的石墨精矿平均品位为94.50%,回收率为67.43%,回收率较原工艺提高了7%~11%。产品经筛析,与原工艺相比,立式研磨机能较好地保护鳞片。

在综合梳理石墨矿石磨矿行为理论并在详细试验与研究石墨矿破碎机理的基础上,米国民等(1992)选用高效立式螺旋搅拌磨或振动磨作为石墨再磨设备进行试验研究,认为立式螺旋搅拌磨不但磨矿效率高,而且对保护石墨大鳞片、提高精矿品位很有裨益。立式螺旋搅拌磨是我国近20年发展起来的一种新型高效磨矿设备,磨矿过程中以研磨作用为主、冲击作用较少,且易操作、稳定可靠。

牛敏等(2018)对内蒙古某鳞片石墨进行层压粉碎-分质分选试验研究,实现精矿产品的多元化。在工艺矿物学研究的基础上,原矿采用高压辊磨机超细碎后进行"一粗一精一扫"浮选抛尾。粗精矿经分质分级得到粗粒低碳、中粒高碳和细粒中碳3种中间产品。粗粒低碳产品和中粒高碳产品采用搅拌磨机进行再磨再选;细粒中碳产品采用棒磨机进行再磨再选。在最优条件下闭路试验最终精矿指标为:正目高碳产品固定碳含量94.52%,正目中碳产品固定碳含量91.34%,负目高碳产品固定碳含量94.38%,负目中碳产品固定碳含量91.21%;精矿总回收率为88.18%,精矿正目回收率为49.41%。该技术创新性地将鳞片保护思路从粗精矿再磨精选阶段延伸至低品位原矿的破碎与粗磨阶段,首次将高压辊磨机用于石墨矿山,对原矿采用高压辊磨机进行超细碎,代替原有的颚式破碎机破碎作业和磨矿机的磨矿作业,既减少了固定碳含量较低时磨矿过程中硬质脉石矿物对石墨片层的破坏,又简化了破磨工艺流程,降低了破磨作业成本,采用该技术可实现该地区晶质石墨矿的精矿产品多元化,最大限度地提高其应用价值(图17-2)。

潘嘉芬等(2002)对山东某石墨矿选矿再磨设备类型进行了比较研究,并在此基础上对原生产工艺进行了改造,取得了良好的经济效益。不同再磨设备对大鳞片损失率考察结果见表17-2。

由表17-2可以看出用不同再磨机磨矿大鳞片的损失率是不同的,砂磨机中大鳞片的损失率最小,球磨机中大鳞片的损失率最大,且鳞片越大损失率越高。在给矿及分选工艺相同的情况下,山东某石墨

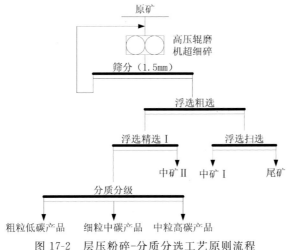

图 17-2 层压粉碎-分质分选工艺原则流程

矿在粗磨后将粗精矿用不同再磨机经过 3 次再磨、6 次精选后所得最终精矿品位见表 17-3：使用砂磨机和振动磨能使最终产品达到电碳石墨的要求，而使用球磨机则只能得到中碳石墨，前二者提碳效果显著。

表 17-2 不同再磨设备对大鳞片损失率的影响

粒径	给料	排料(%)			损失率(%)		
(mm/目)	(%)	球磨机	振动磨	砂磨机	球磨机	振动磨	砂磨机
0.50/32	1.62	1.18	1.32	1.42	27.16	18.52	12.35
0.30/50	8.23	6.61	7.02	7.36	19.68	14.63	10.59
0.18/80	21.82	18.75	19.80	19.80	14.06	12.37	9.26

表 17-3 最终精矿碳量对比

最终精矿固定碳含量(%)	球磨机	振动磨	砂磨机
再磨设备	88.50	94.00	95.00

产生上述情况的主要原因是 3 种再磨机的结构和工作原理不同。溢流型球磨机由于球在降落时与物料是点接触，冲击力较强，物料受冲击力的作用产生裂缝而破碎。破碎后，随着粒度的减小裂缝的产生愈困难，物料愈难磨细。因此用球磨机作为石墨精矿再磨设备大鳞片易损坏，提碳量低，且能耗大。振动磨是利用机器的高频振动，物料受研磨体（小钢球）的强烈冲撞、打击、挤压和磨剥作用，同时由于研磨体的自转和相对运动，对物料颗粒产生频繁的研磨作用，使物料的弹性模量降低，并产生缺陷和裂纹扩展，使石墨得以单体解离，达到强化磨矿的效果，从而使最终精矿品位和大鳞片保护率较高。砂磨机因磨矿介质和石墨在机内既作轴向运动又作径向运动，因差速关系，互相作旋转型摩擦形成摩剥力，使石墨与其上的脉石分离，从而单体解离石墨，该设备的磨剥力高于球磨机 6~10 倍，不存在球磨中的撞击力，因而能提高碳量和保护石墨大鳞片，并且效果优于振动磨。砂磨机与振动磨相比在处理能力相同时，占地面积小，能耗及事故率少，设备维护与维修简单，配置灵活，价格便宜。因此，石墨精矿再磨设备以选择砂磨机为宜。

针对甘肃某地鳞片状石墨矿，郭敏等（2013）采用高效剥片磨矿机进行再磨再选，固定碳含量 16.21% 的原矿经常规棒磨机磨矿后 1 次粗选 1 次扫选，粗矿经 3 段剥片磨矿 10 次精选，获得了固定碳含量 95%、回收率 64.91% 的石墨精矿，且很好地保护了大片的石墨鳞片。

（二）磨机介质种类对鳞片保护的影响

所有通过物料和介质相对运动而使物料受力并使其粒度减小的磨矿工作原理都是相同的，即通过介质与被磨物料的混合物中心产生相对运动，混合物料局部紧密和局部松散、混合物在磨机中倾覆和跌落，被磨物料在介质之间和机壁上受到压力和剪切力的作用。被磨物料吸收的能量主要由介质的运动决定，磨矿结果取决于介质大小配比、介质形状、物料充填率、湿磨时的矿浆体积浓度，而介质运动形式和其与物料的接触方式对磨矿过程起着决定作用。

常用的磨矿介质种类分为钢球、钢棒、钢柱、钢筒棒、氧化锆球、陶瓷球，除使用单一种类的介质外，还可用同材质的不同种类介质进行组合。磨矿介质的外形不同，使得介质在磨矿过程中与矿石的接触形态不同——点接触、线接触和面接触，从而对矿石颗粒产生不同的作用力和磨矿效果，即磨矿效率、磨矿产品粒形及粒度组成不同。相比面接触，以点、线接触的球、棒、柱类介质作用到矿粒上，更产生应力集中，冲击力更强，接触点的矿物或连生体更易产生脆裂、矿物间产生裂隙，磨矿效率较高，易产生细粒级产品，但矿物晶体易遭到破坏，特别是对片状矿物的破坏更甚。筒棒介质则不同，在磨矿过程中它是整体运动，随着磨机转动提升到一定高度滑下来，仅仅作泻落运动，磨矿过程中对物料只有磨剥作用和轻微的冲击作用；又由于筒棒介质是面接触，与物料接触时最先磨剥的是最粗矿粒，已单体解离的矿物（相对矿浆中的最粗粒矿粒）不再受或较少受磨剥作用力，大大减少了已解离矿物的过粉碎。基于此，面接触的磨矿介质是有利于保护大鳞片的。

袁慧珍（1995）以钢球、钢棒、钢柱和钢筒棒为磨矿介质进行磨-浮试验，详细考查了4种介质的磨矿效率，比较了4种介质对石墨大鳞片的损毁差异，认为钢球磨矿效率最高——原矿经4种介质磨矿获得磨矿细度为60%的-0.15mm的产品所需时间，分别为钢球介质4分42秒、钢柱介质5分48秒、钢棒介质6分30秒、钢筒棒介质9分30秒；而钢筒棒介质对保护大鳞片具有明显优势（表17-4）。对4种介质磨矿后60%的-0.15mm的矿浆进行粗选，再对粗精矿进行筛析，得到相同入选粒度（相同磨矿粒度）下粗精矿中各粒级精矿产率和石墨分布情况。筛析结果充分表明，不同种类介质的磨浮产品，其粒度分布有较大的差异，钢筒棒介质磨浮精矿中大鳞片石墨产出率最高，有利于保护石墨鳞片。

表 17-4 粗精矿筛析结果

介质种类	粒径（mm）	产率（%）粒级	产率（%）累计	固定碳（%）	分布率（%）粒级	分布率（%）累计
钢球	+0.56	1.78	1.78	90.33	4.33	4.33
	-0.56+0.355	14.00	15.78	56.48	21.28	25.61
	-0.355+0.20	36.77	52.55	42.87	41.93	67.54
	-0.20+0.15	17.20	69.75	32.05	14.84	82.38
	-0.15	30.25	100.00	21.64	17.62	100.00
	合计	100.00		37.15	100.00	
钢棒	+0.56	1.14	1.14	92.25	3.00	3.00
	-0.56+0.355	9.94	11.08	58.64	16.63	19.63
	-0.355+0.20	39.09	50.17	40.27	44.91	64.54
	-0.20+0.15	17.94	68.11	31.06	15.90	80.44
	-0.15	31.89	100.00	21.51	19.56	100.00
	合计	100.00		35.05	100.00	

续表 17-4

介质种类	粒径(mm)	产率(%) 粒级	产率(%) 累计	固定碳(%)	分布率(%) 粒级	分布率(%) 累计
钢柱	+0.56	1.45	1.45	91.58	3.35	3.35
	-0.56+0.355	12.94	14.39	58.06	18.93	22.28
	-0.355+0.20	33.49	44.88	47.12	39.77	62.05
	-0.20+0.15	18.02	65.90	36.46	16.56	78.61
	-0.15	34.10	100.00	24.89	21.39	100.00
	合计	100.00		39.68	100.00	
钢筒棒	+0.56	2.33	2.33	84.72	6.29	6.29
	-0.56+0.355	22.42	24.75	40.29	28.80	35.09
	-0.355+0.20	39.19	63.94	31.73	39.65	74.74
	-0.20+0.15	14.34	78.28	25.36	11.61	86.35
	-0.15	21.72	100.00	19.71	13.65	100.00
	合计	100.00		31.36	100.00	

杨香风(2010)选用 MZ 台式振动磨作为石墨粗精矿再磨设备,钢球、钢柱和钢棒、陶瓷球 4 种类型介质作为石墨粗精矿再磨介质,研究不同形状和不同材质的磨矿介质对保护石墨鳞片的影响。首先以磨矿产品中-0.15mm 含量表征了 4 种介质的磨矿效率:钢球＞钢柱＞钢棒＞陶瓷球,说明介质种类及形状对磨矿产品的粒度分布有较大影响。对磨矿产品进行筛析考查,并以 ω 值来判定不同介质磨矿对石墨鳞片的保护效果(表 17-5)。采用钢柱和钢棒再磨后+0.18mm 大片产率降低较少,品位提高较大,对比钢球和陶瓷球效果较优。其中钢柱介质的 ω 值最小,表明其对保护大鳞片和提高品位的综合效果最好。

表 17-5　不同磨矿介质对石墨鳞片的保护效果(+0.18mm)

再磨介质	再磨前 固定碳(%)	再磨前 产率(%)	再磨后 固定碳(%)	再磨后 产率(%)	ω 值
钢球	28.62	21.78	31.14	13.94	3.11
钢柱	28.63	21.83	31.12	16.41	2.18
钢棒	27.86	21.86	30.03	16.12	2.65
陶瓷球	28.56	21.76	29.36	14.25	9.39

杨香风同时还考查了不同种类介质组合后的再磨效果。他在研究中发现采用钢球介质再磨后品位提高最大,采用钢柱介质再磨后+0.18mm 大片石墨产率降低最小,因此他对钢球和钢柱组合介质的再磨效果进行了考查(表 17-6)。结果表明,单独采用钢球介质对提高品位有利,但大鳞片破坏严重;而单独采用钢柱介质则与之相反;采用两种介质组合后再磨效果更好,能综合提高大鳞片产率和品位两方面的指标。其中钢球:钢柱=1:2 时 ω 最小,效果最好。

表 17-6　不同介质组合再磨效果对比(＋0.18mm)

指标	全钢球		全钢柱		球∶柱＝1∶1		球∶柱＝1∶2	
	磨矿前	磨矿后	磨矿前	磨矿后	磨矿前	磨矿后	磨矿前	磨矿后
产率(%)	21.78	13.94	21.83	16.41	19.50	14.33	21.84	14.91
固定碳(%)	28.62	31.14	28.63	31.12	28.24	31.35	28.03	33.22
ω 值	3.11		2.18		1.66		1.34	

(三)助磨剂对鳞片保护的影响

对于原生或次生矿泥较多的石墨矿石或含难磨粒子的矿石,磨矿过程中加入助磨剂有助于分散矿泥对矿粒的包裹、增加磨矿介质与矿泥的有效接触,缩短磨矿时间,提升磨矿效率,减少介质及尖锐脉石对石墨鳞片的破坏,对保护大鳞片具有一定的作用。

贺爱平(2019)以水玻璃、碳酸钠、三乙醇胺为助磨剂对某石墨矿开展磨矿研究。结果显示水玻璃和碳酸钠助磨剂有助于提高磨矿效率和磨矿产品中的大鳞片产率(表 17-7)。磨矿中加入分散剂不仅改善了磨矿条件、提升了磨矿效果,其分散作用也有助于改善后续浮选作业条件。

表 17-7　助磨剂磨矿效果对比(＋0.15mm 级别)

助磨剂	再磨前		再磨后		ω 值
	产率(%)	品位(%)	产率(%)	品位(%)	
无	18.20	17.58	8.23	20.38	2.88
水玻璃	17.95	17.48	9.88	20.87	2.38
碳酸钠	18.11	17.51	9.81	20.93	2.43
三乙醇胺	18.07	17.40	8.98	20.72	2.74

(四)流程结构对鳞片保护的影响

如前所述,常规的鳞片石墨矿选矿就是粗磨条件下进行粗选和扫选抛尾,再对粗精矿不断地进行多段再磨多次精选,直至精矿产品品位达到相应要求。为了提高大鳞片石墨产率,有人从浮选流程结构入手进行了研究,力争实现少磨,以减少对鳞片的破坏。

1. 短流程(1 段再磨或 2 段再磨)工艺

传统的大鳞片石墨选矿工艺流程一般是在粗磨条件下进行 1 次粗选和 1~2 次扫选,对粗选精矿进行 3~5 次再磨、5~8 次精选,以期达到保护大鳞片石墨、获得高品位精矿的目的。传统选矿工艺流程复杂,中矿返回量大,造成生产不稳定,基建投资大。而且多次再磨、多次精选对保护鳞片的效果并不理想,有时还适得其反。据此,考虑在尽可能少的再磨条件下实现保护鳞片的目的。

与大多数脉石矿物相比,石墨韧性较好,抗冲击能力较强,因此,在磨矿过程中,石墨和脉石矿物的脆裂速率是不一样的。许多研究认为,当物料中石墨含量在 20%~40% 时,脉石及其与石墨的连生体的脆裂速率高于单体石墨,此条件下磨矿可有效减少已解离的大鳞片石墨破损。基于此结论,石墨浮选中的再磨再选可于粗精矿固定碳含量 20%~40% 时进行深度再磨,即少磨少选实现石墨与脉石矿物的分离。

在详细地研究了鳞片石墨和脉石矿物在磨矿中的破碎行为后,米国民(1992)提出了降低粗选入选粒度,力争1次粗选(或再加1次精选)获得的精矿品位达到20%~40%的最适宜再磨品位,经1次(或2次)再磨、2~3次精选即可获得大鳞片产率很高的最终精矿的短流程工艺。米国民认为,再磨的目的是使石墨连生体破碎实现石墨鳞片与脉石矿物解离,但再磨时不仅连生体破碎,已经单体解离的石墨鳞片也和脉石矿物同时被破碎。因此最理想的再磨是脉石矿物和连生体破碎速率尽可能大,而单体鳞片石墨的破碎速率尽可能小。其研究发现,当粗精矿固定碳含量为20%~40%时,即可实现上述的理想磨矿。基于此结论提出短流程工艺:对比传统磨选工艺,降低粗选入选粒度,使大部分石墨在粗选前的磨矿即实现单体解离,以便获得理想的粗选精矿品位(固定碳含量20%~40%);采用高效立式螺旋搅拌磨对粗精矿进行1次或2次再磨、2~3次精选(图17-3)。采用该工艺对内蒙古某石墨矿进行对比试验,+100目(0.15mm)粗目精矿产率提高了21.03%(表17-8),短流程工艺对大鳞片保护和提升精矿品位的双重作用十分显著。因此,短流程工艺在内蒙古、山东、河南的许多新建矿山和老矿山改造中得到了推广应用。

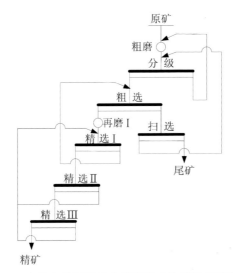

图17-3 内蒙古某石墨矿1段再磨3次精选短流程工艺

表17-8 短流程与传统流程试验结果对比

流程	精矿粒径(mm/目)	+0.35/+40	−0.35+0.30/−40+50	−0.30+0.18/−50+80	−0.18+0.15/−80+100	−0.15/−100
短流程	产率(%)	17.90	27.70	17.34	11.91	25.15
	固定碳(%)	96.40	94.30	94.31	93.81	88.33
传统流程	产率(%)	3.71	22.56	20.10	7.45	46.18
	固定碳(%)	91.58	90.18	89.60	89.12	83.91

山东是我国鳞片石墨矿的主要产区,某石墨矿的原选矿工艺流程为入选粒径62%~65%的−0.15mm、经1次粗选后,对粗精矿进行4段再磨5次精选,得到的石墨精矿固定碳含量为90%左右。该流程的主要问题是:每次再磨前浓缩分级用的旋流器及其配套的输送砂泵加剧了对大鳞片的破坏作用,即绝大部分已经解离的单体大鳞片石墨进入旋流器沉砂并进入下一段再磨,因石英等坚硬脉石矿物的磨剥作用使已经解离的大鳞片在高速旋转的旋流器和砂泵中受到破坏。而且流程复杂,中矿返回量大,生产过程不稳定,经常发生跑槽现象,精矿品位不高。多段再磨更造成了已解离的大鳞片受损破坏。岳成林(2007)采用2段再磨3次精选的短流程工艺(图17-4),代替原4段再磨5次精选工艺,并取消原

工艺中再磨前的旋流器浓缩分级作业,以振动磨代替球磨,+50目大鳞片石墨产出率从26.82%提高到44.51%,-50+100目大鳞片石墨产出率从27.23%提高到29.15%;短流程在保护大鳞片石墨的同时,混目精矿固定碳含量也从87.44%提高到92.81%(表17-9)。

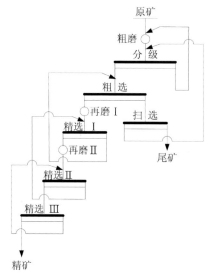

图17-4 山东某石墨矿2段再磨3次精选短流程工艺

表17-9 短流程与传统流程试验结果对比

流程	精矿粒级 (mm/目)	+0.30 /+50	-0.30+0.15 -/-50+100	-0.15 /-100	混目精矿
传统流程	产率(%)	26.82	27.23	45.95	100.00
	固定碳(%)	90.63	89.76	84.21	87.44
短流程	产率(%)	44.51	29.15	26.34	100.00
	固定碳(%)	95.20	93.73	87.78	92.81

2. 柘浮-浮选联合工艺

本书作者以柘浮-浮选联合工艺流程对某石墨矿开展研究。柘浮入选粒径为-1mm,已经解离的鳞片状石墨或以石墨为主的连生体进入柘浮床面的尾矿区末端形成粗精矿,粗粒矿石和尾矿依次进入柘浮床面的精矿区、中矿区和尾矿区。粗精矿经3段再磨4次精选即可获得大鳞片产率较高的石墨精矿;柘浮中的粗粒矿石和尾矿进入常规磨浮流程(图17-5)。与原矿直接进入磨浮流程相比+0.15mm及其以上大鳞片高碳石墨产率提高了10%左右。

3. 分目浮选工艺

佟红格尔(2010)在对内蒙古某晶质石墨矿石组成和嵌布特性研究的基础上,进行了一系列选矿工艺对比研究,最终采用预先分目选别、阶段磨矿、阶段选别工艺,不仅提高了石墨精矿品位,而且提高了大鳞片石墨回收率,达到了预期目的(图17-6,表17-10)。该工艺流程的特点是,采用一段粗磨(磨矿细度与传统磨浮工艺相同),然后预先粗选3min,分离出大鳞片石墨粗精矿,该粗精矿直接进入2段再磨减少对大鳞片石墨的再磨次数从而使大鳞片少受破坏;预先浮选尾矿则按传统浮选流程进行选别,经过3段再磨6次精选获得较细粒级的石墨精矿。对比传统工艺,预先分目浮选工艺可减轻过磨现象,有效减少大鳞片石墨损失,明显提高精矿品位和回收率。

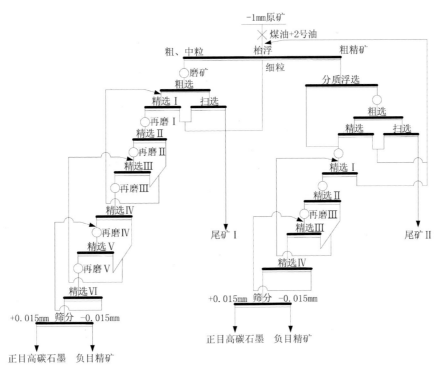

图 17-5　枱浮-浮选联合工艺流程图（注：粗精矿分质浮选采用低药量）

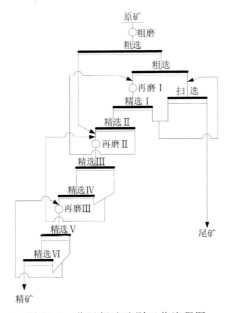

图 17-6　分目粗选选别工艺流程图

表 17-10　预先选别与传统选别工艺结果对比

产品名称	产率(%)		固定碳(%)		回收率(%)	
	传统浮选	预先选别	传统浮选	预先选别	传统浮选	预先选别
精矿	5.46	5.43	86.51	90.56	86.67	90.26
尾矿	94.54	94.57	0.77	0.56	13.33	9.74
原矿	10.00	100.00	5.45	5.45	10.00	100.00

岑对对等（2017）研究了黑龙江某石墨矿的选矿新工艺。该石墨矿石为鳞片变晶结构、片麻状构造，呈条带分布，与石英、长石、方解石、白云母、黑云母直边镶嵌，部分沿黑云母、白云母的解离缝分布，与云母类矿物"平行"连生。矿石主要矿物组成为石墨（7%）、石英（39%）、白云母（7%）、黑云母（4%）、正长石（17%）、钠长石（8%）、方解石（4%）、高岭石（3%）、角闪石（2%）、绿泥石（3%）、黄铁矿（4%）、其他2%。原矿中+0.3mm、-0.3+0.2mm、-0.2+0.15mm石墨分布率分别为4.38%、13.81%和9.30%，+0.15mm石墨总分布率达27.49%。由于矿石中含有近70%硬度较大的脉石矿物，磨矿中极易对大石墨鳞片造成损伤，若按传统工艺进行磨选势必影响大鳞片石墨的回收。新工艺首先在较粗入选粒度下进行1次粗选，提前分离出大片石墨粗精矿，尾矿再磨后经1次粗选选出较细粒级石墨粗精矿后抛尾，在粗选阶段即避免大鳞片石墨过磨。2次粗精矿合并后进入再磨精选，在3段再磨精选后对精矿进行筛分，提前分离出+0.15mm石墨精矿，-0.15mm粒级粗精矿继续再磨再选，再次避免已解离的大鳞片石墨继续进入后续再磨再选作业（图17-7）。通过以上措施可获得4个粒级+0.3mm、-0.3+0.2mm、-0.2+0.15mm、-0.15mm的精矿产品，固定碳含量分别为91.49%、90.88%、90.11%、95.44%，回收率分别为0.39%、10.92%、5.42%、77.42%，精矿总回收率为94.15%，+0.15mm石墨提取率达60.87%。

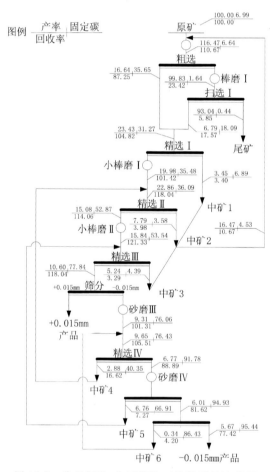

图17-7 分目粗选-分目精选工艺数质量流程图

刘渝燕等（2003）对山东某地低品位晶质石墨矿进行了选矿工艺研究，矿石中含大量的透闪石、透辉石、斜长石、钾长石、石英、黝帘石等质地较为坚硬的脉石矿物，磨矿中极易造成大鳞片损失。通过常规的阶段磨矿阶段选别（3段磨矿7次精选）与阶段磨矿分目精选（图17-8）比较，发现分目精选可以避免过磨现象、减少大鳞片石墨损失，同时精矿品位也有较大提高（表17-11、表17-12）。

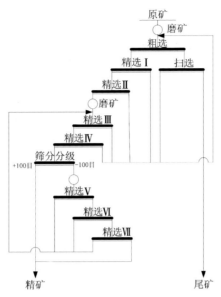

图 17-8　分目精选工艺流程

表 17-11　两种工艺流程试验结果比较　　　　　　　　　　　　　　单位：%

产品名称	产率		FC		回收率		大片率	
	常规流程	分目精选	常规流程	分目精选	常规流程	分目精选	常规流程	分目精选
精矿	3.84	3.57	93.89	96.23	89.98	90.36	44.70	46.72
尾矿	96.16	96.43	0.42	0.38	10.02	9.64		
原矿	100.00	100.00	4.01	3.80	100.00	100.00		

表 17-12　两种工艺流程的精矿筛析结果比较　　　　　　　　　　　　单位：%

产品粒级（mm/目）	产率		固定碳		分配率		大片率	
	常规流程	分目精选	常规流程	分目精选	常规流程	分目精选	常规流程	分目精选
+0.30/+50	8.54	10.66	94.52	95.03	8.60	10.53	44.70 (+0.15mm)	46.72 (+.015mm)
-0.30+0.18/-50+80	24.77	25.92	95.47	96.02	25.19	25.88		
-0.18+0.15/-80+100	11.39	10.14	95.33	96.92	11.55	10.22		
0/-100	55.30	53.28	92.81	96.35	54.66	53.37		
合计	100.00	100.00	93.89	96.18	100.00	100.00		

4. 浮选—重选（摇床）—浮选工艺

为保护大鳞片、提高粗目石墨精矿产率，陈镜辉（1998）对我国某大型晶质石墨矿的选矿工艺流程进行了比较研究，分别采用常规多段磨浮工艺、浮选—筛分—浮选工艺、浮选—摇床—浮选工艺（图 17-9～图 17-11）进行选别，结果见表 17-13。其中，浮选—摇床—浮选工艺以−1.0mm 原矿入选，石墨精矿中＋0.15mm/+100 目作业回收率达 85%。试验现象及结果说明，增加筛分作业可减少单体石墨的损坏；

而增加摇床作业不仅能代替筛分作业,而且能加大原矿的入选粒度并更合理地对矿石进行磨矿,更大限度地避免过磨现象和脉石切割石墨鳞片的现象,也是摇床能提高大鳞片石墨产出率的主要原因。

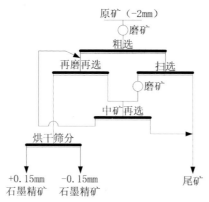

图 17-9　全浮选工艺流程

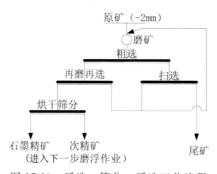

图 17-10　浮选—筛分—浮选工艺流程

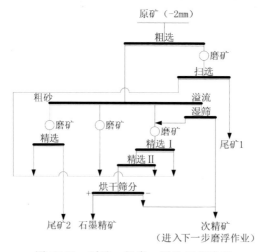

图 17-11　浮选—摇床—浮选工艺流程

表 17-13　不同流程＋0.15mm/＋100 目石墨精矿指标比较　　单位:%

流程方案	产率	固定碳	分配率
全浮选	3.90	93.92	25.27
浮选—筛分—浮选	6.37	92.65	39.92
浮选—摇床—浮选	7.07	89.44	42.27

5. 分质分选浮选工艺

牛敏等(2018)对内蒙古某鳞片石墨进行层压粉碎-分质分选试验研究,通过分质分选工艺实现了精矿产品的多元化,大大提升了正目石墨精矿产率,显著提高了经济效益。原矿采用高压辊磨机代替破碎和粗磨作业进行超细碎后,进行"一粗一精一扫"浮选抛尾。粗精矿经分级分质得到粗粒低碳、中粒高碳和细粒中碳3种中间产品(图17-12)。

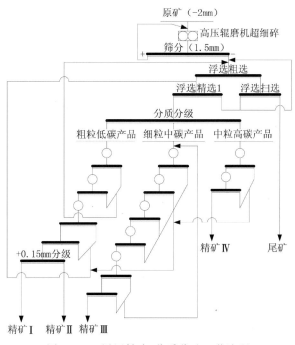

图17-12 层压粉碎-分质分选工艺流程

所获得的粗粒低碳产品和中粒高碳产品采用搅拌磨机进行再磨再选;细粒中碳产品采用棒磨机进行再磨再选。在最优条件下闭路试验最终精矿指标见表17-14。若对－0.15mm/－100目产品进一步筛分,则可获得固定碳含量94.38%的负目高碳产品和固定碳含量91.21%的负目中碳产品。该工艺有效地提高了产品固定碳含量和大鳞片产品产出率,并实现了产品多元化,经济效益显著。

表17-14 层压粉碎-分质分选工艺流程指标　　　　　单位:%

产品名称		产率	固定碳	回收率	
＋0.15mm/＋100目产品	精矿Ⅰ	1.76	91.34	34.29	49.41
	精矿Ⅳ	0.75	94.52	15.12	
－0.15mm/－100目产品	精矿Ⅱ	0.57	92.11	11.20	38.76
	精矿Ⅲ	1.39	92.95	27.56	
尾矿		95.53	0.58	11.82	
原矿		100.00	4.69	100.00	

黑龙江鸡西是我国重要的晶质石墨矿产区,柳毛鳞片石墨矿是其中的一个矿山。原工艺采用常规的多段再磨再选流程,1段粗磨1次粗选1次扫选,粗精矿经6段再磨8次精选,精矿固定碳含量94%,回收率较低,大鳞片精矿产出率低。肖伟丽(2012)在原工艺流程的基础上进行了改良——在2段再磨后加入分级作业,提前分开正目粗精矿和负目粗精矿,再分别对两种品质的粗精矿进行再磨再选,不仅

将原6段再磨作业缩减至4段(图17-13),而且大大提高了大鳞片石墨精矿产率(表17-15)。对精矿进一步筛分,可获得各粒级石墨精矿,现工艺的粒级精矿指标见表17-16。

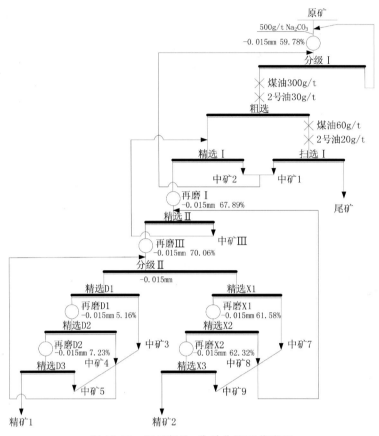

图17-13 混目粗选-分质分选工艺流程

表17-15 两种工艺流程结果比较　　　　　　　　　　　　　　单位:%

产品名称	产率		固定碳		回收率	
	原工艺	现工艺	原工艺	现工艺	原工艺	现工艺
大鳞片精矿	5.15	6.32	94.08	97.05	42.88	54.33
细鳞片精矿	4.03	5.16	93.57	94.08	33.37	43.00
精矿合计	9.18	11.48	93.86	95.72	76.25	97.33
尾矿	90.82	88.52	2.96	0.34	23.75	2.67
原矿	100.00	100.00	11.30	11.29	100.00	100.00

表17-16 混目粗选-分质分选粒级精矿　　　　　　　　　　　　单位:%

粒级 (mm)	大鳞片精矿		细鳞片精矿	
	分布率	固定碳	分布率	固定碳
+0.30	0.02	81.66	—	—
-0.30+0.18	22.74	97.23	—	—
-0.18+0.15	68.42	97.37	—	—

续表 17-16

粒级 (mm)	大鳞片精矿		细鳞片精矿	
	分布率	固定碳	分布率	固定碳
−0.15+0.074	5.14	97.54	72.70	94.86
−0.074+0.045	2.61	90.46	18.94	94.54
−0.045	1.07	86.77	8.36	86.25
合计 对精矿	100.00	97.05	100.00	94.08
合计 对原矿	6.32		5.16	

第二节 细鳞片石墨选矿

虽然我国石墨资源储量丰富，石墨的开采、加工和需求量也居世界首位，但随着资源不断大量开采利用，质地好、鳞片大、易选矿的石墨资源越来越少。为满足航空航天、国防、冶金、机械、新能源、环保、新型建材等诸多行业的大量需求，对细鳞片及复杂难选类石墨矿的开发成为必然。

由于嵌布粒度较细，大多数石墨鳞片尺寸达不到正目(150目)要求，所以在细鳞片石墨矿的选矿过程中不多考虑对石墨鳞片的保护，而是追求高品位和高回收率，1次粗磨1次粗选1~2次扫选、5段甚至更多次数再磨及7次以上的精选流程，是细鳞片石墨矿选矿常见的加工方案。但由于各产地矿石性质差异，矿石矿物组成、结构构造、主要矿物的嵌镶特征不同，其选矿加工工艺技术条件仍有差异。在此对细鳞片石墨矿选矿常规加工方案不予赘述，仅就细鳞片石墨矿选矿中的一些技术难点进行探讨。

一、中矿再磨再选

在鳞片石墨矿尤其是低品位鳞片石墨矿阶段磨选过程中，由于选矿比大、流程长，与其他矿种的选矿相比中矿总量很大。中矿处置不得当，不仅选矿过程不稳定难以控制，还会严重影响产品指标，造成次品或废品。因此，科学、合理、有效地处理细鳞片石墨矿阶段磨选过程中产生的中矿显得尤为重要。

某低品位鳞片状石墨矿固定碳含量4.78%，石墨片径一般为0.01~0.15mm，嵌布粒度较细。石墨主要呈叶片状密集嵌布于云母、蓝晶石和黏土中，部分呈揉皱状与褐铁矿和黏土矿物充填交代，少部分包裹于石英、云母、黄铁矿、黄钾铁矾和明矾石中，嵌镶关系复杂，解离困难。胡红喜等(2014)对该矿石的选矿加工进行了研究，认为常规的阶段磨矿阶段浮选工艺难以获得高品位石墨精矿；只能通过多段磨选获得中碳石墨，再通过化学提纯达到高碳石墨精矿指标要求。在多段磨选的试验研究中，扫选精矿及各段精选尾矿数量较大，若依次返回上一级作业，对精矿品质影响较大，且浮选过程不稳定。为此，他们将扫选精矿和精选Ⅰ、精选Ⅱ的尾矿合并进行再磨再选，再选精矿与精选Ⅲ、精选Ⅳ的尾矿集中返回精选Ⅰ作业；而精选Ⅴ、精选Ⅵ、精选Ⅶ的尾矿集中向初段作业靠近返回至精选Ⅲ作业，避免末端精选作业受中矿返回影响，保障了精矿品质(图17-14)。所获得的用于后续制备高碳石墨的精矿固定碳含量80.64%，回收率高达95.88%。

内蒙古包头市达茂旗某石墨矿为低品位细鳞片石墨矿，原矿固定碳含量6.45%，主要脉石矿物为石英(40%)、云母类(30%)、红柱石(10%)，另有少量黄铁矿、绿泥石、方解石、长石、褐帘石、赤褐铁矿、金红石、石榴石，原生矿泥含量大。石墨片径大多小于37μm，呈细粒状或片状嵌布，部分嵌生于脉石矿

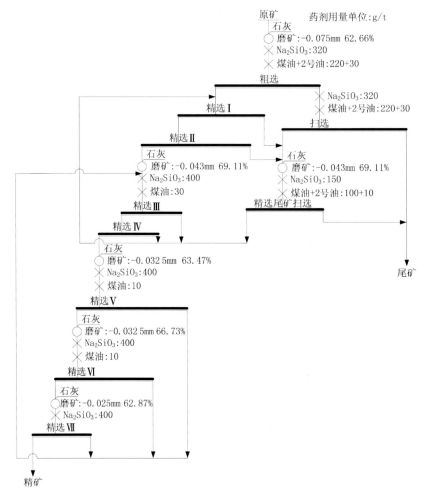

图 17-14 中矿部分集中再磨再选工艺流程 1

物解理或被脉石矿物包裹,嵌镶关系复杂,磨矿解离困难,分选难度高。陆康(2014)采用细磨入选、5 段再磨 6 次精选浮选工艺对该矿进行选矿加工处理;其中,中矿 1 至中矿 4 进行合并再磨再选,再选精矿返回至粗选作业,中矿 5 至中矿 7 合并返回至再磨 3 作业(图 17-15)。所获石墨精矿固定碳含量 90.80%,回收率 82.21%。

二、脱泥浮选

山东某地细粒鳞片石墨矿固定碳含量 6.97%,主要脉石矿物为云母类(白云母、绢云母、钒云母共 30%~35%)、石英(30%~35%)、多水高岭石及水云母(10%~15%)、绿泥石及钾长石(5%~10%)、金红石及钒电气石(2%~3%)、褐铁矿(1%~2%),另有微量黄铁矿、磷灰石、锆石、白钛石等,黏土矿物含量高达 70%。石墨嵌布粒径微细,多在 37μm 以下。采用常规多段磨选工艺无法得到合格石墨精矿。李硕夫等(2013)采用磨矿—脱泥—分级浮选工艺流程(图 17-16)对其进行选别。由于原矿黏土矿物含量高、磨矿后泥化严重,对浮选作业影响很大,因此根据石墨嵌布粒径在浮选前以 0.037mm 筛进行 1 次脱泥分级,筛上部分直接入选;而对 −0.037mm 矿泥再进行 2 次水力沉降脱泥,脱泥后的细粒级矿浆再进行分选。经过上述工艺处理,获得的石墨精矿固定碳含量达 97%,回收率为 83%。

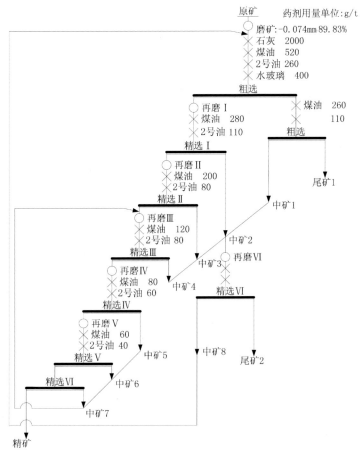

图 17-15　中矿部分集中再磨再选工艺流程 2

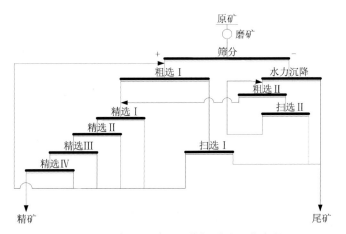

图 17-16　磨矿—脱泥—分级浮选工艺流程

三、中矿筛分 2 次抛尾脱泥浮选

宜昌北部某低品位细鳞片石墨矿固定碳含量 4.5% 左右，原生矿泥含量近 30%，磨矿后产生的次生矿泥含量也近 30%。由于矿泥含量高，按照常规多段磨浮工艺，自粗选开始选别作业就不稳定，各级精矿品位提高幅度有限，即便是 8 段再磨 10 次精选也难获得合格精矿。为强化脱泥以获得较好选别技术指标,同时也为简化流程和设备,贺爱平等(2019)以较粗粒度入选进行粗选和1次扫选,粗选目的在于初步富集石墨和脱泥,扫选目的在于最大限度地降低尾矿品位进行抛尾;粗、扫选精矿合并直接进行1段精选,并对1段精选尾矿进行筛分以达到2次抛尾脱泥的目的,为后续再磨再选创造良好的分选条件(图17-17),从而获得了较为理想的产品技术指标(表17-17)。

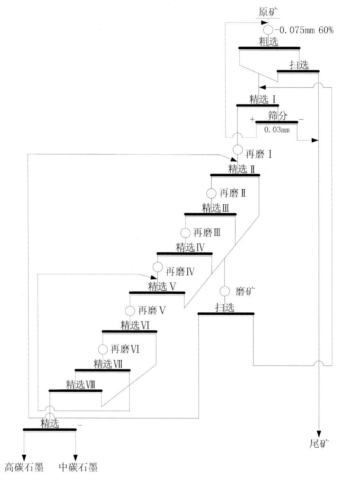

图 17-17　中矿筛分 2 次抛尾脱泥浮选工艺流程

表 17-17　中矿筛分 2 次抛尾脱泥浮选试验结果　　　　单位:%

产品名称	产率	FC	回收率
高碳石墨	1.87	94.68	35.40
中碳石墨	2.67	85.23	55.19
尾矿	95.46	0.44	9.41
原矿	100.00	4.47	100.00

四、强化抑制易浮云母的技术措施

石墨矿中或多或少都存在白云母、黑云母、金云母、绢云母等云母类矿物,理论上,适宜石墨浮选的矿浆环境条件并不适宜云母类矿物附着起泡进入石墨(泡沫)产品。然而,现实生产和试验中,疏水性较好的片状云母与片状石墨在搅动的矿浆中因负压极易吸附粘接在一起,尤其是片径稍小的云母为核而大量石墨吸附在其周围形成夹带;再者片状云母尤其是大片云母受浮力和离心力等作用在旋转搅动的矿浆中也极易进入泡沫层,从而制约获取高品质石墨精矿。此时采用水玻璃等常用的硅酸盐矿物抑制剂效果并不理想。针对这一难题,作者对一些硅酸盐矿物抑制剂进行了比较研究。试样仍来自上述宜昌北部某低品位石墨矿,矿石中含26%的白云母和5%的黑云母。采用常规的多段磨浮工艺,水玻璃为矿泥分散剂和云母等硅酸盐矿物抑制剂,煤油、2号油为捕收剂和起泡剂进行分选,难以获得理想的高品质石墨精矿。

硅酸盐矿物抑制剂比较研究试验流程如图17-17,原矿磨矿后进行粗选和扫选,粗选以石灰调整pH值至9并抑制矿石中的黄铁矿,以水玻璃为分散剂和抑制剂,以煤油、2号油为捕收剂和起泡剂进行石墨初步富集及抛尾脱泥。自精选Ⅱ开始对易浮云母进行强化抑制,精选Ⅱ云母抑制剂种类试验结果见表17-18,抑制剂用量试验结果见表17-19。木质素磺酸钠(CMN)具有强烈的抑制作用,过量时对石墨的矿化极具破坏性,适量使用可强化对石墨-云母连生体的抑制,故应严格控制其用量。试验结果表明,石墨矿再磨精选时,单用草酸、柠檬酸、六偏磷酸钠、水玻璃、CMN作为抑制剂时分选效果不佳;而氟硅酸钠、氟硅酸钠+CMN对云母有较强的抑制作用,分选效果较好。综合分析表17-18、表17-19,采用1400g/t氟硅酸钠或400g/t氟硅酸钠+CMN作为精选抑制剂均可取得较理想的结果。

按照图17-17选别流程,各精选作业添加氟硅酸钠作为抑制剂,最终获得了高碳石墨精矿和部分中碳石墨精矿。

需要说明的是,不同产地的石墨矿中云母种类不一样,云母表面赋存的杂质成分(主要是以吸附、置换等形式存在的金属离子)不一样,强化抑制云母的药剂可能有异,需要通过试验确定。

五、强化抑制石英的技术措施

石英也是石墨矿中常常伴生的脉石矿物,通常情况下,以煤油和2号油为捕收剂和起泡剂选别含石英的石墨矿时,以水玻璃为抑制剂可以获得较好的分选效果。但是,不同产地的石墨矿性质有差异,某些矿石中的石英晶格受损,或在加工过程中受原生或次生金属离子影响,均可能使石英活化,从而使其较易进入浮选泡沫层影响石墨精矿质量。此时即需强化对石英的抑制以获得质量满意的精矿。李慧美(2013)对此进行了研究,选用EDTA(乙二胺四乙酸二钠或乙二胺四乙酸四钠)、酒石酸、柠檬酸、草酸分别进行了用量试验,结果表明,4种药剂对石英均有抑制作用,但酒石酸抑制效果最好(表17-20、表17-21)。

第三节 石墨浮选药剂

因石墨天然可浮性较好,相比其他矿石的选矿,石墨矿浮选所用药剂种类较少,研究得也较少。石墨浮选药剂主要有调整剂、捕收剂和起泡剂。

一、调整剂

1. pH调整剂

石墨浮选的最佳pH值为7~11,常用氢氧化钠、碳酸钠、石灰作pH调整剂,一般将pH值调整为9左右即可获得良好的分选条件。

表 17-18 精选 Ⅱ 抑制剂种类试验结果

单位:%

产品名称		抑制剂种类 草酸	柠檬酸	六偏磷酸钠	水玻璃	氟硅酸钠	CMN	水玻璃+氟硅酸钠	水玻璃+CMN	氟硅酸+CMN
精矿Ⅱ	产率	70.63	68.38	69.66	68.81	69.06	67.33	67.26	70.35	68.40
	固定碳	55.38	55.84	56.13	56.32	59.32	57.03	56.62	56.07	58.30
	回收率	91.56	90.59	92.06	92.78	93.63	89.84	88.79	93.98	92.41
中矿Ⅱ	产率	29.37	31.62	30.34	31.19	30.94	32.67	32.74	29.65	31.60
	固定碳	12.27	12.54	11.11	9.67	9.01	13.29	14.68	8.52	10.37
	回收率	8.44	9.41	7.94	7.22	6.37	10.16	11.21	6.02	7.59
给矿	产率	100.00	100.00	100.00	100.00	100.00	100.00	100.00	100.00	100.00
	固定碳	42.72	42.15	42.47	41.77	43.75	42.74	42.89	41.97	43.15
	回收率	100.00	100.00	100.00	100.00	100.00	100.00	100.00	100.00	100.00
分选效率	$E_{道}$	8.077	9.086	9.247	10.285	12.093	9.813	9.064	9.869	11.256
	$E_{弗}$	20.58	21.44	21.62	23.18	25.92	22.42	21.33	22.84	24.63

注:1. 草酸、柠檬酸、六偏磷酸钠、水玻璃、氟硅酸钠、CMN 的用量(对精选Ⅱ的给矿)分别为 800g/t、800g/t、2000g/t、1500g/t、250g/t。

2. 水玻璃+氟硅酸钠、水玻璃+CMN、氟硅酸钠+CMN 组合抑制剂的配比分别为 1:4、10:1、10:1,其中水玻璃+氟硅酸钠组因氟硅酸钠在碱性条件下易析出 SiO_2,故该组中水玻璃比例需控制;组合抑制剂用量(对精选Ⅱ的给矿)分别为 1200g/t、800g/t、500g/t。

3. 为了准确判定试验结果,采用了道格拉斯-斯密芬和弗莱敏-斯蒂芬斯两个综合效率计算公式进行分选效率评价。

表 17-19 精选Ⅱ抑制剂用量试验结果　　　　　　　　　　　单位:g/t

抑制剂种类与用量			氟硅酸钠			氟硅酸钠＋CMN		
			1000	1200	1400	350	400	450
产品名称	精矿Ⅱ	产率(%)	71.25	70.78	69.11	71.83	69.44	68.26
		固定碳(%)	56.81	57.45	59.30	57.33	58.03	58.01
		回收率(%)	94.42	94.13	93.89	94.49	93.93	92.56
	中矿2	产率(%)	28.75	29.22	30.89	28.17	30.56	31.74
		固定碳(%)	8.32	8.68	8.64	8.52	8.52	10.03
		回收率(%)	5.58	5.87	6.11	5.51	6.07	7.44
	给矿	产率(%)	100.00	100.00	100.00	100.00	100.00	100.00
		固定碳(%)	42.87	43.20	43.65	43.58	42.90	42.78
		回收率(%)	100.00	100.00	100.00	100.00	100.00	100.00
分选效率 $E_弗$			23.04	23.62	26.08	23.03	24.89	24.64

注:氟硅酸钠＋CMN组合抑制剂的配比为1:10;抑制剂用量以精选Ⅱ的给矿量进行计算。

石灰因价廉源广是最常用的pH调整剂,特别是当石墨矿石中含有黄铁矿时更是首选的药剂,即石灰在调整矿浆酸碱度的同时抑制黄铁矿。此时多将石灰加入到磨机中,使黄铁矿一解离即与石灰(氢氧化钙)作用生成氢氧化亚铁和氢氧化铁亲水性薄膜(亦说氢氧化钙牢固地附着在黄铁矿新生成的表面)从而使黄铁矿颗粒亲水难于进入浮选泡沫层。

当石墨矿石中含有方解石、白云石、石英等难磨脉石矿物,或含有原生矿泥及磨矿产生的次生矿泥时,常用碳酸钠作pH调整剂,碳酸钠在调整矿浆酸碱度的同时起到助磨和分散矿泥的作用。

因强腐蚀性和价格较高,氢氧化钠作石墨浮选调整剂用得并不多,但当石墨矿石中含有较多钠长石时一般会用到它,以起到调整矿浆酸碱度和抑制长石的双重作用。

2. 抑制剂

针对矿石中脉石矿物类型尤其是难抑制脉石矿物种类,石墨矿浮选抑制剂主要有硅酸盐矿物抑制剂[水玻璃、硫化钠、氢氧化钠、淀粉、有机胶、六偏磷酸钠、草酸、柠檬酸、CMN(木质素磺酸钠)、EDTA(乙二胺四乙酸二钠或乙二胺四乙酸四钠)、酒石酸或上述药剂的组合试剂等]、黄铁矿抑制剂(石灰、硫化钠等)、碳质页岩类矿物抑制剂(淀粉、有机胶、木质素磺酸、木质素硫酸脂、丹宁等)、碳酸盐矿物抑制剂(水玻璃、水玻璃＋铝盐、丹宁、栲胶、淀粉、磺化菲、纤维素硫酸脂、羟基甲基纤维素等)。

3. 分散剂

水玻璃和六偏磷酸钠价廉源广,是石墨矿浮选最常用的两种分散剂,并兼具抑制硅酸盐脉石矿物的作用,但在制备优质石墨精矿或高纯石墨精矿时除采用低浓度浮选作业外,需要添加硅酸钠、酸化水玻璃(水玻璃与硫酸按一定比例配成),或聚丙烯酸钠、十二烷基苯磺酸钠、CMC、聚乙二醇辛基苯基醚等表面活性剂进行分散,最大限度地降低云母、石英等脉石矿物的夹带行为,提升精矿品质。需要指出的是,作为分散剂使用的表面活性剂的添加量一定要控制得当:用量过多会改变石墨表面疏水性,从而强烈抑制石墨进入泡沫层(在前一节强化抑制易浮云母的技术措施中有过论述),也可能会由于自由聚合物的桥联作用引起颗粒之间的絮凝而降低悬浮体的流动性;而当用量不足时,则不能充分润湿颗粒表面,也不利于鳞片石墨的分散。

表 17-20 抑制剂种类及用量试验结果

EDTA			酒石酸				柠檬酸				草酸			
用量 (g/t)	产率 (%)	固定碳 (%)	回收率 (%)	用量 (g/t)	产率 (%)	固定碳 (%)	回收率 (%)	用量 (g/t)	产率 (%)	固定碳 (%)	回收率 (%)	用量 (g/t)	产率 (%)	固定碳 (%)	回收率 (%)
250	9.30	94.68	69.72	25	9.80	94.40	73.25	50	9.95	94.38	74.83	100	9.25	94.52	69.22
500	9.80	94.84	73.59	50	9.70	94.46	72.96	100	9.75	94.82	73.20	200	9.60	94.78	72.04
1000	9.75	95.02	73.35	100	9.50	95.32	72.07	200	10.00	95.16	75.34	400	9.70	94.82	72.82
2000	9.90	94.78	73.51	200	9.60	95.64	72.70	400	10.10	95.00	75.97	600	9.65	94.30	72.05
3000	10.00	94.68	74.96	400	9.45	95.54	71.48	600	10.15	94.12	75.64	800	9.45	94.20	70.84
4000	9.95	94.64	74.56	600	9.50	95.02	71.85	800	10.15	93.40	75.06	1000	9.50	94.10	71.76
5000	10.00	94.12	74.52	800	9.25	95.00	70.00	1000	9.85	93.00	73.64	1400	8.55	94.00	64.72

表 17-21 抑制剂在矿浆中浓度对比

药剂种类	石英抑制率 90%	石英抑制率 80%
柠檬酸	4.0×10^{-5} mol/L	2.0×10^{-5} mol/L
酒石酸	3.0×10^{-5} mol/L	3.0×10^{-5} mol/L
EDTA	1.3×10^{-4} mol/L	1.2×10^{-4} mol/L
草酸	2.2×10^{-4} mol/L	1.6×10^{-4} mol/L

4. 活化剂

石墨是天然疏水性矿物,具有较好的可浮性,浮选加工过程中一般不添加活化剂。但在遇到难选矿或为改善浮选指标时,加入活化剂可进一步增强石墨鳞片表面的疏水性,改善煤油和 2 号油的分散性能。国外曾研究过二甲酚硫代磷酸铵及十六烷基三甲基溴化铵对提高石墨选别指标的影响。毛钜凡等(1985)对十二烷基硫酸钠(SDS)在石墨浮选中的作用进行了深入研究,认为在煤油、2 号油体系下添加少量(10~20g/t)SDS 具有明显改善矿浆体系环境、有利分选的作用:①添加少量 SDS,降低了石墨表面 Zeta 电位,增大了石墨表面的润湿接触角,提高了石墨的疏水性,使浮选回收率提高;②少量 SDS 对煤油具有较强的乳化作用,阻止油粒在溶液中相互聚合小油滴粘附在大油滴上,从而提高了煤油的分散性,加强了捕收作用;③少量 SDS 不仅具有起泡能力,还能显著降低溶液表面张力、提高起泡剂 2 号油在矿浆中的分散度、增加泡沫体积、降低消泡时间、延长泡沫稳定期,对提高石墨回收率具有重要作用。

二、捕收剂

石墨浮选中最常用的捕收剂是煤油和柴油,偶有使用重油、磺酸脂、硫酸脂、酚类、羧酸类,在此不赘述。为了提高精矿品位和回收率,或针对某些细粒难选石墨矿,也有一些新的探索。

1. 复合柴油

河南某低品位难选石墨矿石原矿品位低,嵌布粒度微细,层状易浮脉石云母质量分数高,含可浮性好的黄铁矿。董艳红(2018)选用柴油和十二烷基二甲基甜菜碱以 4∶1 混合成复合柴油作捕收剂,杂醇 MA 作起泡剂对该矿石进行了选矿试验,并在同等条件下与采用煤油、柴油、复合煤油作为捕收剂进行了对比,复合柴油在粗选时比后三者(煤油、柴油、复合煤油)提高回收率 2%~6%,药剂用量也有大幅下降。采用 1 段粗选 3 段再磨 5 次精选工艺流程,闭路试验结果为石墨精矿固定碳含量 94.42%,回收率 91.13%。与以煤油和松醇油为捕收剂时相比,药剂用量低,指标好,可有效提高矿石的综合利用价值,为低品位细粒难选石墨矿提供参考。

2. 石油副产物合成剂

黑龙江省穆棱中兴石墨矿采用煤油作捕收剂、2 号油为起泡剂的多段再磨再选传统工艺生产出的石墨精矿,固定碳含量 85%,市场价格低且销路有限。选厂也曾尝试用石蜡等代替煤油、醚醇代替 2 号油进行试验,效果均不理想。金婵(1995)利用石油生产中的副产物——混合烃,在催化剂作用下引入磺基和羟基合成一种新型的复合型石墨选矿药剂。该药剂兼具捕收剂和起泡剂双重功能,浮选效果好,价格低廉,成本仅为原药剂的 1/2 左右。试验显示,合成剂用量与煤油、2 号油用量基本相同的条件下,0.080mm/-180 目粉经一磨一选可使精矿固定碳含量由 85% 提高到 93%(由中碳石墨变为高碳石墨)、回收率由 65% 提高到 85%。

三、起泡剂

用于浮选的起泡剂很多，按其化学成分可分为两类：第一类含羟基化合物，如烷基醇和萜烯醇、酚类及其衍生物；第二类是含氮基化合物，如吡啶及其衍生物、环苯胺。而用于石墨浮选的起泡剂却很有限，不外乎萜烯醇和萜烯为主要有效成分的2号油与松节油。生产实践表明，2号油起泡性能较好但单位成本高；松节油单位成本较低但起泡性能一般。为寻找起泡性能好、成本低廉的起泡剂，不少科技工作者进行了大量探索，比较有代表性的是利用工业副产品为原料进行生产或改性。

起泡剂中极性基和非极性基是决定其起泡性能的两个基本结构基团。杂醇是制醇工业副产品，主要含有丙醇、丁醇、戊醇，它们分子结构的双极性质决定了其可以作为起泡剂的前提条件，不少人在这方面进行过研究。陈新江(1988)分析了杂醇作为起泡剂的理论基础后认为，由于羟基的影响，杂醇分子溶解度高，表面溶质分子多处于溶液内部而在溶液表面吸附的数量少，使其表面活性小，为保持一定数量的泡沫层需多加药，或加药后迅速产生大量气泡但不能持久，泡脆，故需分次加药；杂醇虽不解离但因含羟基，可视为碱性物质，在溶液pH＞9时起泡性能显著上升，因此杂醇在碱性介质中的起泡性能更好；由于诱导取向效应和氢键的作用，杂醇在水溶液中发生水化使气泡周围形成一层水膜，使气泡具有较好的稳定性，从而提高了矿化泡沫层的稳定性。对于非极性基在起泡性能方面的作用，陈新江认为，当起泡剂中极性基相同时，非极性基正构烷基起泡性能的活性符合特贝劳定则，即每增加一个CH_2基团，起泡的活性增加3倍多，而它在水中的溶解度却降为原来的1/3以下。大量研究表明，烷基中碳原子个数最佳范围为5～8个，因此，杂醇中戊醇的含量极为重要，决定着杂醇的起泡性能。在以上理论分析的基础上，陈新江用杂醇和松节油作起泡剂进行了对比试验研究，发现加入杂醇后，溶解速度很快，迅速产生大量黄色气泡，大小尺寸均匀适中，泡沫层较厚且很稳定，浮选速度快；而加入松节油后溶解速度很慢，产生气泡速度极慢，气泡大小不均且数量较少，泡沫层极薄但很稳定，浮选速度慢。在其他工艺条件相同的情况下，同样用量的杂醇和松节油，前者回收率高7.59%。

仲辛醇是蓖麻油生产癸二酸时的副产品，来源较广，价格便宜（不到2号油的一半）。不少科技工作者对仲辛醇作为石墨浮选的起泡剂进行过研究，认为仲辛醇起泡性能优于2号油，起泡能力强，形成的泡沫脆性适中，能显著提高石墨矿分选回收率和选矿效率。方和平(1988)分别以大鳞片石墨纯矿物和内蒙古兴和石墨矿的两种石墨原矿作原料，用煤油作捕收剂，以2号油和仲辛醇为起泡剂进行比较研究。纯矿物试验表明，当仲辛醇和2号油用量小于20g/t且用量相同时，前者回收率高10%～20%；当用量超过50g/t回收率趋于稳定时，前者回收率高10%左右。地表黄矿石试验表明，当仲辛醇和2号油用量分别大于40g/t、回收率趋于稳定时，前者的回收率和选矿效率分别高于后者5%～7%和4%～6%。深部青矿石试验表明，当仲辛醇用量达到20g/t时，回收率即趋于稳定且维持在83%的水平；而2号油用量达到60g/t时，回收率才达到峰值(76%)，二者回收率不仅相差7%，用量相差也很大；若再考虑二者价格差别，仅起泡剂一项的成本，用仲辛醇仅为2号油的1/6。总之，仲辛醇是石墨矿浮选的高效起泡剂，与2号油相比具有起泡能力强、泡沫厚、稳定且脆的优点，能显著提高石墨浮选回收率和选矿效率，并大幅降低起泡剂的成本。

第十八章　宜昌北部石墨矿选矿

宜昌北部石墨矿分布于湖北省宜昌市夷陵区中部及北部——远安县以及兴山县水月寺镇辖区，其构造位置处于黄陵基底区。

湖北省有7处石墨矿区，其中有6处位于宜昌市辖区（夷陵4处、远安和兴山各1处）；宜昌市石墨矿资源储量占全省的98%。

宜昌市石墨矿所含石墨为晶质鳞片状，以鳞片大和品位高著称，具有可选性好、便于提纯、层间距离大（石墨烯最佳原料）等特点，极其适合高附加值产品深加工，是国内外工业利用的主要石墨类型。

宜昌北部石墨矿构成矿石的岩性为（含）石墨黑云斜长片麻岩和石墨云母片岩；围岩主要为黑云斜长片麻岩。

石墨矿层连续出露多在数百米至数千米，地表厚度在数米至数十米，平均厚度数米至20m左右。

石墨矿工业类型为区域变质型晶质（鳞片状）石墨矿，各矿区石墨矿石主成分相似，最主要的组成是 SiO_2（40%～45%）、Al_2O_3（10%～15%）；其次为 Fe_2O_3（3%～7%）、K_2O（2.5%～4.5%）、MgO（1.3%～2.6%）、H_2O^+；再次为 CaO（0.12%～1.19%，平均为0.572%），S（0.04%～3.55%，平均1.03%）。总体特征为富硅铝贫钙。

各矿区有用组分石墨固定碳的含量为2%～19%，平均为3%～10%。矿石为灰黑色，具鳞片粒状变晶结构，片状、片麻状构造。石墨粒径一般在0.1～1mm之间，片岩大于50目的占60%～80%，为大鳞片状晶质石墨，有较大的工业开发价值。

宜昌石墨矿石自然类型有3种：黑云片岩型石墨矿、黑云斜长片麻岩型石墨矿、透闪石片岩型石墨矿。其中主要类型为黑云片岩型和黑云斜长片麻岩型石墨矿。

第一节　宜昌北部石墨矿选矿试验

宜昌北部石墨矿选矿试验以兴山县东冲河石墨矿为实例。

兴山县东冲河石墨矿位于湖北省宜昌市兴山县水月寺镇与宜昌市夷陵区接壤处，处于黄陵基底石墨矿成矿区的西北部，矿床规模为中型。

一、矿石样品采取与加工制备

1. 采样

选矿试验样品在对应的详查区内Ⅱ号、Ⅲ号工业矿层采集。采样设计由详查地质技术人员按选矿所需样品完成，采样实施（含岩矿鉴定样）由详查地质技术人员和选矿单位技术人员指导工人完成。样品质量约350kg，其中Ⅱ号矿层约为295kg，Ⅲ号矿层约为55kg。采用地表刻槽法采取，按品位、厚度加权平均法现场确定不同品位矿石的采集质量,确保矿样品位接近矿床平均品位。样品采集间距大致按 200m×200m～400m×400m 进行,考虑未来矿山开采时矿层顶、底板的废石混入,在矿层顶底板按 2∶1 的比例采集样品约 50kg,用于选矿试验时进行配矿(表 18-1)。

表 18-1 采样记录及单工程样碳测试结果

矿层	单工程样编号	样品质量		品位(%)
		kg	%	
Ⅱ	Ⅱ-1-1	12	3.40	7.20
	Ⅱ-2-1	31	8.78	5.78
	Ⅱ-2-2	38	10.76	5.83
	Ⅱ-2-3	36	10.20	5.66
	Ⅱ-2-4	32	9.07	5.80
	Ⅱ-2-5	40	11.34	5.82
	Ⅱ-2-6	37	10.48	5.78
	Ⅱ-3-1	38	10.76	5.24
	Ⅱ-3-2	34	9.63	5.10
Ⅲ	Ⅲ-1-1	3	0.85	3.71
	Ⅲ-2-1	18	5.10	8.52
	Ⅲ-3-1	34	9.63	6.19
Ⅱ＋Ⅲ		353	100.00	5.87
顶板		34	/	2.31
底板		15	/	2.10

2. 样品加工制备

原矿矿样为块状,挑取岩矿标本后,经颚式破碎—筛分—对辊破碎—筛分,破碎至－3mm 后混匀缩分。原矿经矿样破碎、混匀、缩分成每份单元试验样 400g,供后续试验用。试样制备流程见图 18-1。

二、矿石的工艺矿物学研究

1. 固定碳含量测定

依据中华人民共和国国家标准《石墨化学分析方法》(GB 3521—2008),对石墨中的固定碳含量进行测定。原矿矿样加工所得单元试验样品石墨固定碳含量测得结果为 5.90%。

2. 矿石化学组成

矿样的化学分析结果见表 18-2。

由表 18-2 可知,该石墨矿的主要化学成分有 SiO_2(55.01%)、Al_2O_3(18.27%)、TFe_2O_3(7.36%)、K_2O(4.15%)、MgO(1.97%),还含有少量的 CaO、Na_2O、TiO_2、MnO。该石墨矿样烧失量为 8.62%,这主要与石墨烧失有关。对石墨矿的选矿而言,Si、Al 和 Fe、Ca、K、Mg、S 等需选矿去除。

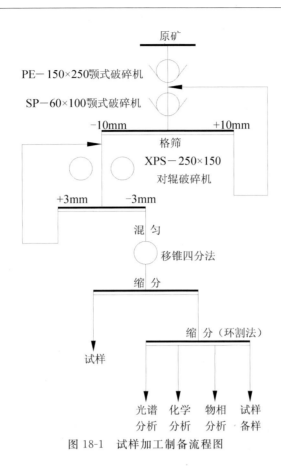

图 18-1 试样加工制备流程图

表 18-2 原矿化学多项分析结果 单位:%

成分	SiO_2	Al_2O_3	TFe_2O_3	MgO	CaO	Na_2O
含量	55.01	18.27	7.36	1.97	0.12	0.27
成分	TiO_2	P_2O_5	MnO	Rb_2O	SO_3	CuO
含量	0.75	0.068	0.10	0.018	0.03	0.039
成分	ZrO_2	BaO	Cl	K_2O	ZnO	烧失量
含量	0.02	0.085	0.016	4.15	0.012	8.62

3. 矿物组成

由矿样 XRD 分析结果(图 18-2)可知,主要矿物为石英、云母类(黑云母和白云母)、石墨、长石类和绿泥石。

4. 矿物产出特征

矿石肉眼观察呈灰黑色—深灰色,鳞片变晶结构,片麻状构造,肉眼可见石墨、石英、云母类。

薄片和光片岩矿显微鉴定结果显示,矿石主要组成矿物为石墨、黑云母、白云母、石英、长石类、绿泥石。

石墨呈片状或条状,大小不均,揉皱明显,分布具有一定的方向,和片麻理的方向一致,石墨片的延

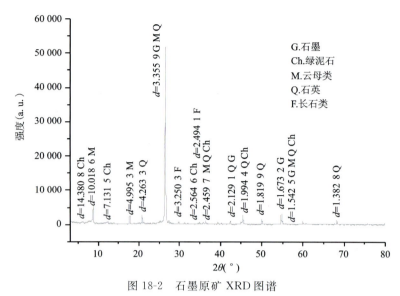

图 18-2 石墨原矿 XRD 图谱

长方向和云母片一致。最大片径 0.6mm，最小 0.001mm，一般 0.074～0.203mm，最厚 0.091mm，一般在 0.010～0.050mm 之间，最薄 0.000 5mm（图 18-3、图 18-4）。石墨含量在 5% 左右。

图 18-3　石墨、石英、长石 ×50（一）

图 18-4　石墨、白云母、黑云母 ×50

石英呈无色，半自形—他形的粒状，大小不均，透镜状和集合体的石英单体大，揉皱强烈的区域石英颗粒相对较小。石英粒径最大 0.6mm，最小 0.001mm，一般 0.050～0.15mm，石英集合体总体呈透镜状或香肠状，和富含石墨和云母类的条带相间分布，石英的含量约 38%。

白云母呈无色，条状或片状，明显揉皱，与石墨、黑云母"平行"连生，单体一般片径 0.050～0.105mm，最大 0.8mm，最小 0.001mm（图 18-3），含量约为 20%。

黑云母呈褐色，片状或条状，少部分绿泥石化。片径最大 0.9mm，最小 0.002mm，一般在 0.050～0.6mm 之间；黑云母片最厚 0.4mm，一般 0.05mm。与石英共生的较新鲜，与石墨、白云母共生的揉皱明显的多水化或绿泥石化。黑云母含量约 30%。

长石类矿物较少，含量小于 5%。

绿泥石和绢云母都是蚀变的矿物，呈黑云母和长石的假象存在，含量小于 1%。

金属矿物主要是黄铁矿，呈他形的粒状，大小不均，黄色反射色，星点状分布，粒径最大 0.8mm，最小 0.002mm，一般 0.5～0.1mm（图 18-5、图 18-6），矿物含量 1%。

磁铁矿呈他形粒状，零星分布，最大 0.34mm×1.3mm，一般 0.2～0.08mm，含量小于 1%。

图 18-5　石墨、黄铁矿 ×50(反光)

图 18-6　石墨、黄铁矿 ×50(反光)

三、拟选工艺技术方案及设备药剂

1. 工艺技术方案

矿石性质研究结果表明,本矿区产出的石墨矿结晶较为完整,晶体鳞片较大,矿石属较易选类型。根据石墨矿选矿技术发展现状和本矿石性质特征,为保护石墨晶体鳞片完整性,拟采用的工艺技术方案如下。

选择棒磨。应以冲击力较小的磨矿介质进行磨矿,同时加入矿泥分散剂和助磨剂,以减少磨矿对石墨鳞片的破坏。磨矿筒体直径/长度值应尽可能小,更多地利用磨矿介质的磨削力进行矿物解离而规避磨矿介质对石墨鳞片的冲击力。生产中可选择振动磨等冲击力更小的磨矿方式,效果更佳。

粗磨粗选。粗精矿多次再磨精选的阶段磨选工艺流程。石英等硬度较大的脉石矿物,会垂直切削石墨鳞片使之受损,通过粗磨粗选尽可能早地抛除这些脉石,具有重要意义,同时,阶段磨矿—阶段浮选,也可有效地提高石墨精矿品位、提升产品品质。

采样常规的浮选药剂进行选别。以碳酸钠、生石灰等作分散剂和 pH 调整剂,以煤油、柴油等作捕收剂,以 2 号油作起泡剂。这些药剂不仅选别效果较好,而且源广价廉、应用普遍。以这些常规工艺流程和工艺条件处理本石墨矿得到的结果,来评价该石墨矿的可选性更为可信。

2. 试验设备及仪器

试验过程所用主要仪器及设备见表 18-3。

表 18-3　试验用主要仪器及设备

序号	设备名称	规格型号	生产厂商	用途
1	颚式破碎机	PE-150×250	武汉探矿机械厂	粗碎
2	颚式破碎机	RK/PEF125×150	武汉洛克粉磨设备制造有限公司	中碎
3	辊式破碎机	RK/PG-Φ200×125	武汉洛克粉磨设备制造有限公司	细碎
4	锥型球磨机	XMQ-67Φ 240×90	武汉洛克粉磨设备制造有限公司	磨矿
5	锥型球磨机	XMQ-67Φ150×50	武汉洛克粉磨设备制造有限公司	磨矿
6	三辊四筒棒磨机	RK/BM-0.25、0.5L、1.0L、2.0L	武汉洛克粉磨设备制造有限公司	磨矿
7	标准筛	0.027~2.0mm	浙江上虞市新达净化仪器厂	筛析、分目

续表 18-3

序号	设备名称	规格型号	生产厂商	用途
8	单槽浮选机	XFD3.0L、1.5L、1.0L、0.75L、0.5L	沈阳探矿机械厂	浮选
9	pH 在线分析仪	U-PH6-LCCN3	杭州联测自动化技术有限公司	测温/pH
10	真空过滤机	RK/ZL-Φ260/200	武汉洛克粉磨设备制造有限公司	脱水
11	鼓风干燥箱	ZW100-5	北京永光明医疗仪器有限公司	干燥
12	药物天平	10g、100g、500g、1000g	上海医用激光仪器厂	称重
13	激光粒度仪	BT-2800	丹东百特仪器有限公司	细粒粒度分析
15	立体显微镜	DMLPS8APO	中辉徕博(北京)仪器有限公司	粒度及连生体分析
15	高温箱式电炉	SRKX-6-115	北京永光明医疗仪器有限公司	焙烧

3. 试验药剂

试验过程所用主要药剂见表 18-4。

表 18-4 试验用主要药剂

序号	药剂名称	生产厂商	用途
1	煤油	武汉奕彩阳科技有限公司	捕收剂
2	柴油	东莞市鸿顺石油化工有限公司	捕收剂
3	2 号油	淄博和聚化工有限公司	起泡剂
4	生石灰	国药集团化学试剂有限公司	pH 调整剂、抑制剂

四、选矿试验

(一)粗选条件试验

1. 矿石可磨性试验

取 5 份试验矿样进行磨矿,磨矿设备为 XMQ-70 三辊四筒棒磨机,磨矿浓度为 50%,磨矿时间分别为 0s(原矿)、30s、50s、70s 和 90s。磨矿产品进行湿筛分级,分为 4 个粒径级别:+0.30mm、-0.30+0.15mm、-0.15+0.075mm 和-0.075mm。试验结果见表 18-5,矿石可磨性曲线见图 18-7。

表 18-5 矿石可磨性试验及粒级固定碳测试结果

磨矿时间(s)	粒级(mm)	产率(%)	-0.15mm 产率(%)
0	+0.30	40.82	45.76
	-0.30+0.15	13.42	
	-0.15+0.075	12.54	
	-0.075	33.22	
	全粒级合计	100.00	

续表 18-5

磨矿时间(s)	粒级(mm)	产率(%)	−0.15mm 产率(%)
30	+0.30	8.79	63.26
	−0.30+0.15	27.95	
	−0.15+0.075	16.26	
	−0.075	47.00	
	全粒级合计	100.00	
50	+0.30	3.47	71.96
	−0.30+0.15	24.57	
	−0.15+0.075	19.98	
	−0.075	51.99	
	全粒级合计	100.00	
70	+0.30	1.94	80.17
	−0.30+0.15	17.89	
	−0.15+0.075	23.11	
	−0.075	57.07	
	全粒级合计	100.00	
90	+0.30	1.77	83.75
	−0.30+0.15	14.48	
	−0.15+0.075	23.59	
	−0.075	60.16	
	全粒级合计	100.00	

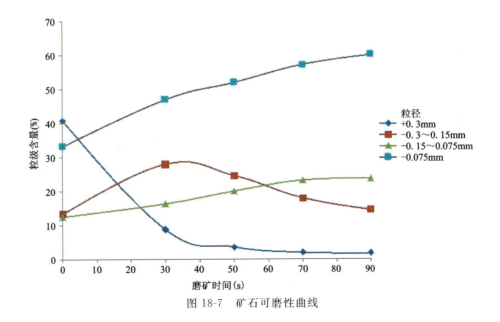

图 18-7 矿石可磨性曲线

由表18-5及图18-7可知,磨矿时间为30s时,-0.15mm粒级含量63.26%,磨矿时间为50s时,-0.15mm粒级含量71.96%。

2. 磨矿细度试验

固定粗选条件为:捕收剂煤油用量300g/t,2号油用量75g/t,生石灰用量2000g/t(此时矿浆pH调至8~9),选用1.5L浮选槽,浮选浓度为26.67%,变化粗磨磨矿时间:30s、50s、70s和90s。按照图18-8所示流程进行试验,所得精矿进行干筛分级分为两个粒径级别:+0.15mm和-0.15mm,试验结果见表18-6。

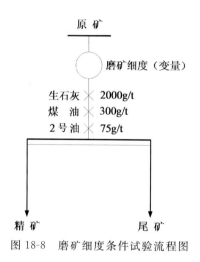

图18-8 磨矿细度条件试验流程图

表18-6 磨矿细度条件试验结果

磨矿时间(s)	磨矿粒径(-0.015mm)	产品名称	产率(%)	FC(%)	回收率(%)
30	63.26	精矿(+0.015mm)	11.00	30.16	51.22
		精矿(-0.015mm)	6.26	28.92	27.96
		尾矿	82.74	1.63	20.82
50	71.96	精矿(+0.015mm)	11.45	29.63	59.22
		精矿(-0.015mm)	7.12	27.33	33.96
		尾矿	81.44	0.48	6.82
70	80.17	精矿(+0.015mm)	10.14	33.43	55.13
		精矿(-0.015mm)	7.38	28.92	34.68
		尾矿	82.48	0.76	10.19
90	83.75	精矿(+0.015mm)	6.74	46.30	52.87
		精矿(-0.015mm)	9.78	25.55	42.32
		尾矿	83.48	0.34	4.81

由表18-6数据反算以上条件下粗选所得总体精矿各项指标,所得结果见表18-7和图18-9。

表 18-7 磨矿细度条件试验精矿分析结果

磨矿时间(s)	磨矿粒径(-0.015mm)	产品名称	产率(%)	FC(%)	回收率(%)
30	63.26	精矿	17.26	29.71	79.18
50	71.96	精矿	18.57	28.75	93.18
70	80.17	精矿	17.52	31.53	89.81
90	83.75	精矿	16.52	34.02	95.19

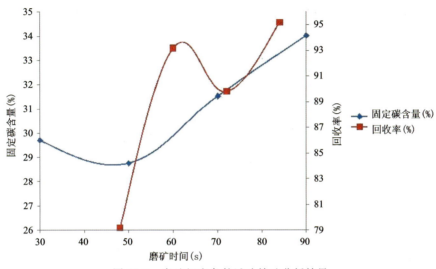

图 18-9 磨矿细度条件试验精矿分析结果

由表 18-7 和图 18-9 可知,随着磨矿细度的逐渐增加,精矿固定碳含量先降低后逐渐升高,精矿回收率呈现波动趋势。当-0.15mm 粒级含量 83.75% 时,精矿回收率最高,但是从保护石墨大鳞片角度考虑粗磨磨矿细度不能太细,因此暂定粗选磨矿细度-0.15mm 粒级含量 71.96%,此时精矿回收率较高,并且+0.15mm 精矿回收率最高。

3. 捕收剂煤油用量试验

固定粗选条件为:磨矿细度-0.15mm 粒级含量 71.96%,2 号油用量 75g/t,生石灰用量 2000g/t (此时矿浆 pH 调至 8~9),选用 1.5L 浮选槽,浮选浓度 26.67%,变化捕收剂煤油用量:200g/t、250g/t、300g/t 和 350g/t。按照图 18-10 所示的流程进行试验,所得精矿进行干筛分级分为两个粒度级别:+0.15mm 和-0.15mm,试验结果见表 18-8。

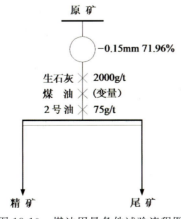

图 18-10 煤油用量条件试验流程图

表 18-8　煤油用量条件试验结果

煤油用量(g/t)	产品名称	产率(%)	FC(%)	回收率(%)
200	精矿(+0.015mm)	12.70	27.34	55.60
	精矿(-0.015mm)	6.44	31.34	32.32
	尾矿	80.85	0.93	12.08
250	精矿(+0.015mm)	12.09	27.78	53.72
	精矿(-0.015mm)	8.71	24.75	34.48
	尾矿	79.20	0.93	11.80
300	精矿(+0.015mm)	12.53	27.28	59.94
	精矿(-0.015mm)	8.41	22.89	33.72
	尾矿	79.06	0.46	6.34
350	精矿(+0.015mm)	14.27	23.93	59.76
	精矿(-0.015mm)	7.80	24.73	33.73
	尾矿	77.93	0.48	6.51

由表 18-8 数据反算以上条件下粗选所得总体精矿各项指标,所得结果见表 18-9 和图 18-11。

表 18-9　煤油用量条件试验精矿分析结果

煤油用量(g/t)	产品名称	产率(%)	FC(%)	回收率(%)
200	精矿	19.15	28.69	87.92
250	精矿	20.80	26.51	88.20
300	精矿	20.94	25.52	93.66
350	精矿	22.07	24.21	93.49

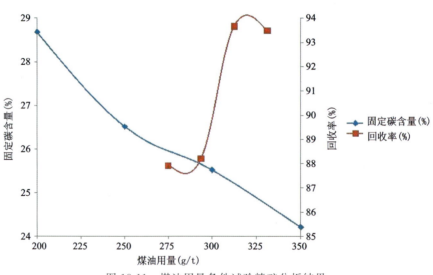

图 18-11　煤油用量条件试验精矿分析结果

由表 18-9 和图 18-11 可知,随着煤油用量的逐渐增加,精矿固定碳含量逐渐降低,精矿回收率呈现上升趋势后有所下降,在煤油用量为 300g/t 时达到较高值,然后呈现缓慢下降的趋势。为了保证精矿回收率和+0.15mm精矿回收率,暂定粗选煤油用量为300g/t。

4. 起泡剂2号油用量试验

固定粗选条件为:磨矿细度-0.15mm粒级含量71.96%,煤油用量300g/t,生石灰用量2000g/t(此时矿浆pH调至8～9),选用1.5L浮选槽,浮选浓度26.67%,变化起泡剂2号油用量:56.25g/t、75g/t、93.75g/t和112.5g/t。按照图18-12所示的流程进行试验,所得精矿进行干筛分级分为两个粒径级别:+0.15mm和-0.15mm,试验结果见表18-10。

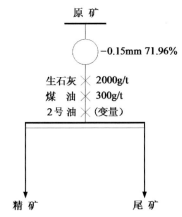

图18-12 2号油用量条件试验流程图

表18-10 2号油用量条件试验结果

2号油用量(g/t)	产品名称	产率(%)	FC(%)	回收率(%)
56.25	精矿(+0.015mm)	11.98	26.84	57.39
	精矿(-0.015mm)	6.99	28.82	35.96
	尾矿	81.02	0.46	6.65
75.00	精矿(+0.015mm)	12.23	27.34	59.10
	精矿(-0.015mm)	6.77	28.32	33.88
	尾矿	81.00	0.49	7.02
93.75	精矿(+0.015mm)	12.95	26.62	59.81
	精矿(-0.015mm)	6.73	26.79	31.28
	尾矿	80.31	0.46	8.91
112.50	精矿(+0.015mm)	11.17	31.67	59.85
	精矿(-0.015mm)	6.96	23.86	28.09
	尾矿	81.88	0.87	12.06

由表18-10数据反算以上条件下粗选所得总体精矿各项指标,所得结果见表18-11和图18-13。

表18-11 2号油用量条件试验精矿分析结果

2号油用量(g/t)	产品名称	产率(%)	FC(%)	回收率(%)
56.25	精矿	18.98	27.57	93.35
75.00	精矿	19.00	27.69	92.98

续表 18-11

2号油用量(g/t)	产品名称	产率(%)	FC(%)	回收率(%)
93.75	精矿	19.69	26.68	91.09
112.50	精矿	18.12	28.67	87.94

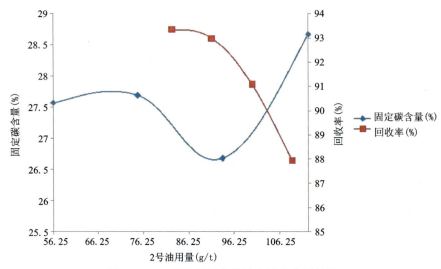

图 18-13 2号油用量条件试验精矿分析结果

由表 18-11 和图 18-13 可知,随着 2 号油用量的逐渐增加,精矿固定碳含量先降低后逐渐升高,精矿回收率呈现下降趋势,在 2 号油用量为 75g/t 时固定碳和回收率都达到较高值,并且＋0.15mm 精矿回收率也较高,暂定粗选 2 号油用量为 300g/t。

5. 浮选浓度试验

固定粗选条件为:磨矿细度－0.15mm 粒级含量 71.96%,煤油用量 300g/t,2 号油用量 75g/t,生石灰用量 2000g/t(此时矿浆 pH 调至 8～9),选用 1.5L 浮选槽,变化粗选浮选浓度为 20%、26.67% 和 33.33%,按照图 18-14 所示的流程进行试验,所得精矿进行干筛分级分为两个粒径级别:＋0.15mm 和 －0.15mm,试验结果见表 18-12。

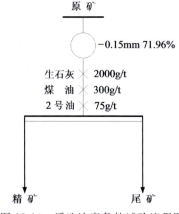

图 18-14 浮选浓度条件试验流程图

表 18-12 浮选浓度条件试验结果　　　　　单位:%

浮选浓度	产品名称	产率	FC	回收率
20.00	精矿(+0.015mm)	9.41	35.92	59.97
	精矿(-0.015mm)	9.21	22.21	36.28
	尾矿	81.39	0.26	3.75
26.67	精矿(+0.015mm)	11.62	30.42	61.22
	精矿(-0.015mm)	7.12	27.92	34.42
	尾矿	81.26	0.31	4.36
33.33	精矿(+0.015mm)	12.80	31.38	60.89
	精矿(-0.015mm)	7.60	26.11	30.07
	尾矿	79.60	0.75	9.05

由表18-12数据反算以上条件下粗选所得总体精矿各项指标,所得结果见表18-13和图18-15。

表 18-13 浮选浓度条件试验精矿分析结果　　　　　单位:%

浮选浓度	产品名称	产率	FC	回收率
20.00	精矿	18.61	29.14	96.25
26.67	精矿	18.74	29.47	95.64
33.33	精矿	20.40	29.42	90.95

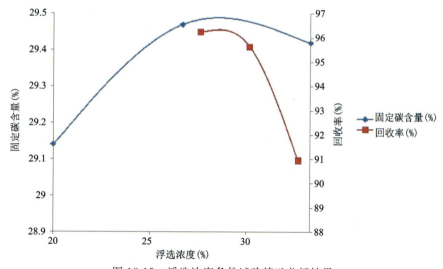

图 18-15 浮选浓度条件试验精矿分析结果

由表18-12和图18-15可知,随着浮选浓度的逐渐增加,精矿固定碳含量逐渐降低,精矿回收率先升高后降低,在浮选浓度为26.67%时固定碳和回收率都达到较高值,并且+0.15mm精矿回收率最高,暂定粗选浮选浓度为26.67%。

6. 粗选条件试验小结

通过一系列的粗选条件试验,确定了最优粗选条件:粗磨磨矿细度为-0.15mm粒级含量71.96%,

生石灰用量2000g/t,矿浆pH为8~9,煤油用量300g/t,2号油用量75g/t,粗选精矿固定碳含量达到29%左右,回收率可达约93%,+0.15mm精矿回收率约为59%。

(二)开路试验研究

确定了粗选最优条件后,进行实验室全流程开路探索试验。

实验室粗磨磨矿设备为XMB-70型三辊四筒棒磨机,磨筒容积为2.0L,每次给矿量为400g,磨矿浓度为50%。再磨磨矿设备为XMB-70型三辊四筒棒磨机(磨筒容积为0.5L)和XMQ-67Φ 240×90锥型球磨机。浮选设备为RK/FD单槽浮选机,粗选选用1.5L浮选槽,精选选用1L浮选槽。

1. 开路试验(一)

实验室初步可选性开路试验(一)采用4次再磨5次精选试验流程,开路试验(一)为全流程4次再磨5次精选流程。基于保护大鳞片的考虑,再磨均采用XMB-70型三辊四筒棒磨机。试验流程见图18-16,试验结果见表18-14。

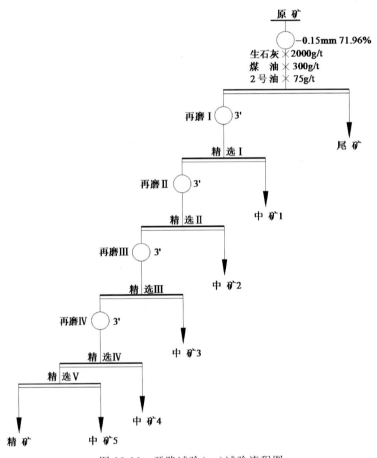

图18-16 开路试验(一)试验流程图

表18-14 开路试验(一)试验结果 单位:%

产品名称	产率	FC	回收率
精矿+0.3mm(+50目)	0.49	90.99	7.67
精矿-0.3mm+0.18mm(-50+80目)	1.12	87.20	16.75

续表 18-14

产品名称	产率	FC	回收率
精矿－0.18mm＋0.15mm（－80＋100目）	0.45	83.51	6.45
精矿－0.15mm	1.25	83.27	17.92
中矿1	7.75	4.31	5.61
中矿2	3.25	12.08	6.76
中矿3	1.29	42.80	9.53
中矿4	1.02	66.72	11.71
中矿5	0.57	77.76	7.61
尾矿	82.99	0.70	9.99
原矿	100.00	5.81	100.00

由开路试验（一）结果可知，精矿固定碳含量较低，计算所得精矿总的固定碳含量为85.77％，大鳞片（＋0.15mm）产率为2.06％，回收率为30.87％，占精矿总质量的62.13％。

2. 开路试验（二）

开路试验（二）为全流程4次再磨5次精选流程。再磨Ⅰ和再磨Ⅱ采用 XMB-70 型三辊四筒棒磨机，再磨Ⅲ和再磨Ⅳ采用 XMQ-67Φ 240×90 锥型球磨机。并适当增加再磨时间。试验流程见图18-17，试验结果见表18-15。

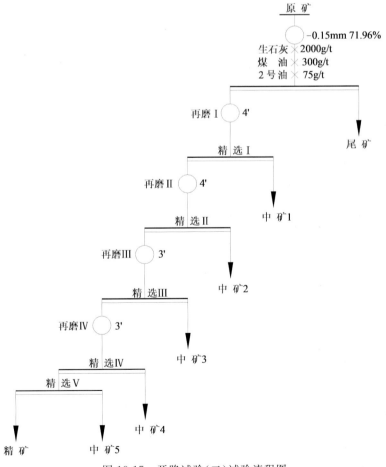

图 18-17　开路试验（二）试验流程图

表 18-15　开路试验(二)试验结果　　　　　　　　　　　　　单位:%

产品名称	产率	FC	回收率
精矿+0.3mm(+50目)	0.28	93.86	4.52
精矿-0.3mm+0.18mm(-50+80目)	0.88	95.24	14.69
精矿-0.18mm+0.15mm(-80+100目)	0.47	94.13	7.70
精矿-0.15mm	1.65	93.43	26.84
中矿1	7.34	2.00	2.56
中矿2	3.40	9.03	5.36
中矿3	2.10	34.36	12.62
中矿4	0.92	67.79	10.94
中矿5	0.57	89.23	8.87
尾矿	82.39	0.41	5.90
原矿	100.00	5.73	100.00

由开路试验(二)结果可知,精矿固定碳含量已达到较理想指标,计算所得精矿总的固定碳含量为94.06%,大鳞片(+0.15mm)产率为1.63%,回收率为26.91%,占精矿总质量的49.73%。相比开路试验(一)大鳞片回收率虽降低了3.96%,但固定碳含量有较大的提高。

3. 开路试验小结

开路条件试验为全流程4次再磨5次精选流程。出于保护大鳞片的考虑,粗磨采用 XMB-70 型三辊四筒棒磨机。根据开路试验(二)结果可知,再磨Ⅰ和再磨Ⅱ采用 XMB-70 型三辊四筒棒磨机,再磨Ⅲ和再磨Ⅳ采用 XMQ-67Φ 240×90 锥型球磨机对于提高精矿固定碳含量效果较优,所得精矿固定碳含量为94.06%,大鳞片(+0.15mm)产率为1.63%,回收率为26.91%,占精矿总质量的49.73%。

由试验结果可知,采用1次粗选、粗精矿4次再磨5次精选的工艺流程,原矿固定碳含量由6%左右(见279页原矿固定碳测定)提高至精矿固定碳含量94.06%。4次再磨5次精选试验开路流程再磨时间分别为4min、4min、3min、3min;浮选时间分别为3min、3min、3min、3.5min、3min;磨矿浓度分别为29%、23%、15%、13%;精选浓度分别为6.96%、4.06%、2.71%、1.88%、1.52%。整个开路流程药剂用量为石灰2000g/t、煤油300g/t、2号油75g/t,药剂消耗量较少。

(三)闭路试验研究

1. 中矿处理试验

由表18-15结果可知,中矿1和中矿2混合产率为10.74%,固定碳含量为4.22%,回收率为7.92%,产率较大,固定碳含量较低,因此考虑将中矿1和中矿2集中再磨再选。试验流程见图18-18,试验结果见表18-16。

由表18-16可知,中矿1、中矿2集中混合扫选的精矿(即中矿6)的固定碳含量为20.58%,回收率为8.75%;尾矿1的固定碳含量0.67%,回收率为9.43%,尾矿2的固定碳含量0.98%,回收率为1.30%。因此可以将尾矿1和尾矿2直接进行抛尾,中矿6直接返回至粗选。

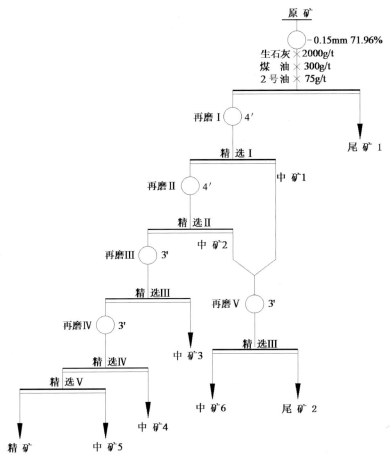

图 18-18 中矿处理试验流程图

表 18-16 中矿处理试验结果　　　　　　　　　　　单位:%

产品名称	产率	FC	回收率
精矿	3.14	94.02	50.00
中矿 3	1.92	35.46	11.53
中矿 4	0.91	66.51	10.25
中矿 5	0.58	88.98	8.74
中矿 6	2.51	20.58	8.75
尾矿 1	83.12	0.67	9.43
尾矿 2	7.82	0.98	1.30
原矿	100.00	5.90	100.00

2. 闭路试验

开路试验确定了开路试验(二)4 次再磨 5 次精选为较优流程。中矿 1、中矿 2 集中混合扫选的精矿(即中矿 6)的固定碳含量为 20.58%,回收率为 8.75%,中矿 6 直接返回至粗选。尾矿 1、尾矿 2 直接进行抛尾。中矿 3 返至精选Ⅰ,中矿 4 返至精选Ⅱ,中矿 5 返至精选Ⅳ。闭路试验流程见图 18-19,结果见表 18-17。

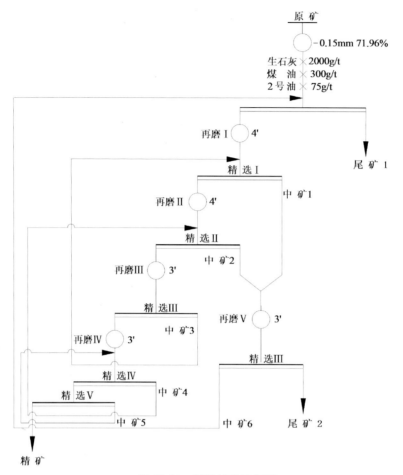

图 18-19 闭路试验流程图

表 18-17 闭路试验结果 单位:%

产品名称	产率	FC	回收率
精矿	4.76	92.16	88.00
尾矿 1	84.53	0.57	9.66
尾矿 2	10.71	1.09	2.34
原矿	100.00	4.92	100.00

由表 18-17 可知,对该矿石采用 1 次粗磨 2 次扫选,粗精矿 4 次再磨 5 次精选的工艺流程,可获得固定碳含量为 92.16% 的石墨精矿,精矿回收率为 88.00%。

3. 精矿粒度分析

对闭路试验精矿进行筛分分析,并测定各粒级产品固定碳含量,分析结果见表 18-18。

表 18-18 闭路试验精矿粒级产品分析结果

产品粒级(mm)	产率(%)	累计产率(%)	FC(%)
+0.3mm	2.31	2.31	93.20
-0.3mm+0.18mm	10.92	13.24	92.36

续表 18-18

产品粒级(mm)	产率(%)	累计产率(%)	FC(%)
-0.18mm+0.15mm	8.61	21.85	92.20
-0.15mm	78.15	100.00	92.10

第二节　宜昌北部石墨矿选矿实践

湖北省宜昌市传统石墨生产加工产业优势明显。现有石墨生产加工企业 38 家,其中规模以上企业 7 家,龙头企业主要有宜昌新成石墨有限责任公司和中科恒达石墨股份有限公司 2 家。2015 年,全市石墨产业实现总产值 15 亿元,同比增长 20%;主营业务收入 14.6 亿元,同比增长 19%;利润 2.3 亿元,同比增长 6%;税金 1 亿元,同比增长 25%,发展势头良好。

宜昌市已经形成了比较完整的石墨资源开采、选矿、加工、研发、销售产业链。其中,中科恒达石墨股份有限公司拥有夷陵区境内石墨矿全部采矿权,在石墨采矿、选矿、纯化、酸化、材料分析测试等积累了十分雄厚的技术基础;宜昌新成石墨有限责任公司目前是我国最大的柔性石墨生产企业,在国内外设立了 5 家石墨采选、加工、进出口贸易公司,并且提供柔性石墨制品深加工设备生产线制作和技术服务。

宜昌市现有石墨选矿厂 2 家,分别为中科恒达石墨股份有限公司金昌选矿厂和宜昌新成石墨有限责任公司东冲河选矿厂,2 家选矿厂均采用单一浮选工艺流程。

一、金昌选矿厂

金昌石墨选矿厂选别的矿石来自宜昌市夷陵区殷家坪矿区,为黄陵基底穹隆部北部圈,隶属夷陵区樟村坪林场及兴山县石板坪,交通方便。目前主要选别三岔垭和二郎庙两个矿山采出的矿石,谭家河、周家湾等矿山为接替资源。矿石自然类型主要为石墨片岩和石墨云母片岩,其次为石墨黑云斜长片麻岩和石墨透闪片岩;三岔垭矿矿石固定碳含量 9%～14%,二郎庙矿矿石固定碳含量 2.5%～18%。选矿厂规模为 30 万 t/a。

选矿工艺流程见图 18-20,浮选药剂简单,粗选以石灰作黄铁矿抑制剂和矿浆 pH 调整剂,煤油为捕收剂,2 号油为起泡剂。精矿固定碳含量 94%,正目产品产率占总精矿的 20% 左右。按矿石性质不同分两个系列入选,原矿 1 为石墨片径较大的矿石,原矿 2 为石墨片径较小的矿石。

两种原矿均分别采用颚式破碎机进行粗碎、锤式破碎机细碎后给入格子型球磨机,螺旋分级机作磨矿分级设备。原矿 2 经一粗一扫、粗选的粗精矿给入原矿 1 的磨矿分级机,进入原矿 1 的磨浮循环,扫选精矿返回到原矿 2 的磨矿分级机,扫选尾矿为最终尾矿 2。原矿 1 粗选粗精矿经 5 次再磨 6 次精选获得最终精矿;1 次、2 次、3 次精选的尾矿和扫选精矿合并返回原矿 1 的磨矿分级机,4 次精选的尾矿返回到精选Ⅱ,5 次、6 次精选的尾矿合并返回到精选Ⅲ;扫选尾矿为最终尾矿 1。

该工艺流程具有灵活性,当来矿的石墨矿物(集合体)嵌布粒度差别较大时,采用粗、细分选,可以较好地保护石墨鳞片,同时提高工艺设备效能。再者,根据矿石中石墨鳞片较大,以产出大鳞片(正目)石墨精矿为主要目标,而选择较少的再磨次数。

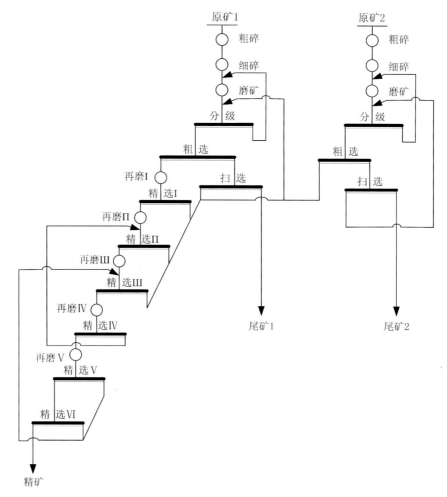

图 18-20 金昌石墨矿选矿厂工艺流程图

二、东冲河选矿厂

东冲河石墨矿选矿厂选别的矿石来自宜昌市兴山县东冲河石墨矿，隶属兴山县水月寺镇龙头坪村，矿区有矿山公路(距离 4.5km)南西接龙头坪，可与省道(宜昌—兴山)相连，交通较方便。

东冲河石墨矿分为东、西两个矿区：东边为葛藤垭露天矿区，西边为鲁家包矿区，地下开采。目前东部葛藤垭露天采区投入正常生产，西部地下开采还在基建期，进行地面工业场地建设。

矿区石墨矿可分为 3 种自然类型：云母石墨片岩、石墨云母片岩、石墨黑云斜长片麻岩；矿石工业类型属晶质大鳞片状石墨。矿石固定碳含量 2.6%～14%。选矿厂规模为 30 万 t/a。目前选厂来矿主要是东部葛藤垭露天采区低品位地表剥离物，原矿固定碳含量 2.8% 左右，在调试工艺流程的同时兼具技术工人培训。选矿工艺流程见图 18-21，浮选药剂简单，以石灰、煤油为捕收剂，2 号油为起泡剂。精矿固定碳含量 90%。正目产品产率占总精矿的 14% 左右。

与前述试验流程相比，生产流程增加了一次扫选以控制尾矿固定碳含量减少损失，扫选精矿返回到粗选作业；精选Ⅰ和精选Ⅱ的尾矿并未再磨再选而是直接返回到粗选作业，简化了流程；对粗选获得的粗精矿先分级，筛下物直接进入精选Ⅰ作业而筛上物再磨后进入精选Ⅰ作业，以减少过磨，保护石墨鳞片；对粗选尾矿进行筛分，筛上产品作为建筑用砂，极大地减少了排入尾矿库的尾矿量，满足了当地建筑用砂需求，增加了企业经济效益。

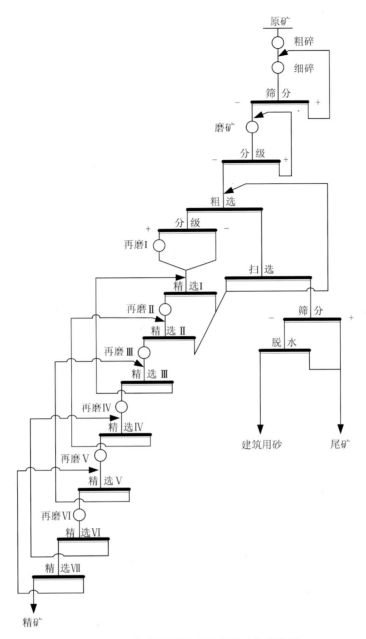

图 18-21　东冲河石墨矿选矿厂工艺流程图

主要参考文献

第一篇

边敏,陈松林,刘林,等,2020.黄陵断穹核部鳞片石墨矿床石墨矿物学研究[J].西北地质,53(3):76-85.

边敏,程林,姚敬劬,2018.区域变质型晶质石墨矿石墨生成的热力学分析[J].矿产与地质,32(1):97-100.

陈德潜,陈刚,1990.实用稀土元素地球化学[M].北京:冶金工业出版社.

陈俊,王鹤年,2005.地球化学[M].北京:科学出版社.

陈曼云,金巍,郑常青,2015.变质岩鉴定手册[M].北京:地质出版社.

陈孟莪,1993.我国早期生命进化研究的进展和展望[J].地球科学进展,8(2):9-13.

陈衍景,富士谷,1990.早前寒武纪沉积物稀土型式的变化:理论推导和华北克拉通南缘的证据[J].科学通报(35):1406-1408.

陈衍景,刘丛强,陈华勇,等,2000.中国北方石墨矿床及赋矿孔达岩系碳同位素特征及有关问题讨论[J].岩石学报,16(2):233-244.

陈衍景,杨忠芳,1996.沉积物微量元素示踪地壳成分和环境及其演化的最新进展[J].地质地球化学(3):70-79.

陈岳龙,杨忠芳,赵志丹,2005.同位素地质年代学与地球化学[M].北京:地质出版社.

程林,杨勇,边敏,等,2020.黄陵断穹核部鳞片石墨矿地球化学特征与成因研究[J].地质与勘探,56(4):745-758.

程裕淇,1994.中国区域地质概论[M].北京:地质出版社.

程裕淇,沈其韩,刘国惠,等,1963.变质岩的一些基本问题和工作方法[M].北京:中国工业出版社.

邓晋福,罗照华,苏尚国,等,2004.岩石成因、构造环境与成矿作用[M].北京:地质出版社.

董申保,1986.中国变质作用及其与地壳演化的关系[M].北京:地质出版社.

弗·伊·斯米尔诺夫,1985.矿床地质学[M].北京:地质出版社.

韩郁菁,1993.变质作用 p-T-t 轨迹[M].武汉:中国地质大学出版社.

贺同兴,卢良兆,李树勋,等,1980.变质岩岩石学[M].北京:地质出版社.

胡鸿钧,1980.中国淡水藻类[M].上海:上海科技出版社.

胡永云,田丰,2015.前寒武纪气候演化中的三个重要科学问题[J].气候变化研究进展(1):44-53.

黄锦江,1988.相容元素-不相容元素协变图在岩石成因研究中的意义[J].现代地质,2(4):474.

黄邵显,宋叔和,等,1996.中国矿床[M].北京:地质出版社.

霍夫斯 J,2002.稳定同位素地球化学[M].北京:海洋出版社.

吉林大学,1978.物理化学基本原理[M].北京:人民教育出版社.

季海章,陈衍景,1990.孔达岩系及其矿产[J].地质与勘探(11):11-13.

季海章,陈衍景,赵懿英,1990.孔达岩系与石墨矿床[J].建材地质(6):9-11.

主要参考文献

姜继圣,1986.黄陵变质地区的同位素地质年代及地壳演化[J].长春地质学院学报,16(3):1-11.

姜继圣,1990.孔兹岩系及其研究概况[J].长春地质学院学报(20):167-177.

姜继圣,刘祥,1992.中国早前寒武纪沉积变质型晶质石墨矿床[J].建材地质(5):18-22.

兰心俨,1981.山东南墅前寒武纪含石墨建造的特征及石墨矿床的成因研究[J].长春地质学院学报(3):32-44.

勒斯勒 H J,朗格 H,1985.地球化学表[M].北京:科学出版社.

李福喜,聂学武,1987.黄陵断隆北部崆岭群地质时代及地层划分[J].湖北地质,1(1):28-41.

李光辉,黄永卫,吴润堂,等,2008.鸡西柳毛石墨矿碳质来源及铀、钍的富集机制[J].世界地质,27(1):19-22.

李四光,赵亚曾,1924.峡东地质及长江之历史[J].中国地质学会杂志,3(314):351-391.

廖宗明,姚燕,胡章章,等,2016.湖北黄陵断穹核北部东冲河石墨矿地质特征与选矿工艺[J].资源环境与工程,30(5):681-685.

刘宝珺,1980.沉积岩石学[M].北京:地质丛出版社.

刘宝珺,曾允孚,1985.岩相古地理基础和工作方法[M].北京:地质出版社.

刘涛涛,戴朝成,王新亮,2016.内蒙古中部乌拉山地区富铝片麻岩的地球化学特征和原岩建造[J].科学技术与工程(30):17-26.

刘英俊,曹励明,李兆麟,等,1984.元素地球化学[M].北京:科学出版社.

刘云勇,姚敬劬,2017.湖北黄陵断穹核北部石墨矿形成机制探讨[J].资源环境与工程,31(5):536-540.

马元,胡正祥,毛新武,等,2021.中国区域地质志·湖北质[M].地质出版社。

苗培森,张振福,1995.不同构造机制韧性剪切带研究[J].中国区域地质,4(1):353-359.

莫如爵,刘邵斌,黄翠蓉,等,1989.中国石墨矿床地质[M].北京:中国建筑工业出版社.

秦元奎,徐江嫩,边敏,等,2020.黄陵断穹核部鳞片石墨矿成矿作用及成矿模式[J].矿物岩石,40(3):67-79.

邱凤,高建营,裴银,等,2015.黄陵背斜石墨矿地质特征及成矿规律[J].资源环境与工程,29(3):280-285.

桑隆康,1992.变质岩岩石学的定量分类与原岩恢复[J].矿物学岩石学论丛(8):65-74.

桑隆康,马昌前,2013.岩石学[M].北京:地质出版社.

田成胜,黄如生,张清平,2011.湖北夷陵区石墨矿地质特征及找矿前景分析[J].资源环境与工程,25(4):310-312.

涂光炽,等,1984.地球化学[M].上海:上海科学技术出版社.

王德滋,谢磊,2014.光性矿物学[M].北京:科学出版社.

王时麒,1989.内蒙古兴和石墨矿含矿建造特征与矿床成因[J].矿床地质(1):85-97.

王时麒,1994.内蒙古乌拉山石墨矿床碳同位素组成及成因分析[M].北京:地震出版社.

魏春景,周喜文,2008.变质相平衡的研究进展[J].地质前缘,10(4):341-345.

温世达,陈平德,马乐群,等,1983.电子显微镜和电子探针在研究石墨和高岭石矿床成因方面的应用[J].武汉建材学院学报(3):313-320.

吴鸣谦,左梦露,张德会,等,2014.TTG岩套成因及其形成环境[J].地质论评,60(3):503-514.

鄢明才,迟清华,1997.中国东部地壳与岩石的化学组成[M].北京:科学出版社.

杨道政,李金华,1990.鄂西崆岭群微古植物的发现及时代探讨[J].中国区域地质(1):90-92.

姚敬劬,2000.老林沟石榴石矿成矿的原岩变质相和变质反应[J].地质与勘探,36(3):25-27.

姚敬劬,刘明忠,2012.宜昌市矿产资源[M].武汉:中国地质大学出版社.

叶利谢夫 H A,1966.变质作用[M].北京:科学出版社.

袁海华,林家有,张树发,等,1992.黄陵断隆北部崆岭群中太古代岩层存在的地质年代学证据[J].矿物岩石地球化学通讯(2):87-88.

张旗,翟明国,2009.太古宙 TTG 岩石是什么含义[J].岩石学报,28(11):3446-3456.

张秋生,1984.中国早前寒武纪地质及成矿作用[M].长春:吉林人民出版社.

浙江大学普通化学教研组,1981.普通化学[M].北京:高等教育出版社.

BARBEY P,CAPDEVILA R,HAMEURT J,1982. Major and transtion trace element abundance in khondalite suite of the granulite belt of Lapland (Fennoscandia):evidence for an early Proterozoic flysch belt[J]. Precambrian Res. ,16:273-290.

BHATIA M R,1983. Plate tectonics and geochemical composition of sandstone[J]. Jour Geol,91:611-712.

BOWRING S A,WILLIAMS I S,1999. Priscoan(4.00-4.03Ga) orthogneisses from northwestern Canada[J]. Contributions to Mineralogy and Petrology,134(1):3-16.

BUSEK P R,HUANG B J,1985. Conversion of carbonaceous material graphite during metamorphism[J]. Geochim Cosmochim acta,49:2003.

CHAMPION D C,SMITHIES R H,2007. Geochemistry of Paleoarchean Granites of the East Pilbara Terrane,Pilbara Craton,Western Australia Implications for Early Archean Crustal Growth[J]. Developments in Precambrian Geology,15(1):369-409.

CHESWORTH W,1970. A Chemical study of sodium-rich gneisses from glamorgan township,Ontario[J]. Chem Geol,6:297-303.

ERDOSH G,1970. Geology of the Bogala mine,Ceylon,and the origin of vein-type graphite[J]. Mineralium Deposita(5):375-382.

INAGAKI M,2005. Natural graphite-experimental evidence for its formation and novel applications[J]. Earth Science Frontiers,12(1):171-181.

KAMENETSKY M B,SOBOLEV A V,KAMENETSKY V S,et al,2004. Kimberlite melts rich in alkali chlorides and carbonates:A potent metasomatic agent in the mantle[J]. Geology,32:845-848.

KAMENETSKY V S, KAMENETSKY M B, SOBOLEV A V, et al, 2008. Olivine in the udachnaya-Eastkimberlite(yakutia,Russia):types,composition and origins[J]. Journalof petrology,49:823-839.

NESBIT H W,YOUNG G M,1982. Early Proterozoic climates and plate motion inferred from major element chemistry of lutites[J]. Nature(299):21.

SANDIFORD M,POWELL R,MARTIN S F,et al,1988. Thermal and baric evolution of garnet granulites from Sri Lanka[J]. Journal of Metamorphic Geol,6:351-364.

SANTOSH M,1987. Cordierite gneisses of southern Kerala,India:petrology,fluid inclusions and implications for crustal uplift history[J]. Contr. Meneral. petrol. ,96:343-356.

SAUNDERS A D, TARNEY J,1984. Geochemical characteristics of basaltie volcanism within back-arc basins,In:Kokelaar B P et al. (eds),Marginal basin geology[J]. Spec. publ. Geol soc. London,16:59-76.

SIMPSON C,DE PAOR G,1993. Strain and kinematie analysis in general shear zones[J]. Joural of structural geology,15(1):1-20.

SMITHIES R H, CHAMPION D C, VAN KRANENDONK M J, 2009. Formation of paleoarcheam continental crust through infracrustal melting of enriched basalt[J]. Earth and planetary science letters,281(3):298-306.

SPEAR F S,CHENEY J T,1989. A petrogenetic grid forpelitic schists in the system SiO_2-Al_2O_3-

FeO-MgO-K₂O-H₂O[J]. Contr Mineral,petrol,101:149-164.

WYLLIE P J,TUTTLE O F,1959. Melting calcite in the presence of water[J]. Am Min,44:453.

WYLLIE P J,TUTTLE O F,1959. Synthetic carbonatite magma[J]. Nature,183:770.

ОВИЧНИКОВ. Л. В. ГЕОХИМИЯ. 1970.

第二篇

国土资源部地质勘查司,等,2010. GB/T 25283—2010,矿产资源综合勘查评价规范[S]. 北京:中国标准出版社.

何雪梅,王明军,沙艳梅,2014.石墨矿中固定碳的分析与探讨[J].中国非金属矿工业导刊(3):27-29,43.

洪军,韩宇,2013.探讨适用于石墨矿中低固定碳含量的测定方法[J].科技与企业(23):319-321.

李勇,张永恒,王红军,等,2018.四川省南江县庙坪石墨矿深部找矿的综合物探方法[J].现代矿业,34(1):111-116.

莫如爵,刘绍斌,黄翠蓉,等,1989.中国石墨矿床地质[M].北京:中国建筑工业出版社.

谈艳,张宇启,赵生辉,等,2018.物探方法在青海省口口尔图石墨矿找矿中的应用[J].矿业与地质,32(5):910-915.

汤井田,何继善,2005.可控源音频大地电磁法及其应用[M].湖南:中南大学出版社.

《岩石矿物分析》编委会,2011.岩石矿物分析[M].北京.地质出版社.

咸阳非金属矿研究设计院,2008. GB/T 3521—2008,石墨化学分析方法[S]. 北京:中国标准出版社.

中国地质科学院地球物理地球化学勘查研究所,等,2015. DZ/T 0280—2015,可控源音频大地电磁法技术规程[S].北京:地质出版社.

中国地质科学院地球物理地球化学勘查研究所,等,2017. DZ/T 0081—2017,自然电场法技术规程[S]. 北京:地质出版社.

中国地质科学院水文地质环境地质研究所,等,2021. GB/T 12719—2021,矿区水文地质工程地质勘探规范[S]. 北京:中国标准出版社.

中国建筑材料工业地质勘查中心黑龙江总队,2018. DZ/T 0326—2018,石墨、碎云母矿产地质勘查规范[S]. 北京:地质出版社.

邹芳,2014.高频红外法测定碳酸盐型石墨矿中固定碳的研究[J].矿物岩石,34(3):14-18.

Cagniard L,1953. Basic Theory of the Magnetotelluric Method of Geophysical prospecting[J]. Geophysics,18:605-635.

第三篇

岑对对,2017.大鳞片石墨保护试验研究[J].炭素技术(5):40-44.

陈镜辉,1988.利用摇床保护大鳞片石墨的探讨[J].矿产综合利用(2):10-14.

陈新江,1988.杂醇用于石墨浮选的理论与实验研究[J].非金属矿(2):39.

董艳红,2018.微细粒低品位难选石墨的高效浮选工艺研究[J].矿物学报(3):336-342.

方和平,1988.鳞片石墨浮选高效起泡剂——仲辛醇的试验研究[J].矿冶工程(3):33-36.

郭敏,2013.某鳞片状石墨剥片磨矿浮选试验[J].现代矿业(6):88-91.

胡红喜,2014.某低品位石墨矿选矿试验[J].现代矿业(7):72-74.

金婵,薛玉,秦英海,等,1995.复合型石墨浮选剂选矿试验研究[J].哈尔滨工业大学学报 27(4):109-111.

李慧美,2013.石墨浮选抑制剂研究[J].科技传播(8):95-96.

李硕夫,董少霞,2013.山东某石墨矿分选试验研究[J].矿产综合利用(3):23-25.

刘文质,1993.一种高碳石墨选矿新设备——立式磨矿机[J].河南科技(3):16.

刘渝燕,刘建国,魏健,2003.某晶质石墨矿提高精矿大片产率及品位的选矿工艺研究[J].非金属矿(1):50-51.

陆康,2014.低品位难选细鳞片石墨选矿工艺研究[D].武汉:武汉理工大学.

毛钜凡,郑水林,1985.十二烷基硫酸钠在石墨浮选中的作用研究[J].武汉建材学院学报(4):447-454.

牛敏,刘磊,陈龙,等,2018.层压粉碎—分质分选技术用于保护大鳞片石墨的研究[J].矿产保护与利用(4):83-88.

潘嘉芬,2002.提高石墨精矿品位及保护石墨大鳞片的工艺实践[J].山东理工大学学报(4):26-28.

宋广业,1993.鳞片石墨的破磨特性与再磨设备的合理选择[J].矿产综合利用(1):47-50.

佟红格尔,孙敬锋,王林祥,等,2010.预先选别法保护鳞片石墨选矿工艺研究[J].矿产保护与利用(6):37-39.

肖伟丽,2012.某石墨矿提高精矿大片产率及品位的浮选工艺研究[J].硅谷(8):110-111.

杨香风,2010.石墨选矿及晶体保护试验研究[D].武汉:武汉理工大学.

袁慧珍,1995.保护大鳞片石墨的磨矿研究[J].有色金属(选矿部分)(5):18-20.

岳成林,2007.鳞片石墨大片损失规律及磨浮新工艺研究[J].中国矿业(10):83-85.

张国旺,2005.超细粉碎设备及其应用[M].北京:冶金工业出版社.

附录　矿物代号

矿物代号	矿物名称	矿物代号	矿物名称
Act	阳起石	Ky	蓝晶石
Ad	红柱石	Mc	云母
Alf	碱性长石	Mic	微斜长石
Alm	铁铝榴石	Mt	磁铁矿
Als	铝硅酸盐矿物	Mu	白云母
Ann	铁云母	Ol	橄榄石
An	钙长石	Pe	条纹长石
Atg	叶蛇纹石	Phl	金云母
Bi	黑云母	Pl	斜长石
Cal	方解石	Pyl	叶腊石
Chl	绿泥石	Pyrh	磁黄铁矿
Cht	硬绿泥石	Qz	石英
Cord	堇青石	Ru	金红石
Cun	镁铁闪石	Sep	蛇纹石
Di	透辉石	Ser	绢云母
Do	白云石	Sil	矽线石
Fo	镁橄榄石	Spi	尖晶石
Gph	石墨	St	十字石
Gr	石榴石	Tl	透闪石
Hb	普通角闪石	Tou	电气石
Hy	紫苏辉石	Zr	锆石
Kf	钾长石		